高等学校理工类学习辅导丛书

理论力学习题全解

配哈工大版《理论力学》（第 8 版）

孙毅　程燕平　张莉　编

高等教育出版社·北京

内容提要

本书是与哈尔滨工业大学理论力学教研室编写的《理论力学》(第8版)配套的习题解答,内容包括静力学(含静力学公理和物体的受力分析、平面力系、空间力系、摩擦),运动学(含点的运动学、刚体的简单运动、点的合成运动、刚体的平面运动),动力学(含质点动力学的基本方程、动量定理、动量矩定理、动能定理、达朗贝尔原理、虚位移原理),分析力学基础,非惯性系中的质点动力学,碰撞,机械振动基础,刚体定点运动、自由刚体运动、刚体运动的合成·陀螺仪近似理论,变质量动力学。

本书不仅可与《理论力学》(第8版)配套使用,还可作为高等学校工科机械、土建、水利、航空、航天等专业理论力学课程的教学辅导书,亦可供考研与自学的相关人员参考。

图书在版编目(C I P)数据

理论力学习题全解:配哈工大版《理论力学》(第8版)/孙毅,程燕平,张莉编.--北京:高等教育出版社,2017.9(2022.5重印)

(高等学校理工类学习辅导丛书)

ISBN 978-7-04-048005-4

Ⅰ.①理… Ⅱ.①孙… ②程… ③张… Ⅲ.①理论力学-高等学校-题解 Ⅳ.①O31-44

中国版本图书馆 CIP 数据核字(2017)第 151670 号

策划编辑	黄 强	责任编辑	黄 强	封面设计 张 楠	版式设计	范晓红
插图绘制	杜晓丹	责任校对	刘丽娴	责任印制 田 甜		

出版发行	高等教育出版社	网　址	http://www.hep.edu.cn
社　址	北京市西城区德外大街4号		http://www.hep.com.cn
邮政编码	100120	网上订购	http://www.hepmall.com.cn
印　刷	北京市鑫霸印务有限公司		http://www.hepmall.com
开　本	787mm×960mm　1/16		http://www.hepmall.cn
印　张	30.25		
字　数	550 千字	版　次	2017 年 9 月第 1 版
购书热线	010-58581118	印　次	2022 年 5 月第 10 次印刷
咨询电话	400-810-0598	定　价	54.00 元

前　　言

　　本书是与《理论力学》(第 8 版)配套的习题解答,主教材是"十二五"普通高等教育本科国家级规划教材。

　　由哈尔滨工业大学理论力学教研室编写的《理论力学》教材初版于 1961 年,曾获得首届国家优秀教材奖和国家教学成果奖,其中系统完整的习题是教材的一大特色,并曾于 1998 年出版过与第 5 版配套的习题解答。此后,在第 6 版、第 7 版再版过程中,对主教材习题进行了较大幅度的增删,第 8 版又在前 7 版的基础上对主教材习题进行了补充与完善,增加了部分综合性较强的题目。本书在编写过程中,力求保持主教材的教学风格与解题思路,同时在叙述上做到简明扼要,突出启发、提示的教学辅导作用,给读者留下一定的思考空间。此外,许多问题往往有多种解法,本书在编写过程中通常根据相应章节的教学内容来选择求解方法,并未针对每一题目把所有解法一一列出,希望读者在阅读的同时能独立思考其他方法,举一反三,更好地提高学习效果。

　　本书由哈尔滨工业大学理论力学教研室孙毅教授、程燕平教授和张莉教授编写。其中第 I 册第一~四章习题全解由程燕平教授编写,第五~八、十四章习题全解由孙毅教授编写,第九~十三章习题全解由张莉教授编写;第 II 册第一、三、四章习题全解由孙毅教授编写,第二、五、六章习题全解由张莉教授编写。全书由孙毅教授统稿。

　　本书在编写过程中参考了陈明、程燕平教授编写的《理论力学习题解答》和景荣春教授为《理论力学》(第 7 版)所作的习题解答,在此谨向以上各位作者表示感谢。

　　理论力学课程习题灵活多样,解题方法也千变万化。我们在编写过程中力求严谨、细心,但限于水平和编写时间仓促,难免有不当之处,敬请读者批评指正。

编　者

2017 年 4 月

目　录

理论力学(Ⅰ)第 8 版　习题全解

第一章　静力学公理和物体的受力分析

1-1　画出下列各图中各构件的受力图。未画重力的构件自重不计，所有接触处均为光滑接触。

解：各题受力图如题 1-1 解图所示。

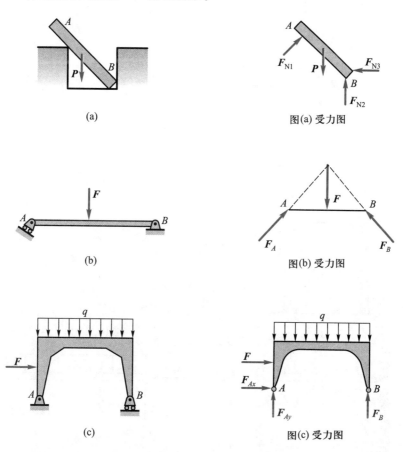

(a)

图(a) 受力图

(b)

图(b) 受力图

(c)

图(c) 受力图

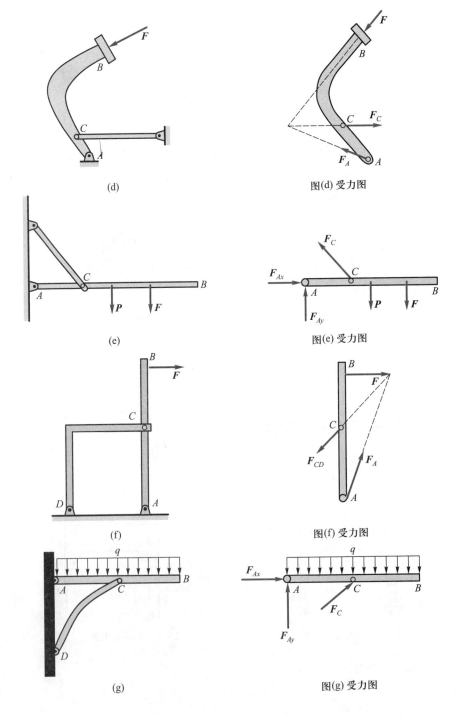

(d)

图(d) 受力图

(e)

图(e) 受力图

(f)

图(f) 受力图

(g)

图(g) 受力图

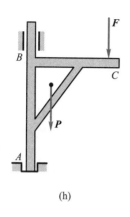

(h)

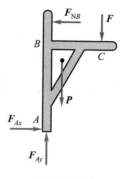

图(h)受力图

题 1-1 图与解图

1-2 画出下列每个标注字符的物体(不包含销钉、支座、基础)的受力图，系统整体受力图。未画重力的物体重量均不计，所有接触处均为光滑接触。

解答与提示：图 k,m 中均有一个二力杆，图 o 中有两个二力构件，画图时最好按二力构件画出。注意图 h 中 B 处力的画法，最好画为一个力，而不要画为两个力。图 i 中 E 处为在斜杆 AB 上开一狭长光滑槽，销钉套在此光滑槽内，应按光滑接触画受力图，不要按铰链画。

各题受力图如题 1-2 解图所示。

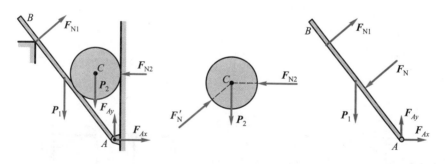

题1-2(a)　整体与各物体受力图

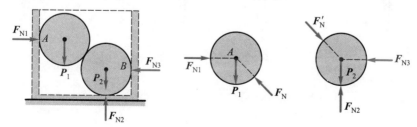

题1-2(b)　整体与各物体受力图

5

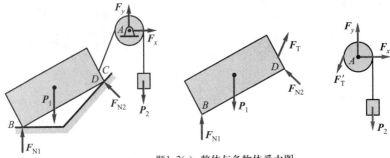

题1-2(c)　整体与各物体受力图

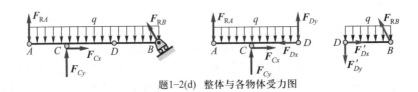

题1-2(d)　整体与各物体受力图

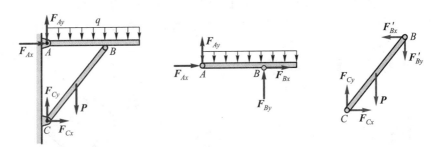

题1-2(e)　整体与各物体受力图

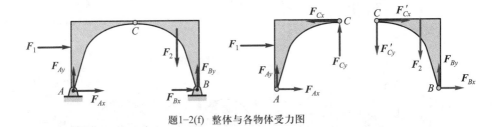

题1-2(f)　整体与各物体受力图

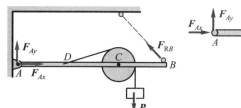
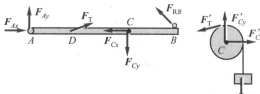

题1-2(g) 整体与各物体受力图

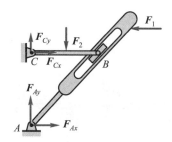
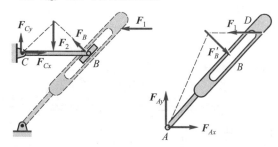

题1-2(h) 整体与各物体受力图

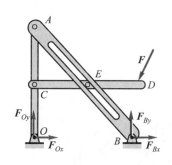
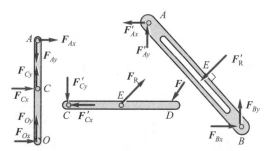

题1-2(i) 整体与各物体受力图

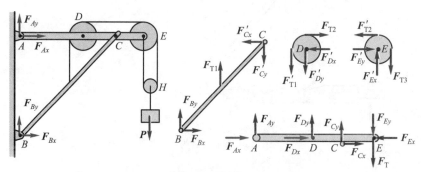

题1-2(j) 整体与各物体受力图

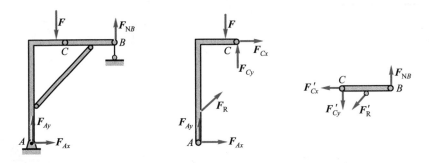

题1-2(k) 整体与各物体受力图

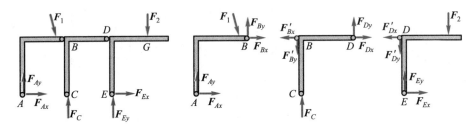

题1-2(l) 整体与各物体受力图

提示： 构件 *CBD* 与 *DE* 的受力图也可按三力汇交定理画出，图略。

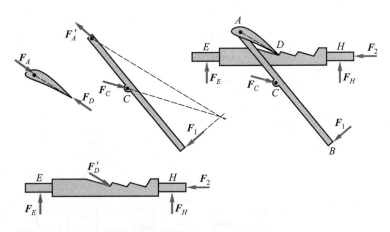

题1-2(m) 整体与各物体受力图

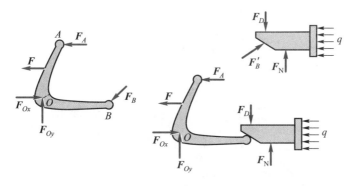

题1-2(n) 整体与各物体受力图

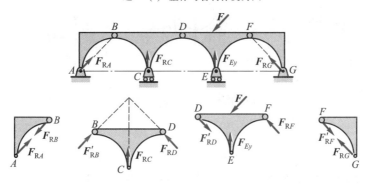

题1-2(o) 整体与各物体受力图

题 1-2 解图

1-3 画出下列每个标注字符的物体(不包含销钉、支座、基础)的受力图,各题的整体受力图和销钉 A(销钉 A 穿透各构件)的受力图。未画重力的物体的重量均不计,所有接触处均为光滑接触。

解答与提示:图 a,c,d,e,f 中均有二力杆,画图时最好按二力构件画出。

各题受力图如题 1-3 解图所示。

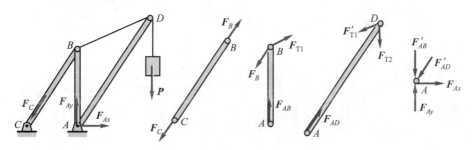

题1-3(a) 整体、各物体与销钉受力图

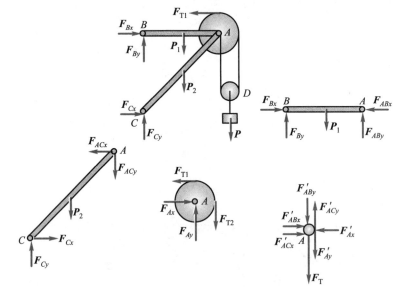

题1-3(b)　整体、各物体与销钉受力图

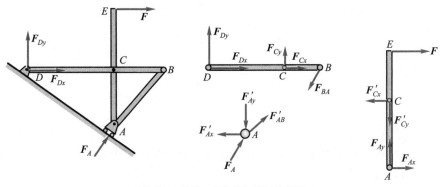

题1-3(c)　整体、各物体与销钉受力图

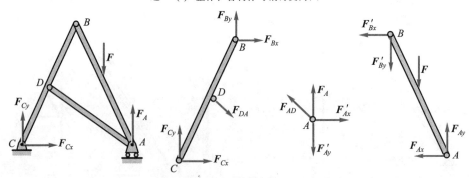

题1-3(d)　整体、各物体与销钉受力图

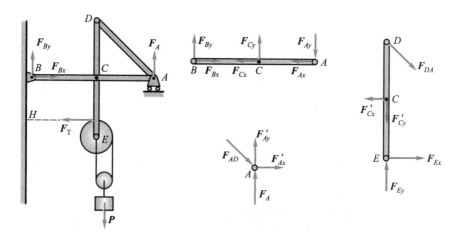

题1-3(e) 整体、各物体与销钉受力图

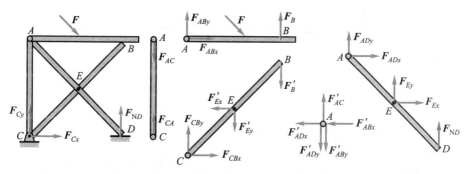

题1-2(f) 整体、各物体与销钉受力图

题 1-3 解图

第二章　平面力系

2-1　图示刚架的点 B 作用一水平力 F，刚架重量略去不计。求支座 A, D 处的约束力 F_A 和 F_D。

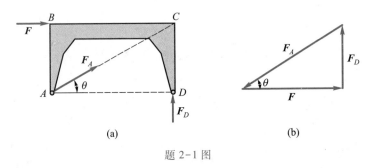

题 2-1 图

解： 取刚架为研究对象，考虑到 D 处约束力沿铅垂方向，由三力平衡汇交定理画出其受力图，如图 a 所示。

（1）用几何法求解。画出封闭力三角形如图 b 所示，可知图 a 所示力 F_A 应为反方向。因

$$\sin \theta = \frac{a}{\sqrt{5}\, a} = \frac{1}{\sqrt{5}}, \qquad \cos \theta = \frac{2a}{\sqrt{5}\, a} = \frac{2}{\sqrt{5}}$$

从图 2-1b 中解出

$$F_A = \frac{\sqrt{5}}{2}F(\swarrow), \qquad F_D = \frac{1}{2}F(\uparrow)$$

（2）用解析法求解。由

$$\sum F_x = 0, \qquad F + F_A \cos \theta = 0$$
$$\sum F_y = 0, \qquad F_D + F_A \sin \theta = 0$$

同样解得

$$F_A = -\frac{\sqrt{5}}{2}F, \qquad F_D = \frac{1}{2}F(\uparrow)$$

2-2　图示电动机重 $P=5$ kN,放在水平梁 AC 的中央,撑杆 BC 与水平梁的夹角为 $30°$,忽略梁和撑杆的重量。求撑杆 BC 受力与铰支座 A 处的约束力。

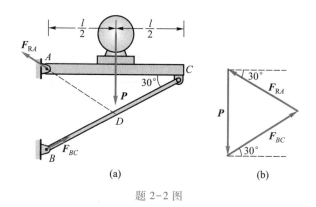

(a)　　　　　　　　　(b)

题 2-2 图

解:取整体为研究对象,注意到杆 BC 为二力杆,画出受力图如图 a 所示。

(1)用几何法求解。画出封闭力三角形如图 b 所示,力三角形为一等边三角形,求得

$$F_{BC} = 5 \text{ kN} \quad (杆 BC 受压), \quad F_{RA} = 5 \text{ kN}$$

(2)用解析法求解。由

$$\sum F_x = 0, \qquad -F_{RA}\cos 30° + F_{BC}\cos 30° = 0$$

$$\sum F_y = 0, \qquad F_{RA}\sin 30° + F_{BC}\sin 30° - P = 0$$

同样解得

$$F_{BC} = 5 \text{ kN} \quad (杆 BC 受压), \quad F_{RA} = 5 \text{ kN}$$

2-3　火箭沿与水平线成 $\beta = 25°$ 角的方向作匀速直线运动,如图所示。火箭的推力 $F_1 = 100$ kN,与运动方向成 $\theta = 5°$ 角。火箭重 $P = 200$ kN,求空气动力 F_2 和它与飞行方向的交角 γ。

解:火箭作匀速直线运动,也为平衡。取火箭为研究对象,画出受力图如题 2-3 图所示。用解析法求解,由

$$\sum F_x = 0, \qquad F_1\cos 30° - F_2\cos(155° - \gamma) = 0$$

$$\sum F_y = 0, \qquad F_1\sin 30° + F_2\sin(155° - \gamma) - P = 0$$

解得

$$F_2 = 173.2 \text{ kN}, \qquad \gamma = 95°$$

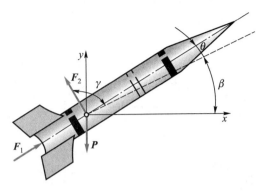

题 2-3 图

此题也可以画封闭力三角形,用几何法求解,略。

2-4 物体重 $P = 20$ kN,用绳子挂在支架的滑轮 B 上,绳子的另一端接在绞车 D 上,如图所示。转动绞车,物体便能升起。设滑轮的大小、杆 AB 与 BC 自重及滑轮轴承处摩擦略去不计,A,B,C 三处均为铰链连接。当物体处于平衡状态时,求杆 AB 与 BC 所受的力。

解:因不计杆 AB 与 BC 自重,杆 AB 与 BC 均为二力杆。又不计滑轮大小,4 个力汇交于点 B。取点 B 为研究对象,画出受力图如题 2-4 图 b 所示,因为有 4 个力,用几何法求解不方便,所以用解析法求解。由

$$\sum F_x = 0, \qquad -F_{BA} - F_{BC}\cos 30° - F_{T}\sin 30° = 0$$

$$\sum F_y = 0, \qquad -F_{BC}\sin 30° - F_{T}\cos 30° - P = 0$$

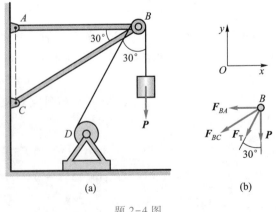

题 2-4 图

式中

$$F_T = P$$

解得

$$F_{BC} = -74.64 \text{ kN}(压), \qquad F_{BA} = 54.64 \text{ kN}(拉)$$

2-5 图示为一古典拔桩装置。在桩的点 A 上系一绳,将绳的另一端固定在点 C,在绳的点 B 系另一绳 BE,将它的另一端固定在点 E。然后在绳的点 D 用力向下拉,并使绳的 BD 段水平,AB 段铅垂,DE 段与水平线、CB 段与铅垂线间成等角 $\theta = 0.1 \text{ rad}(\theta$ 很小,$\tan\theta \approx \theta)$。如向下的拉力 $F = 800 \text{ N}$,求绳 AB 作用于桩上的拉力。

解:分别取点 D,B 为研究对象,均为三力汇交点,分别画出封闭力三角形如图 b 所示。由图中可看出

$$\frac{F}{F_{DB}} = \tan\theta, \qquad \frac{F_{BD}}{F_T} = \tan\theta$$

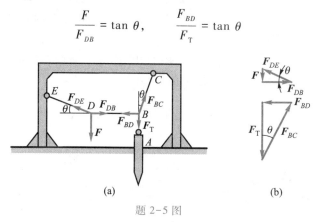

题 2-5 图

解得绳 AB 作用于桩上的拉力 $F_T = 80 \text{ kN}$。

当然,也可以用解析法求解,略。

2-6 图示电线 ACB 架在两电线杆之间,形成一下垂曲线,下垂距离 $CD = f = 1 \text{ m}$,两电线杆间距 $AB = 40 \text{ m}$。电线 ACB 段重 $P = 400 \text{ N}$,为工程计算简便且精度可用,电线自重近似认为沿直线 AB 均匀分布。求电线中点和两端的拉力。

解:本题严格计算属于悬索问题,采用近似解法,即认为电线自重沿直线 AB 均匀分布,计算电线受力可为工程接受。

取 AC 段电线,画出其受力图如图 b 所示。A,C 处电线拉力与一半电线重力,三力汇交于点 O,画出封闭力三角形如图 c 所示。由图可看出

$$\tan\theta = \frac{4f}{l}, \qquad \frac{P}{2F_C} = \tan\theta, \qquad F_A = \sqrt{\frac{P^2}{4} + F_C^2}$$

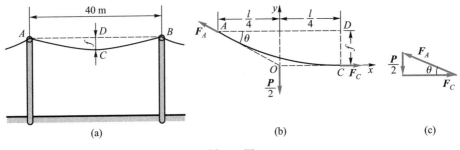

题 2-6 图

解得电线中点和两端的拉力分别为 $F_C = 2\,000\ \mathrm{N}, F_A = F_B = 2\,010\ \mathrm{N}$。

当然,也可以用解析法求解,略。

2-7 图为弯管机的夹紧机构示意图,已知:压力缸直径 $D = 120\ \mathrm{mm}$,压强 $p = 6\ \mathrm{MPa}$,各构件重量和各处摩擦不计。求角 $\theta = 30°$ 平衡时产生的水平夹紧力 F。

解:因不计各构件重量,所以杆 AB 与 BC 均为二力杆。分别取点(销钉)B 与滑块 C 为研究对象,画出受力图如图 b 与图 c 所示。图中

$$F_1 = \pi R^2 \cdot p = \frac{\pi p}{4} D^2 = 21.6\pi\ \mathrm{kN}$$

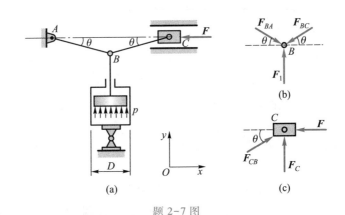

题 2-7 图

为作用于压力缸中活塞的合力。用解析法求解,对点(销钉)B(图 b),由

$$\sum F_x = 0, \qquad F_{BA}\cos\theta - F_{BC}\cos\theta = 0$$

$$\sum F_y = 0, \qquad -F_{BA}\sin\theta - F_{BC}\sin\theta + F_1 = 0$$

解得

$$F_{BA} = F_{BC} = F_1$$

对滑块 C（图 b），由

$$\sum F_x = 0, \qquad F_{CB}\cos\theta - F = 0$$

解得水平夹紧力 $F = 58.76$ kN。

当然，也可以用几何法求解，略。

2-8　在杆 AB 的两端用光滑铰与两轮中心 A,B 连接，并将它们置于两光滑斜面上。两轮重量均为 $\boldsymbol{P}$，杆 AB 重量不计，求平衡时角 θ 之值。如轮 A 重量 $P_A = 300$ N，欲使平衡时杆 AB 在水平位置（$\theta = 0°$），轮 B 重量 P_B 应为多少？

解：（1）杆 AB 为二力杆。分别取两轮为研究对象，轮 A,B 重量分别以 $\boldsymbol{P}_A$ 与 $\boldsymbol{P}_B$ 表示，画出轮 A,B 的受力图如图 a 所示。

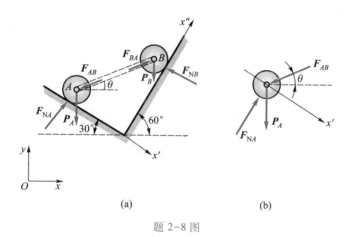

(a)　　　　　　　　　(b)

题 2-8 图

对轮 A，有

$$\sum F_x = 0, \qquad F_{NA}\cos 60° - F_{AB}\cos\theta = 0 \tag{1}$$

$$\sum F_y = 0, \qquad F_{NA}\sin 60° - F_{AB}\sin\theta - P_A = 0 \tag{2}$$

对轮 B，有

$$\sum F_x = 0, \qquad -F_{NB}\cos 30° + F_{BA}\cos\theta = 0 \tag{3}$$

$$\sum F_y = 0, \qquad F_{NB}\sin 30° + F_{BA}\sin\theta - P_B = 0 \tag{4}$$

4 个方程中，有 F_{NA}，$F_{AB} = F_{BA}$，F_{NB}，θ 角 4 个未知数，联立求解得平衡时角 $\theta = 30°$。

（2）轮 A 重量 $P_A = 300$ N，杆 AB 在水平位置，即 $\theta = 0°$ 时平衡，求轮 B 重量 P_B，未知数变为 F_{NA}，$F_{AB} = F_{BA}$，F_{NB}，P_B 共 4 个未知数。把 $P_A = 300$ N 与 $\theta = 0°$ 代入上面 4 个方程，联立求解得 $P_B = 100$ N。

另外解法:为避免求解约束力 F_{NA} 与 F_{NB},对轮 A(图 b)沿 x' 轴列一投影方程,避开约束力 F_{NA};对轮 B(图 a)沿 x'' 轴列一投影方程,避开约束力 F_{NB}。这样求解相对简单些。

当然,也可以用几何法求解,略。

2-9 图示各杆件上只有主动力 F 作用,计算下列各图中力 F 对点 O 的矩。

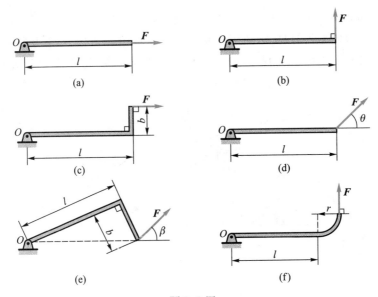

题 2-9 图

解:(a) $M_O(\boldsymbol{F}) = 0$,   (b) $M_O(\boldsymbol{F}) = Fl$

   (c) $M_O(\boldsymbol{F}) = -Fb$,   (d) $M_O(\boldsymbol{F}) = Fl\sin\theta$

   (e) $M_O(\boldsymbol{F}) = F\sqrt{l^2 + b^2}\sin\beta$, (f) $M_O(\boldsymbol{F}) = F(l + r)$

2-10 如图所示,刚架上作用有主动力 F,求力 F 对点 A 和点 B 的力矩。

解:$M_A(\boldsymbol{F}) = -Fb\cos\theta$

    $M_B(\boldsymbol{F}) = F(a\sin\theta - b\cos\theta)$

2-11 在图示结构中,各构件的自重略去不计。在构件 AB 上作用一力偶矩为 M 的力偶,求支座 A 和 C 的约束力。

解:注意到杆 BC 为二力杆,画出整体受力图如图所示,为一力偶系,由

$$\sum M_i = 0, \qquad F_{RA} \cdot 2\sqrt{2}a - M = 0$$

解得

18

$$F_{RA} = F_{RC} = \frac{M}{2\sqrt{2}\,a}$$

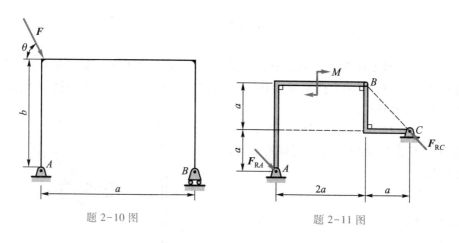

题 2-10 图   题 2-11 图

2-12 两齿轮的节圆半径分别为 r_1 , r_2 ,作用于轮 I 上的主动力偶的力偶矩为 M_1 ,齿轮压力角为 θ ,不计两齿轮的重量。求使二齿轮维持匀速转动时齿轮 II 的阻力偶之矩 M_2 与轴承 O_1 , O_2 的约束力大小和方向。

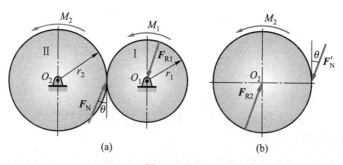

题 2-12 图

解:分别取两轮,画出其受力图如图 a 与 b 所示,均为力偶系。对图 a,由

$$\sum M_i = 0, \qquad M_1 - F_{R1} \cdot r_1 \cos\theta = 0$$

解得轴承 O_1 , O_2 的约束力大小为

$$F_{R1} = F_N = F_{R2} = \frac{M_1}{r_1 \cos\theta}$$

方向如图所示。

对图 b,由

$$\sum M_i = 0, \qquad M_2 - F_{R2} \cdot r_2 \cos \theta = 0$$

解得阻力偶之矩 M_2 为

$$M_2 = \frac{r_2}{r_1} M_1$$

2-13 四连杆机构 O_1ABO_2 在图示位置平衡，$O_1A = 0.4$ m，$O_2B = 0.6$ m，作用在杆 O_1A 上的力偶的力偶矩 $M_1 = 100$ N·m，各杆的重量不计。求力偶矩 M_2 的大小和杆 AB 所受的力。

解：杆 AB 为二力杆，分别画出杆 O_1A 与 O_2B 的受力图如图所示，两杆均受力偶系作用。

对杆 O_1A，由

$$\sum M_i = 0, \qquad F_{AB} \cdot O_1A \sin 30° - M_1 = 0$$

解得

$$F_{AB} = 500 \text{ N(拉)}$$

对杆 O_2B，由

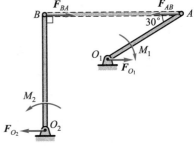

题 2-13 图

$$\sum M_i = 0, \qquad M_2 - F_{BA} \cdot O_2B = 0$$

解得

$$M_2 = 300 \text{ N·m}$$

2-14 直角弯杆 $ABCD$ 与直杆 DE，EC 铰接如图，作用在杆 DE 上力偶的力偶矩 $M = 40$ kN·m，不计各构件自重，不考虑摩擦，尺寸如图。求支座 A，B 处的约束力和杆 EC 所受的力。

解：取整体为研究对象，画出其受力图如图 a 所示，为一力偶系。由

$$\sum M_i = 0, \qquad M - F_{NA} \cdot 4 \text{ m} \cdot \sin 60° = 0$$

解得

$$F_{NA} = F_{RB} = \frac{20\sqrt{3}}{3} \text{ kN}$$

杆 EC 为二力杆，画出杆 DE 的受力图如图 b 所示，杆受力偶系作用。由

$$\sum M_i = 0, \qquad M - F_{EC} \cdot 4 \text{ m} \cdot \sin 45° = 0$$

解得

$$F_{EC} = 10\sqrt{2} \ \text{kN}(\text{压})$$

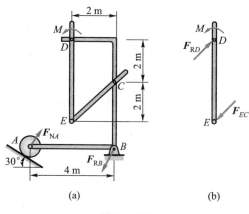

(a)   (b)

题 2–14 图

2–15 在图示机构中,在曲柄 OA 上作用一力偶,其矩为 M,在滑块 D 上作用一水平力 F,机构尺寸如图所示,各构件重量不计,不计摩擦。求当机构平衡时,力 F 与力偶矩 M 的关系。

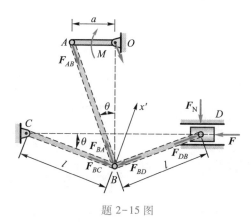

题 2–15 图

解:杆 AB,BC,BD 均为二力杆。先取滑块 D,其受力图如图所示,由

$$\sum F_x = 0, \qquad F_{DB}\cos\theta - F = 0$$

解得

$$F_{DB} = \frac{F}{\cos\theta}$$

再研究销钉 B,受力图如图所示,由

$$\sum F_x = 0, \qquad F_{BC}\cos\theta - F_{BD}\cos\theta - F_{BA}\sin\theta = 0$$

$$\sum F_y = 0, \qquad -F_{BC}\sin\theta - F_{BD}\sin\theta + F_{BA}\cos\theta = 0$$

把 $F_{DB} = \dfrac{F}{\cos\theta}$ 代入,解得 $F_{BA} = \dfrac{2F\sin\theta}{\cos 2\theta}$。

或者,避开解联立方程,如图示 x' 轴,由

$$\sum F_{x'} = 0, \qquad F_{BA}\cos 2\theta - F_{BD}\sin 2\theta = 0$$

同样解得 $F_{BA} = \dfrac{2F\sin\theta}{\cos 2\theta}$。

最后取杆 OA,受力图如图所示,由

$$\sum M_i = 0, \qquad F_{AB}\cos\theta \cdot a - M = 0$$

解得力 F 与力偶矩 M 的关系为

$$F = \frac{M}{a}\cot 2\theta$$

2-16 已知 $F_1 = 150\ \text{N}$，$F_2 = 200\ \text{N}$，$F_3 = 300\ \text{N}$，$F = F' = 200\ \text{N}$，图中尺寸的单位为 mm。求力系向点 O 的简化结果,并求力系合力的大小及其与原点 O 的距离 d。

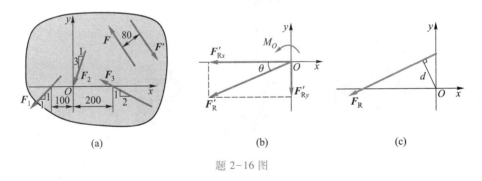

题 2-16 图

解：先求向点 O 简化的主矢。

$$F'_{Rx} = \sum F_x = -F_1\cos 45° - F_2 \cdot \frac{1}{\sqrt{10}} - F_3 \cdot \frac{2}{\sqrt{5}} = -437.6\ \text{N}$$

$$F'_{Ry} = \sum F_y = -F_1\sin 45° - F_2 \cdot \frac{3}{\sqrt{10}} + F_3 \cdot \frac{1}{\sqrt{5}} = -161.6\ \text{N}$$

则

$$F'_R = \sqrt{F'^2_{Rx} + F'^2_{Ry}} = 466.5 \text{ N}$$

与 x 轴的夹角为

$$\theta = \arctan \frac{F'_{Ry}}{F'_{Rx}} = 20.3°$$

再求向点 O 简化的主矩。

$$M_O = \sum M_O(\boldsymbol{F}) = F_1 \sin 45° \times 0.1 \text{ m} + F_3 \times \frac{1}{\sqrt{5}} \times 0.2 \text{ m} - 0.8 \text{ m} \times F$$

$$= 21.44 \text{ N} \cdot \text{m}$$

力系向点 O 的简化结果如图 b 所示。

合力大小

$$F_R = F'_R = 466.5 \text{ N}$$

而距离 d 为

$$d = \left| \frac{M_O}{F'_R} \right| = 45.96 \text{ mm}$$

如图 c 所示。

2-17 图示平面任意力系中力 $F_1 = 40\sqrt{2} \text{ N}, F_2 = 80 \text{ N}, F_3 = 40 \text{ N}, F_4 = 110 \text{ N}, M = 2\ 000 \text{ N} \cdot \text{mm}$。各力作用位置如图所示(图中尺寸的单位为 mm)。求:(1) 力系向 O 点简化的结果;(2) 力系合力的大小、方向与合力作用线方程。

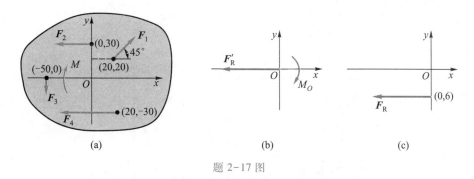

(a)　　　　　　　　(b)　　　　　　　　(c)

题 2-17 图

解:(1) 先求向点 O 简化的主矢。

$$F'_{Rx} = \sum F_x = F_1 \cos 45° - F_2 - F_4 = -150 \text{ N}$$

$$F'_{Ry} = \sum F_y = F_1 \sin 45° - F_3 = 0$$

则
$$F'_R = \sqrt{F'^2_{Rx} + F'^2_{Ry}} = 150 \text{ N}$$

与 x 轴的夹角为

$$\theta = \arctan \frac{F'_{Ry}}{F'_{Rx}} = 0°$$

再求向点 O 简化的主矩。

$$M_O = \sum M_O(\boldsymbol{F}) = 30 \text{ mm} \cdot F_2 + 50 \text{ mm} \cdot F_3 - 30 \text{ mm} \cdot F_4 - M = -900 \text{ N} \cdot \text{mm}$$

力系向点 O 的简化结果如图 b 所示。

（2）合力大小为

$$F_R = F'_R = 150 \text{ N}$$

方向水平向左。合力作用线距点 O 的距离为

$$d = \left| \frac{M_O}{F'_R} \right| = 6 \text{ mm}$$

如图 c 所示，则合力作用线方程为

$$y = -6$$

2-18 某桥墩顶部受到两边桥梁传来的铅垂力 $F_1 = 1\,940$ kN，$F_2 = 800$ kN，水平力 $F_3 = 193$ kN，桥墩重量 $F_4 = 5\,280$ kN，风力的合力 $F_5 = 140$ kN。各力作用线位置如图所示。求将这些力向基底截面中心 O 的简化结果；如能简化为一合力，求出合力作用线的位置。

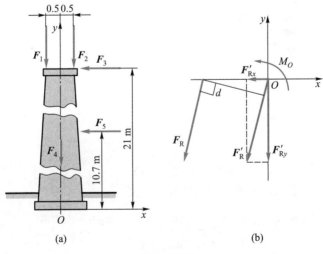

(a)   (b)

题 2-18 图

解：先求向点 O 简化的主矢。

$$F'_{Rx} = \sum F_x = -F_3 - F_5 = -333 \text{ N}$$

$$F'_{Ry} = \sum F_y = -F_1 - F_2 - F_4 = -8\,020 \text{ N}$$

则

$$F'_R = \sqrt{F'^2_{Rx} + F'^2_{Ry}} = 8\,027 \text{ kN}$$

与 x 轴的夹角为

$$\theta = \arctan \frac{F'_{Ry}}{F'_{Rx}} = 267.6°$$

再求向点 O 简化的主矩。

$$M_O = \sum M_O(\boldsymbol{F}) = 0.5 \text{ m} \cdot F_1 - 0.5 \text{ m} \cdot F_2 + 21 \text{ m} \cdot F_3 + 10.7 \text{ m} \cdot F_5$$

$$= 6\,121 \text{ kN} \cdot \text{m}$$

力系向点 O 的简化结果如图 b 所示。

能简化为一合力,合力作用线的位置

$$d = \left| \frac{M_O}{F'_R} \right| = 0.763 \text{ m}$$

如图 b 所示。

2-19 在图示刚架中,已知 $q = 3$ kN/m, $F = 6\sqrt{2}$ kN, $M = 10$ kN · m,不计刚架自重。求固定端 A 处的约束力。

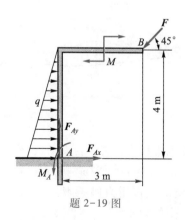

题 2-19 图

解：取刚架,画出其受力图如图所示,由

$$\sum F_x = 0, \qquad F_{Ax} + \frac{1}{2} \cdot q \cdot 4 \text{ m} - F\cos 45° = 0$$

$$\sum F_y = 0, \qquad F_{Ay} - F\sin 45° = 0$$

$$\sum M_A = 0, \qquad M_A - \frac{1}{2} \cdot q \cdot 4 \text{ m} \cdot \frac{4}{3} \text{ m} - M -$$

$$F\sin 45° \cdot 3 \text{ m} + F\cos 45° \cdot 4 \text{ m} = 0$$

分别解得

$$F_{Ax} = 0, \quad F_{Ay} = 6 \text{ kN}, \quad M_A = 12 \text{ kN} \cdot \text{m}$$

2-20 如图所示,当飞机稳定航行时,所有作用在它上面的力必须平衡。已知飞机的重量为 $P = 30$ kN,螺旋桨的牵引力 $F = 4$ kN。飞机的尺寸:$a = 0.2$ m,$b = 0.1$ m,$c = 0.05$ m,$l = 5$ m。求阻力 F_x、机翼升力 F_{y1} 和尾部升力 F_{y2}。

解: 飞机受力图如图所示,列平衡方程

$$\sum F_x = 0, \qquad F_x - F = 0$$

$$\sum F_y = 0, \qquad F_{y1} + F_{y2} - P = 0$$

$$\sum M_A = 0, \qquad (l + a)F_{y2} - Pa - Fb - F_x c = 0$$

分别解得

$$F_x = 4 \text{ kN}, \quad F_{y1} = 28.73 \text{ kN}, \quad F_{y2} = 1.269 \text{ kN}$$

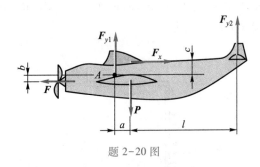

题 2-20 图

2-21 如图所示,飞机机翼上安装一台发动机;作用在机翼 OA 上的气动力按梯形分布:$q_1 = 60$ kN/m,$q_2 = 40$ kN/m,机翼重 $P_1 = 45$ kN,发动机重 $P_2 = 20$ kN,发动机螺旋桨所受的反作用力偶矩 $M = 18$ kN·m。求机翼处于平衡状态时,机翼根部固定端 O 受的力。

解: 把梯形分布载荷分解为一三角形载荷与一矩形载荷,其合力分别用 F_{R1} 与 F_{R2} 表示,如图所示,大小分别为

$$F_{R1} = \frac{1}{2}(q_1 - q_2) \cdot 9 \text{ m} = 90 \text{ kN}$$

$$F_{R2} = q_2 \cdot 9 \text{ m} = 360 \text{ kN}$$

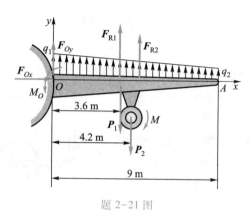

题 2-21 图

分别作用在 3 m 与 4.5 m 处。

画出机翼的受力图如图所示,由

$$\sum F_x = 0, \qquad F_{Ox} = 0$$
$$\sum F_y = 0, \qquad F_{Oy} - P_1 - P_2 + F_{R1} + F_{R2} = 0$$
$$\sum M_O = 0, \qquad M_O - 3.6 \text{ m} \cdot P_1 - 4.2 \text{ m} \cdot P_2 - $$
$$M + 3 \text{ m} \cdot F_{R1} + 4.5 \text{ m} \cdot F_{R2} = 0$$

分别解得

$$F_{Ox} = 0, \quad F_{Oy} = -385 \text{ kN}, \quad M_O = -1\,626 \text{ kN} \cdot \text{m}$$

2-22 如图所示,对称屋架 ABC 的点 A 用铰链固定,点 B 用滚子搁在光滑的水平面上。屋架重 100 kN,AC 边承受风压,风力平均分布,并垂直于 AC,其合力等于 8 kN,尺寸如图。求支座约束力。

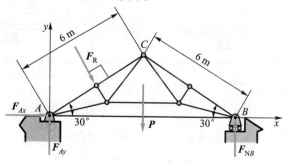

题 2-22 图

解：取屋架，风压合力用 F_R 表示，受力图如图所示，由

$$\sum F_x = 0, \qquad F_{Ax} + F_R \cos 60° = 0$$

$$\sum F_y = 0, \qquad F_{Ay} - P - F_R \sin 60° + F_{NB} = 0$$

$$\sum M_A = 0, \qquad F_{NB} \cdot 12 \text{ m} \cdot \cos 30° - 6 \text{ m} \cdot P \cos 30° - 3 \text{ m} \cdot F_R = 0$$

解得

$$F_{Ax} = -4 \text{ kN}, \quad F_{Ay} = 54.62 \text{ kN}, \quad F_{NB} = 52.31 \text{ kN}$$

2-23 如图所示水平梁 AB，在梁上 D 处用销子安装半径为 $r = 0.1$ m 的定滑轮。有一跨过定滑轮的绳子，其一端水平地系于墙上，另一端悬挂有重 $P = 1\,800$ N 的重物。不计梁、杆、滑轮和绳的重量。$AD = 0.2$ m，$BD = 0.4$ m，$\theta = 45°$，求铰链 A 处和杆 BC 对梁的约束力。

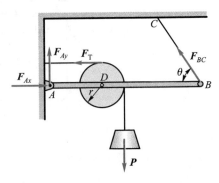

题 2-23 图

解：整体受力图如图所示，图中 $F_T = P$，由

$$\sum F_x = 0, \qquad F_{Ax} - F_T - F_{BC} \cos \theta = 0$$

$$\sum F_y = 0, \qquad F_{Ay} - P + F_{BC} \sin \theta = 0$$

$$\sum M_A = 0, \qquad F_{BC} \sin \theta \cdot AB - P(AD + r) + F_T r = 0$$

解得

$$F_{BC} = 848.5 \text{ N}, \quad F_{Ax} = 2\,400 \text{ N}, \quad F_{Ay} = 1\,200 \text{ N}$$

2-24 无重水平梁的支承和载荷如图 a,b 所示。已知力 F、力偶矩为 M 的力偶和强度为 q 的均布载荷。求支座 A 和 B 处的约束力。

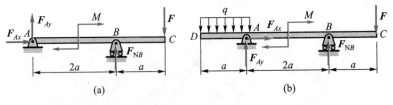

(a)   (b)

题 2-24 图

解：水平梁的受力图如图 a,b 所示。对图 a，由

$$\sum F_x = 0, \qquad F_{Ax} = 0$$

$$\sum M_A = 0, \qquad F_{NB} \cdot 2a - F \cdot 3a - M = 0$$

$$\sum F_y = 0, \qquad F_{Ay} + F_{NB} - F = 0$$

解得

$$F_{Ax} = 0, \quad F_{NB} = \frac{1}{2}\left(3F + \frac{M}{a}\right), \quad F_{Ay} = -\frac{1}{2}\left(F + \frac{M}{a}\right)$$

对图 b,由

$$\sum F_x = 0, \qquad F_{Ax} = 0$$

$$\sum M_A = 0, \qquad F_{NB} \cdot 2a + qa \cdot \frac{a}{2} - F \cdot 3a - M = 0$$

$$\sum F_y = 0, \qquad F_{Ay} + F_{NB} - F - qa = 0$$

解得

$$F_{Ax} = 0, \quad F_{NB} = \frac{1}{2}\left(3F + \frac{M}{a} - \frac{1}{2}qa\right), \quad F_{Ay} = -\frac{1}{2}\left(F + \frac{M}{a} - \frac{5}{2}qa\right)$$

2-25 如图所示,液压式汽车起重机全部固定部分(包括汽车自重)总重 $P_1 = 60$ kN,旋转部分总重 $P_2 = 20$ kN,$a = 1.4$ m,$b = 0.4$ m,$l_1 = 1.85$ m,$l_2 = 1.4$ m。求:

(1) 当 $l = 3$ m 时,起吊重量 $P = 50$ kN 时,支撑腿 A, B 所受地面的支承力;

(2) 当 $l = 5$ m 时,为保证起重机不翻倒,问最大起重量为多大?

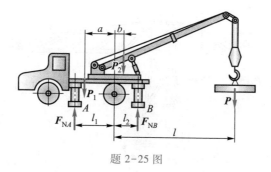

题 2-25 图

解:(1) 取整体,受力图如图所示,由

$$\sum M_B = 0, \qquad P_1(l_2 + a) + P_2(l_2 - b) -$$

$$F_{NA}(l_1 + l_2) - P(l - l_2) = 0 \qquad (1)$$

$$\sum F_y = 0, \qquad F_{NA} - P_1 - P_2 + F_{NB} - P = 0$$

分别解得

$$F_{NA} = 33.23 \text{ kN}, \qquad F_{NB} = 96.77 \text{ kN}$$

（2）当 $l = 5$ m 时，为保证起重机不翻倒，极限状态为 $F_{NA} = 0$，代入方程（1），解得

$$P_{\max} = 52.22 \text{ kN}$$

2–26 如图所示，沿轨道运行的起重机自重（不计平衡锤的重量）为 $P = 500$ kN，其重心在离右轨 1.5 m 处。起重机的起重量为 $P_1 = 250$ kN，臂长距右轨 10 m。跑车本身重量略去不计，欲使跑车满载或空载时起重机均不致翻倒，求平衡锤的最小重量 P_2 以及平衡锤到左轨的最大距离 x。

解：起重机受力图如图所示。

跑车满载时起重机不翻倒，极限状态为 $F_{NA} = 0$，由

$$\sum M_B = 0, \qquad P_2(x + 3 \text{ m}) - 1.5 \text{ m} \cdot P - 10 \text{ m} \cdot P_1 = 0$$

即

$$P_2(x + 3 \text{ m}) = 3\ 250 \text{ N} \cdot \text{m} \tag{1}$$

跑车空载时起重机不翻倒，极限状态为 $F_{NB} = 0$，由

$$\sum M_A = 0, \qquad P_2 x - 4.5 \text{ m} \cdot P = 0$$

即

$$P_2 x = 2\ 250 \text{ N} \cdot \text{m} \tag{2}$$

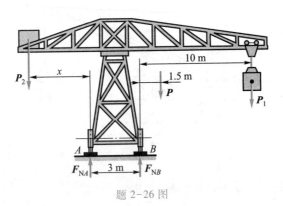

题 2–26 图

联立求解式（1），（2），得

$$P_{2\min} = P_2 = 333.3 \text{ kN}$$

$$x_{\max} = x = 6.75 \text{ m}$$

2-27 如图所示,组合梁由 AC 和 CD 两段铰接构成,起重机放在梁上。已知起重机重 $P_1 = 50$ kN,重心在铅垂线 EC 上,起重载荷 $P_2 = 10$ kN。如不计梁重,求支座 A,B 和 D 处的约束力。

解：先取起重机,受力图如图 b 所示,由

$$\sum M_F = 0, \qquad 2 \text{ m} \cdot F_{NG} - 1 \text{ m} \cdot P_1 - 5 \text{ m} \cdot P_2 = 0$$

求得

$$F_{NG} = 50 \text{ kN}$$

再取 CD 梁,受力图如图 c 所示,由

$$\sum M_C = 0, \qquad 6 \text{ m} \cdot F_{ND} - 1 \text{ m} \cdot F'_{NG} = 0$$

求得

$$F_{ND} = 8.333 \text{ kN}$$

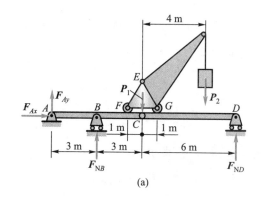

(a)

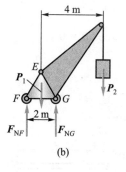

(b)

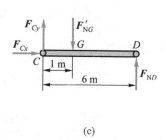

(c)

题 2-27 图

最后取整体,受力图如图 a 所示,由

$$\sum F_x = 0, \qquad F_{Ax} = 0$$

$$\sum M_A = 0, \qquad 12\ \mathrm{m} \cdot F_{ND} - 10\ \mathrm{m} \cdot P_2 - 6\ \mathrm{m} \cdot P_1 + 3\ \mathrm{m} \cdot F_{NB} = 0$$

$$\sum F_y = 0, \qquad F_{Ay} + F_{NB} - P_1 - P_2 + F_{ND} = 0$$

分别解得

$$F_{Ax} = 0, \quad F_{Ay} = -48.33\ \mathrm{kN}, \quad F_{NB} = 100\ \mathrm{kN}$$

2-28 在图 a,b 所示两连续梁中,已知 q, M, a 与角 θ,不计梁的自重,求连续梁在 A, C 处的约束力。

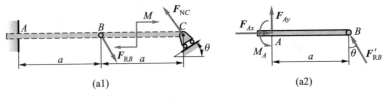

题 2-28a 图

解:(1)先研究 BC 梁,受力图如图 a1 所示,为一平面力偶系,由

$$\sum M_i = 0, \qquad F_{NC} \cdot a\cos\theta - M = 0$$

解得

$$F_{NC} = F_{RB} = \frac{M}{a\cos\theta}$$

再取 AB 梁,受力图如图 a2 所示,由

$$\sum F_x = 0, \qquad F_{Ax} - F'_{RB}\sin\theta = 0$$

$$\sum F_y = 0, \qquad F_{Ay} + F'_{RB}\cos\theta = 0$$

$$\sum M_A = 0, \qquad M_A + F'_{RB} \cdot a\cos\theta = 0$$

分别解得

$$F_{Ax} = \frac{M}{a}\tan\theta, \quad F_{Ay} = -\frac{M}{a}, \quad M_A = -M$$

题 2-28b 图

（2）先研究 BC 梁，受力图如图 b1 所示，由

$$\sum M_B = 0, \qquad F_{NC} \cdot a\cos\theta - qa \cdot \frac{a}{2} = 0$$

$$\sum F_x = 0, \qquad F_{Bx} - F_{NC}\sin\theta = 0$$

$$\sum F_y = 0, \qquad F_{By} - qa + F'_{NC}\cos\theta = 0$$

分别解得

$$F_{NC} = \frac{qa}{2\cos\theta}, \quad F_{Bx} = \frac{1}{2}qa\tan\theta, \quad F_{By} = \frac{1}{2}qa$$

再取 AB 梁，受力图如图 b2 所示，由

$$\sum F_x = 0, \qquad F_{Ax} - F'_{Bx} = 0$$

$$\sum F_y = 0, \qquad F_{Ay} - F'_{By} = 0$$

$$\sum M_A = 0, \qquad M_A - F'_{By} \cdot a = 0$$

分别解得

$$F_{Ax} = \frac{1}{2}qa\tan\theta, \quad F_{Ay} = \frac{1}{2}qa, \quad M_A = \frac{1}{2}qa^2$$

对此题（2）的求解，也可在求出 F_{NC} 的情况下，取整体列 3 个方程求出 A 处 3 个约束力，求解略。这样求解，方程数可减少，但计算量并不明显减少。

2-29 图示构件由不计自重直角弯杆 EBD 与直杆 AB 组成，$q = 10\ \text{kN} \cdot \text{m}$，$F = 50\ \text{kN}$，$M = 6\text{kN} \cdot \text{m}$，各尺寸如图。求固定端 A 处及支座 C 处的约束力。

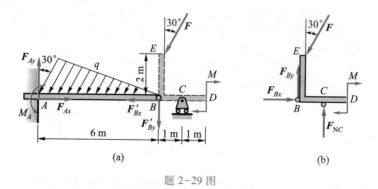

题 2-29 图

解：先研究构件 EBD，受力图如图 b 所示，由

$$\sum F_x = 0, \qquad F_{Bx} - F\sin 30° = 0$$

$$\sum M_B = 0, \qquad F_{NC} \cdot 1\ \text{m} - M + F \sin 30° \cdot 2\ \text{m} = 0$$

$$\sum F_y = 0, \qquad F_{By} + F_{NC} - F \cos 30° = 0$$

分别解得

$$F_{Bx} = 25\ \text{kN}, \quad F_{NC} = -44\ \text{kN}, \quad F_{By} = 87.3\ \text{kN}$$

再取构件 AB,受力图如图 a 所示,由

$$\sum F_x = 0, \qquad F_{Ax} - F'_{Bx} - \frac{1}{2}q \sin 30° \cdot 6\ \text{m} = 0$$

$$\sum F_y = 0, \qquad F_{Ay} - \frac{1}{2}q \cos 30° \cdot 6\ \text{m} - F'_{By} = 0$$

$$\sum M_A = 0, \qquad M_A - \frac{1}{2}q \cos 30° \cdot 6\ \text{m} \cdot 2\ \text{m} - 6\ \text{m} \cdot F'_{By} = 0$$

分别解得

$$F_{Ax} = 40\ \text{kN}, \quad F_{Ay} = 113.3\ \text{kN}, \quad M_A = 575.8\ \text{kN} \cdot \text{m}$$

对此题,也可在求出 F_{NC} 的情况下,取整体列 3 个方程求出 A 处 3 个约束力,求解略。这样求解,方程数可减少,但计算量并未明显减少。

2-30　不计图示平面结构各构件自重,$AB = DF$,$\theta = 30°$,受力与尺寸如图,求各杆在 B,C,D 点给予平台 BD 的力。

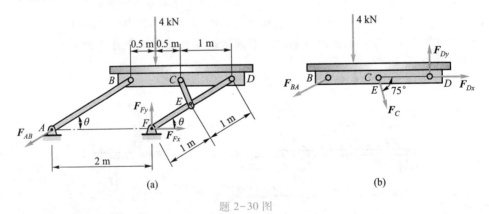

(a)　　　　　　　　　(b)

题 2-30 图

解:注意到杆 AB 为二力杆,画出整体受力图如图 a 所示,由

$$\sum M_F = 0, \qquad F_{AB} \sin \theta \cdot 2\ \text{m} - 4\ \text{kN} \cdot (2\ \text{m} \cdot \cos \theta - 1.5\ \text{m}) = 0$$

解得

34

$$F_{AB} = F_{BA} = 9.282 \text{ kN}$$

此力即为 B 点处给予平台 BD 的力。

再取平台 BD,其受力图如图 b 所示,同样,杆 CE 也是二力杆,由

$$\sum M_D = 0, \qquad F_{BA}\sin\theta \cdot 2 \text{ m} + 4 \text{ kN} \cdot 1.5 \text{ m} + F_C\sin 75° \cdot 1 \text{ m} = 0$$

$$\sum F_x = 0, \qquad -F_{BA}\cos\theta + F_C\cos 75° + F_{Dx} = 0$$

$$\sum F_y = 0, \qquad -F_{BA}\sin\theta - 4 \text{ kN} - F_C\sin 75° + F_{Dy} = 0$$

分别解得

$$F_C = -7.173 \text{ kN}, \quad F_{Dx} = 2.660 \text{ kN}, \quad F_{Dy} = -2.464 \text{ kN}$$

2-31 图示为一种闸门启闭设备的传动系统。已知各齿轮的半径分别为 r_1, r_2, r_3, r_4,鼓轮的半径为 r,闸门重 P,齿轮压力角为 θ,不计各齿轮自重,求最小启门力偶矩 M 与轴 O_3 处的约束力。

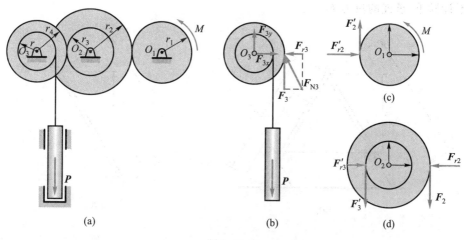

题 2-31 图

解: 取轮 O_3 与闸门一体为研究对象,其受力图如图 b 所示,由

$$\sum M_{O_3} = 0, \qquad F_3 \cdot r_4 - P \cdot r = 0$$

解得 $F_3 = \dfrac{r}{r_4}P$,由齿轮压力角概念,有 $F_{r3} = F_3\tan\theta = \dfrac{r}{r_4}P\tan\theta$。

再由

$$\sum F_x = 0, \qquad F_{3x} - F_{r3} = 0$$

$$\sum F_y = 0, \qquad F_{3y} + F_3 - P = 0$$

分别解得轴承 O_3 处的约束力为

$$F_{3x} = \frac{r}{r_4} P \tan \theta, \qquad F_{3y} = \left(1 - \frac{r}{r_4} \right) P$$

再分别取轮 O_1 与 O_2，其受力图分别如图 c,d 所示，有

$$\sum M_{O_2} = 0, \qquad F_3' \cdot r_3 - F_2 \cdot r_2 = 0$$

$$\sum M_{O_1} = 0, \qquad M - F_2' \cdot r_1 = 0$$

联立解得最小启门力偶矩 M 为

$$M = \frac{r r_1 r_3}{r_2 r_4} P$$

2-32　梯子的两部分 AB 和 AC 在点 A 铰接，又在 D,E 两点用水平绳连接，如图所示。梯子放在光滑的水平面上，其一边作用有铅垂力 F，尺寸如图所示。不计梯重，求绳的拉力 F_T。

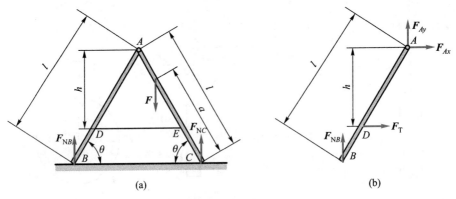

题 2-32 图

解：取整体，受力图如图 a 所示，由

$$\sum M_C = 0, \qquad F \cdot a \cos \theta - F_{NB} \cdot 2l \cos \theta = 0$$

解得

$$F_{NB} = \frac{Fa}{2l}$$

再取 AB 部分，受力图如图 b 所示，由

$$\sum M_A = 0, \qquad F_T \cdot h - F_{NB} \cdot l \cos \theta = 0$$

36

把 F_{NB} 代入,解得

$$F_T = \frac{Fa\cos\theta}{2h}$$

2-33 构架由不计自重的杆 AB,AC 和 DF 铰接而成,如图所示,在杆 DEF 上作用一矩为 M 的力偶。求杆 AB 上铰链 A,D 和 B 处所受的力。

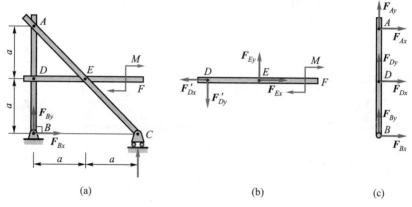

(a)　　　　　　　　　　(b)　　　　　(c)

题 2-33 图

解:对整体,受力图如图 a 所示,由

$$\sum F_x = 0, \qquad F_{Bx} = 0$$

$$\sum M_C = 0, \qquad -F_{By} \cdot 2a - M = 0$$

解得

$$F_{Bx} = 0, \qquad F_{By} = -\frac{M}{2a}$$

再研究杆 DEF,受力图如图 b 所示,由

$$\sum M_E = 0, \qquad F'_{Dy} \cdot a - M = 0$$

解得

$$F'_{Dy} = \frac{M}{a}$$

最后取杆 ADB,受力图如图 c 所示,由

$$\sum M_A = 0, \qquad F_{Bx} \cdot 2a + F_{Dx} \cdot a = 0$$

$$\sum F_x = 0, \qquad F_{Bx} + F_{Dx} + F_{Ax} = 0$$

$$\sum F_y = 0, \qquad F_{By} + F_{Dy} + F_{Ay} = 0$$

分别解得

$$F_{Dx} = F_{Ax} = 0, \qquad F_{Ay} = -\frac{M}{2a}$$

2-34 构架由不计自重的杆 AB, AC 和 DF 铰接而成,如图所示,杆 DF 上的销子 E 套在杆 AC 的光滑槽内。在水平杆 DF 的一端作用一铅垂力 F,求杆 AB 上铰链 A, D 和 B 处所受的力。

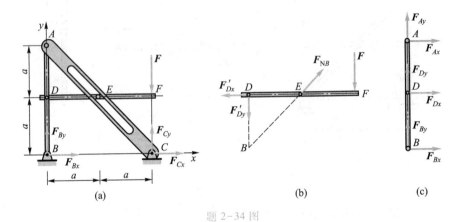

题 2-34 图

解:对整体,受力图如图 a 所示,由

$$\sum M_C = 0, \qquad -F_{By} \cdot 2a = 0$$

解得

$$F_{By} = 0$$

再研究杆 DEF,受力图如图 b 所示,由

$$\sum M_E = 0, \qquad F'_{Dy} \cdot a - F \cdot a = 0$$

$$\sum M_B = 0, \qquad F'_{Dx} \cdot a - F \cdot 2a = 0$$

解得

$$F'_{Dy} = F, \qquad F'_{Dx} = 2F$$

最后取杆 ADB,受力图如图 c 所示,由

$$\sum M_A = 0, \qquad F_{Bx} \cdot 2a + F_{Dx} \cdot a = 0$$

$$\sum F_x = 0, \qquad F_{Bx} + F_{Dx} + F_{Ax} = 0$$

$$\sum F_y = 0, \qquad F_{By} + F_{Dy} + F_{Ay} = 0$$

分别解得

$$F_{Bx} = -F, \qquad F_{Dx} = -F, \qquad F_{Ay} = -F$$

2-35 图示构架中，物体 P 重 1 200 N，由细绳跨过滑轮 E 而水平系于墙上，尺寸如图。不计杆和滑轮的重量，求支承 A 和 B 处的约束力，杆 BC 的内力 F_{BC}。

解：对整体，受力图如图 a 所示，由

$$\sum F_x = 0, \qquad F_{Ax} - F_T = 0$$

$$\sum M_A = 0, \qquad F_{NB} \cdot 4\,\text{m} - P(2\,\text{m} + R) - F_T(1.5\,\text{m} - R) = 0$$

$$\sum F_y = 0, \qquad F_{Ay} + F_{NB} - P = 0$$

式中，R 为轮的半径，$F_T = P$，分别解得

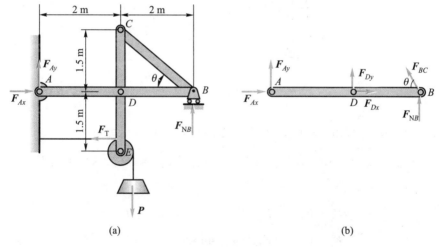

(a)   (b)

题 2-35 图

$$F_{Ax} = 1\,200\,\text{N}, \quad F_{NB} = 1\,050\,\text{N}, \quad F_{Ay} = 150\,\text{N}$$

再选杆 ADB，注意到杆 BC 为二力杆，其受力图如图 b 所示，由

$$\sum M_D = 0, \quad F_{NB} \cdot 2\,\text{m} + F_{BC}\sin\theta \cdot 2\,\text{m} - F_{Ay} \cdot 2\,\text{m} = 0$$

算得 $\sin\theta$，把 F_{NB} 与 F_{Ay} 代入，解得

$$F_{BC} = -1\,500\,\text{N}(\text{压})$$

2-36 不计图示构架中各杆件重量，力 $F = 40\,\text{kN}$，各尺寸如图，求铰链 A，

B,C 处受力。

解：先研究杆 ABC，注意杆 CD 与 BE 均为二力杆，其受力图如图 a 所示，由

$$\sum M_A = 0, \qquad -6\,\text{m} \cdot F_{CD} - 4\,\text{m} \cdot F - F_{BE}\cos 45° \cdot 2\,\text{m} = 0$$

为关于 F_{CD} 与 F_{BE} 的二元一次方程，为此，再分析杆 DEF，其受力图如图 b 所示，由

$$\sum M_F = 0, \qquad 4\,\text{m} \cdot F_{DC} + F_{BE}\cos 45° \cdot 2\,\text{m} = 0$$

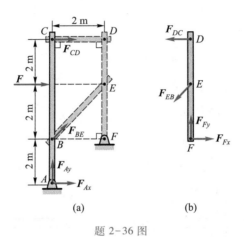

题 2-36 图

解此二元一次方程组，得杆 CD 与 BE，也即铰链 B,C 处受力为

$$F_{CD} = F_{DC} = -80\,\text{kN（杆受压）}, \qquad F_{BE} = F_{EB} = 160\sqrt{2}\,\text{kN（杆受拉）}$$

此时，对图 a，由

$$\sum F_x = 0, \qquad F_{CD} + F + F_{BE}\cos 45° + F_{Ax} = 0$$

$$\sum F_y = 0, \qquad F_{Ay} + F_{BE}\sin 45° = 0$$

分别解得

$$F_{Ax} = -120\,\text{kN}, \qquad F_{Ay} = -160\,\text{kN}$$

2-37 如图所示两等长杆 AB 与 BC 在点 B 用铰链连接，又在杆的 D,E 两点连一弹簧，弹簧的刚度系数为 k，当距离 $AC = a$ 时，弹簧内拉力为零。点 C 作用一水平力 F，尺寸如图所示，杆重不计，求系统平衡时距离 AC 之值。

解：由题意，当 $AC = a$ 时，弹簧内拉力为零，即弹簧为原长，以 δ_0 表示。由三角形 BDE 与 BAC 的相似关系，有

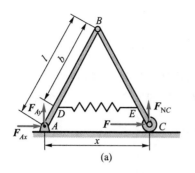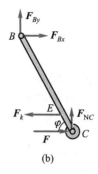

$$(a) \qquad (b)$$

题 2-37 图

$$\frac{\delta_0}{a} = \frac{b}{l}$$

得弹簧原长 $\delta_0 = \dfrac{ba}{l}$。当 $AC = x$ 时，有 $\dfrac{DE}{x} = \dfrac{b}{l}$，即 $DE = \dfrac{bx}{l}$，得弹簧的变形量为

$$\delta = DE - \delta_0 = \frac{b}{l}(x - a)$$

此时的弹性力为

$$F_k = k\delta = \frac{kb}{l}(x - a) \tag{1}$$

取整体，受力图如图 a 所示，由

$$\sum M_A = 0, \qquad F_{NC} \cdot x = 0$$

得

$$F_{NC} = 0$$

取杆 BC，受力图如图 b 所示，由

$$\sum M_B = 0, \quad F \cdot l\sin\varphi - F_k \cdot b\sin\varphi = 0$$

得

$$F_k = \frac{Fl}{b} \tag{2}$$

由式（1）与式（2），有

$$\frac{kb}{l}(x - a) = \frac{Fl}{b}$$

解得

$$x = a + \frac{Fl^2}{kb^2}$$

2-38 在图示构架中，A,C,D,E 处为铰链连接，杆 BD 上的销钉 B 置于杆 AC 的光滑槽内，力 $F = 200$ N，力偶矩 $M = 100$ N·m，不计各构件重量，各尺寸如图，求 A,B,C 处所受的力。

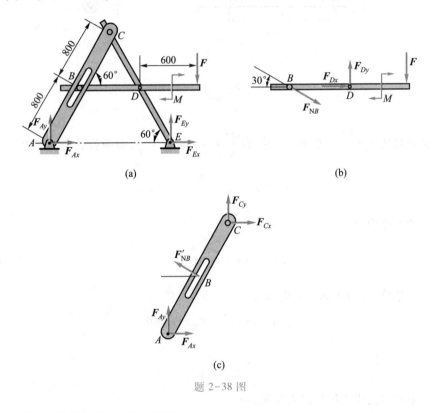

(a)　　　　　　(b)

(c)

题 2-38 图

解：整体受力图如图 a 所示，由

$$\sum M_E = 0, \qquad -1.6 \text{ m} \cdot F_{Ay} - M - F \cdot (0.6 \text{ m} - 0.4 \text{ m}) = 0$$

解得

$$F_{Ay} = -87.5 \text{ N}$$

再研究杆 BD，受力图如图 b 所示，由

$$\sum M_D = 0, \qquad F_{NB}\sin 30° \cdot 0.8 \text{ m} - M - F \cdot 0.6 \text{ m} = 0$$

解得

42

$$F_{NB} = 550 \text{ N}$$

最后研究杆 ABC,受力图如图 c 所示,由

$$\sum M_C = 0, \qquad F_{Ax}\sin 60° \cdot 1.6 \text{ m} - F_{Ay} \cdot 0.8 \text{ m} - F'_{NB} \cdot 0.8 \text{ m} = 0$$

解得

$$F_{Ax} = 267 \text{ N}$$

由

$$\sum F_x = 0, \qquad F_{Ax} - F'_{NB}\cos 30° + F_{Cx} = 0$$

$$\sum F_y = 0, \qquad F_{Ay} + F'_{NB}\sin 30° + F_{Cy} = 0$$

分别解得

$$F_{Cx} = 209 \text{ N}, \qquad F_{Cy} = -187.5 \text{ N}$$

2-39　不计图示结构中各构件自重,A 处为固定端约束,C 处为光滑接触,D 处为铰链连接,$F_1 = F_2 = 400$ N,$M = 300$ N · m,$AB = BC = 400$ mm,$CD = DE = 300$ mm,$\theta = 45°$。求固定端 A 处与铰链 D 处的约束力。

解:先研究杆 DCE,受力图如图 a 所示,由

$$\sum F_x = 0, \qquad F_{Dx} = 0$$

$$\sum M_D = 0, \qquad -M + F_{NC} \cdot CD - F_1 \cdot ED = 0$$

$$\sum F_y = 0, \qquad F_{Dy} + F_{NC} - F_1 = 0$$

分别解得

$$F_{Dx} = 0, \quad F_{NC} = 1\ 800 \text{ N}, \quad F_{Dy} = -1\ 400 \text{ N}$$

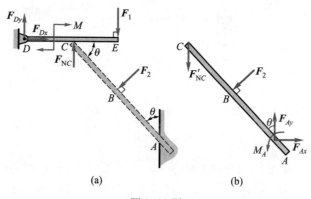

(a)　　　　　　　　(b)

题 2-39 图

再研究杆 ABC,受力图如图 b 所示,由

$$\sum F_x = 0, \qquad F_{Ax} - F_2 \cos 45° = 0$$

$$\sum F_y = 0, \qquad F_{Ay} - F_2 \sin 45° - F'_{NC} = 0$$

$$\sum M_A = 0, \qquad M_A + F_2 \cdot AB + F'_{NC} \cdot AC \sin 45° = 0$$

分别解得

$$F_{Ax} = 200\sqrt{2} \text{ N}, \quad F_{Ay} = 2\,083 \text{ N}, \quad M_A = -1\,178 \text{ N} \cdot \text{m}$$

2-40　图示构架中,各杆单位长度的重量为 300 N/m,载荷 $P = 10$ kN,求固定端 A 处与 B,C 铰链处的约束力。

解:先取整体,受力图如图 a 所示,由

$$\sum F_x = 0, \qquad F_{Ax} = 0$$

$$\sum F_y = 0, \qquad F_{Ay} - P - P_1 - P_2 - P_3 = 0$$

$$\sum M_A = 0, \qquad M_A - 2 \text{ m} \cdot P_2 - 3 \text{ m} \cdot P_1 - 6 \text{ m} \cdot P = 0$$

式中

$$P_1 = P_3 = 300 \times 6 \text{ N} = 1\,800 \text{ N}, \qquad P_2 = 300 \times 5 \text{ N} = 1\,500 \text{ N}$$

分别解得

$$F_{Ax} = 0, \quad F_{Ay} = 15.1 \text{ kN}, \quad M_A = 68.4 \text{ kN} \cdot \text{m}$$

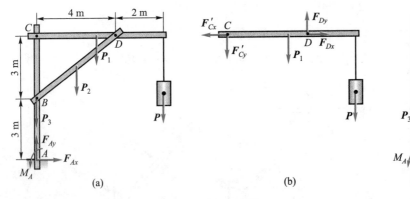

题 2-40 图

再研究杆 CD,受力图如图 b 所示,由

$$\sum M_D = 0, \qquad 4 \text{ m} \cdot F'_{Cy} + 1 \text{ m} \cdot P_1 - 2 \text{ m} \cdot P = 0$$

解得

44

$$F'_{Cy} = 4.55 \text{ kN}$$

最后研究杆 ABC,受力图如图 c 所示,由

$$\sum M_C = 0, \qquad M_A + 6 \text{ m} \cdot F_{Ax} + 3 \text{ m} \cdot F_{Bx} = 0$$

$$\sum F_x = 0, \qquad F_{Ax} + F_{Bx} + F_{Cx} = 0$$

$$\sum F_y = 0, \qquad F_{Ay} + F_{By} + F_{Cy} - P_3 = 0$$

分别解得

$$F_{Bx} = -22.8 \text{ kN}, \quad F_{Cx} = 22.8 \text{ kN}, \quad F_{By} = -17.85 \text{ kN}$$

2-41 如图所示,用三根杆连接成一构架,各连接点均为铰链,B 处为光滑接触,不计各杆的重量。图中尺寸单位为 m。求铰链 D 受力。

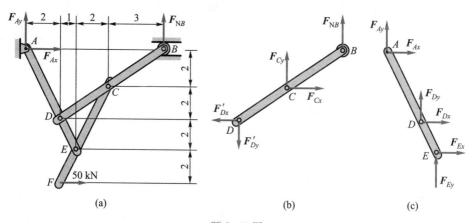

题 2-41 图

解:先取整体,受力图如图 a 所示,由

$$\sum F_x = 0, \qquad F_{Ax} + 50 \text{ kN} = 0$$

$$\sum M_B = 0, \qquad 50 \text{ kN} \times 8 \text{ m} - F_{Ay} \times 8 \text{ m} = 0$$

$$\sum F_y = 0, \qquad F_{Ay} + F_{NB} = 0$$

分别解得

$$F_{Ax} = -50 \text{ kN}, \quad F_{Ay} = 50 \text{ kN}, \quad F_{NB} = -50 \text{ kN}$$

再研究杆 BCD 与杆 ADE,受力图如图 b,c 所示,对图 b,由

$$\sum M_C = 0, \qquad 3 \text{ m} \cdot F'_{Dy} - 2 \text{ m} \cdot F'_{Dx} + 3 \text{ m} \cdot F_{NB} = 0 \qquad (1)$$

得到关于 F'_{Dx}, F'_{Dy} 的二元一次方程。对图 c,由

$$\sum M_E = 0, \qquad -6\ \text{m} \cdot F_{Ax} - 3\ \text{m} \cdot F_{Ay} - 2\ \text{m} \cdot F_{Dx} - 1\ \text{m} \cdot F_{Dy} = 0 \qquad (2)$$

得到关于 F_{Dx},F_{Dy} 的又一个二元一次方程,把方程(1)与(2)联立求解
得

$$F_{Dx} = F'_{Dx} = 37.5\ \text{kN}, \qquad F_{Dy} = F'_{Dy} = 75\ \text{kN}$$

或

$$F_D = \sqrt{F_{Dx}^2 + F_{Dy}^2} = 84\ \text{kN}$$

2-42 图示结构由直角弯杆 DAB 和直杆 BC,CD 铰接而成,杆 DC 受均布载荷 q 作用,杆 BC 受矩为 $M = qa^2$ 的力偶作用。不计各构件自重。求铰链 D 受力。

解:先研究杆 BC,受力图如图 b 所示,由

$$\sum M_B = 0, \qquad F'_{Cx} \cdot a - M = 0$$

得

$$F'_{Cx} = qa$$

再研究杆 CD,受力图如图 a 所示,由

$$\sum F_x = 0, \qquad F_{Dx} + F_{Cx} = 0$$

$$\sum M_C = 0, \qquad qa \cdot \frac{a}{2} - F_{Dy} \cdot a = 0$$

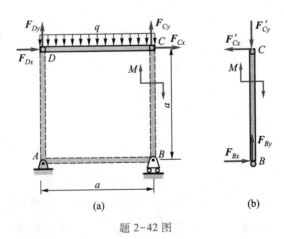

题 2-42 图

分别解得

$$F_{Dx} = -qa, \qquad F_{Dy} = \frac{1}{2}qa$$

或

$$F_D = \frac{\sqrt{5}}{2}qa$$

2-43 不计图示各构件自重,已知铅垂力 F_1,F_2,力偶矩 M 与尺寸 a,且 $M = F_1 a$,F_2 作用于销钉 B 上,求:(1)固定端 A 处的约束力;(2)销钉 B 对杆 AB 与 T 形杆的作用力。

解: 先研究杆 CD,受力图如图 a 所示,由

$$\sum M_D = 0, \qquad F_{Cy} \cdot 2a - M = 0$$

得

$$F_{Cy} = \frac{1}{2}F_1$$

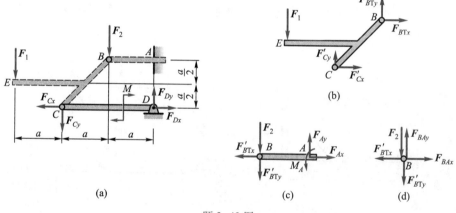

题 2-43 图

接着研究 T 形杆 BCE,不包含销钉 B,受力图如图 b 所示,由

$$\sum F_y = 0, \qquad F_{BTy} - F_1 + F'_{Cy} = 0$$

$$\sum M_C = 0, \qquad F_1 \cdot a + F_{BTy} \cdot a - F_{BTx} \cdot a = 0$$

分别解得销钉 B 对 T 形杆的作用力为

$$F_{BTy} = \frac{1}{2}F_1, \qquad F_{BTx} = \frac{3}{2}F_1$$

再研究杆 AB,包含销钉 B,受力图如图 c 所示,由

$$\sum F_x = 0, \qquad F_{Ax} - F'_{BTx} = 0$$

$$\sum F_y = 0, \qquad -F'_{BTy} - F_2 + F_{Ay} = 0$$

$$\sum M_A = 0, \qquad F_2 \cdot a + F'_{BTy} \cdot a + M_A = 0$$

分别解得

$$F_{Ax} = \frac{3}{2}F_1, \quad F_{Ay} = \frac{1}{2}F_1 + F_2, \quad M_A = -\left(\frac{1}{2}F_1 + F_2\right)a$$

最后取销钉 B,其受力图如图 d 所示,由

$$\sum F_x = 0, \qquad F_{BAx} - F'_{BTx} = 0$$

$$\sum F_y = 0, \qquad F_{BAy} - F'_{BTy} - F_2 = 0$$

分别解得销钉 B 对杆 AB 的作用力为

$$F_{BAx} = \frac{3}{2}F_1, \qquad F_{BAy} = \frac{1}{2}F_1 + F_2$$

2-44 不计图示各构件自重,铅垂载荷 $F = 60$ kN。求铰链 A, E 处的约束力与杆 BD, BC 受力。

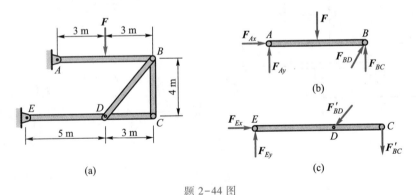

题 2-44 图

解:杆 BD 与 BC 均为二力杆,画出杆 AB 与 EC 的受力图如图 b,c 所示。对图 b,由

$$\sum M_A = 0, \qquad F_{BD} \cdot \frac{4}{5} \cdot 6\ \text{m} + F_{BC} \cdot 6\ \text{m} - F \cdot 3\ \text{m} = 0 \qquad (1)$$

为关于 F_{BD} 与 F_{BC} 的二元一次方程。对图 c,由

$$\sum M_E = 0, \qquad -F'_{BD} \cdot \frac{4}{5} \cdot 5 \text{ m} - F'_{BC} \cdot 8 \text{ m} = 0 \qquad (2)$$

得另一关于 F_{BD} 与 F_{BC} 的二元一次方程,联立求解得

$$F_{BC} = -50 \text{ kN}(拉), \qquad F_{BD} = 100 \text{ kN}(压)$$

对图 b,由

$$\sum F_x = 0, \qquad F_{Ax} + F_{BD} \cdot \frac{3}{5} = 0$$

$$\sum F_y = 0, \qquad F_{Ay} - F + F_{BD} \cdot \frac{4}{5} + F_{BC} = 0$$

分别解得

$$F_{Ax} = -60 \text{ kN}, \qquad F_{Ay} = 30 \text{ kN}$$

对图 c,由

$$\sum F_x = 0, \qquad F_{Ex} - F'_{BD} \cdot \frac{3}{5} = 0$$

$$\sum F_y = 0, \qquad F_{Ey} - F'_{BD} \cdot \frac{4}{5} - F'_{BC} = 0$$

分别解得

$$F_{Ex} = 60 \text{ kN}, \qquad F_{Ey} = 30 \text{ kN}$$

2-45 图示构架,由直杆 BC,CD 和直角弯杆 AB 组成,各杆自重不计,载荷分布和尺寸如图所示。销钉 B 穿透 AB 和 BC 两构件,在销钉 B 上作用一集中载荷 P。q,a,M 为已知,且 $M = qa^2$。求固定端 A 处的约束力和销钉 B 对杆 BC、杆 AB 的作用力。

解:先研究杆 CD,受力图如图 b 所示,由

$$\sum M_D = 0, \qquad F_{Cx} \cdot a - qa \cdot \frac{a}{2} = 0$$

解得

$$F_{Cx} = \frac{1}{2}qa$$

接着研究杆 BC,包含销钉 B,其受力图如图 c 所示,由

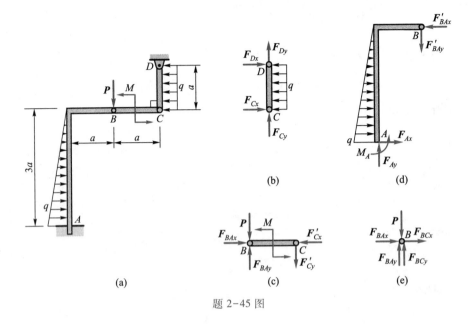

(a) (b) (c) (d) (e)

题 2-45 图

$$\sum F_x = 0, \qquad F_{BAx} - F'_{Cx} = 0$$

$$\sum M_C = 0, \qquad P \cdot a - F_{BAy} \cdot a + M = 0$$

解得销钉 B 对杆 AB 的作用力为

$$F_{BAx} = \frac{1}{2}qa, \qquad F_{BAy} = P + qa$$

再研究弯杆 AB，受力图如图 d 所示，由

$$\sum F_x = 0, \qquad F_{Ax} - F'_{BAx} + \frac{1}{2}q \cdot 3a = 0$$

$$\sum F_y = 0, \qquad F_{Ay} - F'_{BAy} = 0$$

$$\sum M_A = 0, \qquad M_A - F'_{BAy} \cdot a + F'_{BAx} \cdot 3a - \frac{1}{2}q \cdot 3a \cdot a = 0$$

分别解得固定端 A 处的约束力为

$$F_{Ax} = -qa, \quad F_{Ay} = P + qa, \quad M_A = (P + qa)a$$

最后取销钉 B，受力图如图 e 所示，由

$$\sum F_x = 0, \qquad F_{BAx} + F_{BCx} = 0$$

$$\sum F_y = 0, \qquad F_{BAy} + F_{BCy} - P = 0$$

解得销钉 B 对杆 BC 的作用力为

$$F_{BCx} = -\frac{1}{2}qa, \qquad F_{BCy} = -qa$$

2-46 不计图示平面结构各构件自重,载荷与尺寸如图所示。水平集中力 $F = 5$ kN,水平均布力 $q = 2$ kN/m,力偶矩 $M_1 = M_2 = 4$ kN·m,$l = 1$ m。求杆 BC 受力和固定端 A 处的约束力。

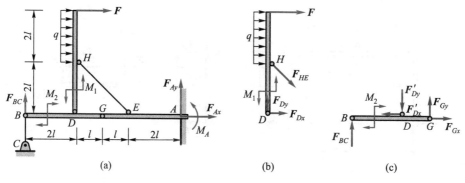

题 2-46 图

解:先取杆 DH,杆 HE 为二力杆,受力图如图 b 所示,由

$$\sum M_D = 0, \qquad M_1 - \frac{\sqrt{2}}{2}F_{HE} \cdot 2l - F \cdot 4l - 2ql \cdot 3l = 0$$

$$\sum F_x = 0, \qquad F_{Dx} + F_{HE}\cos 45° + F + 2lq = 0$$

$$\sum F_y = 0, \qquad F_{Dy} - F_{HE}\sin 45° = 0$$

分别解得

$$F_{HE} = -14\sqrt{2} \text{ kN}, \quad F_{Dx} = 5 \text{ kN}, \quad F_{Dy} = -14 \text{ kN}$$

再取杆 BDG,受力图如图 c 所示,由

$$\sum M_G = 0, \qquad -F_{BC} \cdot 3l - M_2 + F'_{Dy} \cdot l = 0$$

解得

$$F_{BC} = -6 \text{ kN}(拉)$$

最后取整体,受力图如图 a 所示,由

$$\sum F_x = 0, \qquad F_{Ax} + 2lq + F = 0$$

$$\sum F_y = 0, \qquad F_{Ay} + F_{BC} = 0$$

$$\sum M_A = 0, \qquad M_A - F_{BC} \cdot 6l - F \cdot 4l - 2ql \cdot 3l + M_1 - M_2 = 0$$

分别解得

$$F_{Ax} = -9 \text{ kN}, \quad F_{Ay} = 6 \text{ kN}, \quad M_A = -4 \text{ kN} \cdot \text{m}$$

当然,若对杆 BDG 求出 G 处约束力,然后取杆 GEA 求解也可。

2-47 不计图示平面结构各构件自重,载荷与尺寸如图所示。力 $\boldsymbol{F}_1$ 为铅垂集中力,力 $\boldsymbol{F}_2$ 为水平集中力,且 $F_1 = F_2 = F$,力偶矩 $M = Fa$。求 A, D 处的约束力。

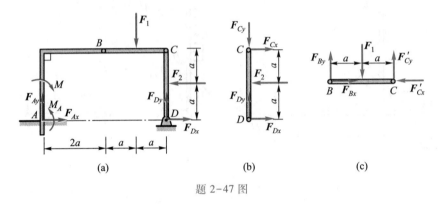

题 2-47 图

解:先取杆 CD,受力图如图 b 所示,可看出,$F_{Dx} = \dfrac{F_2}{2} = \dfrac{F}{2}$,或者由

$$\sum M_C = 0, \qquad F_{Dx} \cdot 2a - F_2 \cdot a = 0$$

同样可得。再取杆 BC,受力图如图 c 所示,可看出,$F'_{Cy} = \dfrac{F_1}{2} = \dfrac{F}{2}$,或者由

$$\sum M_B = 0, \qquad F'_{Cy} \cdot 2a - F_1 \cdot a = 0$$

同样可得。对图 b,由

$$\sum F_y = 0, \qquad F_{Dy} - F_{Cy} = 0$$

解得

$$F_{Dy} = \frac{F}{2}$$

最后,取整体,受力图如图 a 所示,由

$$\sum F_x = 0, \qquad F_{Ax} + F_{Dx} - F_2 = 0$$

$$\sum F_y = 0, \qquad F_{Ay} + F_{Dy} - F_1 = 0$$

$$\sum M_A = 0, \qquad M_A - M - F_1 \cdot 3a + F_2 \cdot a + F_{Dy} \cdot 4a = 0$$

分别解得

$$F_{Ax} = \frac{F}{2}, \qquad F_{Ay} = \frac{F}{2}, \qquad M_A = Fa$$

也可求出 B,C 处的约束力，取杆 AB 求出 A 处的约束力。

2-48 不计图示平面结构各构件自重，载荷与尺寸如图所示。铅垂集中力 $F_1 = 300\sqrt{2}$ kN，$F_2 = 500\sqrt{2}$ kN。求支座 D,E 处的约束力。

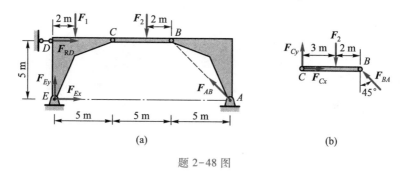

题 2-48 图

解：取 BC 构件，注意到 AB 构件为二力构件，受力图如图 b 所示，由

$$\sum M_C = 0, \qquad F_{BA}\sin 45° \cdot 5 \text{ m} - F_2 \cdot 3 \text{ m} = 0$$

解得

$$F_{BA} = 600 \text{ kN}$$

再取整体，受力图如图 a 所示，由

$$\sum M_E = 0, \qquad F_{AB}\sin 45° \cdot 15 \text{ m} - F_2 \cdot 8 \text{ m} - F_1 \cdot 2 \text{ m} - F_{RD} \cdot 5 \text{ m} = 0$$

$$\sum F_x = 0, \qquad F_{Ex} + F_{RD} - F_{AB}\cos 45° = 0$$

$$\sum F_y = 0, \qquad F_{Ey} - F_1 - F_2 + F_{AB}\sin 45° = 0$$

分别解得

$$F_{RD} = 20\sqrt{2} \text{ kN}(\leftarrow), \qquad F_{Ex} = 320\sqrt{2} \text{ kN}, \qquad F_{Ey} = 500\sqrt{2} \text{ kN}$$

此题也可以这样求解：考虑到 AB 构件为二力杆，过 A,B 两点连一直线，过 D,E 两点连一直线，对这两条直线的交点列一力矩方程，再列两个力矩方程，解三元一次方程也可求解。求解略。

2-49 不计图示各构件自重，尺寸如图所示（尺寸单位为 m），载荷 $F_1 =$

$120 \text{ kN}, F_2 = 75 \text{ kN}$。求 AC, AD 两杆受力。

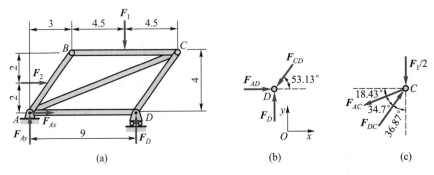

题 2-49 图

解：先取整体，受力图如图 a 所示，由

$$\sum M_A = 0, \qquad 9 \text{ m} \cdot F_D - 7.5\text{m} \cdot F_1 - 2\text{m} \cdot F_2 = 0$$

解得

$$F_D = 116.7 \text{ kN}$$

取销钉 D，注意杆 DA 与 DC 为二力杆，其受力图如图 b 所示，由

$$\sum F_y = 0, \qquad F_D - F_{CD}\sin 53.13° = 0$$

$$\sum F_x = 0, \qquad F_{AD} - F_{CD}\cos 53.13° = 0$$

分别解得

$$F_{CD} = 145.9 \text{ kN}, \qquad F_{AD} = 87.54 \text{ kN（压）}$$

最后取销钉 C，注意力 F_1 作用于此销钉的力为 $\dfrac{F_1}{2}$，受力图如图 c 所示，由

$$\sum F_y = 0, \qquad F_{DC}\cos 36.87° - F_{AC}\cos(36.87° + 34.7°) - \frac{F_1}{2} = 0$$

解得

$$F_{AC} = 179.4 \text{ kN（拉）}$$

2-50 不计图示各构件自重，尺寸如图所示，求：支座 D 处与 BF, EC 两杆受力。

解：先取整体，受力图如图 a 所示，由

$$\sum M_A = 0, \qquad 152 \text{ mm} \cdot F_{Dx} - 406 \text{ mm} \times 2 \text{ kN} = 0$$

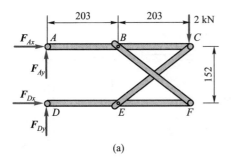

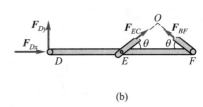

$$(a) \qquad\qquad (b)$$

题 2-50 图

解得

$$F_{Dx} = 5.34 \text{ kN}$$

取杆 DEF,受力图如图 b 所示,由

$$\sum M_O = 0, \qquad \frac{152}{2} \text{ mm} \cdot F_{Dx} - \left(203 \text{ mm} + \frac{203}{2} \text{ mm} \right) F_{Dy} = 0$$

解得

$$F_{Dy} = 1.33 \text{ kN}$$

再由

$$\sum F_x = 0, \qquad F_{Dx} + F_{EC}\cos \theta - F_{BF}\cos \theta = 0$$
$$\sum F_y = 0, \qquad F_{Dy} + F_{EC}\sin \theta + F_{BF}\sin \theta = 0$$

联立解得 BF,EC 两杆受力为

$$F_{BF} = 2.23 \text{ kN}(\text{拉}), \qquad F_{EC} = -4.45 \text{ kN}(\text{压})$$

2-51 不计图示各构件自重,尺寸如图所示,$q_0 = 2$ kN/m,$M = 10$ kN·m,$F = 2$ kN。求铰支座 D 处的销钉 D 对杆 CD 的作用力。

解: 先取整体,受力图如图 a 所示,由

$$\sum M_D = 0, \qquad -6 \text{ m} \cdot F_{NA} + \frac{1}{2}q_0 \cdot 3 \text{ m} \cdot 4 \text{ m} - M + 1 \text{ m} \cdot F = 0$$

解得

$$F_{NA} = 0.667 \text{ kN}$$

取杆 ABC,受力图如图 b 所示,图中,$F_1 = \frac{1}{2}q_0 \cdot 3 \text{ m} = 3 \text{ kN}$,由

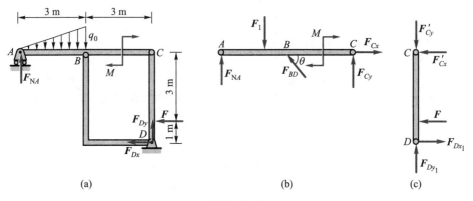

(a)   (b)   (c)

题 2-51 图

$$\sum M_C = 0, \qquad -6\ \text{m} \cdot F_{NA} + 4\ \text{m} \cdot F_1 - M - 3\ \text{m} \cdot F_{BD}\sin\theta = 0$$

$$\sum F_x = 0, \qquad F_{Cx} - F_{BD}\cos\theta = 0$$

$$\sum F_y = 0, \qquad F_{NA} - F_1 + F_{BD}\sin\theta + F_{Cy} = 0$$

分别解得

$$F_{BD} = -0.833\ \text{kN}, \quad F_{Cx} = -0.5\ \text{kN}, \quad F_{Cy} = 3\ \text{kN}$$

最后取杆 CD,不包含销钉 D,受力图如图 c 所示,由

$$\sum F_x = 0, \qquad -F'_{Cx} - F + F_{Dx_1} = 0$$

$$\sum F_y = 0, \qquad F'_{Dy_1} - F'_{Cy} = 0$$

分别解得销钉 D 对杆 CD 的作用力为

$$F_{Dx_1} = 1.5\ \text{kN}, \qquad F_{Dy_1} = 3\ \text{kN}$$

2-52 不计图示各构件自重,尺寸如图所示,$l = 2\ \text{m}$,$\theta = 45°$,物重 $P = 2\ \text{kN}$,$F_1 = 10\ \text{kN}$,$F_2 = 2\ \text{kN}$,$q = 1\ \text{kN/m}$。求铰支座 A, B, C 处的约束力。

解: BD 为二力杆,由杆 DE 平衡,可知支座 B 处的约束力为 $F_B = \dfrac{1}{2}F_2 = 1\ \text{kN}$。

取构件 $AGEC$,受力图如图 b 所示,由

$$\sum M_A = 0, \qquad F_{Cy} \cdot 8l - \frac{F_2}{2} \cdot 8l - F_1 \cdot 6l - F_1 \cdot 2l - 3ql \times 1.5l - Pl = 0$$

解得

56

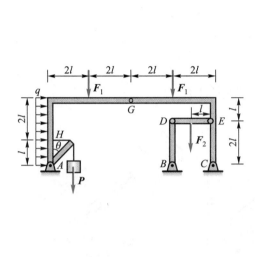

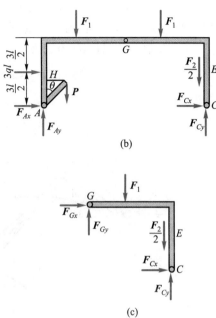

(a)

(b)

(c)

题 2-52 图

$$F_{Cy} = 12.375 \text{ kN}$$

$$\sum F_y = 0, \qquad F_{Ay} - P - 2F_1 - \frac{F_2}{2} + F_{Cy} = 0$$

解得

$$F_{Ay} = 10.625 \text{ kN}$$

取构件 GEC,受力图如图 c 所示,由

$$\sum M_G = 0, \qquad F_{Cy} \cdot 4l + F_{Cx} \cdot 3l - \frac{F_2}{2} \cdot 4l - F_1 \cdot 2l = 0$$

解得

$$F_{Cx} = -8.5 \text{ kN}$$

对图 b,由

$$\sum F_x = 0, \qquad F_{Ax} + 3ql + F_{Cx} = 0$$

解得

$$F_{Ax} = 2.5 \text{ kN}$$

2-53 图示挖掘机计算简图中,挖斗载荷 $P = 12.25$ kN,作用于 G 点,尺寸如图,单位为 m。不计各构件自重,求在图示位置平衡时杆 EF 和 AD 所受的力。

解:先取整体,杆 AD 为二力杆,受力图如图 a 所示,由

$$\sum M_C = 0, \qquad -0.25 \text{ m} \cdot F_{AD}\sin 60° - P \cdot (0.5 \text{ m} + 2 \text{ m} \cdot \cos 10°) = 0$$

解得

$$F_{AD} = -158 \text{ kN}(\text{压})$$

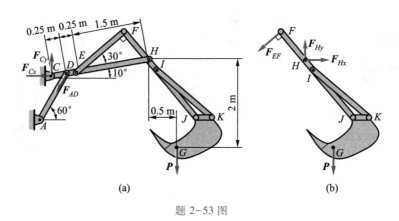

题 2-53 图

接着取 $FHIKG$ 部分,受力图如图 b 所示,由

$$\sum M_H = 0, \qquad F_{EF} \cdot FH - P \cdot 0.5 \text{ m} = 0$$

解得

$$F_{EF} = 8.167 \text{ kN}(\text{拉})$$

2-54 图示为一种折叠椅的对称面示意图。已知人重为 P,不计各构件重量,求 C,D,E 处铰链约束力。

解:先取整体,受力图如图 a 所示,由

$$\sum M_B = 0, \qquad P \cdot (60 \text{ mm} + CG + FB) - F_{NA} \cdot AB = 0$$

解得

$$F_{NA} = 0.643P$$

取坐椅板 CD,受力图如图 b 所示,由

$$\sum M_D = 0, \qquad P \cdot (60 \text{ mm} + CD) - F_{Cy} \cdot CD = 0$$

解得

$$F_{Cy} = 1.667P$$

由

$$\sum F_y = 0, \qquad F_{Cy} + F_{Dy} - P = 0$$

解得

$$F_{Dy} = -0.667P$$

再研究 ACE,受力图如图 c 所示,由

$$\sum M_E = 0, \qquad F'_{Cy} \cdot CG - F_{NA} \cdot AF - F'_{Cx} \cdot 140 \text{ mm} = 0$$

解得

$$F_{Cx} = F'_{Cx} = 0.367P$$

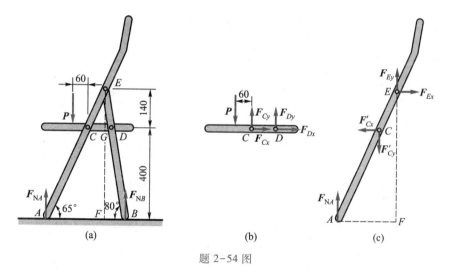

题 2-54 图

对图 b,由

$$\sum F_x = 0, \qquad F_{Dx} + F_{Cx} = 0$$

解得

$$F_{Dx} = -0.367P$$

对图 c,由

$$\sum F_x = 0, \qquad F_{Ex} - F'_{Cx} = 0$$
$$\sum F_y = 0, \qquad F_{Ey} - F'_{Cy} + F_{NA} = 0$$

解得

$$F_{Ex} = 0.367P, \qquad F_{Ey} = 1.033P$$

2-55 不计图示构件自重,尺寸如图所示,架子上作用一铅垂向下的力 F,$AE = EB$,$AG = GC$。求支座 B 的约束力和杆 EF 受力。

解:先取整体,受力图如图 a 所示,由

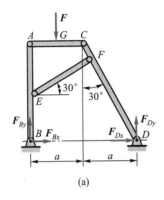
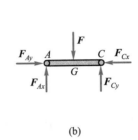
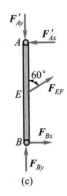

$$(a) \qquad\qquad (b) \qquad\qquad (c)$$

题 2-55 图

$$\sum M_D = 0, \qquad F \cdot \frac{3a}{2} - F_{By} \cdot 2a = 0$$

解得

$$F_{By} = \frac{3}{4}F$$

取 AGC，受力图如图 b 所示，直接有 $F_{Ay} = \dfrac{F}{2}$，或者由

$$\sum M_C = 0, \qquad F \cdot \frac{a}{2} - F_{Ay} \cdot a = 0$$

解得同样结果。

再研究 AEB，受力图如图 c 所示，由

$$\sum F_y = 0, \qquad F_{By} + F_{EF}\cos 60° - F'_{Ay} = 0$$

解得杆 EF 受力为

$$F_{EF} = \frac{1}{2}F(\text{拉})$$

再由

$$\sum M_A = 0, \qquad F_{Bx} \cdot AB + F_{EF}\sin 60° \cdot EA = 0$$

解得

$$F_{Bx} = \frac{\sqrt{3}}{8}F$$

60

2-56 不计图示构件自重,放在光滑地面上,尺寸如图所示,单位为 m。架子上作用一铅垂向下的力 F,若其作用线通过点 A,架子能否平衡? 如果不能平衡,求平衡时力 F 的作用线距点 A 的距离,此时杆 EF 受力。

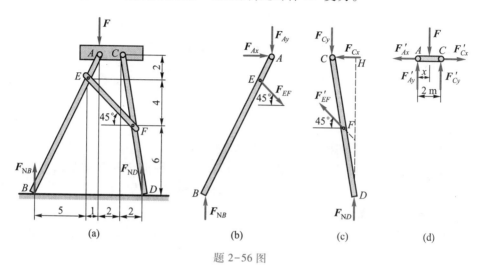

题 2-56 图

解: 因杆 EF 为二力杆,画出构件 CFD 的受力图如图 c 所示,可看出,力 F_{ND} 与力 F_{Cx} 交于点 H,若力 F_{Cy} 为零,则三力不能汇交,不能平衡,所以力 F_{Cy} 不能为零。而由图 d,若力 F 通过点 A,则 F_{Cy} 为零,所以若力 F 的作用线通过点 A,架子不能平衡。

对整体受力图 a,有

$$\sum F_y = 0, \qquad F_{NB} + F_{ND} - F = 0 \tag{1}$$

对受力图 b,由

$$\sum M_A = 0, \qquad -F_{NB} \cdot 6\,\text{m} + F_{EF}\cos 45° \cdot 2\,\text{m} + F_{EF}\sin 45° \cdot 1\,\text{m} = 0 \tag{2}$$

对受力图 c,由

$$\sum M_C = 0, \qquad F_{ND} \cdot 2\,\text{m} - F'_{EF}\cos 45° \cdot 6\,\text{m} + F'_{EF}\sin 45° \cdot 1\,\text{m} = 0 \tag{3}$$

三个方程,有三个未知数 F_{NB},F_{ND},F_{EF},联立求解,得

$$F_{NB} = \frac{F}{6}, \qquad F_{ND} = \frac{5}{6}F, \qquad F_{EF} = \frac{\sqrt{3}}{3}F(\text{拉})$$

此时,对图 c,由

$$\sum F_y = 0, \qquad F_{ND} + F'_{EF}\sin 45° - F_{Cy} = 0$$

求得

$$F_{Cy} = \frac{7}{6}F$$

最后,对图 d,设力 F 距点 A 的距离为 x,由

$$\sum M_A = 0, \qquad F'_{Cy} \cdot 2 \text{ m} - F \cdot x = 0$$

求得

$$x = \frac{7}{3} \text{ m}$$

2–57 求图示平面桁架杆 HD,CD,HC 受力。

解: 由判断零杆(受力为零)的方法,实际是用平面汇交力系的思想,可直接看出 CH 杆不受力,即 $F_3 = 0$。同理,J 与 G 处的竖直杆也为零杆。

取整体,受力图如图 a 所示,由

$$\sum M_B = 0, \qquad F_{NE} \cdot 15 \text{ m} - 60 \text{ kN} \cdot 10 \text{ m} + 40 \text{ kN} \cdot 5 \text{ m} = 0$$

求得

$$F_{NE} = \frac{80}{3} \text{ kN}$$

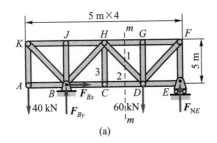
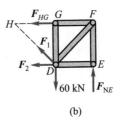

题 2–57 图

用截面法,截断图如图 b 所示,由

$$\sum F_y = 0, \qquad F_1 \cos 45° + F_{NE} - 60 \text{ kN} = 0$$

$$\sum M_H = 0, \qquad F_{NE} \cdot 10 \text{ m} - F_2 \cdot 5 \text{ m} - 60 \text{ kN} \cdot 5 \text{ m} = 0$$

分别求得

$$F_1 = 47.1 \text{ kN(拉)}, \qquad F_2 = -6.67 \text{ kN(压)}$$

2–58 平面桁架受力如图所示,已知 $F_1 = 10 \text{ kN}$,$F_2 = F_3 = 20 \text{ kN}$。求桁架

4,5,7,10 杆的内力。

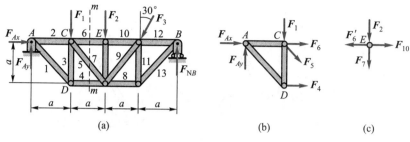

题 2-58 图

解：整体受力图如图 a 所示，由

$$\sum F_x = 0, \qquad F_{Ax} - F_3 \sin 30° = 0$$

$$\sum M_B = 0, \qquad -F_{Ay} \cdot 4a + F_1 \cdot 3a + F_2 \cdot 2a + F_3 \cos 30° \cdot a = 0$$

分别求得

$$F_{Ax} = 10 \text{ kN}, \qquad F_{Ay} = 21.83 \text{ kN}$$

用截面法，截断图如图 b 所示，由

$$\sum F_y = 0, \qquad F_{Ay} - F_1 - F_5 \cos 45° = 0$$

$$\sum M_C = 0, \qquad F_4 \cdot a - F_{Ay} \cdot a = 0$$

$$\sum F_x = 0, \qquad F_{Ax} + F_4 + F_5 \sin 45° + F_6 = 0$$

分别求得

$$F_5 = 16.73 \text{ kN(拉)}, \quad F_4 = 21.83 \text{ kN(拉)}, \quad F_6 = -43.66 \text{ kN(压)}$$

最后取节点 E，如图 c 所示，由

$$\sum F_x = 0, \qquad F_{10} - F_6' = 0$$

$$\sum F_y = 0, \qquad -F_7 - F_2 = 0$$

分别求得

$$F_{10} = -43.66 \text{ kN(压)}, \qquad F_7 = -20 \text{ kN(压)}$$

2-59 平面桁架受力如图所示。ABC 为等边三角形，E, F 为两腰中点，且 $AD = DB$。求杆 CD 的内力。

解：由判断零杆(受力为零)的方法，实际是用平面汇交力系的思想，可直接看出杆 ED 不受力，即 $F_{ED} = 0$。然后用截面法，取桁架右边部分，受力图如图 b

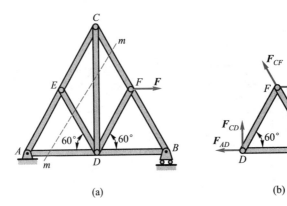

(a)   (b)

题 2-59 图

所示,由

$$\sum M_B = 0, \qquad - F_{CD} \cdot DB - F \cdot BF\sin 60° = 0$$

求得

$$F_{CD} = -\frac{\sqrt{3}}{2}F(压)$$

2-60 平面桁架受力如图所示,求杆 1,2,3 的内力。

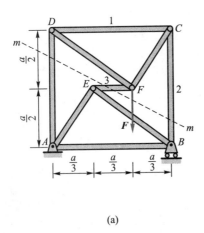

(a)

题 2-60 图

解: 用截面法,截断图如图 b 所示,由

$$\sum F_x = 0, \qquad - F_3 = 0$$

$$\sum M_D = 0, \qquad -F \cdot \frac{2}{3}a - F_2 \cdot a = 0$$

分别求得

$$F_3 = 0, \qquad F_2 = -\frac{2}{3}F(压)$$

接着取节点 C，受力图如图 c 所示，由

$$\sum M_F = 0, \qquad F_1 \cdot \frac{1}{2}a - F_2 \cdot \frac{2}{3}a = 0$$

或者垂直于力 $\boldsymbol{F}_{CF}$ 投影，得

$$F_1 = -\frac{4}{9}F(压)$$

第三章 空间力系

3-1 挂物架如图所示,三杆的重量不计,用球铰链连接于点 O,平面 BOC 是水平面,且 $OB=OC$,角度如图。在点 O 挂一重 $P=10$ kN 的重物。求三根杆所受的力。

解: 三根杆均为二力杆,该结构受力图如图所示,由

$$\sum F_x = 0, \qquad F_{OB}\cos 45° - F_{OC}\cos 45° = 0$$

$$\sum F_y = 0, \qquad -F_{OB}\sin 45° - F_{OC}\sin 45° + F_{OA}\sin 45° = 0$$

$$\sum F_z = 0, \qquad F_{OA}\cos 45° - P = 0$$

联立解得

$$F_{OB} = F_{OC} = 707 \text{ N}(拉), \qquad F_{OA} = 1\ 414 \text{ N}(压)$$

3-2 图示空间构架由三根无重直杆组成,在 D 端用球铰链连接,如图所示。A,B,C 端用球铰链固定在水平地板上。如果挂在 D 端的重物 $P=10$ kN,求三根杆所受的力。

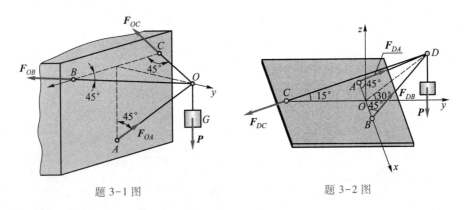

题 3-1 图　　　　　　　　　题 3-2 图

解: 三根杆均为二力杆,该结构受力图如图所示,由

$$\sum F_x = 0, \qquad F_{DA}\cos 45° - F_{DB}\cos 45° = 0$$

$$\sum F_y = 0, \qquad F_{DA}\sin 45°\cos 30° + F_{DB}\sin 45°\cos 30° - F_{DC}\cos 15° = 0$$

$$\sum F_z = 0, \qquad F_{DA}\sin 45°\sin 30° + F_{DB}\sin 45°\sin 30° - F_{DC}\sin 15° - P = 0$$

联立解得

$$F_{DA} = F_{DB} = 26.39 \text{ kN}(压), \qquad F_{DC} = 33.46 \text{ kN}(拉)$$

3-3 图示简易起重机中,尺寸 $AB = BC = AD = AE$,A,B,D,E 处均为球铰链连接,三角形 ABC 的投影为 AF 线,AF 与 y 轴夹角为 θ,不计各杆件重量,起吊重物重量为 $\boldsymbol{P}$。在图示位置平衡时,求各杆所受的力。

解:五根杆均为二力杆,先研究点 C,受力图如题 3-3 图所示,为一平面汇交力系,有

$$\sum F_z = 0, \qquad -F_{CA}\cos 45° - P = 0$$

沿 BC 方向投影,有

$$\sum F_{BC} = 0, \qquad -F_{CA}\sin 45° - F_{CB} = 0$$

分别解得

$$F_{CA} = -\sqrt{2}P(压), \qquad F_{CB} = P(拉)$$

对点 B,为一空间汇交力系,由

$$\sum F_x = 0, \qquad F_{BD}\cos 45°\cos 45° - F_{BE}\cos 45°\cos 45° + F_{BC}\sin\theta = 0$$

$$\sum F_y = 0, \qquad -F_{BD}\cos 45°\sin 45° - F_{BE}\cos 45°\sin 45° + F_{BC}\cos\theta = 0$$

$$\sum F_z = 0, \qquad -F_{BD}\sin 45° - F_{BE}\sin 45° - F_{BA} = 0$$

联立解得

$$F_{BD} = P(\cos\theta - \sin\theta), \qquad F_{BE} = P(\cos\theta + \sin\theta), \qquad F_{AB} = -\sqrt{2}P\cos\theta$$

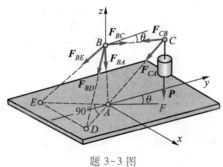

题 3-3 图

3-4 图示空间桁架由六根杆 1,2,3,4,5 和 6 构成。在节点 A 上作用一力 F,此力作用在矩形 $ABCD$ 平面内,与铅垂线成 $45°$ 角。等腰三角形 $\triangle AEK \cong \triangle BFM$,且 $\triangle BFM$, $\triangle AEK$, $\triangle BND$ 在顶点 A,B,D 处均为直角,又 $EC = CK = FD = DM$,力 $F = 10$ kN。求各杆受力。

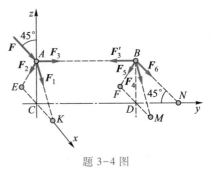

题 3-4 图

解:六根杆均为二力杆,先研究点 A,受力图如题 3-4 图所示,为一空间汇交力系,由

$$\sum F_x = 0, \qquad F_1 \sin 45° - F_2 \sin 45° = 0$$

$$\sum F_y = 0, \qquad F_3 + F \sin 45° = 0$$

$$\sum F_z = 0, \qquad -F_1 \cos 45° - F_2 \cos 45° - F \cos 45° = 0$$

联立解得

$$F_1 = F_2 = -5 \text{ kN(压)}, \qquad F_3 = -7.07 \text{ kN(压)}$$

再研究点 B,受力图如题 3-4 图所示,为一空间汇交力系,由

$$\sum F_x = 0, \qquad F_4 \sin 45° - F_5 \sin 45° = 0$$

$$\sum F_y = 0, \qquad F_6 \sin 45° - F_3' = 0$$

$$\sum F_z = 0, \qquad -F_4 \cos 45° - F_5 \cos 45° - F_6 \cos 45° = 0$$

联立解得

$$F_4 = F_5 = 5 \text{ kN(拉)}, \qquad F_6 = -10 \text{ kN(压)}$$

3-5 求图示力 $F = 1\,000$ N 对于 z 轴的力矩 M_z,图中尺寸单位为 mm。

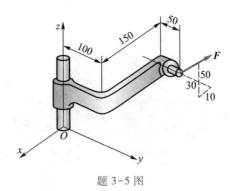

题 3-5 图

解：先计算出力 F 在 x, y 轴上的投影，因力 F 沿 z 轴的分力对 z 轴的力矩为零。由图所给尺寸，有

$$F_x = F \cdot \frac{1}{\sqrt{35}}, \qquad F_y = F \cdot \frac{3}{\sqrt{35}}$$

则

$$M_z(F) = -150 \text{ mm} \cdot F_x - 150 \text{ mm} \cdot F_y = -101\,400 \text{ N} \cdot \text{mm} = -101.4 \text{ N} \cdot \text{m}$$

3-6 图示轴 AB 与铅垂线成 β 角，悬臂 CD 垂直地固定在轴上，其长为 a，并与铅垂面 zAB 成 θ 角，在点 D 作用一铅垂向下的力 F，求此力对轴 AB 的矩。

解：把力 F 分解为两个分力 F_1 与 F_2，力 F_1 在 CDE 平面内，且与轴 AB 垂直，力 F_2 与轴 AB 平行，则此力对轴 AB 的矩为

$$M_{AB}(F) = M_{AB}(F_1) + M_{AB}(F_2)$$

$$= Fa\sin\beta\sin\theta$$

3-7 水平圆盘的半径为 R，外缘 C 处作用有力 F，力 F 位于圆盘 C 处的切平面内，且与 C 处圆盘切线夹角为 $60°$，其他尺寸如图所示。求力 F 对 x, y, z 轴之矩。

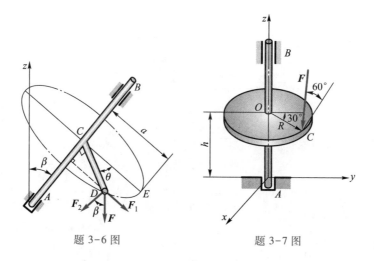

题 3-6 图　　　　　　　题 3-7 图

解：先计算出力 F 在 x, y, z 轴上的投影，得力 F 在 x, y, z 轴上的分力，然后用合力矩定理计算力 F 对 x, y, z 轴之矩。

$$F_x = F\cos 60°\cos 30° = \frac{\sqrt{3}}{4}F$$

$$F_y = -F\cos 60° \sin 30° = -\frac{1}{4}F$$

$$F_z = -F\sin 60° = -\frac{\sqrt{3}}{2}F$$

由合力矩定理,有

$$M_x(\boldsymbol{F}) = M_x(\boldsymbol{F}_x) + M_x(\boldsymbol{F}_y) + M_x(\boldsymbol{F}_z)$$

$$= \frac{1}{4}F \cdot h - \frac{\sqrt{3}}{2}F \cdot R\cos 30° = \frac{F}{4}(h-3R)$$

$$M_y(\boldsymbol{F}) = M_y(\boldsymbol{F}_x) + M_y(\boldsymbol{F}_y) + M_y(\boldsymbol{F}_z)$$

$$= \frac{\sqrt{3}}{4}F \cdot h + \frac{\sqrt{3}}{2}F \cdot R\sin 30° = \frac{\sqrt{3}}{4}F(h+R)$$

$$M_z(\boldsymbol{F}) = -F\cos 60° \cdot R = -\frac{1}{2}FR$$

3-8　截面为工字形的立柱受力如图所示,求此力向截面形心简化的结果。

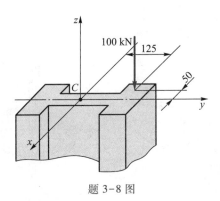

题 3-8 图

解: 在截面形心 C 建一坐标系如图所示,则

$$F'_{Rx} = \sum F_x = 0$$

$$F'_{Ry} = \sum F_y = 0$$

$$F'_{Rz} = \sum F_z = -100 \text{ kN}$$

$$M_{Cx} = \sum M_x = -100 \text{ kN} \cdot 125 \text{ mm} = -12.5 \text{ kN} \cdot \text{m}$$

$$M_{Cy} = \sum M_y = -100 \text{ kN} \cdot 50 \text{ mm} = -5 \text{ kN} \cdot \text{m}$$

$$M_{Cz} = \sum M_z = 0$$

所以向点 C 简化的主矢和主矩分别为

$$F'_R = -100k \text{ kN}$$

$$M_C = -(12.5i + 5j) \text{ kN} \cdot \text{m}$$

3-9 正方体边长为 $a = 0.2$ m，在顶点 A 和 B 处沿各棱边作用有六个大小都等于 100 N 的力，方向如图所示。求力系向点 O 的简化结果。

解: 在图示坐标系下，由

$$F'_{Rx} = \sum F_x = 0$$

$$F'_{Ry} = \sum F_y = 0$$

$$F'_{Rz} = \sum F_z = 0$$

$$M_{Ox} = \sum M_x = -F_6 \cdot a - F_2 \cdot a = -40 \text{ N} \cdot \text{m}$$

$$M_{Oy} = \sum M_y = -F_1 \cdot a - F_3 \cdot a = -40 \text{ N} \cdot \text{m}$$

$$M_{Oz} = \sum M_z = F_2 \cdot a - F_4 \cdot a = 0$$

所以向点 O 简化的主矢和主矩分别为

$$F'_R = \mathbf{0}$$

$$M_O = -40(i + j) \text{ N} \cdot \text{m}$$

对此题，这是按空间任意力系处理，实际上此题是一个空间力偶系问题，直接按空间力偶系处理也可。

3-10 在三棱柱的顶点 A, B, C 上作用有六个力，方向如图所示。$AB = 300$ mm，$BC = 400$ mm，$AC = 500$ mm。向点 A 简化此力系。

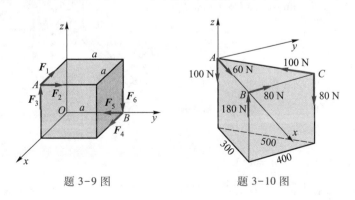

题 3-9 图　　　　　题 3-10 图

解：在点 A 建一坐标系如图所示，则

$$F'_{Rx} = \sum F_x = 60\ \text{N} - 100\ \text{N} \cdot \frac{3}{5} = 0$$

$$F'_{Ry} = \sum F_y = 80\ \text{N} - 100\ \text{N} \cdot \frac{4}{5} = 0$$

$$F'_{Rz} = \sum F_z = -100\ \text{N} + 180\ \text{N} - 80\ \text{N} = 0$$

$$M_{Ax} = \sum M_x = -80\ \text{N} \times 0.4\ \text{m} = -32\ \text{N} \cdot \text{m}$$

$$M_{Ay} = \sum M_y = 80\ \text{N} \times 0.3\ \text{m} - 180\ \text{N} \times 0.3\ \text{m} = -30\ \text{N} \cdot \text{m}$$

$$M_{Az} = \sum M_z = 80\ \text{N} \times 0.3\ \text{m} = 24\ \text{N} \cdot \text{m}$$

所以向点 A 简化的主矢和主矩分别为

$$F'_R = 0$$

$$M_A = (-32i - 30j + 24k)\ \text{N} \cdot \text{m}$$

3-11 图示三圆盘 A, B, C 的半径分别为 150 mm、100 mm 和 50 mm，三轴 OA, OB, OC 在同一平面内，$\angle AOB$ 为直角。在这三圆盘上分别作用有力偶，组成各力偶的力作用在轮缘上，它们的大小分别等于 10 N、20 N 和 F。这三圆盘所构成的物系是自由的，不计系统重量，求能使此物系平衡的力 F 的大小和角 θ。

解：这是一个空间力偶系的平衡问题，建立图示坐标系，把各力偶矩用矢量表示，方向如图所示，大小分别为

$$M_1 = 10\ \text{N} \cdot 300\ \text{mm} = 3\ 000\ \text{N} \cdot \text{mm}$$

$$M_2 = 20\ \text{N} \cdot 200\ \text{mm} = 4\ 000\ \text{N} \cdot \text{mm}$$

$$M_3 = F \cdot 100\ \text{mm}$$

由

$$\sum M_{ix} = 0, \qquad M_3 \cos(\theta - 90°) - M_1 = 0$$

$$\sum M_{iy} = 0, \qquad M_3 \sin(\theta - 90°) - M_2 = 0$$

联立解得

题 3-11 图

$$F = 50\ \text{N}, \qquad \theta = 143°8'$$

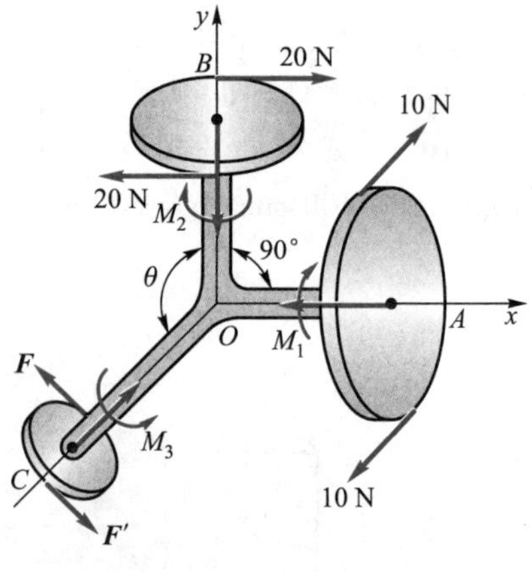

3-12 无重曲杆 $ABCD$ 有两个直角，且平面 ABC 与平面 BCD 垂直。杆的 D

端为球铰支座,另一端 A 由径向轴承支撑,如图所示。在曲杆的 AB,BC,CD 上作用三个力偶,力偶所在平面分别垂直于 AB,BC,CD 三线段。已知力偶矩 M_2 和 M_3,求使曲杆处于平衡的力偶矩 M_1 和支座约束力。

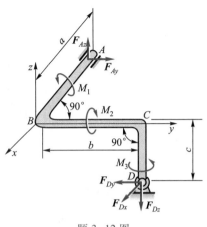

题 3-12 图

解:建立图示坐标系,受力图如图所示,按空间任意力系列平衡方程,为

$$\sum F_x = 0, \qquad F_{Dx} = 0$$

$$\sum F_y = 0, \qquad F_{Ay} - F_{Dy} = 0$$

$$\sum F_z = 0, \qquad F_{Az} - F_{Dz} = 0$$

$$\sum M_x = 0, \qquad M_1 - F_{Dz} \cdot b - F_{Dy} \cdot c = 0$$

$$\sum M_y = 0, \qquad F_{Az} \cdot a - M_2 = 0$$

$$\sum M_z = 0, \qquad -F_{Ay} \cdot a + M_3 = 0$$

联立解得

$$F_{Dx} = 0, \quad F_{Dy} = \frac{M_3}{a}, \quad F_{Dz} = \frac{M_2}{a}$$

$$F_{Ay} = \frac{M_3}{a}, \quad F_{Az} = \frac{M_2}{a}, \quad M_1 = \frac{b}{a}M_2 + \frac{c}{a}M_3$$

对此题,若注意到 $F_{Dx} = 0$,也可按空间力偶系求解。

3-13 图示水平传动轴固连有两个胶带轮 C 和 D,可绕 AB 轴转动,胶带轮的半径各为 $r_1 = 200$ mm 和 $r_2 = 250$ mm,胶带轮与轴承间的距离 $a = b = 500$ mm,两胶带轮间的距离 $c = 1\,000$ mm。套在轮 C 上的胶带是水平的,其拉力为 $F_1 = 2F_2 = 5\,000$ N;套在轮 D 上的胶带与铅垂线成 $\theta = 30°$ 角,其拉力为 $F_3 = 2F_4$。求在平衡情况下,拉力 F_3 和 F_4 的值,并求由胶带拉力所引起的轴承约束力。

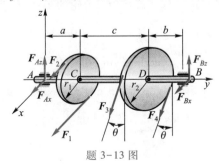

题 3-13 图

73

解：整体受力图如图所示，由

$$\sum M_y = 0, \qquad F_2 \cdot r_1 - F_1 \cdot r_1 + F_3 \cdot r_2 - F_4 \cdot r_2 = 0$$

$$\sum M_x = 0, \qquad F_{Bz} \cdot (a + b + c) - (F_3 + F_4)\cos\theta \cdot (a + c) = 0$$

$$\sum F_z = 0, \qquad F_{Az} + F_{Bz} - (F_3 + F_4)\sin\theta = 0$$

$$\sum M_z = 0, \qquad -F_{Bx} \cdot (a + b + c) - (F_3 + F_4)\sin\theta \cdot (a + c) - (F_1 + F_2) \cdot a = 0$$

$$\sum F_x = 0, \qquad F_{Ax} + F_1 + F_2 + (F_3 + F_4)\sin\theta + F_{Bx} = 0$$

依次按序解得

$$F_3 = 4\ 000\ \text{N}, \quad F_4 = 2\ 000\ \text{N}, \quad F_{Bz} = 3\ 897\ \text{N}$$

$$F_{Az} = 1\ 299\ \text{N}, \quad F_{Bx} = -4\ 125\ \text{N}, \quad F_{Ax} = -6\ 375\ \text{N}$$

3-14 绞车的卷筒 AB 上绕有绳子，绳上挂重物 P_2。轮 C 固连在轴上，轮的半径为卷筒半径的 6 倍，其他尺寸如图所示。绕在轮 C 上的绳子沿轮与水平线成 30°角的切线引出，绳跨过定滑轮 D 后挂一重物 $P_1 = 60$ kN。各轮和轴的重量均略去不计。求平衡时物 P_2 的重量，轴承 A，B 处的约束力。

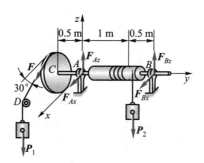

题 3-14 图

解：把轮 C 上的绳子断开，整体受力图如图所示，由

$$\sum M_y = 0, \qquad F \cdot 6r - P_2 \cdot r_2 = 0 (r \text{ 为轮的半径}, r_2 \text{ 为卷筒的半径})$$

$$\sum M_x = 0, \qquad 1.5\ \text{m} \cdot F_{Bz} - 1\ \text{m} \cdot P_2 + 0.5\ \text{m} \cdot F\sin 30° = 0$$

$$\sum F_z = 0, \qquad F_{Az} + F_{Bz} - P_2 - F\sin 30° = 0$$

$$\sum M_z = 0, \qquad -1.5\ \text{m} \cdot F_{Bx} + 0.5\ \text{m} \cdot F\cos 30° = 0$$

$$\sum F_x = 0, \qquad F_{Ax} + F\cos 30° + F_{Bx} = 0$$

依次按序解得

$$P_2 = 360 \text{ N}, \qquad F_{Bz} = 230 \text{ N}$$

$$F_{Az} = 160 \text{ N}, \quad F_{Bx} = 10\sqrt{3}\,\text{N}, \quad F_{Ax} = -40\sqrt{3}\,\text{N}$$

3-15 图示电动机以转矩 M 通过链条传动将重物 P 等速提起,链条与水平线成 30°角(直线 Ox_1 平行于 x 轴), $r = 100$ mm, $R = 200$ mm, $P = 10$ kN,链条主动边(下边)的拉力为从动边拉力的 2 倍,轴与轮重不计。当系统处于平衡状态时,求径向轴承 A,B 的约束力和链条的拉力。

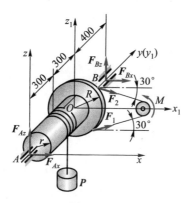

题 3-15 图

解:把链条断开,整体受力图如图所示,由

$$\sum M_y = 0, \qquad (F_2 - F_1) \cdot R + P \cdot r = 0$$

$$\sum M_x = 0, \qquad 1\,000 \text{ mm} \cdot F_{Bz} + 600 \text{ mm} \cdot (F_1 - F_2)\sin 30° - 300 \text{ mm} \cdot P = 0$$

$$\sum F_z = 0, \qquad F_{Az} + F_{Bz} + (F_1 - F_2)\sin 30° - P = 0$$

$$\sum M_z = 0, \qquad -1\,000 \text{ mm} \cdot F_{Bx} - 600 \text{ mm} \cdot (F_1 - F_2)\cos 30° = 0$$

$$\sum F_x = 0, \qquad F_{Ax} + (F_1 + F_2)\cos 30° + F_{Bx} = 0$$

依次按序解得

$$F_1 = 10 \text{ kN}, \quad F_2 = 5 \text{ kN}, \quad F_{Bz} = 1.5 \text{ kN}$$

$$F_{Az} = 6 \text{ kN}, \quad F_{Bx} = -7.8 \text{ kN}, \quad F_{Ax} = -5.2 \text{ kN}$$

3-16 图示某减速箱由三轴组成,动力由 Ⅰ 轴输入,在 Ⅰ 轴上作用转矩 $M_1 = 697$ N·m。齿轮节圆直径为 $D_1 = 160$ mm, $D_2 = 632$ mm, $D_3 = 204$ mm,齿轮压力角为 20°,不计摩擦与轮、轴重量。求等速转动时轴承 A,B,C,D 处的约束力。

解:先研究 AB 轴系统,受力图如图 a 所示,由

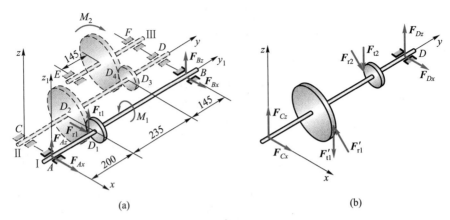

题 3-16 图

$$\sum M_{y_1} = 0, \qquad F_{t1} \cdot \frac{D_1}{2} - M_1 = 0$$

$$\sum M_x = 0, \qquad 580 \ \text{mm} \cdot F_{Bz} + 200 \ \text{mm} \cdot F_{t1} = 0$$

$$\sum M_{z_1} = 0, \qquad -580 \ \text{mm} \cdot F_{Bx} - 200 \ \text{mm} \cdot F_{r1} = 0$$

$$\sum F_x = 0, \qquad F_{Ax} + F_{r1} + F_{Bx} = 0$$

$$\sum F_z = 0, \qquad F_{Az} + F_{Bz} + F_{t1} = 0$$

依次按序解得

$$F_{t1} = 8 \ 712.5 \ \text{N}, \quad F_{r1} = 3 \ 171 \ \text{N}, \quad F_{Bz} = -3.004 \ \text{kN}$$

$$F_{Bx} = -1.093 \ \text{kN}, \quad F_{Ax} = -2.078 \ \text{kN}, \quad F_{Az} = -5.078 \ \text{kN}$$

再研究 CD 轴系统,受力图如图 b 所示,由

$$\sum M_y = 0, \qquad F'_{t1} \cdot \frac{D_2}{2} - F_{t2} \cdot \frac{D_3}{2} = 0$$

$$\sum M_x = 0, \qquad 580 \ \text{mm} \cdot F_{Dz} - 435 \ \text{mm} \cdot F_{t2} - 200 \ \text{mm} \cdot F'_{t1} = 0$$

$$\sum M_z = 0, \qquad -580 \ \text{mm} \cdot F_{Dx} - 435 \ \text{mm} \cdot F_{r2} + 200 \ \text{mm} \cdot F'_{r1} = 0$$

$$\sum F_x = 0, \qquad F_{Cx} + F_{r2} + F_{Dx} - F'_{r1} = 0$$

$$\sum F_z = 0, \qquad F_{Cz} + F_{Dz} - F'_{t1} - F_{t2} = 0$$

依次按序解得

$$F_{t2} = 26 \ 992 \ \text{N}, \quad F_{r2} = 9 \ 824 \ \text{N}, \quad F_{Dz} = 23.25 \ \text{kN}$$

$$F_{Dx} = -6.275 \text{ kN}, \quad F_{Cx} = -0.378 \text{ kN}, \quad F_{Cz} = 12.46 \text{ kN}$$

3-17 使水涡轮转动的力偶矩 $M_z = 1\,200$ N·m。在锥齿轮 B 处受到的力分解为 3 个分力:圆周力 $\boldsymbol{F}_t$,轴向力 $\boldsymbol{F}_a$ 和径向力 $\boldsymbol{F}_r$,这 3 个力的比例为 $F_t : F_a : F_r = 1 : 0.32 : 0.17$。水涡轮连同轴和锥齿轮的总重为 $P = 12$ kN,作用线沿轴 Cz,锥齿轮的平均半径 $OB = 0.6$ m,其余尺寸如图示。当系统处于平衡状态时,求轴承 A,C 处的约束力。

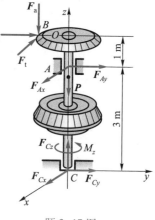

解: 整体受力图如图所示,由

$$\sum M_z = 0, \quad M_z - F_t \cdot OB = 0$$

解得

$$F_t = 2\,000 \text{ N}$$

又由

$$F_t : F_a : F_r = 1 : 0.32 : 0.17$$

得到

$$F_a = 640 \text{ N}, \quad F_r = 340 \text{ N}$$

题 3-17 图

再由平衡方程

$$\sum M_x = 0, \quad -3 \text{ m} \cdot F_{Ay} - 4 \text{ m} \cdot F_r + 0.6 \text{ m} \cdot F_a = 0$$
$$\sum M_y = 0, \quad 3 \text{ m} \cdot F_{Ax} - 4 \text{ m} \cdot F_t = 0$$
$$\sum F_x = 0, \quad F_{Ax} + F_{Cx} - F_t = 0$$
$$\sum F_y = 0, \quad F_{Ay} + F_{Cy} + F_r = 0$$
$$\sum F_z = 0, \quad F_{Cz} - P - F_a = 0$$

依次按序解得

$$F_{Ay} = -325.3 \text{ N}, \quad F_{Ax} = 2\,667 \text{ N}, \quad F_{Cx} = -666.7 \text{ kN}$$

$$F_{Cy} = -14.7 \text{ kN}, \quad F_{Cz} = 12\,640 \text{ N}$$

3-18 图示均质长方形薄板重 $P = 200$ N,用球铰链 A 和蝶铰链 B 固定在墙上,并用绳子 CE 维持在水平位置。求绳子的拉力和支座约束力。

解: 取板为研究对象,考虑到在这种情况下,蝶铰链 B 处无 y 轴方向的力,系统也可以平衡,否则,为超静定问题,其受力图如图所示,由

$$\sum M_y = 0, \quad P \cdot \frac{1}{2} BC - F_T \sin 30° \cdot BC = 0$$

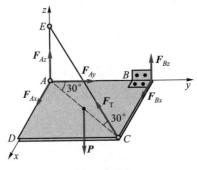

题 3-18 图

$$\sum M_x = 0, \qquad -P \cdot \frac{1}{2}AB + F_T \sin 30° \cdot AB + F_{Bz} \cdot AB = 0$$

$$\sum M_z = 0, \qquad -F_{Bx} \cdot AB = 0$$

$$\sum F_x = 0, \qquad F_{Ax} + F_{Bx} - F_T \cos 30° \sin 30° = 0$$

$$\sum F_y = 0, \qquad F_{Ay} + F_T \cos 30° \cos 30° = 0$$

$$\sum F_z = 0, \qquad F_{Az} - P + F_T \sin 30° + F_{Bz} = 0$$

依次按序解得

$$F_T = 200 \text{ N}, \quad F_{Bz} = 0, \quad F_{Bx} = 0$$

$$F_{Ax} = 86.6 \text{ N}, \quad F_{Ay} = 150 \text{ N} \quad F_{Az} = 100 \text{ N}$$

3-19 图示六根杆支撑一水平板,在板角处受铅垂力 **F** 作用,不计板和杆的自重,求各杆的内力。

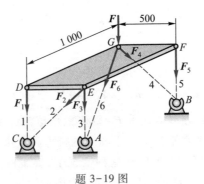

题 3-19 图

解:取板为研究对象,其受力图如图所示,

由

$$\sum M_{AE} = 0, \qquad 得 \ F_4 = 0$$

$$\sum M_{CD} = 0, \qquad 得 \ F_6 = 0$$

$$\sum M_{BF} = 0, \qquad 得 \ F_2 = 0$$

$$\sum M_{FE} = 0, \qquad -500 \ \text{mm} \cdot F_1 - 500 \ \text{mm} \cdot F = 0$$

$$\sum M_{GF} = 0, \qquad 1\ 000 \ \text{mm} \cdot F_1 + 1\ 000 \ \text{mm} \cdot F_3 = 0$$

$$\sum M_{DE} = 0, \qquad -1\ 000 \ \text{mm} \cdot F_5 - 1\ 000 \ \text{mm} \cdot F = 0$$

依次解得

$$F_1 = -F(压), \qquad F_3 = F(拉), \qquad F_5 = -F(压)$$

3-20 图示结构由立柱、支架和电动机组成,总重 $P = 300$ N,重心位于与立柱垂直中心线相距 305 mm 的 G 点处。立柱固定在基础 A 上,电动机按图示方向转动,阻力偶矩为 $M = 190.5$ N·m。水平力 $F = 250$ N 作用在支架的 B 处。求支座 A 的约束力。

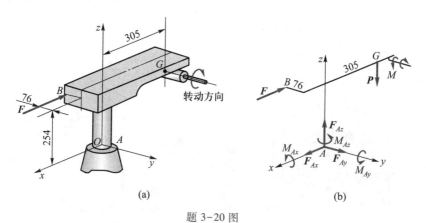

(a)   (b)

题 3-20 图

解:阻力偶矩应与转动方向相反,系统受力图如图 b 所示,由

$$\sum F_x = 0, \qquad F_{Ax} - F = 0$$

$$\sum F_y = 0, \qquad F_{Ay} = 0$$

$$\sum F_z = 0, \qquad F_{Az} - P = 0$$

$$\sum M_x = 0, \qquad M_{Ax} = 0$$

$$\sum M_y = 0, \qquad M_{Ay} + M - P \cdot 305 \ \text{mm} - F \cdot 254 \ \text{mm} = 0$$

$$\sum M_z = 0, \qquad M_{Az} - F \cdot 76 \text{ mm} = 0$$

依次解得

$$F_{Ax} = 250 \text{ N}, \quad F_{Ay} = 0, \quad F_{Az} = 300 \text{ N}$$

$$M_{Ax} = 0, \quad M_{Ay} = -35.5 \text{ N} \cdot \text{m}, \quad M_{Az} = 19 \text{ N} \cdot \text{m}$$

3-21 如图所示,三条腿圆桌的半径为 $r = 500$ mm,重为 $P = 600$ N。圆桌的三腿 A, B, C 形成一等边三角形。若在中线 CD 上距圆心为 a 的点 M 处作用一铅垂力 $F = 1\,500$ N,求使圆桌不致翻倒的最大距离 a。

解:圆桌受力图如图所示,圆桌有翻倒趋势时,支持力 $F_C = 0$,由此,有

$$\sum M_{AB} = 0, \qquad F \cdot \left(a - \frac{r}{2} \right) - P \cdot \frac{r}{2} = 0$$

解得圆桌不致翻倒的最大距离为 $a = 350$ mm。

3-22 起重机装在三轮小车 ABC 上,起重机的尺寸为:$AD = DB = 1$ m,$CD = 1.5$ m,$CM = 1$ m。机身连同平衡锤 F 共重 $P_1 = 100$ kN,作用在点 G,点 G 在平面 $LMNF$ 之内,到机身轴线 MN 的距离 $GH = 0.5$ m,如图所示。所举重物 $P_2 = 30$ kN。求当起重机的平面 LMN 平行于 AB 时车轮对轨道的压力。

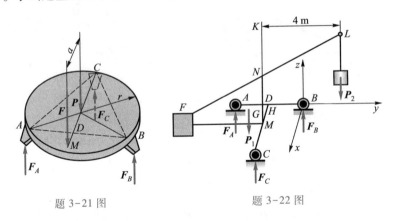

题 3-21 图　　　　　　题 3-22 图

解:取起重机,其受力图如图所示,由

$$\sum M_y = 0, \qquad F_C \cdot CD + (P_1 + P_2) \cdot DM = 0$$

$$\sum M_x = 0, \qquad -F_A \cdot AB - F_C \cdot DB - 3 \text{ m} \cdot P_2 + 1.5 \text{ m} \cdot P_1 = 0$$

$$\sum F_z = 0, \qquad F_A + F_B + F_C - P_1 - P_2 = 0$$

依次解得

$$F_C = 43\frac{1}{3}kN, \qquad F_A = 8\frac{1}{3} \text{ kN}$$

$$F_B = 78\frac{1}{3} \text{ kN}$$

3-23 工字钢截面尺寸如图所示,求此截面的重心(几何中心)。

解:建如图所示坐标系,由对称确定法可知截面重心坐标 $y_c = 0$。

把图形分为三个小矩形,如图所示,则

$$A_1 = 200 \text{ mm} \times 20 \text{ mm} = 4\,000 \text{ mm}^2, \qquad x_1 = -10 \text{ mm}$$

$$A_2 = 200 \text{ mm} \times 20 \text{ mm} = 4\,000 \text{ mm}^2, \qquad x_2 = 100 \text{ mm}$$

$$A_3 = 150 \text{ mm} \times 20 \text{ mm} = 3\,000 \text{ mm}^2, \qquad x_3 = 210 \text{ mm}$$

由

$$x_c = \frac{A_1 x_1 + A_2 x_2 + A_3 x_3}{A_1 + A_2 + A_3}$$

计算得

$$x_c = 90 \text{ mm}$$

3-24 图示薄板由形状为矩形、三角形和四分之一圆形的三块等厚板组成,尺寸如图所示。求此薄板重心的位置。

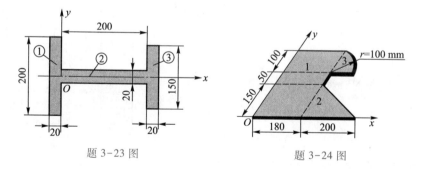

题 3-23 图　　　　　　　　题 3-24 图

解:把薄板分为矩形、三角形和四分之一圆形三部分,如图所示,则

$$A_1 = 180 \text{ mm} \times 300 \text{ mm} = 54\,000 \text{ mm}^2$$

$$x_1 = 90 \text{ mm}, \qquad y_1 = 150 \text{ mm}$$

$$A_2 = \frac{1}{2} \times 200 \text{ mm} \times 150 \text{ mm} = 15\,000 \text{ mm}^2$$

$$x_2 = 180 \text{ mm} + \frac{200}{3} \text{ mm} = 246.7 \text{ mm}, \qquad y_2 = 50 \text{ mm}$$

$$A_3 = \frac{1}{4}\pi \times 100^2 \text{ mm}^2 = 7\ 854 \text{ mm}^2$$

$$x_3 = 180 \text{ mm} + \frac{2}{3} \times \frac{100 \text{ mm} \cdot \sin 45°}{\frac{\pi}{4}}\cos 45° = 222.4 \text{ mm},$$

$$y_3 = 200 \text{ mm} + \frac{2}{3} \times \frac{100 \text{ mm} \cdot \sin 45°}{\frac{\pi}{4}}\sin 45° = 242.4 \text{ mm}$$

由

$$x_C = \frac{A_1 x_1 + A_2 x_2 + A_3 x_3}{A_1 + A_2 + A_3}, \qquad y_C = \frac{A_1 y_1 + A_2 y_2 + A_3 y_3}{A_1 + A_2 + A_3}$$

计算得

$$x_C = 135 \text{ mm}, \qquad y_C = 140 \text{ mm}$$

3-25 图示平面图形中每一方格的边长为 20 mm,求挖去一圆后剩余部分面积的重心位置。

解:采用负面积法,把图形分为矩形 *ABED* 与两个小矩形和一个圆,共四部分,其面积与重心坐标分别为

$$A_1 = 160 \text{ mm} \times 140 \text{ mm} = 22\ 400 \text{ mm}^2$$

$$x_1 = 80 \text{ mm}, \qquad y_1 = 70 \text{ mm}$$

$$A_2 = -40 \text{ mm} \times 60 \text{ mm} = -2\ 400 \text{ mm}^2$$

$$x_2 = 140 \text{ mm}, \qquad y_2 = 110 \text{ mm}$$

$$A_3 = -20 \text{ mm} \times 80 \text{ mm} = -1\ 600 \text{ mm}^2$$

$$x_3 = 40 \text{ mm}, \qquad y_3 = 130 \text{ mm}$$

$$A_4 = -\pi \times 20^2 \text{ mm}^2 = -400\pi \text{ mm}^2, \quad x_4 = 40 \text{ mm}, \quad y_4 = 60 \text{ mm}$$

代入

$$x_C = \frac{A_1 x_1 + A_2 x_2 + A_3 x_3 + A_4 x_4}{A_1 + A_2 + A_3 + A_4}, \qquad y_C = \frac{A_1 y_1 + A_2 y_2 + A_3 y_3 + A_4 y_4}{A_1 + A_2 + A_3 + A_4}$$

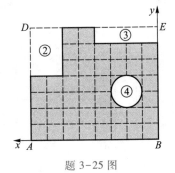

题 3-25 图

计算得

$$x_C = 78.26 \text{ mm}, \qquad y_C = 59.53 \text{ mm}$$

3-26　求图示半太极图重心位置,其大圆半径为 R。

解:采用负面积法,把图形分为一个半径为 R 的大半圆与两个半径为 $\dfrac{R}{2}$ 的小半圆,共三部分,其面积与重心坐标分别为

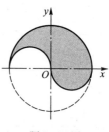

$$A_1 = \pi R^2, \quad x_1 = 0, \quad y_1 = \frac{4R}{3\pi}$$

$$A_2 = -\pi\frac{R^2}{4}, \quad x_2 = -\frac{R}{2}, \quad y_2 = \frac{2R}{3\pi}$$

题 3-26 图

$$A_3 = \pi\frac{R^2}{4}, \quad x_3 = \frac{R}{2}, \quad y_3 = -\frac{2R}{3\pi}$$

代入

$$x_C = \frac{A_1 x_1 + A_2 x_2 + A_3 x_3}{A_1 + A_2 + A_3}, \qquad y_C = \frac{A_1 y_1 + A_2 y_2 + A_3 y_3}{A_1 + A_2 + A_3}$$

计算得

$$x_C = \frac{R}{4}, \qquad y_C = \frac{R}{\pi}$$

3-27　均质块尺寸如图所示,求其重心的位置。

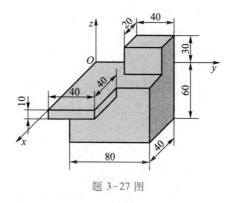

题 3-27 图

解:把物体分为三个长方体,其体积与重心坐标分别为

$$V_1 = 80 \text{ mm} \times 40 \text{ mm} \times 60 \text{ mm} = 192\ 000 \text{ mm}^3$$

$$x_1 = 20 \text{ mm}, \qquad y_1 = 40 \text{ mm}, \qquad z_1 = -30 \text{ mm}$$

$$V_2 = 40 \text{ mm} \times 40 \text{ mm} \times 10 \text{ mm} = 16\ 000 \text{ mm}^3$$

$$x_2 = 60 \text{ mm}, \qquad y_2 = 20 \text{ mm}, \qquad z_2 = -5 \text{ mm}$$

$$V_3 = 30 \text{ mm} \times 40 \text{ mm} \times 20 \text{ mm} = 24\ 000 \text{ mm}^3$$

$$x_3 = 10 \text{ mm}, \qquad y_3 = 60 \text{ mm}, \qquad z_3 = 15 \text{ mm}$$

代入

$$x_C = \frac{V_1 x_1 + V_2 x_2 + V_3 x_3}{V_1 + V_2 + V_3}, \quad y_C = \frac{V_1 y_1 + V_2 y_2 + V_3 y_3}{V_1 + V_2 + V_3}, \quad z_C = \frac{V_1 z_1 + V_2 z_2 + V_3 z_3}{V_1 + V_2 + V_3}$$

计算得

$$x_C = 21.72 \text{ mm}, \qquad y_C = 40.69 \text{ mm} \quad z_C = -23.62 \text{ mm}$$

3-28 图示均质物体由半径为 r 的圆柱体和半径为 r 的半球体相结合组成,如均质物体的重心位于半球体的大圆的中心点 C,求圆柱体的高。

解:把坐标原点建于点 C,铅垂向上为 z 轴,如图所示,由题意,则 $z_C = 0$。把物体分为圆柱与半圆球两部分,其体积分别为

$$V_1 = \pi r^2 h, \qquad V_2 = \frac{2}{3}\pi r^3$$

而

$$z_1 = \frac{h}{2}, \qquad z_2 = -\frac{3}{8}r$$

代入

$$z_C = \frac{V_1 z_1 + V_2 z_2}{V_1 + V_2} = 0$$

解得

$$h = \frac{\sqrt{2}}{2}r$$

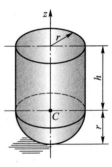

题 3-28 图

第四章　摩　擦

4-1　简易升降混凝土料斗装置如图所示,混凝土和料斗共重 25 kN,料斗与滑道间的静、动摩擦因数均为 0.3。(1)若绳子拉力分别为 22 kN 与 25 kN 时,料斗处于静止状态,求料斗与滑道间的摩擦力;(2)求料斗匀速上升和下降时绳子的拉力。

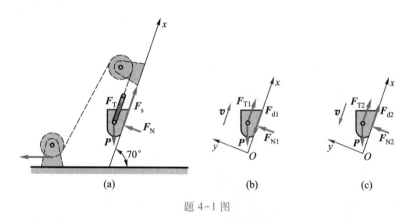

题 4-1 图

解:(1)取料斗,因运动趋势难以判别,设摩擦力向上,如图 a 所示,沿图示坐标轴投影,有

$$\sum F_x = 0, \qquad F_T + F_s - P\sin 70° = 0$$

把 $F_{T1} = 22$ kN 代入,得

$$F_{s1} = 1.469 \text{ kN}, \qquad 沿斜面向上。$$

把 $F_{T2} = 25$ kN 代入,得

$$F_{s2} = -1.508 \text{ kN}, \qquad 沿斜面向下。$$

(2)当料斗匀速上升时,受力图如图 b 所示,
由

$$\sum F_x = 0, \qquad F_{T1} - F_{d1} - P\sin 70° = 0$$

$$\sum F_y = 0, \qquad F_{N1} - P\cos 70° = 0$$

且

$$F_{d1} = f_d F_{N1}$$

式中，f_d 是动摩擦因数，联立解得

$$F_{T1} = 26.06 \text{ kN}$$

当料斗匀速下降时，受力图如图 c 所示，由

$$\sum F_x = 0, \qquad F_{T2} + F_{d2} - P\sin 70° = 0$$

$$\sum F_y = 0, \qquad F_{N2} - P\cos 70° = 0$$

且

$$F_{d2} = f_d F_{N2}$$

式中，f_d 是动摩擦因数，联立解得

$$F_{T2} = 20.93 \text{ kN}$$

4-2 重为 P 的物体放在倾角为 β 的斜面上，物体与斜面间的摩擦角为 φ_f，如图所示。在物体上作用力 F，此力与斜面的交角为 θ，求拉动物体时力 F 的值，并问当角 θ 为何值时，此力为极小？

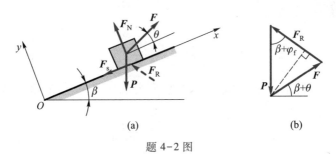

(a)   (b)

题 4-2 图

解：物体受力图如图 a 所示，用解析法，沿图示坐标轴列平衡方程，有

$$\sum F_x = 0, \qquad F\cos \theta - F_s - P\sin \beta = 0$$

$$\sum F_y = 0, \qquad F\sin \theta + F_N - P\cos \beta = 0$$

且有

$$F_s = f_s F_N = \tan \varphi_f \cdot F_N$$

联立求解得拉动物体时力 F 的值为

$$F = \frac{P\sin(\beta + \varphi_f)}{\cos(\theta - \varphi_f)}$$

由此式可看出,当 $\theta = \varphi_f$, F 有最小值,且最小值为 $F_{min} = P\sin(\beta + \varphi_f)$。

也可用几何法,全约束力以 F_R 表示,画出封闭力三角形如图 b 所示,可求得同样结果。当 $F \perp F_R$ 时,直接看出 F 有最小值,且最小值为 $F_{min} = P\sin(\beta + \varphi_f)$。

4-3 如图所示,置于 V 型槽中的棒料上作用一力偶,力偶的矩 $M = 15$ N·m 时,刚好能转动此棒料。已知棒料重 $P = 400$ N,直径 $D = 0.25$ m,不计滚动摩阻。求棒料与 V 形槽间的静摩擦因数 f_s。

解:棒料受力如图,在临界平衡状态,在图示坐标轴,有

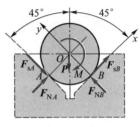

$$\sum F_x = 0, \qquad F_{NA} + F_{sB} - P\sin 45° = 0$$

$$\sum F_y = 0, \qquad F_{NB} - F_{sA} - P\cos 45° = 0$$

$$\sum M_O = 0, \qquad (F_{sA} + F_{sB}) \cdot \frac{D}{2} - M = 0$$

题 4-3 图

且有

$$F_{sA} = f_s F_{NA}, \qquad F_{sB} = f_s F_{NB}$$

联立以上 5 式求解,得方程

$$f_s^2 - \frac{D \cdot P}{M}\cos 45° \cdot f_s + 1 = 0$$

解得两个根为

$$f_{s1} = 4.442, \qquad f_{s2} = 0.223$$

$f_{s1} = 4.442$ 是不合理的根,删去。所以,棒料与 V 形槽间的静摩擦因数 $f_s = 0.223$。

4-4 两根相同的匀质杆 AB 和 BC,在端点 B 用光滑铰链连接,A,C 两端放在非光滑的水平面上,如图所示。当 ABC 成等边三角形时,系统在铅垂面内处于临界平衡状态。求杆端与水平面间的摩擦因数。

解:设每根杆重为 P,长为 l,整体受力图如图 a 所示,由于对称性,可直接看出或给出

$$F_{NA} = F_{NC} = P$$

或者由方程

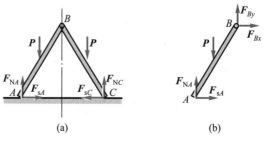

题 4-4 图

$$\sum M_C = 0, \qquad P \cdot \frac{3}{2}l\cos 60° + P \cdot \frac{l}{2}\cos 60° - F_{NA} \cdot 2l\cos 60° = 0$$

求出

$$F_{NA} = P$$

再取杆 AB,受力图如图 b 所示,由

$$\sum M_B = 0, \qquad P \cdot \frac{1}{2}l\cos 60° + F_{sA} \cdot l\sin 60° - F_{NA} \cdot l\cos 60° = 0$$

且有

$$F_{sA} = f_s F_{NA}$$

解得

$$f_s = \frac{1}{2\sqrt{3}}$$

同理。C 处与水平面间的摩擦因数也为此值。

4-5 梯子 AB 靠在墙上,其重为 $P = 200$ N,如图所示。梯长为 l,并与水平面交角 $\theta = 60°$。与接触面间的静摩擦因数均为 0.25。今有一重 650 N 的人沿梯上爬,问人所能达到的最高点 C 到 A 点的距离 s 为多少?

解:设人重用 P_1 表示,则梯子受力图如图所示,由

$$\sum F_x = 0, \qquad F_{NB} - F_{sA} = 0$$

$$\sum F_y = 0, \qquad F_{NA} + F_{sB} - P - P_1 = 0$$

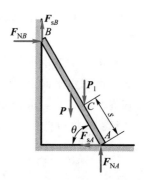

题 4-5 图

$$\sum M_A = 0, \qquad P_1 \cdot s\cos\theta + P \cdot \frac{l}{2}\cos\theta - F_{NB} \cdot l\sin\theta - F_{sB} \cdot l\cos\theta = 0$$

且有

$$F_{sA} = f_s F_{NA}, \qquad F_{sB} = f_s F_{NB}$$

联立解得

$$s = 0.456l$$

4-6 攀登电线杆的脚套钩如图 a 所示,电线杆的直径 $d = 300$ mm,A,B 间的铅垂距离 $b = 100$ mm。若套钩与电线杆之间静摩擦因数 $f_s = 0.5$。求工人操作时,为了安全,站在套钩上的最小距离 l 为多大。

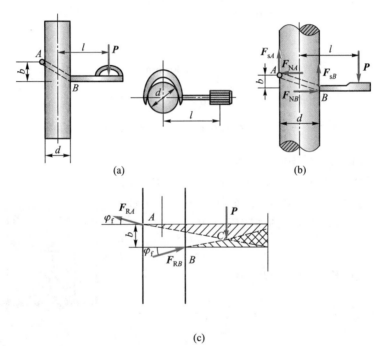

(a)   (b)

(c)

题 4-6 图

解:套钩受力图如图 b 所示,临界平衡状态时,有

$$\sum F_x = 0, \qquad F_{NB} - F_{NA} = 0$$

$$\sum F_y = 0, \qquad F_{sA} + F_{sB} - P = 0$$

$$\sum M_A = 0, \qquad F_{sB} \cdot d + F_{NB} \cdot b - P \cdot \left(l + \frac{d}{2}\right) = 0$$

且有

$$F_{sA} = f_s F_{NA}, \qquad F_{sB} = f_s F_{NB}$$

联立解得

$$l = \frac{b}{2f_s} = 100 \text{ mm}$$

也可用几何法求解,画出两处的全约束力与重力,三力汇交于点 C,如图 c 所示,从图中可得

$$b = \left(l + \frac{d}{2} \right) \tan \varphi_f + \left(l - \frac{d}{2} \right) \tan \varphi_f$$

$$= 2l \tan \varphi_f$$

同样可得

$$l = \frac{b}{2f_s} = 100 \text{ mm}$$

4-7　不计自重的拉门与上下滑道之间的静摩擦因数均为 f_s,门高为 h。若在门上 $\frac{2}{3}h$ 处用水平力 F 拉门而不会被卡住,求门宽 b 的最小值,并问门的自重对不被卡住的门宽最小值有否影响?

解:设门重为 P,均质。在图示拉力作用下,门有翻倒趋势,B,D 点脱离接触,而在 A,E 两点接触。当门即将滑动时,其受力图如图所示,由

$$\sum F_x = 0, \qquad F - F_{sA} - F_{sE} = 0$$

$$\sum F_y = 0, \qquad F_{NE} - F_{NA} - P = 0$$

$$\sum M_E = 0, \qquad F_{sA} \cdot h + F_{NA} \cdot b + P \cdot \frac{b}{2} - F \cdot \frac{2}{3}h = 0$$

且有

$$F_{sA} = f_s F_{NA}, \qquad F_{sB} = f_s F_{NB}$$

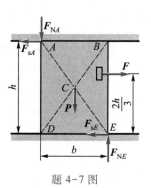

题 4-7 图

联立解得

$$b = \frac{1}{3}f_s h + \frac{f_s^2 hP}{F}$$

可知不管考虑门重与否,门的最小宽度均为

$$b_{\min} = \frac{1}{3} f_s h$$

门重与最小宽度无关。

4-8 鼓轮 B 重 500 N，放在墙角里，如图所示。已知鼓轮与水平地板间的静摩擦因数为 0.25，而铅垂墙壁绝对光滑。鼓轮上的绳索下端挂着重物。半径 $R = 200$ mm，$r = 100$ mm，不计滚动摩阻，求平衡时重物 A 的最大重量。

解：取鼓轮，受力图如图所示，由

$$\sum F_y = 0, \qquad F_{N2} - P_B - P = 0$$

$$\sum M_O = 0, \qquad F_{s2} \cdot R - P \cdot r = 0$$

且有

$$F_{s2} = f_s F_{N2}$$

联立解得

$$P = 500 \text{ N}$$

4-9 两半径相同的圆轮作反向转动，两轮轮心的连线与水平线的夹角为 θ，轮心距为 $2a$。现将一重为 P 的长板放在两轮上面，两轮与板间的动摩擦因数都是 f，求当长板平衡时长板重心 C 的位置。

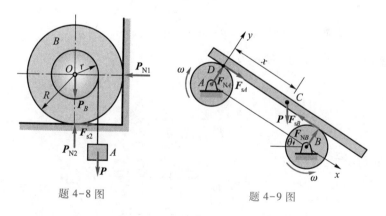

题 4-8 图　　　　　　题 4-9 图

解：长板受力如图，当板平衡时，有

$$\sum F_x = 0, \qquad F_{sA} - F_{sB} + P\sin\theta = 0$$

$$\sum F_y = 0, \qquad F_{NA} + F_{NB} - P\cos\theta = 0$$

$$\sum M_D = 0, \qquad F_{NB} \cdot 2a + P\cos\theta \cdot x = 0$$

且有

$$F_{sA} = fF_{NA}, \qquad F_{sB} = fF_{NB}$$

为动摩擦力，联立解得

$$x = a + \frac{a}{f}\tan\theta$$

4-10 轧压机由两轮构成，两轮的直径均为 $d = 500$ mm，轮间的间隙为 $a = 5$ mm，两轮反向转动，如图所示。已知烧红的铁板与铸铁轮间的静摩擦因数为 $f_s = 0.1$，问能轧压的铁板的厚度 b 是多少？

提示：欲使机器工作，则铁板必须被两转轮带动，亦即作用在铁板 A，B 处的法向作用力和摩擦力的合力必须水平向右。

解：铁板受力如图，若能轧压铁板，铁板必须受有水平向右的力，即有

$$\sum F_x > 0$$

而

$$\sum F_x = 2(F_{sA}\cos\theta - F_{NA}\sin\theta)$$

即应有

$$2(F_{sA}\cos\theta - F_{NA}\sin\theta) > 0$$

为使轧压铁板时，不打滑，摩擦力应

$$F_{sA} < f_s F_{NA}$$

解得

$$f_s > \tan\theta$$

由图中几何关系，有

$$\tan\theta = \frac{\sqrt{\left(\dfrac{d}{2}\right)^2 - \left(\dfrac{d}{2} - \dfrac{b-a}{2}\right)^2}}{\dfrac{d}{2} - \dfrac{b-a}{2}}$$

解得

$$b < d\left(1 - \sqrt{\frac{1}{1+f_s^2}}\right) = 7.84 \text{ mm}$$

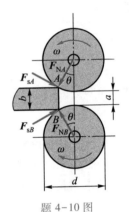

题 4-10 图

4-11 在闸块制动器的两个杠杆上,分别作用有大小相等的力 F_1 和 F_2,轮上的力偶矩 $M = 160\ \text{N·m}$,静摩擦因数为 0.2,尺寸如图所示。问 F_1 和 F_2 为多大,能使受到力偶作用的轮处于平衡状态。

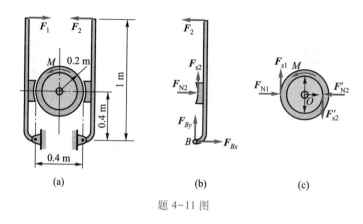

题 4-11 图

解:由对称性,取右侧杠杆,受力图如 b 所示,由

$$\sum M_B = 0, \qquad F_2 \times 1\ \text{m} - F_{N2} \times 0.4\ \text{m} = 0$$

考虑到摩擦力 F_{s2} 应有

$$F_{s2} \leq F_{max} = f_s F_{N2}$$

解得

$$F_{s2} \leq 0.5 F_2$$

取轮,其受力图如图 c 所示,由

$$\sum M_O = 0, \qquad M - 0.2\ \text{m} \cdot F_{s1} - 0.2\ \text{m} \cdot F'_{s2} = 0$$

解得

$$F_1 = F_2 \geq 800\ \text{N}$$

4-12 鼓轮利用双闸块制动器制动,在杠杆的末端作用有大小为 200 N 的力 F,方向与杠杆相垂直,如图所示。尺寸 $2R = O_1O_2 = KD = DC = O_1A = KL = O_2L = 0.5\ \text{m}$,$AC = O_1D = 1\ \text{m}$,$O_1B = 0.75\ \text{m}$,$ED = 0.25\ \text{m}$,闸块与鼓轮的静摩擦因数 $f_s = 0.5$,自重不计。求作用于鼓轮上的制动力矩。

解:先研究杆 O_1AB,受力图为图 b,由

$$\sum M_{O_1} = 0, \qquad 0.5\ \text{m} \cdot F_{AC} - 0.75\ \text{m} \cdot F = 0$$

得

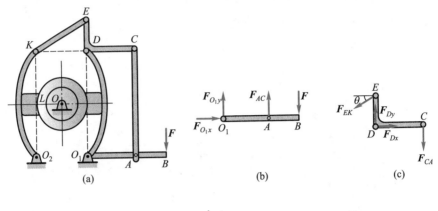

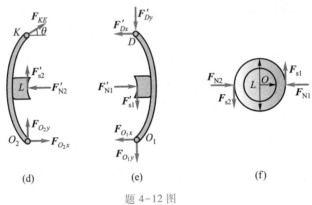

题 4-12 图

$$F_{AC} = 300 \text{ N}$$

接着取构件 CDE,受力图为图 c,由

$$\sum M_D = 0, \qquad F_{EK}\cos\theta \cdot ED - F_{CA} \cdot CD = 0$$

$$\sum F_x = 0, \qquad F_{Dx} - F_{EK}\cos\theta = 0$$

解得

$$F_{EK}\cos\theta = 600\text{N}, \qquad F_{Dx} = 600 \text{ N}$$

设轮顺时针方向转动,则构件 O_2LK 与 O_1D 受力图分别如图 d,e 所示,由

$$\sum M_{O_2} = 0, \qquad F'_{N2} \cdot O_2L - F_{KE}\cos\theta \cdot O_2K = 0$$

$$\sum M_{O_1} = 0, \qquad F'_{Dx} \cdot O_1D - F'_{N1} \cdot \frac{1}{2}O_1D = 0$$

解得

$$F'_{N2} = 1\ 200\ \text{N}, \qquad F'_{N1} = 1\ 200\ \text{N}$$

最后取鼓轮,受力图如图 f 所示,图中,

$$F_{s1} = f_s F_{N1}, \qquad F_{s2} = f_s F_{N2}$$

得产生的制动力矩为

$$M_{制动} = F_{s1} \cdot R + F_{s2} \cdot R = 300\ \text{N} \cdot \text{m}$$

4-13 一起重用的夹具由 ABC 和 DEF 两个相同的弯杆组成,并由杆 BE 连接,B 和 E 处都是铰链,尺寸如图所示。不计夹具自重,问要能提起重为 P 的重物,夹具与重物接触面处的静摩擦因数 f_s 应为多大?

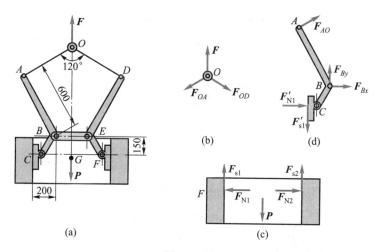

题 4-13 图

解:先由整体,可看出

$$F = P$$

取点 O,如图 b 所示,用几何法或解析法,可得

$$F_{OA} = F_{OD} = F = P$$

再研究重物,受力图为图 c,由对称性或列平衡方程,可得

$$F_{s1} = F_{s2} = \frac{P}{2}$$

最后研究构件 ABC,受力图如图 d 所示,由

$$\sum M_B = 0, \qquad 150\ \text{mm} \cdot F'_{N1} + 200\ \text{mm} \cdot F'_{s1} - 600\ \text{mm} \cdot F_{AO} = 0$$

以及重物不下滑的条件

$$F_{s1} \leq f_s F_{N1}$$

解得

$$f_s \geqslant 0.15$$

4-14 砖夹的宽度为 0.25 m，曲杆 *AGB* 与 *GCED* 在 *G* 点铰接，尺寸如图所示。设砖重 $P = 120$ N，提起砖的力 *F* 作用在砖夹的中心线上，砖夹与砖间的静摩擦因数 $f_s = 0.5$，求距离 *b* 为多大才能把砖夹起。

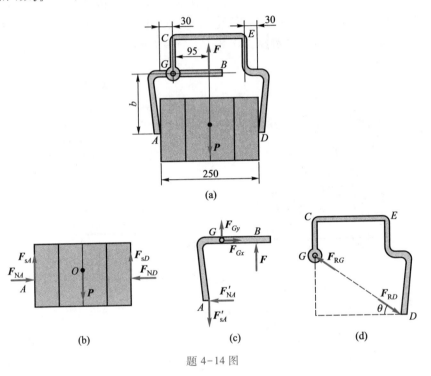

题 4-14 图

解：设提起砖时，系统处于平衡状态，即或静止，或匀速提起。由图 a，可知，

$$F = P$$

接着取砖的整体为研究对象，受力图如图 b 所示，直接可得或列平衡方程得

$$F_{NA} = F_{ND}, \qquad F_{sA} = F_{sD} = \frac{P}{2}$$

最后取构件 *AGB*，受力图如图 c 所示，由

$$\sum M_G = 0, \qquad 95 \text{ mm} \cdot F + 30 \text{ mm} \cdot F'_{sA} - b F'_{NA} = 0$$

解得

$$b = \frac{220 \text{ mm} \cdot F_{sA}}{F_{NA}}$$

砖不下滑,需满足条件

$$F_{sA} \leqslant f_s F_{NA}$$

可得

$$b \leqslant 110 \text{ mm}$$

注意到构件 $GCED$ 为二力构件。如图 d 所示,由自锁条件,应有

$$\tan \theta \leqslant \tan \varphi_f = f_s$$

同样可得结果。

4-15 均质箱体 A 的宽度 $b = 1$ m,高 $h = 2$ m,重 $P = 200$ kN,放在倾角 $\theta = 20°$ 的斜面上。箱体与斜面之间的静摩擦因数 $f_s = 0.2$。今在箱体的 C 点系一无重软绳,方向如图所示,绳的另一端绕过滑轮 D 挂一重物 E,尺寸 $BC = a = 1.8$ m。求使箱体处于平衡状态的重物 E 的重量。

解:箱体有上、下滑动与绕棱 B、H 翻倒四种可能性,分别加以考虑。

(1)若 F_T 较大,箱体有上滑的可能性,其受力图如图 a 实线所示,有

$$\sum F_x = 0, \qquad F_T \cos 30° - F_{s1} - P \sin 20° = 0$$

$$\sum F_y = 0, \qquad F_T \sin 30° + F_{N1} - P \cos 20° = 0$$

且有

$$F_{s1} = f_s F_{N1}$$

联立解得重物 E 的重量为 $P_{E1} = F_T = 109.7$ kN。

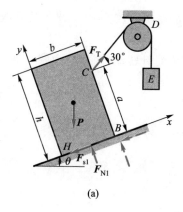

(a)

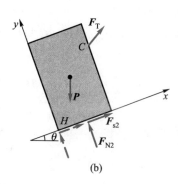

(b)

题 4-15 图

（2）设箱体即将绕棱 B 翻倒,则斜面的约束力如图 a 虚线所示,由

$$\sum M_B = 0, \qquad P\sin 20° \cdot \frac{h}{2} + P\cos 20° \cdot \frac{b}{2} - F_T\cos 30° \cdot a = 0$$

解得重物 E 的重量为

$$P_{E2} = F_T = 104.2 \text{ kN}$$

因 $P_{E2} < P_{E1}$,所以,在重量为 $P_{E2} = 104.2$ kN 时,箱体即将绕棱 B 翻倒。

（3）若 F_T 较小,箱体有下滑的可能性,其受力图如图 b 实线所示,有

$$\sum F_x = 0, \qquad F_T\cos 30° + F_{s2} - P\sin 20° = 0$$

$$\sum F_y = 0, \qquad F_T\sin 30° + F_{N2} - P\cos 20° = 0$$

且有

$$F_{s2} = f_s F_{N2}$$

联立解得重物 E 的重量为 $P_{E3} = F_T = 40.21$ kN。

（4）设箱体即将绕棱 H 翻倒,则斜面的约束力如图 b 虚线所示,由

$$\sum M_H = 0, \qquad P\sin 20° \cdot \frac{h}{2} - P\cos 20° \cdot \frac{b}{2} + F_T\sin 30° \cdot b - F_T\cos 30° \cdot a = 0$$

解得重物 E 的重量为 $P_{E4} = F_T = -24.12$ kN。

重物 E 的重力或者绳子的拉力不能为负值,所以箱体不可能绕棱 H 翻倒。

因此,使箱体处于平衡状态的重物 E 的重量为

$$40.21 \text{ kN} \leqslant P_E \leqslant 104.2 \text{ kN}$$

4-16　图示两无重杆在 B 处用套筒式无重滑块连接,在杆 AD 上作用一矩为 $M_A = 40$ N·m 的力偶,滑块和杆 AD 间的静摩擦因数 $f_s = 0.3$,求保持系统平衡时力偶矩 M_C。

解:设 $M_C = M_{C1}$ 时,杆 BC 与杆 AD 即将逆时针转动,两杆受力图则如图 a,b 所示,由

$$\sum M_A = 0, \qquad F_{N1} \cdot AB - M_A = 0$$

$$\sum M_C = 0, \qquad M_{C1} - F'_{N1} \cdot BC\sin 60° - F'_{s1} \cdot BC\cos 60° = 0$$

式中

$$F'_{s1} = f_s F'_{N1}$$

解得

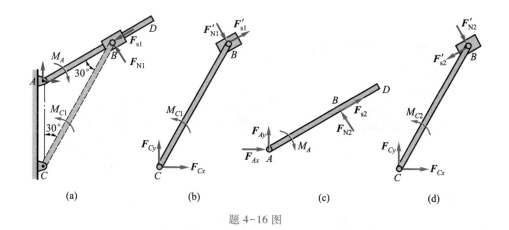

题 4-16 图

$$M_{C1} = 70.39 \text{ N} \cdot \text{m}$$

同样，设 $M_C = M_{C2}$ 时，杆 BC 与杆 AD 即将顺时针转动，两杆受力图则如图 c，d 所示，由

$$\sum M_A = 0, \qquad F_{N2} \cdot AB - M_A = 0$$

$$\sum M_C = 0, \qquad M_{C2} - F'_{N2} \cdot BC\sin 60° + F'_{s2} \cdot BC\cos 60° = 0$$

式中

$$F'_{s2} = f_s F'_{N2}$$

解得

$$M_{C2} = 49.61 \text{ N} \cdot \text{m}$$

所以，保持系统平衡时力偶矩 M_C 的值为

$$49.61 \text{ N} \cdot \text{m} \leqslant M_C \leqslant 70.39 \text{ N} \cdot \text{m}$$

4-17 平面曲柄连杆滑块机构如图所示。$OA = l$，在曲柄 OA 上作用有一矩为 M 的力偶，OA 水平。连杆 AB 与铅垂线的夹角为 θ，滑块与水平面之间的静摩擦因数为 f_s，不计各构件重量，$\tan \theta > f_s$。求机构在图示位置保持平衡时力 F 的值。

解：取杆 OA，其受力图如图 a 所示，由

$$\sum M_O = 0, \qquad M - F_{AB} \cdot l\cos \theta = 0$$

设推力 $F = F_1$ 时，滑块即将向左运动，其受力图如图 b 所示，由

$$\sum F_x = 0, \qquad F_{BA}\sin \theta - F_1\cos \beta + F_{s1} = 0$$

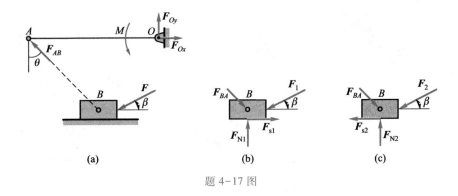

(a)　　　　　　(b)　　　　　　(c)

题 4–17 图

$$\sum F_y = 0, \qquad -F_{BA}\cos\theta - F_1\sin\beta + F_{N1} = 0$$

且有

$$F_{s1} = f_s F_{N1}, \qquad f_s = \tan\varphi_f$$

联立解得

$$F_1 = \frac{M\sin(\theta + \varphi_f)}{l\cos\theta\cos(\beta + \varphi_f)}$$

设推力 $F = F_2$ 时,滑块即将向右运动,其受力图如图 c 所示,由

$$\sum F_x = 0, \qquad F_{BA}\sin\theta - F_2\cos\beta - F_{s2} = 0$$

$$\sum F_y = 0, \qquad -F_{BA}\cos\theta - F_2\sin\beta + F_{N2} = 0$$

且有

$$F_{s2} = f_s F_{N2}, \qquad f_s = \tan\varphi_f$$

联立解得

$$F_2 = \frac{M\sin(\theta - \varphi_f)}{l\cos\theta\cos(\beta - \varphi_f)}$$

则机构在图示位置保持平衡时力 F 的值为

$$\frac{M\sin(\theta - \varphi_f)}{l\cos\theta\cos(\beta - \varphi_f)} \leqslant F \leqslant \frac{M\sin(\theta + \varphi_f)}{l\cos\theta\cos(\beta + \varphi_f)}$$

4–18 汽车重 $F = 15$ kN,车轮的直径为 600 mm,轮自重不计。问发动机应给予后轮多大的力偶矩,方能使前轮越过高为 80 mm 的阻碍物?并问此时后轮与地面的静摩擦因数应为多大才不至打滑?不计滚动摩阻。

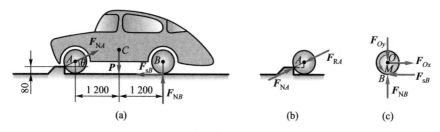

题 4-18 图

解：前轮要越过高为 $h=80$ mm 的阻碍物，必须与水平路面脱离接触，因不计车轮自重，故前轮为一二力体，其受力图如图 b 所示，而全车受力图如图 a 所示，力 F_{NA} 作用在前轮轮心上，由

$$\sum F_x = 0, \qquad F_{NA}\cos\theta - F_{sB} = 0$$

$$\sum F_y = 0, \qquad F_{NA}\sin\theta - P + F_{NB} = 0$$

$$\sum M_B = 0, \qquad 1.2\text{ m} \cdot P - 2.4\text{ m} \cdot F_{NA}\sin\theta - 0.3\text{ m} \cdot F_{NA}\cos\theta = 0$$

且

$$\sin\theta = \frac{300\text{ mm} - 80\text{mm}}{300\text{ mm}}$$

联立解得

$$F_{sB} = 6.224\text{ kN}, \qquad F_{NB} = 8.278\text{ kN}$$

为使后轮不打滑，应有 $F_{sB} \leqslant f_s F_{NB}$，解得后轮与地面的静摩擦因数为

$$f_s \geqslant 0.75$$

设发动机给予后轮的力偶矩为 M，后轮的受力图如图 c 所示，由

$$\sum M_O = 0, \qquad M - F_{sB} \cdot R = 0$$

解得

$$M = 1.867\text{ kN} \cdot \text{m}$$

4-19 图示立柜重 $P=1$ kN，放置于水平地面上。$h=1.2$ m，$a=0.9$ m，滚轮直径可忽略。滚轮与地面的静摩擦因数 $f_s=0.3$，不计滚动摩阻。若：(1) 滚轮 A 不能自由转动；(2) 滚轮 B 不能自由转动；(3) 两轮都不能自由转动。求使立柜移动的最小水平推力并校核会不会翻倒。

解：(1) 滚轮 A 不能自由转动，滚轮 B 能自由转动时，要使立柜移动，则轮 A 处的摩擦力应达到最大值，而不计滚轮 B 处的摩擦力，有

$$\sum F_x = 0, \qquad F_{sA} - F = 0$$

得

$$F = F_{sA} = f_s F_{NA} \qquad\qquad (1)$$

由

$$\sum M_B = 0, \qquad F \cdot h - P \cdot \frac{a}{2} + F_{NA} \cdot a = 0$$

得

$$F_{NA} = \frac{P}{2} - \frac{h}{a} F \qquad\qquad (2)$$

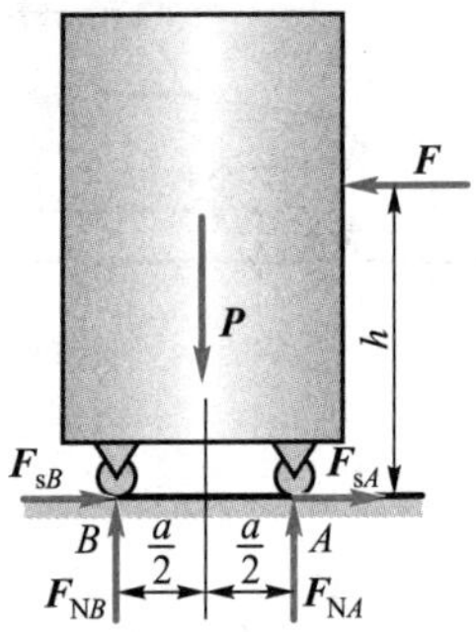

题 4-19 图

把式(1),式(2)联立求解得

$$F = 0.107 \text{ kN}$$

(2) 滚轮 B 不能自由转动,滚轮 A 能自由转动时,要使立柜移动,则轮 B 处的摩擦力应达到最大值,而不计滚轮 A 处的摩擦力,有

$$\sum F_x = 0, \qquad F_{sB} - F = 0$$

得

$$F = F_{sB} = f_s F_{NB} \qquad\qquad (3)$$

由

$$\sum M_A = 0, \qquad F \cdot h + P \cdot \frac{a}{2} - F_{NB} \cdot a = 0$$

得

$$F_{NB} = \frac{P}{2} + \frac{h}{a} F \qquad\qquad (4)$$

把式(3),式(4)联立求解得

$$F = 0.25 \text{ kN}$$

(3) 两轮都不能自由转动时,受力图如图所示,A,B 处的摩擦力均达到最大值,有

$$\sum F_x = 0, \qquad F_{sA} + F_{sB} - F = 0$$

得

$$F = F_{sA} + F_{sB} = f_s (F_{NA} + F_{NB}) = f_s P = 0.3 \text{ kN}$$

（4）立柜有翻倒趋势时，$F_{NA} = 0$，设此时的推力为 F_1，由

$$\sum M_B = 0, \qquad F_1 \cdot h - P \cdot \frac{a}{2} = 0$$

解得

$$F_1 = 0.375 \text{ kN}$$

上述三种情况求得的 F 值均小于此值，所以立柜不会翻倒。

4-20 一运货升降箱重为 P_1，可以在滑道间上下滑动。一重为 P_2 的货物，放置于升降箱的一边，如图所示，由于货物偏于一边而使升降箱的两角与滑道靠紧。升降箱与滑道间的静摩擦因数为 f_s，求升降箱匀速上升和匀速下降不被卡住时，平衡重 P_3 的值。

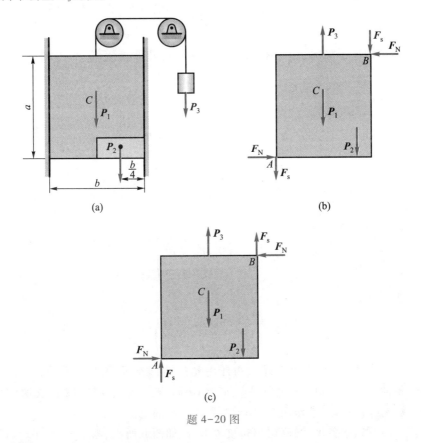

(a)

(b)

(c)

题 4-20 图

解：升降箱匀速上升时，由于有重物 P_2 的作用，升降箱倾斜，受力图如图 b 所示，由

$$\sum F_y = 0, \qquad P_3 - P_1 - P_2 - 2F_s = 0 \tag{1}$$

$$\sum M_B = 0, \qquad F_s \cdot b + F_N \cdot a + P_1 \cdot \frac{b}{2} + P_2 \cdot \frac{b}{4} - P_3 \cdot \frac{b}{2} = 0 \tag{2}$$

且

$$F_s = f_s F_N \tag{3}$$

把 3 个方程联立求解,得

$$P_3 = P_1 + P_2\left(1 + \frac{bf_s}{2a}\right)$$

为了不被卡住,应有

$$P_3 > P_1 + P_2\left(1 + \frac{bf_s}{2a}\right)$$

升降箱匀速下降时,由于有重物 P_2 的作用,升降箱倾斜,受力图如图 c 所示,由

$$\sum F_y = 0, \qquad P_3 - P_1 - P_2 + 2F_s = 0 \tag{1}$$

$$\sum M_B = 0, \qquad -F_s \cdot b + F_N \cdot a + P_1 \cdot \frac{b}{2} + P_2 \cdot \frac{b}{4} - P_3 \cdot \frac{b}{2} = 0 \tag{2}$$

且

$$F_s = f_s F_N \tag{3}$$

把 3 个方程联立求解,得

$$P_3 = P_1 + P_2\left(1 - \frac{bf_s}{2a}\right)$$

为了不被卡住,应有

$$P_3 < P_1 + P_2\left(1 - \frac{bf_s}{2a}\right)$$

4-21 如图所示,重量不计的两杆用光滑销钉连接,两杆端点 A,C 与滑块相连。滑块 A,C 的质量 $m_A = 20$ kg, $m_C = 10$ kg,与台面的静摩擦因数均为 $f_s = 0.25$。系统静止平衡,求作用在 B 点的铅垂力 F 的范围。

解:(1)先据各尺寸,确定出角度 θ 和 φ,如图 b 所示,则

$$\tan \theta = \frac{75}{250} = 0.3, \quad \theta = 16.7°, \quad \sin \theta = 0.287\,3, \quad \cos \theta = 0.957\,8$$

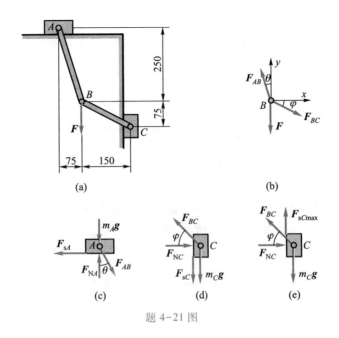

(a)   (b)

(c)   (d)   (e)

题 4-21 图

$$\tan \varphi = \frac{75}{150} = 0.5, \quad \varphi = 26.57°, \quad \sin \varphi = 0.447\,2, \quad \cos \varphi = 0.894\,4$$

AB 与 BC 两杆为二力杆,取点 B,其受力图如图 b 所示,由

$$\sum F_x = 0, \qquad -F_{AB}\sin \theta + F_{BC}\cos \varphi = 0$$

$$\sum F_y = 0, \qquad F_{AB}\cos \theta - F - F_{BC}\sin \varphi = 0$$

联立解得

$$F_{AB} = \frac{F\cos \varphi}{\cos(\theta + \varphi)} \tag{1}$$

$$F_{BC} = \frac{F\sin \theta}{\cos(\theta + \varphi)} \tag{2}$$

(2) 取滑块 A,在力 F_{AB} 作用下,其只有向右滑动趋势,设摩擦力达到最大值,受力图如图 c 所示,有

$$\sum F_x = 0, \qquad F_{AB}\sin \theta - F_{sA} = 0 \tag{3}$$

$$\sum F_y = 0, \qquad F_{NA} - F_{AB}\cos \theta - m_A g = 0 \tag{4}$$

且

105

$$F_{sA} = f_s F_{NA} \tag{5}$$

5 个方程,共有 F, F_{AB}, F_{BC}, F_{sA}, F_{NA} 5 个未知数,联立求解可得

$$F = \frac{f_s m_A g \cos(\theta + \varphi)}{(\sin\theta - f_s \cos\theta)\cos\varphi} = 832.7 \text{ N}$$

$$F_{AB} = \frac{f_s m_A g}{\sin\theta - f_s \cos\theta} = 1\ 024 \text{ N}$$

$$F_{BC} = \frac{F\sin\theta}{\cos(\theta + \varphi)} = 328.6 \text{ N}$$

（3）在滑块 A 有向右滑动趋势,摩擦力达到最大值时,考虑滑块 C 的情况。设其有上滑趋势,其受力图如图 d 所示,由

$$\sum F_x = 0, \qquad F_{NC} - F_{BC}\cos\varphi = 0$$

$$\sum F_y = 0, \qquad F_{BC}\sin\varphi - F_{sC} - m_C g = 0$$

得

$$F_{NC} = F_{BC}\cos\varphi, \qquad F_{sC} = F_{BC}\sin\varphi - m_C g = 48.9 \text{ N}$$

C 处最大摩擦力为

$$F_{sC\max} = f_s F_{BC}\cos\varphi = 73.48 \text{ N}$$

因

$$F_{sC} < F_{sC\max}$$

所以,滑块 C 不动,系统平衡。

（4）考虑滑块 C 有下滑趋势,摩擦力达到临界状态的情况,其受力图如图 e 所示,由

$$\sum F_x = 0, \qquad F_{NC} - F_{BC}\cos\varphi = 0$$

$$\sum F_y = 0, \qquad F_{BC}\sin\varphi + F_{sC\max} - m_C g = 0$$

而

$$F_{sC\max} = f_s F_{BC}\cos\varphi$$

解得此时杆 BC 所受拉力为

$$F_{BC} = \frac{m_C g}{\sin\varphi + f_s \cos\varphi} = 146 \text{ N}$$

又

$$F_{BC} = \frac{F\sin\theta}{\cos(\theta + \varphi)}$$

即

$$F = \frac{146\ \text{N}\cos(\theta + \varphi)}{\sin\theta} = 370\ \text{N}$$

结论是:

当力 $F = 832.7$ N 时,滑块 A 达到临界状态,滑块 C 不动,系统平衡。

当力 $F = 370$ N 时,滑块 C 达到临界状态,但因杆 AB 受力 F_{AB} 随 F 的减小而减小,滑块 A 不动,系统平衡。

所以,系统静止平衡时,作用在 B 点的铅垂力 F 的范围为

$$370\ \text{N} \leqslant F \leqslant 832.7\ \text{N}$$

4-22 重量为 $P_1 = 450$ N 的均质梁 AB,梁的 A 端为固定铰支座,另一端搁置在重 $P_2 = 343$ N 的线圈架的芯轴上,轮心 C 为线圈架的重心。线圈架与 AB 梁和地面间的静摩擦因数分别为 $f_{s1} = 0.4$,$f_{s2} = 0.2$,不计滚动摩阻,线圈架的半径 $R = 0.3$ m,芯轴的半径 $r = 0.1$ m。今在线圈架的芯轴上绕一不计重量的软绳,求使线圈架由静止而开始运动的水平拉力 F 的最小值。

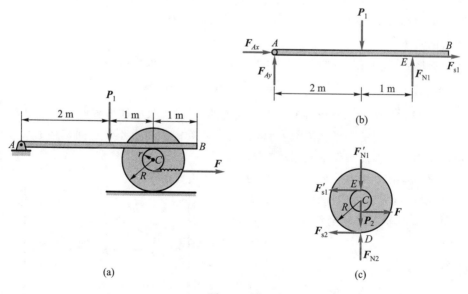

题 4-22 图

解：首先取梁 AB，其受力图如图 b 所示，由

$$\sum M_A = 0, \qquad 3\ \text{m} \cdot F_{N1} - 2\ \text{m} \cdot P_1 = 0$$

得

$$F_{N1} = 300\ \text{N}$$

其次取线圈架，其受力图如图 c 所示，由

$$\sum F_x = 0, \qquad F - F'_{s1} - F_{s2} = 0 \tag{1}$$

$$\sum F_y = 0, \qquad F_{N2} - P_2 - F'_{N1} = 0 \tag{2}$$

$$\sum M_C = 0, \qquad F'_{s1} \cdot r + F \cdot r - F_{s2} \cdot R = 0 \tag{3}$$

设 E 点先达到临界状态，有

$$F_{s1} = f_{s1} F_{N1} = 120\ \text{N}$$

则上述方程为关于 F, F_{s2}, F_{N2} 三个未知数的方程，联立解得

$$F = 240\ \text{N}, \qquad F_{N1} = 643\ \text{N}, \qquad F_{s2} = 120\ \text{N}$$

而 D 处的最大摩擦力

$$F_{s2\max} = f_{s2} F_{N2} = 128.6\ \text{N}$$

说明 D 处没达到临界状态，此时线圈架将顺时针转动，E 处产生相对滑动，D 处相对地面纯滚动，线圈架已不会静止。显然，若要 D 处也产生相对滑动，则需要更大的力 $\boldsymbol{F}$。

所以，使线圈架由静止开始运动的水平拉力 $\boldsymbol{F}$ 的最小值为

$$F_{\min} = 240\ \text{N}$$

4-23　如图所示为电梯升降安全装置的计算简图，电梯与载重总重量为 $\boldsymbol{P}$，电梯井与滑块间的静摩擦因数 $f_s = 0.5$，安全装置构件自重不计。问机构的尺寸比例应为多少方能确保安全制动？

解：因不计各构件自重，杆 AC 为二力杆，滑块也为二力构件，取滑块 A，其受力图如图所示，$\boldsymbol{F}_R$ 为全约束力，由自锁条件，应有

$$\theta \leqslant \varphi_f$$

即

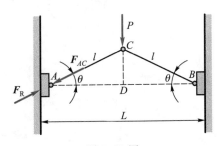

题 4-23 图

$$\tan \theta \leqslant \tan \varphi_{\mathrm{f}} = f_{\mathrm{s}}$$

而

$$\tan \theta = \frac{\sqrt{l^2 - \left(\dfrac{L}{2}\right)^2}}{\dfrac{L}{2}} \leqslant f_{\mathrm{s}}$$

可解得

$$\frac{l}{L} \leqslant 0.559$$

显然,还应该有

$$L < 2l$$

因此,为确保能安全制动,机构的尺寸比例应为

$$0.5 < \frac{l}{L} < 0.559$$

4-24 尖劈顶重装置如图所示。在 B 块上受力 $\boldsymbol{P}$ 的作用。块 A 与块 B 间的静摩擦因数为 f_{s},其他有滚珠处表示光滑。不计块 A 与块 B 的重量,求使系统保持平衡的水平力 $\boldsymbol{F}$ 的值。

解: 先取整体,受力图如图 a 所示,由方程

$$\sum F_y = 0, \qquad F_{\mathrm{NA}} - P = 0$$

解得

$$F_{\mathrm{NA}} = P$$

(1)用解析法求解

设推力为 $\boldsymbol{F}_1$ 时,物块 A 有向右挤出的趋势,其受力图如图 b 所示,由

$$\sum F_x = 0, \qquad F_{\mathrm{N1}} \sin \theta - F_{\mathrm{s1}} \cos \theta - F_1 = 0$$

$$\sum F_y = 0, \qquad F_{\mathrm{NA}} - F_{\mathrm{s1}} \sin \theta - F_{\mathrm{N1}} \cos \theta = 0$$

且

$$F_{\mathrm{s1}} = f_{\mathrm{s}} F_{\mathrm{N1}}$$

联立解得

$$F_1 = \frac{P(\sin \theta - f_{\mathrm{s}} \cos \theta)}{\cos \theta + f_{\mathrm{s}} \sin \theta}$$

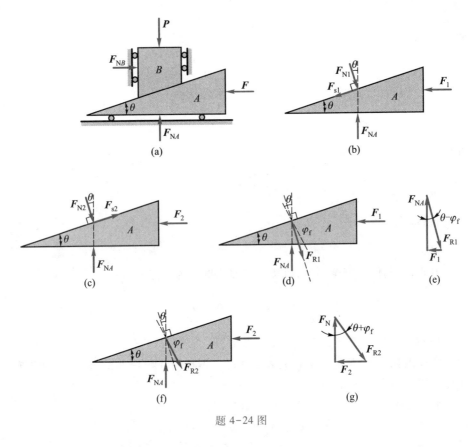

题 4-24 图

设推力为 F_2 时,物块 A 有向左挤进的趋势,其受力图如图 c 所示,由

$$\sum F_x = 0, \qquad F_{N2}\sin\theta + F_{s2}\cos\theta - F_2 = 0$$

$$\sum F_y = 0, \qquad F_{NA} + F_{s2}\sin\theta - F_{N2}\cos\theta = 0$$

且

$$F_{s2} = f_s F_{N2}$$

联立解得

$$F_2 = \frac{P(\sin\theta + f_s\cos\theta)}{\cos\theta - f_s\sin\theta}$$

(2)用几何法求解

设推力为 F_1 时,物块 A 有向右挤出的趋势,画出 A,B 接触处的全约束力,其

110

受力图如图 d 所示,封闭力三角形如图 e 所示,可看出

$$F_1 = P\tan(\theta - \varphi_f)$$

设推力为 F_2 时,物块 A 有向左挤进的趋势,画出 A,B 接触处的全约束力,其受力图如图 f 所示,封闭三角形如图 g 所示,可看出

$$F_2 = P\tan(\theta + \varphi_f)$$

注意到 $\tan\varphi_f = f_s$,利用三角公式整理可得同样结果(表达式)。

所以,使系统保持平衡的水平力 F 的值为

$$\frac{P(\sin\theta - f_s\cos\theta)}{\cos\theta + f_s\sin\theta} \leqslant F \leqslant \frac{P(\sin\theta + f_s\cos\theta)}{\cos\theta - f_s\sin\theta}$$

4-25 均质长板 AD 重为 P,长为 4 m,用一不计自重的短板 BC 支撑,如图所示,$AC = BC = AB = 3$ m。求 A,B,C 处的摩擦角各为多大才能使之保持平衡。

解:因不计板 BC 的自重,其为二力杆,系统处于临界平衡状态时,B,C 处的全约束力应沿着 BC 作用,由摩擦角的概念,得 B,C 处的摩擦角为

$$\varphi_B = \varphi_C = 30°$$

为求摩擦角 φ_A,用解析法,由

$$\sum F_x = 0, \qquad F_{RA}\sin\varphi_A - F_{RB}\sin\varphi_B = 0$$

$$\sum F_y = 0, \qquad F_{RA}\cos\varphi_A + F_{RB}\cos\varphi_B - P = 0$$

$$\sum M_A = 0, \qquad 3\text{ m} \cdot F_{RB}\cos\varphi_B - 2\text{ m} \cdot \cos 60° \cdot P = 0$$

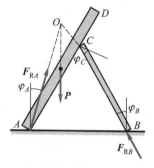

题 4-25 图

联立解得

$$\varphi_A = 16°6'$$

求摩擦角 φ_A,也可按图中几何关系,求出 $\angle OAC = 13.9°$(求解,略),则

$$\varphi_A = 30° - \angle OAC = 16°6'$$

4-26 重 50 N 的方块放在倾斜的粗糙面上,斜面的边 AB 与 BC 垂直,如图所示。如在方块上作用水平力 F 与 BC 边平行,此力由零逐渐增加,方块与斜面间的静摩擦因数为 0.6。求:(1) 保持方块平衡时,水平力 F 的最大值;(2) 若方块与斜面的动摩擦因数为 0.55,当物块作匀速直线运动时,求水平力 F 的大小与物块滑动的方向。

解:(1) 求水平力 F 的最大值,即方块应处于临界平衡状态,其受力图如图 a 所示,

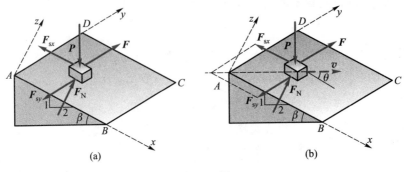

(a)　　　　　　　　　　　(b)

题 4-26 图

由

$$\sum F_x = 0, \qquad P\sin\beta - F_{sx} = 0$$

$$\sum F_y = 0, \qquad F - F_{sy} = 0$$

$$\sum F_z = 0, \qquad F_N - P\cos\beta = 0$$

考虑到

$$\sqrt{F_{sx}^2 + F_{sy}^2} = f_s F_N$$

联立解得

$$F = 14.83 \text{ N}$$

（2）方块作匀速直线运动，也是处于平衡状态，受力图如图 b 所示，由

$$\sum F_x = 0, \qquad P\sin\beta - F_{sx} = 0$$

$$\sum F_y = 0, \qquad F - F_{sy} = 0$$

$$\sum F_z = 0, \qquad F_N - P\cos\beta = 0$$

摩擦力的方向与其运动的方向相反，也就有

$$\tan\theta = \frac{F_{sy}}{F_{sx}}$$

同时有

$$\sqrt{F_{sx}^2 + F_{sy}^2} = f_s F_N$$

联立解得

$$F = 10.25 \text{ N}, \qquad \theta = 24.63°$$

112

4-27 一半径为 R，重为 P_1 的轮静止在水平面上，如图所示。在轮上半径为 r 的轴上缠有细绳，此细绳跨过滑轮 A，在端部系一重为 P_2 的物体。绳的 AB 部分与铅垂线成 θ 角。求轮与水平面接触点 C 处的滚动摩阻力偶矩、滑动摩擦力和法向约束力。

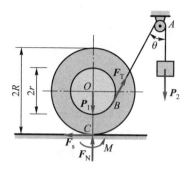

解： 轮受力如图所示，由

$$\sum F_x = 0, \qquad F_T \sin\theta - F_s = 0$$

$$\sum F_y = 0, \qquad F_N + F_T\cos\theta - P_1 = 0$$

$$\sum M_O = 0, \qquad F_T \cdot r - F_s \cdot R + M = 0$$

式中

$$F_T = P_2$$

分别解得

$$F_s = P_2\sin\theta, \qquad F_N = P_1 - P_2\cos\theta, \qquad M = P_2(R\sin\theta - r)$$

题 4-27 图

4-28 如图所示，钢管车间的钢管运转台架，依靠钢管自重缓慢无滑动地滚下，钢管直径为 50 mm。设钢管与台架间的滚动摩阻系数 $\delta = 0.5$ mm。试确定台架的最小倾角 θ 应为多大？

解： 使钢管靠自重缓慢无滑动地滚下的条件是，钢管对与台架接触处 A 的力矩大于零，临界状态等于零，即

$$\sum M_A \geqslant 0$$

而

$$\sum M_A = P\sin\theta \cdot R - M$$

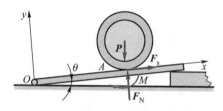

题 4-28 图

式中，M 为最大滚阻力偶矩，即

$$M = \delta F_N$$

由

$$\sum F_y = 0, \qquad F_N - P\cos\theta = 0$$

得

$$F_N = P\cos\theta$$

有

$$\sum M_A = P\sin\theta \cdot R - \delta P\cos\theta \geqslant 0$$

得

$$\tan \theta \geqslant \frac{\delta}{R} = \frac{1}{50}, \qquad \theta \geqslant 1.9°$$

最小倾角为 $1.9°$

4-29 如图所示,在搬运重物时,常在板下面垫以滚子。已知重物重量为 $\boldsymbol{P}$,滚子重量 $P_1 = P_2$,半径为 r,滚子与重物间的滚阻系数为 δ_1,与地面间的滚阻系数为 δ_2。求拉动重物时水平力 $\boldsymbol{F}$ 的大小。

解:不计板重,能拉动重物时,滚子与地面和板之间的滚动摩阻力偶矩均达到最大值,取整体,受力图如图 a 所示,分别取两滚子,受力图分别如图 b,c 所示,整体有 3 个平衡方程,每个滚子也各有 3 个平衡方程,再加 4 个滚动摩阻定律,共有 13 个方程,而未知数如图 b,c 所示,有 12 个,再加水平拉力 F,共有 13 个未知数,可联立求解。

下面用相对简单一些的方法求解。

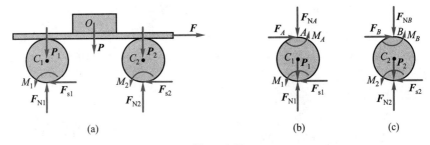

(a)　　　　　　　　　　(b)　　　　(c)

题 4-29 图

对图 b,由

$$\sum F_y = 0, \qquad F_{N1} - F_{NA} - P_1 = 0$$
$$\sum M_A = 0, \qquad M_1 + M_A - F_{s1} \cdot 2r = 0$$

而

$$M_1 = \delta_2 F_{N1}, \qquad M_A = \delta_1 F_{NA}$$

消去 M_A 与 F_{NA},有

$$(\delta_1 + \delta_2) F_{N1} - \delta_1 P_1 - F_{s1} \cdot 2r = 0 \qquad (1)$$

对图 c,由

$$\sum F_y = 0, \qquad F_{N2} - F_{NB} - P_2 = 0$$
$$\sum M_B = 0, \qquad M_2 + M_B - F_{s2} \cdot 2r = 0$$

而
$$M_2 = \delta_2 F_{N2}, \qquad M_B = \delta_1 F_{NB}$$
消去 M_B 与 F_{NB}，有
$$(\delta_1 + \delta_2) F_{N2} - \delta_1 P_2 - F_{s2} \cdot 2r = 0 \qquad (2)$$
式(1)+式(2)得
$$(\delta_1 + \delta_2)(F_{N1} + F_{N2}) - \delta_1(P_1 + P_2) - (F_{s1} + F_{s2}) \cdot 2r = 0 \qquad (3)$$
对图 a，由
$$\sum F_x = 0, \qquad F - F_{s1} - F_{s2} = 0$$
$$\sum F_y = 0, \qquad F_{N1} + F_{N2} - P - P_1 - P_2 = 0$$
即
$$F = F_{s1} + F_{s2}, \qquad F_{N1} + F_{N2} = P + P_1 + P_2$$
代入式(3)解得
$$F = \frac{P(\delta_1 + \delta_2) + 2P_1\delta_2}{2r}$$

4-30　重为 $P_1 = 980$ N，半径为 $r = 100$ mm 的滚子 A 与重为 $P_2 = 490$ N 的板 B 由通过定滑轮 C 的柔绳相连。板与斜面间的静摩擦因数 $f_s = 0.1$，滚子 A 与板 B 间的滚阻系数为 $\delta = 0.5$ mm，斜面倾角 $\theta = 30°$，柔绳与斜面平行，柔绳与滑轮自重不计。求拉动板 B 且平行斜面的力 F 的大小。

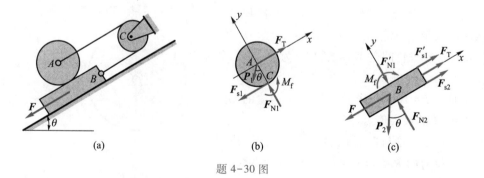

(a)　　　　　　　(b)　　　　　　　(c)

题 4-30 图

解： 取滚子，受力图如图 b 所示，由
$$\sum F_x = 0, \qquad F_T - F_{s1} - P_1\sin\theta = 0$$
$$\sum F_y = 0, \qquad F_{N1} - P_1\cos\theta = 0$$

$$\sum M_C = 0, \qquad M_f + P_1 \sin \theta \cdot r - F_T \cdot r = 0$$

补充方程

$$M_f = M_{fmax} = \delta F_{N1}$$

4 个方程联立解得

$$F_{N1} = P_1 \cos \theta, \quad F_T = P_1 \left(\sin \theta + \frac{\delta}{r} \cos \theta \right), \quad F_{s1} = \frac{\delta}{r} P_1 \cos \theta$$

因柔绳与滑轮自重不计,绳各段拉力相等,取板为研究对象,受力图如图 c 所示,由

$$\sum F_x = 0, \qquad F_T + F'_{s1} + F_{s2} - P_2 \sin \theta - F = 0$$

$$\sum F_y = 0, \qquad F_{N2} - F'_{N1} - P_2 \cos \theta = 0$$

补充方程

$$F_{s2} = F_{s2max} = f_s F_{N2}$$

把 F_{N1}, F_T, F_{s1} 代入联立解得

$$F_{min} = (P_1 - P_2) \sin \theta + f_s (P_1 + P_2) \cos \theta + 2P_1 \frac{\delta}{r} \cos \theta$$

代入各数据得

$$F_{min} = 380.8 \text{ N}$$

4-31 胶带制动器如图所示,胶带绕过制动轮而连结于固定点 C 与水平杠杆的 E 端。胶带绕于轮上的包角 $\theta = 225° = 1.25\pi$ rad,胶带与轮间的静摩擦因数为 $f_s = 0.5$,轮半径 $r = a = 100$ mm。如在水平杆 D 端施加一铅垂力 $F = 100$ N,求胶带对于制动轮的制动力矩 M 的最大值。

提示:轮与胶带间将发生滑动时,皮带两端拉力的关系为 $F_2 = F_1 e^{f_s \theta}$,其中 θ 为包角,以弧度计,f_s 为静摩擦因数。

解:先研究杆 ECD,其受力图如图 b 所示,由

$$\sum M_C = 0, \qquad F'_1 \cdot a - F \cdot 2a = 0$$

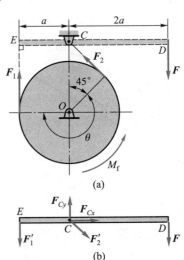

题 4-31 图

116

解得

$$F'_1 = F_1 = 200 \text{ N}$$

再取轮,受力图如图 a 所示,由提示

$$F_2 = F_1 e^{f_s\theta} = 1\ 425 \text{ N}$$

由

$$\sum M_O = 0, \qquad F_2 \cdot a - F_1 \cdot a - M_f = 0$$

解得

$$M_f = 122.5 \text{ N} \cdot \text{m}$$

4-32 拉住轮船的绳子,绕固定在码头上的带缆桩两整圈,如图所示。设船作用于绳子的拉力为 7 500 N;为了保证两者之间无相对滑动,码头装卸工人必须用 150 N 的拉力拉住绳的另一端。求:

(1)绳子与带缆桩间的静摩擦因数 f_s;

(2)如绳子绕在桩上三整圈,工人的拉力仍为 150 N,问此船作用于绳的最大拉力为多少?

提示:见题 4-31。

解:(1)把 $F_2 = 7\ 500 \text{ N}$,$F_1 = 150 \text{ N}$,$\theta = 4\pi$,代入

$$F_2 = F_1 e^{f_s\theta}$$

解得

$$f_s = 0.311$$

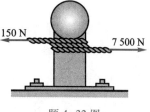

题 4-32 图

(2)绳子三整圈,$\theta = 6\pi$,代入

$$F_2 = F_1 e^{f_s\theta} = 53 \text{ kN}$$

即此船作用于绳的最大拉力为 53 kN。

第五章　点的运动学

5-1　图示曲线规尺的各杆,长为 $OA = AB = 200$ mm, $CD = DE = AC = AE = 50$ mm。如杆 OA 以等角速度 $\omega = \dfrac{\pi}{5}$ rad/s 绕 O 轴转动,并且当运动开始时,杆 OA 水平向右。求尺上点 D 的运动方程和轨迹。

解: D 点的运动方程

$$x_D = OA\cos \omega t = 200\cos \frac{\pi t}{5}\ \text{mm}, \qquad y_D = (OA - 2AC)\sin \omega t = 100\sin \frac{\pi t}{5}\ \text{mm}$$

消去时间 t,得到 D 点的运动轨迹

$$\frac{x^2}{40\ 000} + \frac{y^2}{10\ 000} = 1 \quad (\text{坐标单位 mm})$$

5-2　如图所示,杆 AB 长 l,以等角速度 ω 绕点 B 转动,其转动方程为 $\varphi = \omega t$。而与杆连接的滑块 B 按规律 $s = a + b\sin \omega t$ 沿水平线作谐振动,其中 a 和 b 为常数。求点 A 的轨迹。

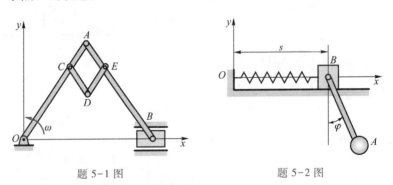

题 5-1 图　　　　　　题 5-2 图

解: A 点的运动方程

$$x_A = s + l\sin \omega t = a + (b + l)\sin \omega t, \qquad y_A = l\cos \omega t$$

消去时间 t,得到 A 点的运动轨迹

$$\frac{(x_A - a)^2}{(b + l)^2} + \frac{y_A^2}{l^2} = 1$$

5-3 如图所示，半圆形凸轮以等速 $v_0 = 0.01$ m/s 沿水平方向向左运动，而使活塞杆 AB 沿铅垂方向运动。当运动开始时，活塞杆 A 端在凸轮的最高点上。如凸轮的半径 $R = 80$ mm，求活塞 B 相对于地面和相对于凸轮的运动方程和速度。

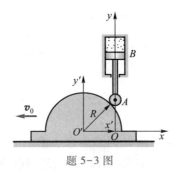

题 5-3 图

解：1. 取坐标系 Oxy 与地面固连，则 A 点相对于地面的运动方程为

$$x_A = 0, \qquad y_A = \sqrt{R^2 - v_0^2 t^2} = 0.01\sqrt{(8 \text{ m})^2 - (1 \text{ m/s})^2 t^2} \quad (0 \leqslant t \leqslant 8 \text{ s})$$

A 点相对于地面的速度

$$v_{Ax} = \dot{x}_A = 0,$$

$$v_{Ay} = \dot{y}_A = -\frac{v_0^2 t}{\sqrt{R^2 - v_0^2 t^2}} = -\frac{0.01(\text{m/s})^2 t}{\sqrt{(8 \text{ m})^2 - (1 \text{ m/s})^2 t^2}} \quad (0 \leqslant t \leqslant 8 \text{ s})$$

2. 取坐标系 $O'x'y'$ 与凸轮固连，则 A 点相对于凸轮的运动方程为

$$x_A' = v_0 t = (0.01 \text{ m/s}) t,$$

$$y_A' = \sqrt{R^2 - v_0^2 t^2} = 0.01\sqrt{(8 \text{ m})^2 - (1 \text{ m/s})^2 t^2} \quad (0 \leqslant t \leqslant 8 \text{ s})$$

A 点相对于凸轮的速度

$$v_{Ax}' = \dot{x}_A' = v_0 = 0.01 \text{ m/s}$$

$$v_{Ay}' = \dot{y}_A' = -\frac{v_0^2 t}{\sqrt{R^2 - v_0^2 t^2}} = -\frac{0.01(\text{m/s})^2 t}{\sqrt{(8 \text{ m})^2 - (1 \text{ m/s})^2 t^2}} \quad (0 \leqslant t \leqslant 8 \text{ s})$$

5-4 图示雷达在距离火箭发射台为 l 的 O 处观察铅直上升的火箭发射，测得角 θ 的规律为 $\theta = kt$（k 为常数）。试写出火箭的运动方程，并计算当 $\theta = \pi/6$ 和 $\pi/3$ 时，火箭的速度和加速度。

解：火箭的运动方程

$$x = l, \qquad y = l\tan \theta = l\tan kt$$

速度

$$\dot{x} = 0, \qquad \dot{y} = l\sec^2\theta \frac{\mathrm{d}\theta}{\mathrm{d}t} = lk\sec^2\theta$$

加速度

$$\ddot{x} = 0, \qquad \ddot{y} = 2lk^2\sec^2\theta\tan\theta$$

当 $\theta = \dfrac{\pi}{6}$ 时

$$v = \dot{y} = \frac{4}{3}lk, \qquad a = \ddot{y} = \frac{8\sqrt{3}}{9}lk^2$$

当 $\theta = \dfrac{\pi}{3}$ 时

$$v = 4lk, \qquad a = 8\sqrt{3}\,lk^2$$

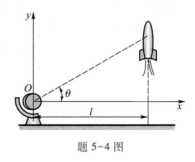

题 5-4 图

5-5 套管 A 由绕过定滑轮 B 的绳索牵引而沿导轨上升,滑轮中心到导轨的距离为 l,如图所示。设绳索以等速 v_0 拉下,忽略滑轮尺寸。求套管 A 的速度和加速度与距离 x 的关系式。

解:套管 A 做直线运动,由图中几何关系

$$AB = \sqrt{l^2 + x^2}$$

两边对时间 t 求导数

$$\frac{\mathrm{d}}{\mathrm{d}t}AB = -v_0 = \frac{x\dot{x}}{\sqrt{l^2 + x^2}}$$

套管 A 的速度

$$\dot{x} = -\frac{v_0\sqrt{l^2 + x^2}}{x}$$

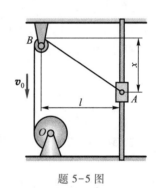

题 5-5 图

加速度

$$\ddot{x} = -\frac{v_0^2 l^2}{x^3}$$

5-6 如图所示,偏心凸轮半径为 R,绕 O 轴转动,转角 $\varphi = \omega t$(ω 为常量),偏心距 $OC = e$,凸轮带动顶杆 AB 沿铅垂直线做往复运动。试求顶杆的运动方程和速度。

解:取 y 轴如图所示,则 A 点的运动方程

$$y_A = OC\sin\varphi + AC\cos\psi = e\sin\varphi + R\cos\psi$$

由正弦定理

$$\frac{e}{\sin\psi} = \frac{R}{\sin\left(\dfrac{\pi}{2} - \varphi\right)}$$

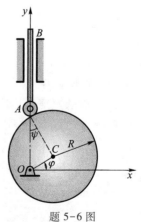

题 5-6 图

得到

$$y_A = e\sin \varphi + R\sqrt{1 - \left(\frac{e}{R}\right)^2 \cos^2 \varphi} = e\sin \omega t + \sqrt{R^2 - e^2 \cos^2 \omega t}$$

顶杆上点 A 的速度

$$\dot{y}_A = e\omega\cos \omega t + \frac{\omega e^2 \cos \omega t \sin \omega t}{\sqrt{R^2 - e^2 \cos^2 \omega t}} = e\omega\left(\cos \omega t + \frac{e\sin 2\omega t}{2\sqrt{R^2 - e^2 \cos^2 \omega t}}\right)$$

5-7 图示摇杆滑道机构中的滑块 M 同时在固定的圆弧槽 BC 和摇杆 OA 的滑道中滑动。如弧 BC 的半径为 R，摇杆 OA 的轴 O 在弧 BC 的圆周上。摇杆绕 O 轴以等角速度 ω 转动，当运动开始时，摇杆在水平位置。试分别用直角坐标法和自然法给出点 M 的运动方程，并求其速度和加速度。

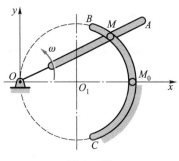

题 5-7 图

解： 1. 直角坐标法。取坐标系 Oxy 如图所示，点 M 的运动方程

$$x = R + R\cos 2\omega t, \qquad y = R\sin 2\omega t$$

速度

$$\dot{x} = -2R\omega\sin 2\omega t, \qquad \dot{y} = 2R\omega\cos 2\omega t, \qquad v = \sqrt{\dot{x}^2 + \dot{y}^2} = 2R\omega$$

加速度

$$\ddot{x} = -4R\omega^2\cos 2\omega t, \qquad \ddot{y} = -4R\omega^2\sin 2\omega t, \qquad a = \sqrt{\ddot{x}^2 + \ddot{y}^2} = 4R\omega^2$$

2. 自然法。取 M_0 点为弧坐标原点，沿弧 BC 逆时针方向为弧坐标正向，点 M 的运动方程

$$s = 2R\omega t$$

速度

$$v = \dot{s} = 2R\omega$$

加速度

$$a_t = \ddot{s} = 0, \qquad a_n = \frac{v^2}{R} = 4R\omega^2, \qquad a = \sqrt{a_t^2 + a_n^2} = 4R\omega^2$$

5-8 如图所示，OA 和 O_1B 两杆分别绕 O 和 O_1 轴转动，用十字形滑块 D 将

两杆连接。在运动过程中,两杆保持相交成直角。已知:$OO_1 = a$;$\varphi = kt$,其中 k 为常数。求滑块 D 的速度和相对于 OA 的速度。

解:取坐标系 Oxy 如图所示。由 $\angle ODO_1 = \pi/2$,滑块 D 的运动方程可以写为

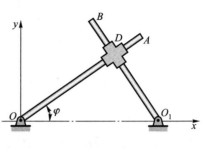

$$x = OD\cos \varphi = a\cos^2 \varphi = \frac{a}{2}(1 + \cos 2kt) \,,$$

$$y = OD\sin \varphi = a\cos \varphi \sin \varphi = \frac{a}{2}\sin 2kt$$

$$\dot{x} = - aks\sin 2kt, \qquad \dot{y} = akc\cos 2kt$$

速度

$$v = \sqrt{\dot{x}^2 + \dot{y}^2} = ak$$

相对于 OA 的速度

$$v_r = \frac{\mathrm{d}}{\mathrm{d}t}OD = \frac{\mathrm{d}}{\mathrm{d}t}(a\cos kt) = - aks\sin kt$$

题 5-8 图

5-9 曲柄 OA 长 r,在平面内绕 O 轴转动,如图所示。杆 AB 通过固定于点 N 的套筒与曲柄 OA 铰接于点 A。设 $\varphi = \omega t$,杆 AB 长 $l = 2r$,求点 B 的运动方程、速度和加速度。

解:AB 杆与水平线的夹角

$$\psi = \frac{\pi}{2} - \frac{\varphi}{2}$$

点 B 的运动方程

$$x = r\cos \varphi + l\cos \psi = r\left(\cos \omega t + 2\sin \frac{\omega t}{2} \right)$$

$$y = r\sin \varphi - l\sin \psi = r\left(\sin \omega t - 2\cos \frac{\omega t}{2} \right)$$

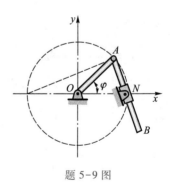

题 5-9 图

速度

$$\dot{x} = r\omega\left(- \sin \omega t + \cos \frac{\omega t}{2} \right) , \qquad \dot{y} = r\omega\left(\cos \omega t + \sin \frac{\omega t}{2} \right)$$

$$v = \sqrt{\dot{x}^2 + \dot{y}^2} = r\omega\sqrt{2 - 2\sin\frac{\omega t}{2}}$$

加速度

$$\ddot{x} = -r\omega^2\left(\cos\omega t + \frac{1}{2}\sin\frac{\omega t}{2}\right), \qquad \ddot{y} = r\omega^2\left(-\sin\omega t + \frac{1}{2}\cos\frac{\omega t}{2}\right)$$

$$a = \sqrt{\ddot{x}^2 + \ddot{y}^2} = r\omega^2\sqrt{\frac{5}{4} - \sin\frac{\omega t}{2}}$$

5-10 点沿空间曲线运动,在点 M 处其速度 $\boldsymbol{v} = 4\boldsymbol{i} + 3\boldsymbol{j}$(单位为 m/s),加速度 $\boldsymbol{a}$ 与速度 $\boldsymbol{v}$ 的夹角 $\beta = 30°$,且 $a = 10$ m/s^2。试计算轨迹在该点密切面内的曲率半径 ρ 和切向加速度 a_{t}。

解:

$$v = \sqrt{v_x^2 + v_y^2} = \sqrt{4^2 + 3^2}\ \mathrm{m/s} = 5\ \mathrm{m/s}$$

$$a_{\mathrm{n}} = a\sin\beta = 10\ \mathrm{m/s}^2\sin 30° = 5\ \mathrm{m/s}^2,$$

$$a_{\mathrm{t}} = a\cos\beta = 10\ \mathrm{m/s}^2\cos 30° = 8.66\ \mathrm{m/s}^2$$

$$\rho = \frac{v^2}{a_{\mathrm{n}}} = 5\ \mathrm{m}$$

5-11 小环 M 由作平移的丁字形杆 ABC 带动,沿着图示曲线轨道运动。设杆 ABC 的速度 $v = $ 常数,曲线方程为 $y^2 = 2px$。求小环 M 的速度和加速度的大小(写成杆的位移 x 的函数)。

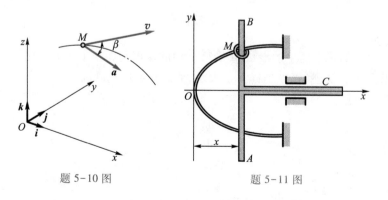

题 5-10 图　　　　题 5-11 图

解:运动方程

$$x = vt, \qquad y = \sqrt{2px} = \sqrt{2pvt}$$

速度

$$\dot{x} = v, \qquad \dot{y} = \frac{pv}{\sqrt{2pvt}} = v\sqrt{\frac{p}{2x}}, \qquad v_M = \sqrt{\dot{x}^2 + \dot{y}^2} = v\sqrt{1 + \frac{p}{2x}}$$

加速度

$$\ddot{x} = 0, \qquad \ddot{y} = -\frac{v^2}{4x}\sqrt{\frac{2p}{x}}, \qquad a_M = |\ddot{y}| = \frac{v^2}{4x}\sqrt{\frac{2p}{x}}$$

**5-12 如图所示,一直杆以匀角速度 ω_0 绕其固定端 O 转动,沿此杆有一滑块以匀速 v_0 滑动。设运动开始时,杆在水平位置,滑块在点 O。求滑块的轨迹(以极坐标表示)。

解: 取点 O 为极点,Ox 轴为极轴。则滑块 M 在极坐标下的运动方程为

$$\rho = v_0 t, \qquad \varphi = \omega_0 t$$

消去时间 t,得到轨迹方程

$$\rho = \frac{v_0}{\omega_0}\varphi$$

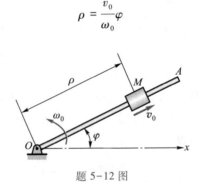

题 5-12 图

**5-13 如果上题中的滑块 M 沿杆运动的速度与距离 OM 成正比,比例常数为 k,求滑块的轨迹(以极坐标 ρ,φ 表示,假定 $\varphi = 0$ 时 $\rho = \rho_0$)。

解: 由题意

$$\frac{\mathrm{d}\rho}{\mathrm{d}t} = k\rho$$

整理并对时间积分

$$\int_{\rho_0}^{\rho} \frac{\mathrm{d}\rho}{\rho} = \int_0^t k\mathrm{d}t, \quad \ln\frac{\rho}{\rho_0} = kt, \quad \rho = \rho_0 \mathrm{e}^{kt}$$

代入 $t = \dfrac{\varphi}{\omega_0}$，得到轨迹方程

$$\rho = \rho_0 e^{\frac{k\varphi}{\omega_0}}$$

**5-14 螺线画规,如图所示,杆 QQ' 和曲柄 OA 铰接,并穿过固定于点 B 的套筒。取点 B 为极坐标系的极点,直线 BO 为极轴,已知极角 $\varphi = kt$（k 为常数）,$BO = AO = a$,$AM = b$。试求点 M 的极坐标形式的运动方程、轨迹方程以及速度和加速度的大小。

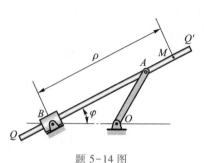

题 5-14 图

解: 点 M 的运动方程为

$$\varphi = kt$$

$$\rho = BA + AM = 2a\cos\varphi + b$$
$$= 2a\cos kt + b$$

轨迹方程

$$\rho = 2a\cos\varphi + b$$

速度

$$v_\rho = \dot\rho = -2ak\sin kt, \qquad v_\varphi = \rho\dot\varphi = k(2a\cos kt + b)$$

$$v = \sqrt{v_\rho^2 + v_\varphi^2} = k\sqrt{4a^2 + b^2 + 4ab\cos kt}$$

加速度

$$a_\rho = \ddot\rho - \rho\dot\varphi^2 = -2ak^2\cos kt - k^2(2a\cos kt + b) = -4ak^2\cos kt - k^2 b$$

$$a_\varphi = \frac{1}{\rho}\frac{\mathrm{d}}{\mathrm{d}t}(\rho^2\dot\varphi) = 2k\dot\rho = -4ak^2\sin kt$$

$$a = \sqrt{a_\rho^2 + a_\varphi^2} = k^2\sqrt{16a^2 + b^2 + 8ab\cos kt}$$

**5-15 搅拌器沿 z 轴周期性上下运动,$z = z_0\sin 2\pi ft$,并绕 z 轴转动,转角 $\varphi = \omega t$。设搅拌轮半径为 r,求轮缘上点 A 的最大加速度。

解: 取柱坐标系如图,则

$$a_\rho = -r\dot\varphi^2 = -r\omega^2, \qquad a_\varphi = 0$$

$$a_z = \ddot z = -4\pi^2 f^2 z_0\sin 2\pi ft$$

$$a = \sqrt{a_\rho^2 + a_z^2} = \sqrt{(4\pi^2 f^2 z_0\sin 2\pi ft)^2 + r^2\omega^4}$$

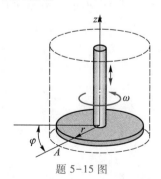

题 5-15 图

$$a_{\max} = \sqrt{16\pi^4 f^4 z_0^2 + r^2 \omega^4}$$

᛫᛫5-16 点 M 沿正圆锥面上的螺旋轨道向下运动。正圆锥的底半径为 b，高为 h，半顶角为 θ，如图所示。螺旋线上任意点的切线与该点圆锥面的水平切线的夹角 γ 是常数，且点 M 运动时，其柱坐标角对时间的导数 $\dot\varphi$ 保持为常数。求在任意角 φ 时，加速度在柱坐标中的投影 a_ρ。

解：由题中已知条件

$$\frac{v_\rho}{v_z} = \frac{\dot\rho}{\dot z} = \tan\theta$$

$$\frac{\sqrt{v_\rho^2 + v_z^2}}{v_\varphi} = \frac{\sqrt{\dot\rho^2 + \dot z^2}}{\rho\dot\varphi} = \tan\gamma$$

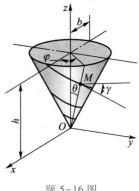

注意 $\dot\rho < 0$，由此得到

$$\frac{\dot\rho}{\rho} = -\dot\varphi\tan\gamma\sin\theta$$

两边对时间积分，并代入 $t=0$ 时，$\rho=b$

$$\int_b^\rho \frac{\mathrm{d}\rho}{\rho} = -\int_0^t \dot\varphi\tan\gamma\sin\theta\,\mathrm{d}t$$

得

题 5-16 图

$$\rho = b\mathrm{e}^{-t\dot\varphi\tan\gamma\sin\theta}$$

设 $\varphi = \dot\varphi t$，从而

$$a_\rho = \ddot\rho - \rho\dot\varphi^2 = b\dot\varphi^2 \mathrm{e}^{-\varphi\tan\gamma\sin\theta}(\tan^2\gamma\sin^2\theta - 1)$$

᛫᛫5-17 公园游戏车 M 固结在长为 R 的臂杆 OM 上，臂杆 OM 绕铅垂轴 z 以恒定的角速度 $\dot\varphi = \omega$ 转动，小车 M 的高度 z 与转角 φ 的关系为 $z = \dfrac{h}{2}(1-\cos 2\varphi)$。

求 $\varphi = \dfrac{\pi}{4}$ 时，小车 M 在球坐标系的各速度分量 v_r, v_θ, v_φ。

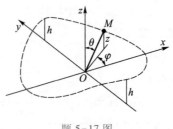

题 5-17 图

解：点 M 在球坐标下的运动方程

$$r = R, \quad \varphi = \omega t, \quad \cos \theta = \frac{z}{R} = \frac{h}{2R}(1 - \cos 2\varphi)$$

速度

$$v_r = \dot{r} = 0, \quad v_\theta = R\dot{\theta} = -\frac{h\omega\sin 2\varphi}{\sin \theta}, \quad v_\varphi = R\sin \theta \cdot \dot{\varphi} = R\omega\sin \theta$$

代入

$$\varphi = \frac{\pi}{4}, \quad z = \frac{h}{2}, \quad \sin \theta = \sqrt{1 - \cos^2\theta} = \sqrt{1 - \left(\frac{h}{2R}\right)^2}$$

得

$$v_r = 0, \quad v_\theta = -\frac{h\omega}{\sqrt{1 - \left(\frac{h}{2R}\right)^2}}, \quad v_\varphi = R\omega\sqrt{1 - \left(\frac{h}{2R}\right)^2}$$

第六章 刚体的简单运动

6-1 图示曲柄滑杆机构中,滑杆有一圆弧形滑道,其半径 $R=100$ mm,圆心 O_1 在导杆 BC 上。曲柄长 $OA=100$ mm,以等角速度 $\omega=4$ rad/s 绕轴 O 转动。求导杆 BC 的运动规律以及当轴柄与水平线间的交角 φ 为 $30°$ 时,导杆 BC 的速度和加速度。

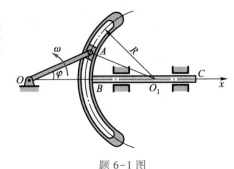

题 6-1 图

解: 导杆 BC 沿水平方向做平移,取坐标轴 Ox,则 O_1 点的运动方程为

$$x = (OA + AO_1)\cos\varphi = 2R\cos\varphi$$

速度和加速度

$$\dot{x} = -2R\omega\sin\varphi, \qquad \ddot{x} = -2R\omega^2\cos\varphi$$

代入 $R=100$ mm,$\omega=4$ rad/s,$\varphi=30°$

$$v_{BC} = \dot{x} = -0.4 \text{ m/s}, \qquad a_{BC} = \ddot{x} = -2.77 \text{ m/s}^2$$

6-2 图示为把工件送入干燥炉内的机构,叉杆 $OA=1.5$ m,在铅垂面内转动,杆 $AB=0.8$ m,A 端为铰链,B 端有放置工件的框架。在机构运动时,工件的速度恒为 0.05 m/s,杆 AB 始终铅垂。设运动开始时,角 $\varphi=0$。求运动过程中角 φ 与时间的关系,以及点 B 的轨迹方程。

解: A 点的运动方程

$$s = OA \cdot \varphi$$

而杆 AB 作平移,故

$$v_A = \frac{\mathrm{d}s}{\mathrm{d}t} = OA \cdot \frac{\mathrm{d}\varphi}{\mathrm{d}t} = v_B = v_0$$

两边对时间积分

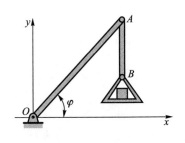

题 6-2 图

$$\varphi = \frac{v_0}{OA}t = \frac{0.05 \text{ m/s}}{1.5 \text{ m}}t = \frac{1}{30}t \cdot \text{s}^{-1}$$

点 B 的运动方程

$$x = OA\cos\varphi = 1.5 \text{ mcos}\,\varphi, \qquad y = OA\sin\varphi - AB = 1.5 \text{ msin}\,\varphi - 0.8 \text{ m}$$

轨迹方程

$$x^2 + (y + 0.8 \text{ m})^2 = (1.5 \text{ m})^2$$

6-3 已知搅拌机的主动齿轮 O_1 以 $n = 950 \text{ r/min}$ 的转速转动。搅杆 ABC 用销钉 A,B 与齿轮 O_2,O_3 相连,如图所示。且 $AB = O_2O_3, O_3A = O_2B = 0.25 \text{ m}$,各齿轮齿数为 $z_1 = 20, z_2 = 50, z_3 = 50$。求搅杆端点 C 的速度和轨迹。

解: 齿轮 O_3 的角速度

$$\omega_3 = \frac{z_1}{z_3}\omega_1 = \frac{20}{50} \cdot \frac{\pi n}{30} = 39.8 \text{ rad/s}$$

弯杆 ABC 作平移

$$v_C = v_A = O_3A \cdot \omega_3 = 9.95 \text{ m/s}$$

运动轨迹为半径 $r = O_3A = 0.25 \text{ m}$ 的圆。

6-4 机构如图所示,假定杆 AB 以匀速 v 运动,开始时 $\varphi = 0$。求当 $\varphi = \frac{\pi}{4}$ 时,摇杆 OC 的角速度和角加速度。

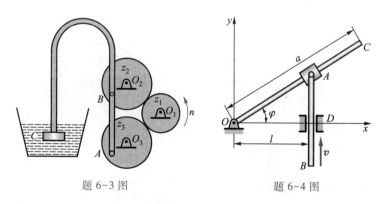

题 6-3 图   题 6-4 图

解: 由 $\tan\varphi = \dfrac{vt}{l}$,两边对时间求导,得到 OC 杆的角速度

$$\omega = \frac{\mathrm{d}\varphi}{\mathrm{d}t} = \frac{v}{l}\cos^2\varphi, \qquad \alpha = \frac{\mathrm{d}\omega}{\mathrm{d}t} = -\frac{v}{l}\sin 2\varphi \cdot \dot{\varphi}$$

代入 $\varphi = \dfrac{\pi}{4}$

$$\omega = \frac{v}{2l}, \qquad \alpha = -\frac{v^2}{2l^2}$$

6-5 如图所示,曲柄 CB 以等角速度 ω_0 绕轴 C 转动,其转动方程为 $\varphi = \omega_0 t$。滑块 B 带动摇杆 OA 绕轴 O 转动。设 $OC = h$,$CB = r$,求摇杆的转动方程。

解:由正弦定理

$$\frac{r}{\sin \theta} = \frac{h}{\sin(\varphi + \theta)}$$

解得

$$\tan \theta = \frac{r\sin \varphi}{h - r\cos \varphi}$$

OA 杆的转动方程

$$\theta = \arctan\left(\frac{r\sin \varphi}{h - r\cos \varphi}\right) = \arctan\left(\frac{\sin \omega_0 t}{\dfrac{h}{r} - \cos \omega_0 t}\right)$$

6-6 升降机装置由半径为 R 的鼓轮带动,如图所示。轮与绳子之间无滑动。被升降物体的运动方程为 $x = at^2$,求任意瞬时,鼓轮轮缘上点 M 的全加速度的大小。

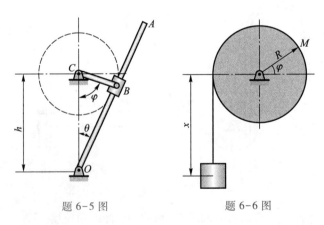

题 6-5 图   题 6-6 图

解:取 φ 为鼓轮的转角,令 $t = 0$ 时,$\varphi = 0$。由轮与绳子之间无滑动,鼓轮的转动方程为

$$\varphi = \frac{x}{R} = \frac{at^2}{R}$$

从而

$$\omega = \dot{\varphi} = \frac{2at}{R}, \qquad \alpha = \ddot{\varphi} = \frac{2a}{R}$$

点 M 全加速度的大小

$$a = R\sqrt{\alpha^2 + \omega^4} = \frac{2a}{R}\sqrt{1 + \frac{4a^2t^4}{R^2}}$$

6-7 如图所示,摩擦传动机构的主动轴 I 的转速为 $n = 600$ r/min。轴 I 的轮盘与轴 II 的轮盘接触,接触点按箭头 A 所示的方向移动。距离的变化规律为 $d = 100 - 5t$(其中 d 以 mm 计,t 以 s 计)。已知 $r = 50$ mm,$R = 150$ mm。求:(1) 以距离 d 表示轴 II 的角加速度;(2) 当 $d = r$ 时,轮 B 边缘上一点的全加速度。

解:两轮盘在接触点处速度相等,$\omega_1 r = \omega_2 d$

$$\alpha_2 = \dot{\omega}_2 = -\frac{\omega_1 r}{d^2}\dot{d} = \frac{1}{(100 - 5t)^2}\left(\frac{600\pi}{30}\right) \times 250 \text{ rad/s}^2 = \frac{5\,000\pi}{(100 - 5t)^2}\text{rad/s}^2$$

$d = r$ 时

$$\omega_2 = \omega_1 = 20\pi \text{ rad/s}, \qquad \alpha_2 = 2\pi \text{ rad/s}^2$$

$$a = R\sqrt{\alpha^2 + \omega^4} = 150 \times \sqrt{(2\pi)^2 + (20\pi)^4}\text{mm/s}^2 = 592 \text{ m/s}^2$$

6-8 车床的传动装置如图所示。已知各齿轮的齿数分别为:$z_1 = 40$,$z_2 = 84$,$z_3 = 28$,$z_4 = 80$;带动刀具的丝杠的螺距为 $h_4 = 12$ mm。求车刀切削工件的螺距 h_1。

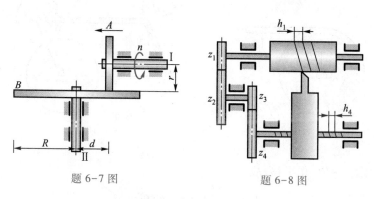

题 6-7 图　　　　　　题 6-8 图

解：

$$\frac{h_1}{h_4} = \frac{\omega_4}{\omega_1} = \frac{\omega_4}{\omega_2} \cdot \frac{\omega_2}{\omega_1} = \frac{z_3}{z_4} \cdot \frac{z_1}{z_2} = \frac{1}{6}$$

从而

$$h_1 = \frac{h_4}{6} = 2 \text{ mm}$$

6-9 纸盘由厚度为 a 的纸条卷成，令纸盘的中心不动，而以等速 v 拉纸条。求纸盘的角加速度（以半径 r 的函数表示）。

解：设 t 时刻纸盘半径为 r，则经过 dt 时刻纸盘半径的变化

$$dr = -\frac{av}{2\pi r}dt$$

t 时刻纸盘的角速度

$$\omega = \frac{d\theta}{dt} = \frac{v}{r}$$

角加速度

$$\alpha = \frac{d\omega}{dt} = -\frac{v}{r^2}\frac{dr}{dt} = \frac{av^2}{2\pi r^3}$$

6-10 图示机构中齿轮 1 紧固在杆 AC 上，$AB = O_1O_2$，齿轮 1 和半径为 r_2 的齿轮 2 啮合，齿轮 2 可绕 O_2 轴转动且和曲柄 O_2B 没有联系。设 $O_1A = O_2B = l$，$\varphi = b\sin \omega t$，试确定 $t = \dfrac{\pi}{2\omega}$ 时，轮 2 的角速度和角加速度。

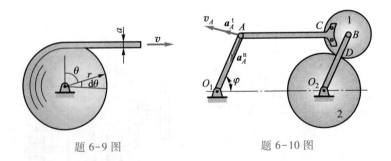

题 6-9 图　　　　　题 6-10 图

解：刚体 ABC 作平移，故

$$v_D = v_A = l\,\dot{\varphi} = lb\omega\cos \omega t$$

从而

$$\omega_2 = \frac{v_D}{r_2} = \frac{lb}{r_2}\omega\cos\omega t, \qquad \alpha_2 = \dot{\omega}_2 = -\frac{lb}{r_2}\omega^2\sin\omega t$$

代入 $t = \dfrac{\pi}{2\omega}$

$$\omega_2 = 0, \qquad \alpha_2 = -\frac{lb}{r_2}\omega^2$$

6-11　图示液压缸的柱塞伸臂时,通过销钉 A 可带动具有滑槽的曲柄 OD 绕轴 O 转动。已知柱塞以 $v = 2$ m/s 匀速度沿其轴线向上运动。求当 $\theta = 30°$ 时,曲柄 OD 的角加速度。

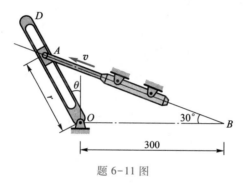

题 6-11 图

解:由正弦定理

$$\frac{AB}{\sin\left(\frac{\pi}{2} + \theta\right)} = \frac{OB}{\sin\left(\frac{\pi}{2} - \frac{\pi}{6} - \theta\right)} = \frac{OB}{\sin\left(\frac{\pi}{3} - \theta\right)}$$

曲柄 OD 的转动方程

$$\tan\theta = \sqrt{3} - \frac{2 \cdot OB}{AB}$$

两边对时间求导数

$$\dot{\theta}\sec^2\theta = \frac{2 \cdot OB}{AB^2} \cdot \frac{\mathrm{d}(AB)}{\mathrm{d}t} = \frac{2v \cdot OB}{AB^2}$$

$$\omega = \dot{\theta} = \frac{2v \cdot OB}{AB^2}\cos^2\theta$$

$$\alpha = \ddot{\theta} = -\frac{2v \cdot OB}{AB^2}\sin 2\theta \cdot \dot{\theta} - \frac{4v^2 \cdot OB}{AB^3}\cos^2\theta = -\frac{4v^2 \cdot OB}{AB^3}\left(1 + \frac{OB}{AB}\sin 2\theta\right)\cos^2\theta$$

代入 $\theta = \pi/6, AB = \sqrt{3} \cdot OB$

$$\omega = \frac{10}{3}\text{rad/s}, \qquad \alpha = -38.5 \text{ rad/s}^2$$

6-12 杆 AB 在铅垂方向以恒速 v 向下运动并由 B 端的小轮带着半径为 R 的圆弧 OC 绕轴 O 转动。如图所示。设运动开始时，$\varphi = \dfrac{\pi}{4}$，求此后任意瞬时 t，OC 杆的角速度 ω 和点 C 的速度。

解：由 $\angle OBC = \dfrac{\pi}{2}$，$\omega = -\dfrac{\mathrm{d}\varphi}{\mathrm{d}t}$，得到

$$OB = 2R\cos\varphi, \qquad v = \frac{\mathrm{d}}{\mathrm{d}t}OB = -2R\sin\varphi \cdot \frac{\mathrm{d}\varphi}{\mathrm{d}t} = 2R\omega\sin\varphi,$$

从而

$$\omega = \frac{v}{2R\sin\varphi}$$

点 C 的速度

$$v_C = 2R\omega = \frac{v}{\sin\varphi}$$

6-13 如图所示，一飞轮绕固定轴 O 转动，其轮缘上任一点的全加速度在某段运动过程中与轮半径的交角恒为 $60°$，当运动开始时，其转角 φ_0 等于零，角速度为 ω_0，求飞轮的转动方程以及角速度与转角的关系。

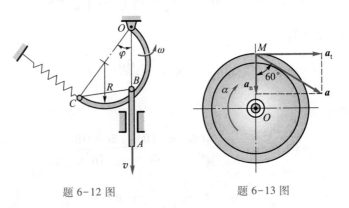

题 6-12 图　　　　　　　　题 6-13 图

解：由题中已知条件

$$\frac{a_t}{a_n} = \frac{\alpha}{\omega^2} = \tan 60° = \sqrt{3}$$

从而

$$\frac{1}{\omega^2}\frac{\mathrm{d}\omega}{\mathrm{d}t} = \sqrt{3}, \quad \int_{\omega_0}^{\omega}\frac{\mathrm{d}\omega}{\omega^2} = \int_0^t \sqrt{3}\,\mathrm{d}t, \quad \omega = \frac{\omega_0}{1 - \sqrt{3}\,\omega_0 t}$$

转动方程

$$\varphi = \int_0^t \omega\,\mathrm{d}t = \int_0^t \frac{\omega_0}{1 - \sqrt{3}\,\omega_0 t}\,\mathrm{d}t = \frac{1}{\sqrt{3}}\ln\left(\frac{1}{1 - \sqrt{3}\,\omega_0 t}\right)$$

将上式代入角速度的表达式，消去时间 t，得

$$\omega = \omega_0 e^{\sqrt{3}\varphi}$$

6-14 半径 $R = 100$ mm 的圆盘绕其圆心转动，图示瞬时，点 A 的速度为 $v_A = 200j$ mm/s，点 B 的切向加速度 $a_B^t = 150i$ mm/s^2。求角速度 ω 和角加速度 α，并进一步写出点 C 的加速度的矢量表达式。

解：

$$v_A = \omega \times r_A$$

两边左叉乘 i

$$i \times v_A = i \times (\omega \times r_A) = \omega(r_A \cdot i) - r_A(\omega \cdot i)$$

代入

$$v_A = 200j \text{ mm/s}, \quad r_A = Ri = 100i \text{ mm}$$

得

$$\omega = 2k \text{ rad/s}$$

同理，由

$$a_B^t = \alpha \times r_B$$

两边右叉乘 j

$$a_B^t \times j = (\alpha \times r_B) \times j = r_B(\alpha \cdot j) - \alpha(r_B \cdot j)$$

代入

$$a_B^t = 150i \text{ mm/s}^2, \quad r_B = Rj = 100j \text{ mm}$$

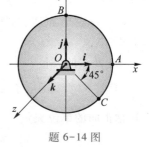

题 6-14 图

得

$$\boldsymbol{\alpha} = -1.5\boldsymbol{k} \text{ rad/s}^2$$

$$\boldsymbol{a}_C = \boldsymbol{a}_C^{\text{t}} + \boldsymbol{a}_C^{\text{n}} = \boldsymbol{\alpha} \times \boldsymbol{r}_C + \boldsymbol{\omega} \times (\boldsymbol{\omega} \times \boldsymbol{r}_C) = \boldsymbol{\alpha} \times \boldsymbol{r}_C + \boldsymbol{\omega}(\boldsymbol{\omega} \cdot \boldsymbol{r}_C) - \boldsymbol{r}_C(\boldsymbol{\omega} \cdot \boldsymbol{\omega})$$

代入 $\boldsymbol{\omega}$、$\boldsymbol{\alpha}$ 和

$$\boldsymbol{r}_C = 50\sqrt{2}\,(\boldsymbol{i} - \boldsymbol{j})\,\text{mm}$$

$$\boldsymbol{a}_C = \boldsymbol{a}_C^{\text{t}} + \boldsymbol{a}_C^{\text{n}} = -1.5\boldsymbol{k} \text{ rad/s}^2 \times 50\sqrt{2}\,(\boldsymbol{i} - \boldsymbol{j})\,\text{mm} - 200\sqrt{2}\,(\boldsymbol{i} - \boldsymbol{j})\,\text{mm/s}^2$$

$$\doteq (-388.9\boldsymbol{i} + 176.8\boldsymbol{j})\,\text{mm/s}^2$$

6-15 长方体绕固定轴 AB 转动,某瞬时的角速度 $\omega = 6$ rad/s,角加速度 $\alpha = 3$ rad/s^2,转向如图示。B 点为长方体矩形顶面 $CDEF$ 的中心,$EG = 100$ mm,求此瞬时:

（1）G 点速度的矢量表达式及其大小;

（2）G 点法向加速度的矢量表达式及其大小;

（3）G 点切向加速度的矢量表达式及其大小;

（4）G 点全加速度的矢量表达式及其大小。

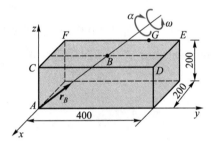

题 6-15 图

解:B 点的矢径

$$\boldsymbol{r}_B = (-100\boldsymbol{i} + 200\boldsymbol{j} + 200\boldsymbol{k})\,\text{mm}$$

沿转轴正向的单位矢量

$$\boldsymbol{\xi} = \frac{\boldsymbol{r}_B}{r_B} = \frac{1}{3}(-\boldsymbol{i} + 2\boldsymbol{j} + 2\boldsymbol{k})$$

G 点相对于 B 点的矢径

$$\boldsymbol{r}_{BG} = (-100\boldsymbol{i} + 100\boldsymbol{j})\,\text{mm}$$

G 点的速度矢量

$$\boldsymbol{v}_G = \boldsymbol{\omega} \times \boldsymbol{r}_{BG} = 2(-\boldsymbol{i} + 2\boldsymbol{j} + 2\boldsymbol{k}) \times (-100\boldsymbol{i} + 100\boldsymbol{j})\,\text{mm/s}$$

$$= 200(-2\boldsymbol{i} - 2\boldsymbol{j} + \boldsymbol{k})\,\text{mm/s}$$

$$v_G = 200\sqrt{4 + 4 + 1}\,\text{mm/s} = 600\,\text{mm/s}$$

法向加速度矢量

$$a_G^n = \boldsymbol{\omega} \times v_G = (2\ 400i - 1\ 200j + 2\ 400k)\,\mathrm{mm/s^2}$$

$$a_G^n = 1\ 200\sqrt{2^2 + 1 + 2^2}\ \mathrm{mm/s^2} = 3\ 600\ \mathrm{mm/s^2}$$

切向加速度矢量

$$a_G^t = \boldsymbol{\alpha} \times r_{BG} = -(-i + 2j + 2k) \times (-100i + 100j)\,\mathrm{mm/s^2}$$

$$= 100(2i + 2j - k)\,\mathrm{mm/s^2}$$

$$a_G^t = 100\sqrt{2^2 + 2^2 + 1}\ \mathrm{mm/s^2} = 300\ \mathrm{mm/s^2}$$

全加速度矢量

$$a_G = a_G^t + a_G^n = (2\ 600i - 1\ 000j + 2\ 300k)\,\mathrm{mm/s^2}$$

$$a_G = 1\ 000\sqrt{2.6^2 + 1 + 2.3^2}\ \mathrm{mm/s^2} = 3\ 610\ \mathrm{mm/s^2}$$

第七章　点的合成运动

7-1　如图所示,光点 M 沿 y 轴作谐振动,其运动方程为

$$x = 0, \qquad y = a\cos(kt + \beta)$$

如将点 M 投影到感光记录纸上,此纸以等速 v_e 向左运动。求点 M 在记录纸上的轨迹。

解:在感光记录纸上建立动坐标系 $O'x'y'$ 如图,光点 M 在动系中的相对运动动方程

$$x' = v_e t, \qquad y' = y = a\cos(kt + \beta)$$

消去 t,得到轨迹方程

$$y' = a\cos\left(\frac{k}{v_e}x' + \beta\right)$$

7-2　如图所示,点 M 在平面 $O'x'y'$ 中运动,运动方程为

$$x' = 40(1 - \cos t), \qquad y' = 40\sin t$$

式中 t 以 s 计,x' 和 y' 以 mm 计。平面又绕垂直于该平面的 O 轴转动,转动方程为 $\varphi = t$(式中 φ 以 rad 计),式中角 φ 为动坐标系的 x' 轴与定坐标系的 x 轴间的交角。求点 M 的相对运动轨迹和绝对运动轨迹。

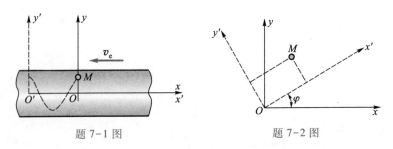

题 7-1 图　　　　　　　　　题 7-2 图

解:由点 M 在动系 $O'x'y'$ 中的相对运动方程,消去时间 t,得到相对运动轨迹

$$(x' - 40)^2 + y'^2 = 1\ 600$$

由坐标变换关系

$$x = x'\cos \varphi - y'\sin \varphi, \qquad y = x'\sin \varphi + y'\cos \varphi$$

代入点 M 的相对运动方程,并令 $\varphi = t$,得到点 M 的绝对运动方程

$$x = 40(1 - \cos t)\cos t - 40\sin^2 t = -40(1 - \cos t)$$

$$y = 40(1 - \cos t)\sin t + 40\sin t\cos t = 40\sin t$$

绝对运动轨迹

$$(x + 40)^2 + y^2 = 1\ 600$$

7-3 水流在水轮机工作轮入口处的绝对速度 $v_a = 15$ m/s,并与直径成 $\beta = 60°$ 角,如图 a 所示,工作轮的半径 $R = 2$ m,转速 $n = 30$ r/min。为避免水流与工作轮叶片相冲击,叶片应恰当地安装,以使水流对工作轮的相对速度与叶片相切。求在工作轮外缘处水流对工作轮的相对速度的大小方向。

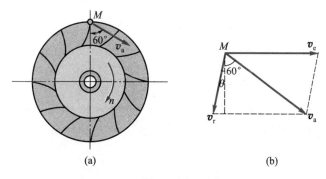

(a)   (b)

题 7-3 图

解:取入口处的水滴微团 M 为动点,水轮为动系

$$v_a = v_e + v_r$$

$$v_e = R\omega = \frac{R\pi n}{30} = 2\pi \text{ m/s}$$

由正弦定理

$$\frac{v_a}{\sin(90° - \theta)} = \frac{v_e}{\sin(60° + \theta)} = \frac{v_r}{\sin 30°}$$

解得

$$\tan \theta = \frac{v_e - v_a\sin 60°}{v_a\cos 60°} = 0.895\ 3, \qquad \theta = 41°84'$$

$$v_r = \frac{\sin 30°}{\cos \theta} v_a = 10.1 \text{ m/s}$$

7-4 图示瓦特离心调速器以角速度 ω 绕铅直轴转动。由于机器负荷的变化，调速器重球以角速度 ω_1 向外张开。如 $\omega =$ 10 rad/s，$\omega_1 = 1.2$ rad/s，球柄长 $l = 500$ mm，悬挂球柄的支点到铅直轴的距离为 $e =$ 50 mm，球柄与铅直轴间所成的交角 $\beta =$ 30°。求此时重球的绝对速度。

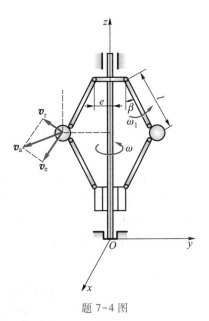

解：取重球为动点，悬挂球柄的框架为动系，则相对运动为绕悬挂点的圆周运动

$$v_r = \omega_1 l = 600 \text{ mm/s}$$

牵连运动为定轴转动，牵连速度与相对速度垂直

$$v_e = \omega(e + l\sin \beta) = 3\ 000 \text{ mm/s}$$

绝对速度

题 7-4 图

$$v_a = \sqrt{v_e^2 + v_r^2} = 3\ 060 \text{ mm/s}$$

7-5 杆 OA 长 l，由推杆推动而在图面内绕点 O 转动，如图 a 所示。假定推杆的速度为 v，其弯头高为 a。求杆端 A 的速度的大小（表示为 x 的函数）。

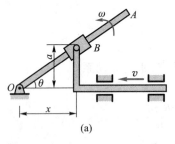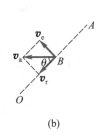

(a)   (b)

题 7-5 图

解：取推杆与 OA 杆的接触点 B 为动点，OA 杆为动系，则相对运动为沿 OA 的直线运动，牵连运动为定轴转动，做速度图 b

$$v_a = v_e + v_r$$

$$v_e = v_a \sin\theta = v\sin\theta = \omega \cdot OB, \qquad \omega = \frac{v\sin\theta}{OB} = \frac{va}{x^2 + a^2}$$

杆端 A 的速度

$$v_A = l\omega = \frac{val}{x^2 + a^2}$$

7-6 车床主轴的转速 $n = 30$ r/min，工件的直径 $d = 40$ mm，如图所示。如车刀横向走刀速度为 $v = 10$ mm/s，证明车刀对工件的相对运动轨迹为螺旋线，并求出该螺旋线的螺距。

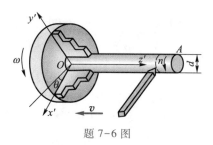

题 7-6 图

解：取车刀刀尖为动点，动系 $Ox'y'z'$ 固连在工件上，动系相对于定系转动的角速度

$$\omega = \frac{\pi n}{30} = \pi$$

动点的相对运动方程为

$$x' = \frac{d}{2}\cos(-\omega t), \quad y' = \frac{d}{2}\sin(-\omega t), \quad z' = z'_0 - vt$$

相对运动轨迹为螺旋线，螺距

$$h = \frac{2\pi}{\omega} \cdot v = \frac{60}{n} \cdot v = 20 \text{ mm}$$

7-7 在图 a 和 b 所示的两种机构中，已知 $O_1O_2 = a = 200$ mm，$\omega_1 = 3$ rad/s。求图示位置时杆 O_2A 的角速度。

解：1. 取滑块 A 为动点，杆 O_2A 为动系（图 a），作速度图

$$\boldsymbol{v}_a = \boldsymbol{v}_e + \boldsymbol{v}_r$$

$$\omega_2 = \frac{v_e}{O_2A} = \frac{v_a\cos 30°}{O_2A} = \frac{O_1A}{O_2A}\omega_1\cos 30°$$

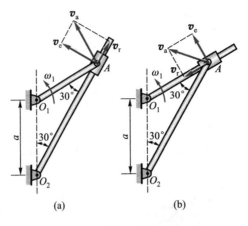

题 7-7 图

代入 $O_2A = 2O_1A\cos 30°$

$$\omega_2 = \frac{\omega_1}{2} = 1.5 \text{ rad/s}$$

2. 取滑块 A 为动点,杆 O_1A 为动系(图 b),作速度图

$$\boldsymbol{v}_a = \boldsymbol{v}_e + \boldsymbol{v}_r$$

$$\omega_2 = \frac{v_a}{O_2A} = \frac{v_e}{O_2A\cos 30°} = \frac{O_1A}{O_2A\cos 30°}\omega_1 = \frac{2\omega_1}{3} = 2 \text{ rad/s}$$

7-8 图 a 所示曲柄滑道机构中,曲柄长 $OA = r$,并以等角速度 ω 绕 O 轴转动。装在水平杆上的滑槽 DE 与水平线成 60°角。求当曲柄与水平线的交角分别为 $\varphi = 0°, 30°, 60°$ 时,杆 BC 的速度。

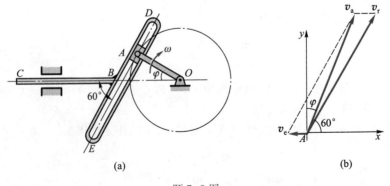

题 7-8 图

解:取滑块 A 为动点,杆 BC 为动系,则相对运动为沿 DE 的直线运动,牵连运动为平移,作速度图

$$\boldsymbol{v}_a = \boldsymbol{v}_e + \boldsymbol{v}_r$$

由

$$\frac{v_a}{\sin 60°} = \frac{v_e}{\sin(30° - \varphi)}$$

得到

$$v_{BC} = v_e = \frac{\sin(30° - \varphi)}{\sin 60°} r\omega$$

$\varphi = 0°$ 时

$$v_{BC} = \frac{\sqrt{3}}{3} r\omega$$

$\varphi = 30°$ 时

$$v_{BC} = 0$$

$\varphi = 60°$ 时

$$v_{BC} = -\frac{\sqrt{3}}{3} r\omega$$

7-9 如图所示,摇杆机构的滑杆 AB 以等速 v 向上运动,初瞬时摇杆 OC 水平。摇杆长 $OC = a$,距离 $OD = l$。求当 $\varphi = \pi/4$ 时,点 C 的速度的大小。

解:取滑块 A 为动点,杆 OC 为动系,则相对运动为沿 OC 的直线运动,牵连运动为绕 O 轴定轴转动,作速度图

$$\boldsymbol{v}_a = \boldsymbol{v}_e + \boldsymbol{v}_r$$

得

$$v_e = v_a \cos \varphi = v\cos \varphi$$

$$\omega_{OC} = \frac{v_e}{OA} = \frac{v}{l}\cos^2 \varphi$$

从而

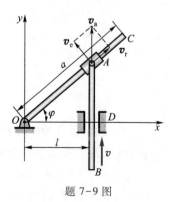

题 7-9 图

143

$$v_C = a\omega_{OC} = \frac{av}{l}\cos^2\varphi$$

当 $\varphi = \pi/4$ 时

$$v_c = \frac{av}{2l}$$

7-10 平底顶杆凸轮机构如图 a 所示，顶杆 AB 可沿导轨上下移动，偏心圆盘绕轴 O 转动，轴 O 位于顶杆轴线上。工作时顶杆的平底始终接触凸轮表面。该凸轮半径为 R，偏心距 $OC = e$，凸轮绕轴 O 转动的角速度为 ω，OC 与水平线夹角 φ。求当 $\varphi = 0°$ 时，顶杆的速度。

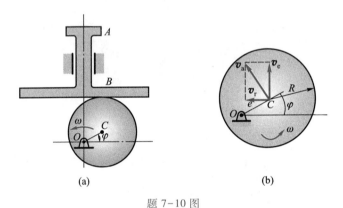

(a)　　　　　　　　　(b)

题 7-10 图

解： 取凸轮圆心 C 为动点，推杆 AB 为动系，则相对运动为水平直线运动，牵连运动为铅垂平移，作速度图

$$\boldsymbol{v}_a = \boldsymbol{v}_e + \boldsymbol{v}_r$$

$$v_{AB} = v_e = v_a\cos\varphi = e\omega\cos\varphi$$

当 $\varphi = 0°$ 时

$$v_{AB} = e\omega$$

7-11 图示摇杆 OC 绕 O 轴转动，通过固定于齿条 AB 上的销子 K 带动齿条平移，而齿条又带动半径为 0.1 m 的齿轮 D 绕固定轴 O_1 转动。如 $l = 0.4$ m，摇杆的角速度 $\omega = 0.5$ rad/s，求当 $\varphi = 30°$ 时齿轮的角速度。

解： 取销子 K 为动点，摇杆 OC 为动系，则相对运动为沿 OC 的直线运动，牵连运动为绕 O 轴定轴转动，作速度图

$$v_a = v_e + v_r$$

$$v_a = \frac{v_e}{\cos\varphi} = \frac{\omega l}{\cos^2\varphi} = 0.267 \text{ m/s}$$

齿轮的角速度

$$\omega_{O_1} = \frac{v_a}{R} = 2.67 \text{ rad/s}$$

7-12 绕轴 O 转动的圆盘及直杆 OA 上均有一导槽,两导槽间有一活动销子 M,如图 a 所示, $b = 0.1$ m。设在图示位置时,圆盘及直杆的角速度分别为 $\omega_1 = 9$ rad/s 和 $\omega_2 = 3$ rad/s。求此瞬时销子 M 的速度。

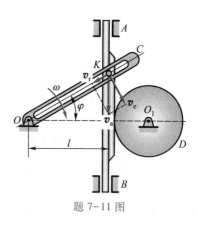

题 7-11 图

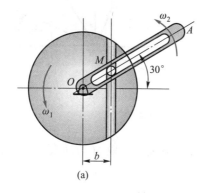

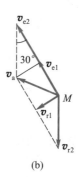

(a)   (b)

题 7-12 图

解:取销子 M 为动点,圆盘 O 为动系,则相对运动为沿圆盘导槽的直线运动,牵连运动为绕 O 轴定轴转动,作速度图

$$v_a = v_{e1} + v_{r1} \tag{1}$$

再取销子 M 为动点,杆 OA 为动系,则相对运动为沿 OA 的直线运动,牵连运动为绕 O 轴定轴转动,作速度图

$$v_a = v_{e2} + v_{r2} \tag{2}$$

式(2)代入式(1)

$$v_{e1} + v_{r1} = v_{e2} + v_{r2}$$

两边沿水平方向投影

$$v_{e2}\sin 30° = v_{e1}\sin 30° + v_{r1}\cos 30°$$

由此解得

$$v_{r2} = (v_{e1} - v_{e2})\tan 30° = \frac{b\tan 30°}{\cos 30°}(\omega_1 - \omega_2) = 0.4 \text{ m/s}$$

$$v_M = v_a = \sqrt{v_{e2}^2 - v_{r2}^2} = 0.529 \text{ m/s}$$

v_M 与 OA 杆之间的夹角

$$\tan \theta = \frac{v_{e2}}{v_{r2}} = 0.865, \qquad \theta = 40.9°$$

7-13　直线 AB 以大小为 v_1 的速度沿垂直于 AB 的方向向上移动；直线 CD 以大小为 v_2 的速度沿垂直于 CD 的方向向左上方移动，如图 a 所示。如两直线间的交角为 θ，求两直线交点 M 的速度。

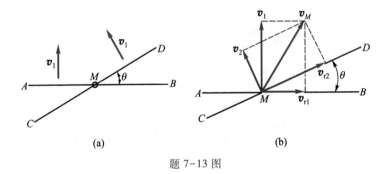

(a) (b)

题 7-13 图

解：将两条直线的交点用小环 M 来表示。取 M 为动点，直线 AB 为动系，作速度图

$$v_a = v_{e1} + v_{r1} = v_1 + v_{r1}$$

再取直线 CD 为动系，则有

$$v_a = v_{e2} + v_{r2} = v_2 + v_{r2}$$

从而

$$v_1 + v_{r2} = v_2 + v_{r2}$$

将等式两边沿 v_2 方向投影（见图 b）

$$v_1\cos\theta - v_{r1}\sin\theta = v_2, \qquad v_{r1} = \frac{v_1\cos\theta - v_2}{\sin\theta}$$

从而

$$v_M = \sqrt{v_1^2 + v_{r1}^2} = \frac{1}{\sin\theta}\sqrt{v_1^2 + v_2^2 - 2v_1 v_2\cos\theta}$$

7-14 如图 a 所示，点 P 以相对于支架 AB 的速度 $\boldsymbol{v}_r$ 向外运动，支架 AB 以角速度 ω_2 绕轴 OA 旋转，OA 长为 b，绕定轴 z 以角速度 ω_1 旋转，且 OA 垂直于 AB。在图示位置，OA 位于 x 轴上，AB 与水平面夹角为 θ，P 点与 A 点相距为 d。设沿 x、y、z 轴正向的单位矢量分别为 $\boldsymbol{i}$、$\boldsymbol{j}$、$\boldsymbol{k}$，求此时 P 点绝对速度的矢量表达式。

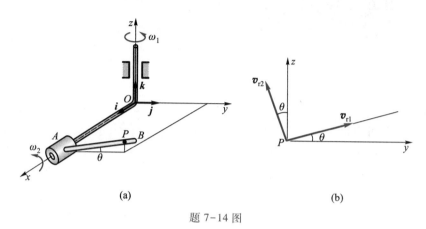

(a)　　　　　　　　　(b)

题 7-14 图

解：1. 取 P 点为动点，AB 为动系

$$\boldsymbol{v}_P = \boldsymbol{v}_{e1} + \boldsymbol{v}_{r1} = \boldsymbol{v}_{P'} + \boldsymbol{v}_{r1}$$

2. 取支架 AB 上与 P 点重合的点 P' 点为动点，OA 杆为动系

$$\boldsymbol{v}_{P'} = \boldsymbol{v}_{e2} + \boldsymbol{v}_{r2}$$

从而

$$\boldsymbol{v}_P = \boldsymbol{v}_{e2} + \boldsymbol{v}_{r1} + \boldsymbol{v}_{r2}$$

代入

$$\boldsymbol{v}_{r1} = v_r(\cos\theta\boldsymbol{j} + \sin\theta\boldsymbol{k}), \qquad \boldsymbol{v}_{r2} = \omega_2 d(-\sin\theta\boldsymbol{j} + \cos\theta\boldsymbol{k})$$

$$\boldsymbol{v}_{e2} = \boldsymbol{\omega}_1 \times \boldsymbol{r}'_P = \omega_1\boldsymbol{k} \times (b\boldsymbol{i} + d\cos\theta\boldsymbol{j} + d\sin\theta\boldsymbol{k}) = \omega_1(-d\cos\theta\boldsymbol{i} + b\boldsymbol{j})$$

得到

$$\boldsymbol{v}_P = -\omega_1 d\cos\theta\boldsymbol{i} + (\omega_1 b + v_r\cos\theta - \omega_2 d\sin\theta)\boldsymbol{j} + (v_r\sin\theta + \omega_2 d\cos\theta)\boldsymbol{k}$$

7-15 如图 a 所示，已知小球 P 在圆弧形管内以相对速度 v 运动，圆弧形管与圆盘 O 刚性连接，并以角速度 ω 绕轴 O 转动，$BC = 2AB = 2OA = 2r$。在图示瞬时，$\theta = 60°$。求该瞬时小球 P 的速度和加速度。

解：取小球 P 为动点，圆弧形管+圆盘为动系，作速度图

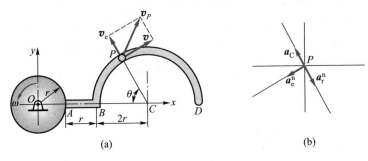

题 7-15 图

$$v_P = v_e + v_r = v_e + v$$

由正弦定理可求得

$$\angle POC = 30°, \qquad \angle OPC = 90°$$

从而

$$v_P = \sqrt{v_e^2 + v_r^2} = \sqrt{(2\sqrt{3}\,r\omega)^2 + v^2} = \sqrt{12r^2\omega^2 + v^2}$$

由图 b

$$a_A = a_e^n + a_r^n + a_C$$

代入

$$a_e^n = \omega^2 \cdot OP = 2\sqrt{3}\,r\omega^2, \quad a_r^n = \frac{v^2}{2r}, \quad a_C = 2\omega v$$

$$a_A = \sqrt{(a_e^n)^2 + (a_r^n - a_C)^2} = \sqrt{12r^2\omega^4 + \left(\frac{v^2}{2r} - 2\omega v\right)^2}$$

7-16　图 a 所示公路上行驶的两车速度都恒为 72 km/h。图示瞬时,在车 B 中的观察者看来,车 A 的速度、加速度应为多大?

解：A、B 的速度

$$v_0 = (72 \text{ km/h})/3.6 = 20 \text{ m/s}$$

取 A 为动点,动系固连在车 B 上,则牵连运动为定轴转动(轴心在车 B 轨迹的曲率中心上),动系的角速度

$$\omega = \frac{v_0}{R} = 0.2 \text{ rad/s}(逆时针)$$

由

148

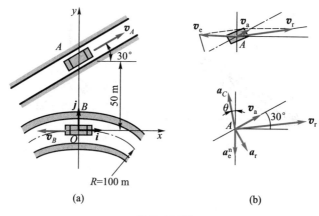

题 7-16 图

$$v_{\mathrm{a}} = v_{\mathrm{e}} + v_{\mathrm{r}}$$

得

$$v_{\mathrm{r}} = v_{\mathrm{a}} - v_{\mathrm{e}} = v_0(\cos 30°i + \sin 30°j) + \omega(R + AB)i = (47.32i + 10j)\,\mathrm{m/s}$$

加速度

$$a_{\mathrm{a}} = a_{\mathrm{e}}^{\mathrm{n}} + a_{\mathrm{r}} + a_C$$

其中

$$a_{\mathrm{a}} = 0, \qquad a_{\mathrm{e}}^{\mathrm{n}} = \omega^2(R + AB) = 6\ \mathrm{m/s}^2$$

$$a_C = 2\boldsymbol{\omega} \times v_{\mathrm{r}} = 0.4k \times (47.32i + 10j) = (-4i + 18.93j)\,\mathrm{m/s}^2$$

从而

$$a_{\mathrm{r}} = -a_{\mathrm{e}}^{\mathrm{n}} - a_C = 4i - 12.93j$$

7-17 图 a 所示小环 M 沿杆 OA 运动,杆 OA 绕轴 O 转动,从而使小环在 Oxy 平面内具有如下运动方程:

$$x = 10\sqrt{3}\,t, \qquad y = 10\sqrt{3}\,t^2$$

x,y 以 mm 计,t 以 s 计。求 $t = 1$ s 时,小环 M 相对于杆 OA 的速度和加速度,杆 OA 转动的角速度及角加速度。

解:取小环 M 为动点,杆 OA 为动系。由点 M 的绝对运动方程

$$v_{\mathrm{a}x} = \dot{x} = 10\sqrt{3}, \quad v_{\mathrm{a}y} = \dot{y} = 20\sqrt{3}\,t, \quad a_{\mathrm{a}x} = \ddot{x} = 0, \quad a_{\mathrm{a}y} = \ddot{y} = 20\sqrt{3}$$

速度以 mm/s 计,加速度以 mm/s^2 计。

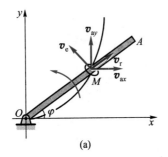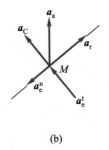

(a)   (b)

题 7-17 图

由

$$v_{ax} + v_{ay} = v_e + v_r$$

沿 OA 方向投影

$$v_r = v_{ax}\cos\varphi + v_{ay}\sin\varphi$$

沿 v_e 方向投影

$$v_e = -v_{ax}\sin\varphi + v_{ay}\cos\varphi$$

$t = 1$ s 时

$$\varphi = \frac{\pi}{4}, \quad OM = 10\sqrt{6} \text{ mm}, \quad v_r = 15\sqrt{6} \text{ mm/s} = 36.7 \text{ mm/s}$$

$$v_e = 5\sqrt{6} \text{ mm/s}, \qquad \omega = \frac{v_e}{OM} = \frac{1}{2}\text{rad/s} \quad （逆时针）$$

由

$$a_{ax} + a_{ay} = a_e^t + a_e^n + a_r + a_C$$

沿 OA 方向投影（图 b）

$$a_{ay}\sin\varphi = a_r - a_e^n, \qquad a_r = a_{ay}\sin\varphi + a_e^n = \frac{25}{2}\sqrt{6} \text{ mm/s}^2 = 30.6 \text{ mm/s}^2$$

沿 a_C 方向投影

$$a_{ay}\cos\varphi = a_e^t + a_C, \qquad a_e^t = a_{ay}\cos\varphi - a_C = -5\sqrt{6} \text{ mm/s}^2$$

$$\alpha = \frac{a_e^t}{OM} = -\frac{1}{2}\text{rad/s}^2 \quad （顺时针）$$

150

7-18 图 a 所示铰接四边形机构中，$O_1A = O_2B = 100$ mm，又 $O_1O_2 = AB$，杆 O_1A 以等角速度 $\omega = 2$ rad/s 绕 O_1 轴转动。杆 AB 上有一套筒 C，此筒与杆 CD 相铰接。机构的各部件都在同一铅垂面内。求当 $\varphi = 60°$ 时，杆 CD 的速度和加速度。

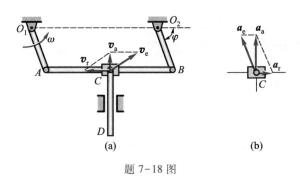

题 7-18 图

解：取套筒 C 为动点，杆 AB 为动系，则牵连运动为平移

$$v_e = \omega \cdot O_1A = 200 \text{ mm/s}, \qquad a_e = \omega^2 \cdot O_1A = 400 \text{ mm/s}^2$$

由

$$\boldsymbol{v}_a = \boldsymbol{v}_e + \boldsymbol{v}_r$$

得

$$v_{CD} = v_a = v_e \cos \varphi = 100 \text{ mm/s}$$

由

$$\boldsymbol{a}_a = \boldsymbol{a}_e + \boldsymbol{a}_r$$

得

$$a_{CD} = a_a = a_e \sin \varphi = 346 \text{ mm/s}^2$$

7-19 剪切金属板的"飞剪机"结构如图 a 所示。工作台 AB 的移动规律是 $s = 0.2\sin\dfrac{\pi}{6}t$（单位为 m），滑块 C 带动上刀片 E 沿导柱运动以切断工件，下刀片固定在工作台上。设曲柄 $OC = 0.6$ m，$t = 1$ s 时 $\varphi = 60°$。求该瞬时刀片 E 相对于工作台运动的速度和加速度，并求曲柄转动的角速度及角加速度。

解：取滑块 C 为动点，工作台 AB 为动系，则相对运动为铅垂方向的直线运动，牵连运动为水平平移。

$$v_e = \dot{s} = \left(\frac{\pi}{30}\cos\frac{\pi}{6}t\right) \text{ m/s}, \qquad a_e = \ddot{s} = \left(-\frac{\pi^2}{180}\sin\frac{\pi}{6}t\right) \text{ m/s}^2$$

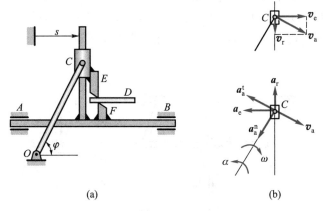

(a)   (b)

题 7-19 图

$t = 1$ s 时, $\varphi = 60°$, 有

$$v_e = \frac{\sqrt{3}}{60}\pi \ \text{m/s}, \qquad |a_e| = \frac{\pi^2}{360} \ \text{m/s}^2 \quad \text{（方向见图 b）}$$

由

$$\boldsymbol{v}_a = \boldsymbol{v}_e + \boldsymbol{v}_r$$

得

$$v_r = \frac{v_e}{\tan\varphi} = \frac{\pi}{60}\text{m/s} = 0.052 \ \text{m/s}$$

$$v_a = \frac{v_e}{\cos\varphi} = \frac{\sqrt{3}\,\pi}{30}\text{m/s} = 0.105 \ \text{m/s}, \qquad \omega = \frac{v_a}{OC} = 0.175 \ \text{rad/s} \quad \text{（顺时针）}$$

由

$$a_a^t + a_a^n = a_e + a_r$$

沿 $\boldsymbol{a}_a^n$ 方向投影

$$a_a^n = a_e\cos\varphi - a_r\sin\varphi$$

$$a_r = \frac{1}{\sin\varphi}\left(a_e\cos\varphi - \frac{v_a^2}{OC^2}\right) = -0.005\ 39 \ \text{m/s} \quad \text{（铅垂向下）}$$

沿 $\boldsymbol{a}_e$ 方向投影

$$a_a^t\sin\varphi + a_a^n\cos\varphi = a_e$$

152

$$a_{a}^{t} = \frac{1}{\sin \varphi}(a_{e} - a_{a}^{n}\cos \varphi) = 0.021 \text{ m/s}^{2}$$

$$\alpha = \frac{a_{a}^{t}}{OC} = 0.035 \text{ rad/s}^{2} \quad (\text{逆时针})$$

7-20 如图 a 所示,曲柄 OA 长 0.4 m,以等角速度 $\omega = 0.5$ rad/s 绕 O 轴逆时针转向转动。由曲柄的 A 端推动水平板 B,而使滑杆 C 沿铅垂方向上升。求当曲柄与水平线间的夹角 $\theta = 30°$ 时,滑杆 C 的速度和加速度。

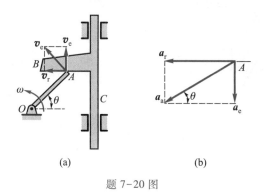

(a)   (b)

题 7-20 图

解:取曲柄 OA 的 A 端为动点,滑杆 BC 为动系,则相对运动为水平直线运动,牵连运动为平移。由

$$\boldsymbol{v}_{a} = \boldsymbol{v}_{e} + \boldsymbol{v}_{r}$$

得

$$v_{BC} = v_{e} = v_{a}\cos \theta = \frac{\sqrt{3}}{2}\omega \cdot OA = 0.173 \text{ m/s}$$

由

$$\boldsymbol{a}_{a} = \boldsymbol{a}_{e} + \boldsymbol{a}_{r}$$

得

$$a_{BC} = a_{e} = a_{a}\sin \theta = \frac{1}{2}\omega^{2} \cdot OA = 0.05 \text{ m/s}^{2}$$

7-21 传动机构如图 a 所示,齿轮 B 半径为 b,以等角速度 ω_{0} 转动,通过销钉 P 和轮 A 上的滑槽带动轮 A 运动,滑槽外缘到轮 A 中心的距离为 r,求图示瞬时轮 A 的角速度和角加速度。

解:取销钉 P 为动点,轮 A 为动系

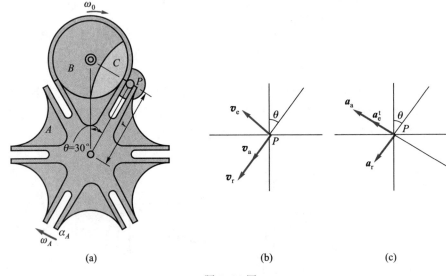

(a)   (b)   (c)

题 7-21 图

$$v_a = v_e + v_r$$

由图 b

$$v_e = 0, \qquad \omega_A = \frac{v_e}{r} = 0$$

$$a_a = a_a^n = a_e^t + a_r$$

由图 c

$$a_e^t = a_A = b\omega_0^2, \qquad \alpha_A = \frac{a_e^t}{r} = \frac{b}{r}\omega_0^2$$

7-22 图示平面机构中，$O_1A = O_2B = 0.2$ m，半圆凸轮的半径 $R = 0.1$ m，曲柄 O_1A 以匀角速度 $\omega = 2$ rad/s 转动，求图示瞬时顶杆 DE 的速度和加速度。

解：取顶杆 DE 上的 D 点为动点，凸轮为动系，牵连运动为平移。由

$$v_a = v_e + v_r$$

得

$$v_a = v_e = v_r = \omega R = 0.2 \text{ m/s}$$

$$a_a = a_e + a_r^n + a_r^t$$

沿 a_r^n 方向投影

154

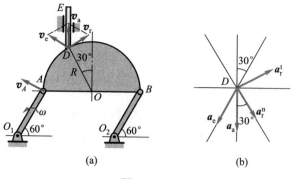

(a)　　　　　　　　(b)

题 7-22 图

$$a_a \cos 30° = a_e \cos 60° + a_r^n$$

解得

$$a_a = 0.924 \text{ m/s}$$

7-23　如图所示,斜面 AB 与水平面间成 45°角,以 0.1 m/s² 的加速度沿轴 Ox 向右运动。物块 M 以匀相对加速度 $0.1\sqrt{2}$ m/s² 沿斜面滑下,斜面与物块的初速都是零。物块的初位置为:坐标 $x=0$,$y=h$。求物块的绝对运动方程、运动轨迹、速度和加速度。

解:取物块 M 为动点,斜面 AB 为动系,牵连运动为平移

$$a_e = 0.1 \text{ m/s}^2, \qquad a_r = 0.1\sqrt{2} \text{ m/s}^2$$

由

$$\boldsymbol{a}_a = \boldsymbol{a}_e + \boldsymbol{a}_r$$

分别向 x、y 轴投影,得到

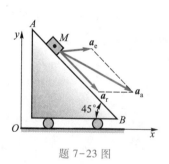

题 7-23 图

$$a_{ax} = a_e + a_r \cos 45° = 0.2 \text{ m/s}^2$$

$$a_{ay} = - a_r \sin 45° = - 0.1 \text{ m/s}^2$$

从而

$$v_{ax} = \int_0^t a_{ax} \mathrm{d}t = 0.2t, \qquad v_{ay} = \int_0^t a_{ay} \mathrm{d}t = - 0.1t$$

式中速度以 m/s 计。

运动方程

$$x = \int_0^t v_{ax}\mathrm{d}t = 0.1t^2, \qquad y = h + \int_0^t v_{ay}\mathrm{d}t = h - 0.05t^2$$

式中 x, y 以 m 计。

轨迹

$$x + 2y = 2h$$

7-24 小车沿水平方向向右作加速运动,其加速度 $a = 0.493$ m/s^2。在小车上有一轮绕轴转动,转动的规律为 $\varphi = t^2$(t 以 s 计,φ 以 rad 计)。当 $t = 1$ s 时,轮缘上点 A 的位置如图 a 所示。如轮的半径 $r = 0.2$ m,求此时点 A 的绝对加速度。

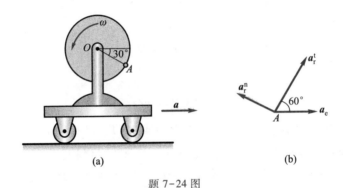

(a)   (b)

题 7-24 图

解: 以 A 为动点,小车为动系,则相对运动为绕 O 点的圆周运动,牵连运动为平移

$$a_e = 0.493 \text{ m/s}^2, \quad a_r^n = r\dot{\varphi}^2 = 0.8 \text{ m/s}^2, \quad a_r^t = r\ddot{\varphi} = 0.4 \text{ m/s}^2$$

由图 b

$$\boldsymbol{a}_a = \boldsymbol{a}_e + \boldsymbol{a}_r^n + \boldsymbol{a}_r^t$$

$$a_{ax} = a_e + a_r^t\cos 60° - a_r^n\cos 30° = 1.8 \times 10^{-4} \text{ m/s}^2$$

$$a_{ay} = a_r^t\sin 60° + a_r^n\sin 30° = 0.746 \text{ m/s}^2$$

$$a_a \approx a_{ay} = 0.746 \text{ m/s}^2$$

7-25 如图 a 所示,半径为 r 的圆环内充满液体,液体按箭头方向以相对速度 v 在环内作匀速运动。如圆环以等角速度 ω 绕轴转动,求在圆环内点 1 和 2 处液体的绝对加速度的大小。

解: 分别取 1 和 2 处的流体微团为动点,圆环为动系

$$\boldsymbol{a}_a = \boldsymbol{a}_e + \boldsymbol{a}_r + \boldsymbol{a}_C$$

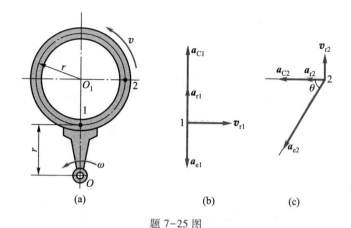

题 7-25 图

其中

$$a_r = a_r^n = \frac{v^2}{r}, \qquad a_C = 2\omega v$$

对于流体微团 1,由图 b

$$a_{e1} = r\omega^2, \qquad a_1 = a_{r1} + a_{C1} - a_{e1} = \frac{v^2}{r} + 2\omega v - r\omega^2$$

对于流体微团 2,由图 c

$$a_{e2} = \sqrt{5}\, r\omega^2, \qquad a_{2x} = -a_{r2} - a_{C2} - a_{e2}\cos\theta = -\left(\frac{v^2}{r} + 2\omega v + r\omega^2\right)$$

$$a_{2y} = -a_{e2}\sin\theta = -2r\omega^2$$

$$a_2 = \sqrt{a_{2x}^2 + a_{2y}^2} = \sqrt{\left(\frac{v^2}{r} + 2\omega v + r\omega^2\right)^2 + 4r^2\omega^4}$$

7-26 图 a 所示圆盘绕 AB 轴转动,其角速度 $\omega = 2t$(单位 rad/s)。点 M 沿圆盘直径离开中心向外缘运动,其运动规律为 $OM = 40t^2$(单位 mm)。半径 OM 与 AB 轴间成 $60°$ 倾角。求当 $t = 1$ s 时点 M 的绝对加速度的大小。

解: 取点 M 为动点,圆盘为动系,圆盘的角加速度

$$\alpha = \frac{\mathrm{d}\omega}{\mathrm{d}t} = 2 \text{ rad/s}^2$$

点 M 的相对速度和相对加速度

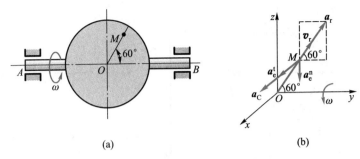

(a)   (b)

题 7-26 图

$$v_r = \frac{\mathrm{d}}{\mathrm{d}t} OM = 80t \ \mathrm{mm/s}, \qquad a_r = \frac{\mathrm{d}v_r}{\mathrm{d}t} = 80 \ \mathrm{mm/s}^2$$

当 $t = 1$ s 时,由

$$\boldsymbol{a}_{\mathrm{a}} = \boldsymbol{a}_{\mathrm{e}}^{\mathrm{t}} + \boldsymbol{a}_{\mathrm{e}}^{\mathrm{n}} + \boldsymbol{a}_{\mathrm{r}} + \boldsymbol{a}_{\mathrm{C}}$$

得(图 b)

$$a_{ax} = a_{\mathrm{e}}^{\mathrm{t}} + a_{\mathrm{C}} = \alpha \cdot OM\sin 60° + 2\omega v_r \sin 60° = 200\sqrt{3} \ \mathrm{mm/s}^2$$

$$a_{ay} = a_r \cos 60° = 40 \ \mathrm{mm/s}^2$$

$$a_{az} = a_r \sin 60° - a_{\mathrm{e}}^{\mathrm{n}} = -40\sqrt{3} \ \mathrm{mm/s}^2$$

$$a_M = \sqrt{a_{ax}^2 + a_{ay}^2 + a_{az}^2} = 0.356 \ \mathrm{m/s}^2$$

7-27 图 a 所示直角曲杆 OBC 绕 O 轴转动,使套在其上的小环 M 沿固定直杆 OA 滑动。已知:$OB = 0.1$ m,OB 与 BC 垂直,曲杆的角速度 $\omega = 0.5$ rad/s,角加速度为零。求当 $\varphi = 60°$ 时,小环 M 的速度和加速度。

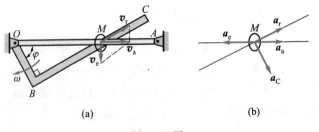

(a)   (b)

题 7-27 图

解:取小环 M 为动点,曲杆 OBC 为动系,相对运动为沿 BC 的直线运动,牵连运动为绕 O 轴定轴转动。由图 a 有

$$v_a = v_e + v_r$$

得

$$v_a = v_e \tan 60° = \omega \cdot OM \tan 60° = 0.173\ 2\ \text{m/s}$$

$$v_r = \frac{v_e}{\cos \varphi} = 2v_e = 0.2\ \text{m/s}$$

由图 b 有

$$a_a = a_e + a_r + a_C$$

沿 a_C 方向投影

$$a_a \cos \varphi = a_C - a_e \sin \varphi$$

$$a_a = \frac{a_C}{\cos \varphi} - a_e \tan \varphi = 4\omega v_r - \sqrt{3}\,\omega^2 \cdot OM = 0.35\ \text{m/s}^2$$

7-28 直杆 AB 与一半径为 r 的圆环同在一平面内,圆环以匀角速度 ω 绕圆环上的固定点 O 转动,圆环与直杆的另一交点为 M,如图所示。求:

(1) M 点相对于直杆 AB 的速度和加速度;

(2) M 点相对于圆环的速度和加速度。

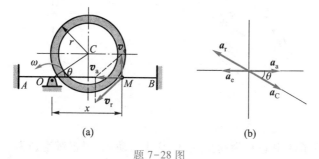

(a)　　　　　　　　　(b)

题 7-28 图

解:将 M 点看成是套在圆环和直杆上的小环,取 M 点为动点,圆环为动系,则相对运动是绕 C 点的圆周运动,牵连运动是绕 O 轴定轴转动,由图 a 有

$$v_a = v_e + v_r$$

其中

$$v_r = \frac{ds}{dt} = r\frac{d(\pi - 2\theta)}{dt} = -2r\omega$$

负号表示 v_r 的方向与 θ 角增加的方向相反。代入 $v_e = \omega x$

$$v_a = \sqrt{v_r^2 - v_e^2} = \omega\sqrt{4r^2 - x^2}$$

由图 b 有

$$\boldsymbol{a}_a = \boldsymbol{a}_e + \boldsymbol{a}_r + \boldsymbol{a}_C$$

沿垂直于 $\boldsymbol{a}_r$ 的方向投影,得

$$a_a = -a_e = -\omega^2 x$$

负号表示与图中假设方向相反。而

$$a_r = \frac{v_r^2}{r} = 4r\omega^2$$

7-29 图 a 所示偏心轮摇杆机构中,摇杆 O_1A 借助弹簧压在半径为 R 的偏心轮 C 上。偏心轮 C 绕轴 O 往复摆动,从而带动摇杆绕 O_1 轴摆动。设 $OC \perp O_1O$ 时,轮 C 的角速度为 ω,角加速度为零,$\theta = 60°$。求此时摇杆 O_1A 的角速度 ω_1 和角加速度 α_1。

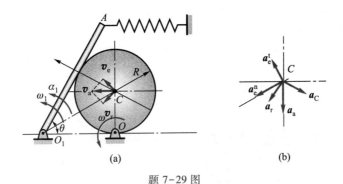

题 7-29 图

解:取轮子的中心 C 为动点,摇杆 O_1A 为动系,则相对运动为与 O_1A 方向平行的直线运动,牵连运动为定轴转动。由图 a 有

$$\boldsymbol{v}_a = \boldsymbol{v}_e + \boldsymbol{v}_r$$

得到

$$v_a = v_r = v_e = R\omega, \qquad \omega_1 = \frac{v_e}{O_1C} = \frac{\omega}{2}$$

由图 b 有

$$\boldsymbol{a}_a = \boldsymbol{a}_e^t + \boldsymbol{a}_e^n + \boldsymbol{a}_r + \boldsymbol{a}_C$$

沿 $\boldsymbol{a}_\mathrm{C}$ 方向投影

$$a_\mathrm{a}\cos 60° = a_\mathrm{C} - a_\mathrm{e}^\mathrm{t}\cos 30° - a_\mathrm{e}^\mathrm{n}\sin 30°$$

$$a_\mathrm{e}^\mathrm{t} = \frac{1}{\sqrt{3}}(2a_\mathrm{C} - a_\mathrm{a} - a_\mathrm{e}^\mathrm{n}) = \frac{\sqrt{3}}{6}R\omega^2$$

$$\alpha_1 = \frac{a_\mathrm{e}^\mathrm{t}}{2R} = \frac{\sqrt{3}}{12}\omega^2$$

7–30 销钉 M 能在 DBE 的竖直槽内滑动,同时又能在 OA 杆的槽内滑动, DBE 杆以匀速度 v_1 向右运动,OA 杆以匀角速度 ω 顺时针转动。设某瞬时 OA 杆与水平线夹角为 θ,$OM = l$,求 M 点分别相对于 OA 杆和 DBE 杆的加速度。

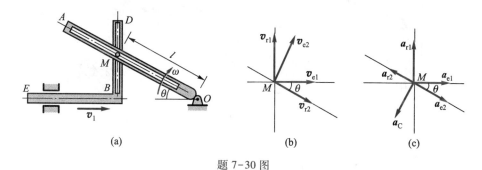

题 7–30 图

解: 1. 求速度。取 M 为动点,分别取 DBE 杆和 OA 杆为动系,则

$$\boldsymbol{v}_M = \boldsymbol{v}_\mathrm{e1} + \boldsymbol{v}_\mathrm{r1} = \boldsymbol{v}_\mathrm{e2} + \boldsymbol{v}_\mathrm{r2}$$

沿 $\boldsymbol{v}_1$ 方向投影

$$v_\mathrm{e1} = v_\mathrm{e2}\sin\theta + v_\mathrm{r2}\cos\theta$$

代入 $v_\mathrm{e1} = v_1$,$v_\mathrm{e2} = \omega l$,得

$$v_\mathrm{r2} = \frac{\sqrt{3}}{3}(2v_1 - \omega l)$$

2. 求加速度

$$\boldsymbol{a}_M = \boldsymbol{a}_\mathrm{e1} + \boldsymbol{a}_\mathrm{r1} = \boldsymbol{a}_\mathrm{e2} + \boldsymbol{a}_\mathrm{r2} + \boldsymbol{a}_\mathrm{C}$$

注意 $\boldsymbol{a}_\mathrm{e1} = 0$,沿 $\boldsymbol{a}_\mathrm{C}$ 方向投影

$$- a_\mathrm{r1}\cos\theta = a_\mathrm{C}$$

沿 $\boldsymbol{v}_1$ 方向投影

$$0 = a_{e1} = (a_{e2} - a_{r2})\cos\theta - a_C\sin\theta$$

得

$$a_{r1} = \frac{4}{3}\omega(\omega l - 2v_1), \qquad a_{r2} = \frac{\omega}{3}(5\omega l - 4v_1)$$

7-31 牛头刨床机构如图 a 所示。已知 $O_1A = 200$ mm，角速度 $\omega_1 = 2$ rad/s。求图示位置滑枕 CD 的速度和加速度。

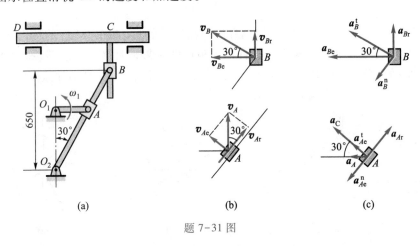

题 7-31 图

解：1. 取套筒 A 为动点，杆 O_2B 为动系

$$v_A = v_{Ae} + v_{Ar}$$

由图 b 有

$$v_{Ae} = v_A\sin 30° = \frac{1}{2}\omega_1 \cdot O_1A = 0.2 \text{ m/s}, \qquad \omega_2 = \frac{v_e}{O_2A} = \frac{v_e}{2O_1A} = 0.5 \text{ rad/s}$$

$$v_{Ar} = v_A\cos 30° = 0.346 \text{ m/s}$$

由图 c 有

$$a_A = a_{Ae}^t + a_{Ae}^n + a_{Ar} + a_C$$

沿 a_C 方向投影

$$a_A\cos 30° = a_C + a_{Ae}^t$$

$$\alpha_2 = \frac{a_{Ae}^t}{O_2A} = \frac{1}{2O_1A}(a_A\cos 30° - a_C) = 0.866 \text{ rad/s}^2$$

2. 取套筒 B 为动点，滑枕 CD 为动系

162

$$\boldsymbol{v}_B = \boldsymbol{v}_{Be} + \boldsymbol{v}_{Br}$$

$$v_{CD} = v_{Be} = v_B\cos 30° = \omega_2 \cdot O_2B\cos 30° = 0.325 \text{ m/s}$$

$$\boldsymbol{a}_B^{\text{t}} + \boldsymbol{a}_B^{\text{n}} = \boldsymbol{a}_{Be} + \boldsymbol{a}_{Br}$$

沿 $\boldsymbol{a}_{Be}$ 方向投影有

$$a_{CD} = a_{Be} = a_B^{\text{t}}\cos 30° + a_B^{\text{n}}\sin 30° = 0.657 \text{ m/s}^2$$

7-32 如图所示,点 M 以不变的相对速度 v_r 沿圆锥体的母线向下运动。此圆锥体以角速度 ω 绕轴 OA 作匀速转动。如 $\angle MOA = \theta$,且当 $t=0$ 时点在 M_0 处,此时距离 $OM_0 = b$。求在 t 秒时,点 M 的绝对加速度的大小。

解: 取 M 为动点,圆锥体为动系,相对运动为沿 OB 的直线运动,牵连运动为绕 OA 轴定轴转动。由点的加速度合成定理

$$\boldsymbol{a}_{\text{a}} = \boldsymbol{a}_{\text{e}} + \boldsymbol{a}_{\text{r}} + \boldsymbol{a}_C$$

其中

$$a_{\text{r}} = 0, \quad a_{\text{e}} = \omega^2 \cdot OM\sin\theta = \omega^2(b + v_rt)\sin\theta, \quad a_C = 2\omega v_r\sin\theta$$

$$a_{\text{a}} = \sqrt{a_{\text{e}}^2 + a_C^2} = \sqrt{(b + v_rt)^2\omega^4 + 4\omega^2v_r^2} \cdot \sin\theta$$

7-33 图示电机托架 OB 以恒角速度 $\omega = 3$ rad/s 绕 z 轴转动,电机轴带着半径为 120 mm 的圆盘以恒定的角速度 $\dot\varphi = 8$ rad/s 自转,$\gamma = 30°$,求图示瞬时圆盘上点 A 的速度、加速度。

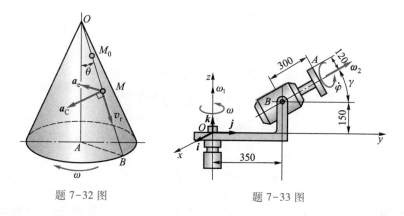

题 7-32 图　　　　题 7-33 图

解: 取点 A 为动点,电机托架 OB 为动系,则相对运动为绕电机轴线的圆周运动,牵连运动是绕 z 轴定轴转动。图示位置 A 点相对于 O 点的矢径

$$\boldsymbol{r}_A = (0.35 + 0.3\cos\gamma - 0.12\sin\gamma)\boldsymbol{j} \text{ m/s} + (0.15 + 0.3\sin\gamma + 0.12\cos\gamma)\boldsymbol{k} \text{ m/s}$$

$$= (0.55j + 0.404k)\,\text{m/s}$$

而在动系中 A 点相对于 B 点的矢径

$$r_{BA} = (0.3\cos\gamma - 0.12\sin\gamma)j\ \text{m/s} + (0.3\sin\gamma + 0.12\cos\gamma)k\ \text{m/s}$$

$$= (0.20j + 0.254k)\,\text{m/s}$$

由点的速度合成定理

$$v_a = v_e + v_r$$

引入动系角速度矢量

$$\boldsymbol{\omega}_1 = \omega k$$

和电机轴相对于动系的角速度矢量

$$\boldsymbol{\omega}_2 = \dot{\varphi}(\cos\gamma j + \sin\gamma k)$$

则牵连速度

$$v_e = \boldsymbol{\omega}_1 \times r_A = -1.65i\ \text{m/s}$$

相对速度

$$v_r = \boldsymbol{\omega}_2 \times r_{BA} = 0.96i\ \text{m/s}$$

$$v_a = v_e + v_r = -0.69i\ \text{m/s}$$

由点的加速度合成定理

$$a_a = a_e + a_r + a_C$$

其中

$$a_e = \boldsymbol{\omega}_1 \times v_e = -4.95j\ \text{m/s}^2$$

$$a_r = \boldsymbol{\omega}_2 \times v_r = (3.84j - 6.65k)\,\text{m/s}^2$$

$$a_C = 2\boldsymbol{\omega}_1 \times v_r = 5.76j\ \text{m/s}^2$$

从而

$$a_a = (4.65j - 6.65k)\,\text{m/s}^2$$

7-34 图示雷达天线绕铅垂轴以角速度 $\omega = \dfrac{\pi}{15}\text{rad/s}$ 转动,而 θ 角则按 $\theta = \dfrac{\pi}{6} + \dfrac{\pi}{3}\sin\pi t$ 规律摆动(其中 θ 以 rad 计,t 以 s 计)。当 $t = 0.25$ s 时,求尖端 M 点的速度和加速度在与雷达系统固结的 $Ox'y'z'$ 坐标轴上的投影。

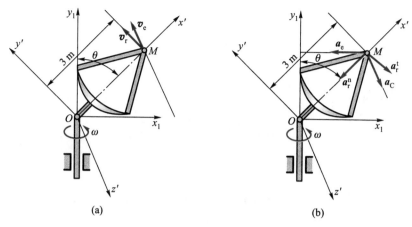

$$\text{(a)} \qquad\qquad\qquad \text{(b)}$$

题 7-34 图

解：取 M 点为动点，与铅垂轴固连的坐标系 Ox_1y_1z' 为动系（图 a），则相对运动为在 Ox_1y_1 平面内的圆周运动，圆心为 O 点，牵连运动为绕 y_1 轴的定轴转动。由点的速度合成定理

$$v_a = v_e + v_r$$

其中

$$v_r = \dot{\theta} \cdot OM = \frac{\pi^2}{3}OM \cdot \cos \pi t$$

沿 y' 轴方向，而

$$v_e = \omega \cdot OM \sin \theta$$

沿 z' 轴负向，代入 $t = 0.25$ s 有

$$\dot{\theta} = \frac{\pi^2}{3}\cos\frac{\pi}{4} = \frac{\sqrt{2}}{6}\pi^2, \qquad \sin \theta = \sin\left(\frac{\pi}{6}(1 + \sqrt{2})\right) = 0.953\,3$$

得到

$$v_{ax'} = 0, \qquad v_{ay'} = v_r = 6.98 \text{ m/s}$$

$$v_{az'} = -v_e = -0.599 \text{ m/s}$$

由点的加速度合成定理（图 b）

$$a_a = a_e + a_r^n + a_r^t + a_C$$

其中 a_e 沿 x_1 轴负向

$$a_e = \omega^2 \cdot OM\sin\theta = 0.125\ 4\ \text{m/s}^2$$

a_r^n沿 x' 轴负向

$$a_r^n = \dot{\theta}^2 \cdot OM = \frac{\pi^4}{3}\ \text{m/s}^2 = 16.24\ \text{m/s}^2$$

a_r^t沿 y' 轴负向

$$a_r^t = \ddot{\theta} \cdot OM = -\frac{\sqrt{2}}{2}\pi^3\ \text{m/s}^2 = -21.92\ \text{m/s}^2$$

$\boldsymbol{a}_C$沿 z' 轴负向

$$a_C = 2\omega v_r \cos\theta = 0.844\ \text{m/s}^2$$

从而

$$a_{x'} = -a_r^n - a_e\sin\theta = -16.36\ \text{m/s}^2$$

$$a_{y'} = -a_r^t + a_e\cos\theta = 21.96\ \text{m/s}^2$$

$$a_{z'} = -a_C = -0.844\ \text{m/s}^2$$

第八章　刚体的平面运动

8-1　椭圆规尺 AB 由曲柄 OC 带动,曲柄以角速度 ω_0 绕轴 O 匀速转动,如图所示。设 $OC = BC = AC = r$,并取 C 为基点,求椭圆规尺 AB 的平面运动方程。

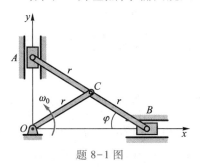

题 8-1 图

解:取点 C 为基点,φ 为转角,则运动方程为

$$x_C = r\cos\omega_0 t$$
$$y_C = r\sin\omega_0 t$$
$$\varphi = \omega_0 t$$

8-2　图示圆柱 A 缠以细绳,绳的 B 端固定在天花板上。圆柱自静止落下,其轴心的速度为 $v = \dfrac{2}{3}\sqrt{3gh}$,其中 g 为常量,h 为圆柱轴心到初始位置的距离。如圆柱半径为 r,求圆柱的平面运动方程。

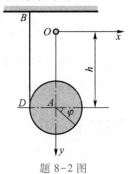

题 8-2 图

解： 取 A 为基点，圆柱端面上过 A 点的直线与水平线的夹角 φ 为转角，则有

$$\frac{\mathrm{d}y_A}{\mathrm{d}t} = \frac{2}{3}\sqrt{3gy_A}, \quad \int_0^{y_A}\frac{\mathrm{d}y_A}{\sqrt{y_A}} = \frac{2}{3}\sqrt{3g}\int_0^t \mathrm{d}t, \quad y_A = \frac{1}{3}gt^2$$

设绳子与圆柱体之间无相对滑动

$$\varphi = \frac{y_A}{r} = \frac{1}{3r}gt^2$$

圆柱体基点法的运动方程为

$$x_A = 0$$

$$y_A = \frac{1}{3}gt^2$$

$$\varphi = \frac{1}{3r}gt^2$$

8-3 半径为 r 的齿轮由曲柄 OA 带动，沿半径为 R 的固定齿轮滚动，如图所示。如曲柄 OA 以等角加速度 α 绕轴 O 转动，当运动开始时，角速度 $\omega_0 = 0$，转角 $\varphi_0 = 0$。求动齿轮以中心 A 为基点的平面运动方程

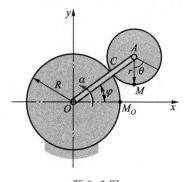

题 8-3 图

解： 取 A 点为基点，行星齿轮上过 A 点的直线与铅垂线的夹角 θ 为转角，且 $\varphi = 0$ 时 $\theta = 0$。则有

$$\varphi = \frac{1}{2}\alpha t^2, \qquad \theta = \frac{R+r}{r}\varphi$$

$$x_A = (R + r)\cos\frac{1}{2}\alpha t^2$$

$$y_A = (R + r)\sin\frac{1}{2}\alpha t^2$$

$$\theta = \frac{R + r}{2r}\alpha t^2$$

8-4 图示平面结构中,曲柄 OC 绕 O 轴转动时,带动滑块 A 和 B 在同一水平槽内运动。如 $AC = CB$,试证:

$$v_A : v_B = OA : OB$$

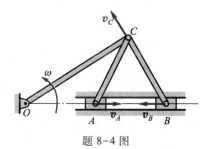

题 8-4 图

解: 令

$$\angle OCA = \beta, \quad \angle OCB = \gamma, \quad \angle COA = \theta, \quad \angle CAB = \angle CBA = \varphi$$

则由速度投影定理

$$v_A\cos\varphi = v_C\cos\left(\frac{\pi}{2} - \beta\right) = v_C\sin\beta, \qquad v_B\cos\varphi = v_C\cos\left(\frac{\pi}{2} - \gamma\right) = v_C\sin\gamma$$

而

$$\frac{OA}{\sin\beta} = \frac{AC}{\sin\theta} = \frac{BC}{\sin\theta} = \frac{OB}{\sin\gamma}$$

从而

$$\frac{v_A}{v_B} = \frac{\sin\beta}{\sin\gamma} = \frac{OA}{OB}$$

8-5 如图所示,在筛动机构中,筛子的摆动是由曲柄连杆机构所带动。已知曲柄 OA 的转速 $n_{OA} = 40$ r/min,$OA = 0.3$ m。当筛子 BC 运动到与点 O 在同一水平线上时,$\angle BAO = 90°$。求此瞬时筛子 BC 的速度。

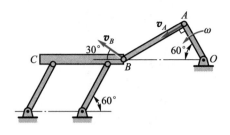

题 8-5 图

解：*AB* 杆作平面运动，由速度投影定理

$$v_A = \omega \cdot OA = v_B \cos 60°$$

代入

$$\omega = \frac{\pi n_{OA}}{30}, \qquad OA = 0.3 \text{ m}$$

并注意筛子 *BC* 作平移运动，得

$$v_{BC} = v_B = 2\omega \cdot OA = 0.8\,\pi \text{ m/s} = 2.51 \text{ m/s}$$

8-6 四连杆机构中，连杆 *AB* 上固结一块三角板 *ABD*，如图 a 所示。机构由曲柄带动。已知曲柄的角速度 $\omega_{O_1A} = 2$ rad/s；曲柄 $O_1A = 0.1$ m，水平距离 $O_1O_2 = 0.05$ m，$AD = 0.05$ m；当 O_1A 铅垂时，*AB* 平行于 O_1O_2，且 *AD* 与 AO_1 在同一直线上；角 $\varphi = 30°$。求三角板 *ABD* 的角速度和点 *D* 的速度。

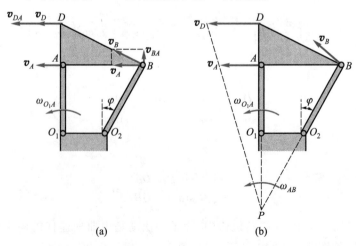

(a)   (b)

题 8-6 图

解:1. 三角板 ABD 作平面运动,由基点法速度公式

$$v_B = v_A + v_{BA}$$

由速度平行四边形(图 a)有

$$v_{BA} = v_A \tan \varphi = \omega_{O_1A} \cdot O_1A \tan 30° = 0.116 \text{ m/s}$$

$$\omega_{ABD} = \frac{v_{BA}}{AB} = 1.07 \text{ rad/s}$$

$$v_D = v_A + v_{DA}$$

$$v_D = v_A + v_{DA} = O_1A \cdot \omega_{O_1A} + AD \cdot \omega_{ABD} = 0.253 \text{ m/s}$$

2. 三角板 ABD 的瞬心在 P 点(图 b),从而

$$\omega_{ABD} = \frac{v_A}{PA} = \frac{O_1A}{PA}\omega_{O_1A} = 1.07 \text{ rad/s}$$

$$v_D = \omega_{ABD} \cdot PD = 0.253 \text{ m/s}$$

8-7 图示插齿机由曲柄 OA 通过连杆 O_1B 带动摆杆绕 O_1 轴摆动,与摆杆连成一体的扇齿轮带动齿条使插刀 M 上下运动。已知曲柄转动角速度为 ω,$OA=r$,扇齿轮半径为 b。求在 B, O 位于同一铅垂线且 O_1B 处于水平瞬时,插刀 M 的速度。

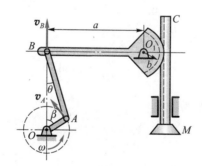

题 8-7 图

解:连杆 O_1B 作平面运动,由速度投影定理

$$v_B \cos \theta = v_A \cos(90° - \theta - \beta) = v_A \sin(\theta + \beta)$$

$$\omega_{O_1} = \frac{v_B}{a} = \frac{r\omega \sin(\theta + \beta)}{a\cos \theta}$$

从而
$$v_M = b\omega_{O_1} = \frac{br\omega\sin(\theta+\beta)}{a\cos\theta}$$

8-8 图示机构中,已知:$OA=BD=DE=0.1$ m,$EF=0.1\sqrt{3}$ m;$\omega_{OA}=4$ rad/s。在图示位置时,曲柄 OA 与水平线 OB 垂直,且 B,D 和 F 在同一铅垂线上,又 DE 垂直于 EF。求杆 EF 的角速度和点 F 的速度。

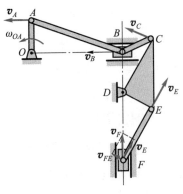

题 8-8 图

解:杆 AB 作瞬时平移
$$v_B = v_A = \omega_{OA} \cdot OA = 0.4 \text{ m/s}$$
杆 BC 作平面运动,瞬心为 D
$$\omega_{CDE} = \frac{v_B}{BD} = 4 \text{ rad/s}$$
杆 EF 作平面运动,取 E 为基点
$$\boldsymbol{v}_F = \boldsymbol{v}_E + \boldsymbol{v}_{FE}$$
从而
$$v_F = \frac{v_E}{\cos 30°} = \omega_{CDE} \cdot \frac{2DE}{\sqrt{3}} = 0.462 \text{ m/s}$$

$$v_{FE} = v_E \frac{DE}{EF} = \omega_{CDE} \cdot \frac{DE}{\sqrt{3}}, \qquad \omega_{EF} = \frac{v_{FE}}{EF} = \frac{1}{3}\omega_{CDE} = 1.33 \text{ rad/s}$$

8-9 图示配汽机构中,曲柄 OA 的角速度 $\omega=20$ rad/s 为常量。已知 $OA=$ 0.4 m,$AB=BC=0.2\sqrt{37}$ m。求当曲柄 OA 在两铅垂线位置和两水平位置时,配

172

汽机构中气阀推杆 DE 的速度。

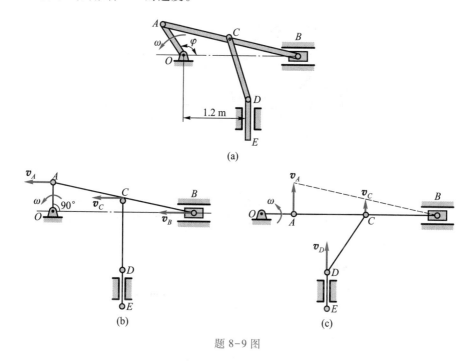

题 8-9 图

解：1. 当曲柄 OA 处于铅垂线位置时，连杆 AB 作瞬时平移

$$v_C = v_A \perp v_D$$

杆 CD 速度作平面运动，由速度投影定理

$$v_D = v_C \cos 90° = 0$$

2. 连杆 AB 作平面运动，当曲柄 OA 处于水平位置时速度瞬心为 B 点

$$v_C = \frac{AC}{AB} v_A = 4 \text{ m/s}$$

此时 $v_C \parallel v_D$，杆 CD 速度作瞬时平移

$$v_D = v_C = 4 \text{ m/s}$$

8-10 在瓦特行星传动机构中，平衡杆 O_1A 绕 O_1 轴转动，并借连杆 AB 带动曲柄 OB；而曲柄 OB 活动地装置在轴 O 上，如图所示。在轴 O 上装有齿轮 I，齿轮 II 与连杆 AB 固结于一体。已知：$r_1 = r_2 = 0.3\sqrt{3}$ m，$O_1A = 0.75$ m，$AB = 1.5$ m；又平衡杆的角速度 $\omega_{O_1} = 6$ rad/s。求当 $\gamma = 60°$ 且 $\beta = 90°$ 时，曲柄 OB 和齿轮 I 的角速度。

解：杆 AB 作平面运动，瞬心为 P 点

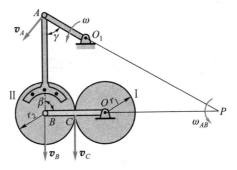

题 8-10 图

$$\omega_{AB} = \frac{v_A}{PA} = \frac{\omega \cdot O_1 A}{AB} \cos \gamma = 1.5 \text{ rad/s}$$

$$v_B = \omega_{AB} \cdot PB = (r_1 + r_2)\omega_{OB}$$

$$\omega_{OB} \frac{\omega_{AB}}{r_1 + r_2} \cdot AB\tan \gamma = 3.75 \text{ rad/s}$$

设点 C 为齿轮 II 上与轮 I 的啮合点

$$v_C = \omega_{AB} \cdot PC = r_1 \omega_I$$

$$\omega_I = \frac{\omega_{AB}}{r_1}(AB\tan \gamma - r_2) = 6 \text{ rad/s}$$

8-11　使砂轮高速转动的装置如图所示。杆 $O_1 O_2$ 绕 O_1 轴转动,转速为 n_4。O_2 处用铰链接一半径为 r_2 的活动齿轮 II,杆 $O_1 O_2$ 转动时轮 II 在半径为 r_3 的固定内齿轮上滚动,并使半径为 r_1 的轮 I 绕轴转动。轮 I 上装有砂轮,随同轮 I 高速转动。已知 $\frac{r_3}{r_1} = 11$,$n_4 = 900 \text{ r/min}$,求砂轮的转速。

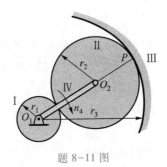

题 8-11 图

解:齿轮Ⅱ作平面运动,速度瞬心为 P 点。设其角速度为 ω_2,杆 O_1O_2 的角速度为 ω_4,则

$$\omega_2 = \frac{v_{O_2}}{r_2} = \frac{r_1 + r_2}{r_2}\omega_4$$

设齿轮Ⅰ的角速度为 ω_1,由齿轮Ⅱ与齿轮Ⅰ的啮合条件

$$r_1\omega_1 = 2(r_1 + r_2)\omega_4, \omega_1 = \frac{2(r_1 + r_2)}{r_1}\omega_4 = \frac{r_1 + r_3}{r_1}\omega_4 = 12\omega_4$$

齿轮Ⅰ的转速

$$n_1 = 12n_4 = 10\ 800\ \text{r/min}$$

8-12 图示小型精压机的传动机构,$OA = O_1B = r = 0.1$ m,$EB = BD = AD = l = 0.4$ m。在图示瞬时,$OA \perp AD$,$O_1B \perp ED$,O_1D 在水平位置,OD 和 EF 在铅垂位置。已知曲柄 OA 的转速 $n = 120$ r/min,求此时压头 F 的速度。

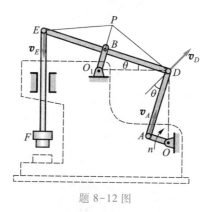

题 8-12 图

解:连杆 DBE 作平面运动,速度瞬心为 P 点,由 $PE = PD$,得

$$v_E = v_D$$

杆 AD 作平面运动,由速度投影定理

$$v_A = v_D\cos\theta$$

$$v_D = \frac{v_A}{\cos\theta} = \frac{\sqrt{l^2 + r^2}}{l}\omega r = \frac{\pi n}{120} \cdot 0.412\ 3 = 1.295\ \text{m/s}$$

8-13 图示蒸汽机传动机构中,已知:活塞的速度为 v;$O_1A_1 = a_1$,$O_2A_2 = a_2$,$CB_1 = b_1$,$CB_2 = b_2$;齿轮半径分别为 r_1 和 r_2;且有 $a_1b_2r_2 \neq a_2b_1r_1$。当杆 EC 水平,杆 B_1B_2 铅垂,A_1,A_2 和 O_1,O_2 都在同一条铅垂线上时,求齿轮 O_1 的角速度。

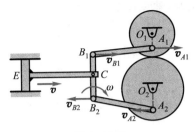

题 8-13 图

解：杆 B_1B_2 作平面运动，取点 C 为基点

$$v_{B_1} = \omega b_1 + v, \qquad v_{B_2} = \omega b_2 - v$$

杆 B_1A_1 和杆 B_2A_2 均作瞬时平移

$$v_{A_1} = v_{B_1} = \omega_{0_1}a_1, \qquad v_{A_2} = v_{B_2} = \omega_{0_2}a_2$$

由啮合条件

$$\omega_{0_1}r_1 = \omega_{0_2}r_2$$

联立求解

$$\omega_{0_1} = \frac{(b_1 + b_2)r_2v}{a_1b_2r_2 - a_2b_1r_1}$$

8-14 图 a 所示齿轮 I 在齿轮 II 内滚动，其半径分别为 r 和 $R = 2r$。曲柄 OO_1 绕轴 O 以等角速度 ω_0 转动，并带动行星齿轮 I。求该瞬时轮 I 上瞬时速度中心 C 的加速度。

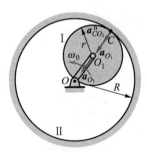

题 8-14 图

解：齿轮 I 作平面运动，瞬心为 C 点

$$\omega = \frac{v_{O_1}}{r} = \omega_0, \qquad \alpha = \frac{\mathrm{d}\omega}{\mathrm{d}t} = \frac{\mathrm{d}\omega_0}{\mathrm{d}t} = 0$$

以 O_1 为基点

$$\boldsymbol{a}_C = \boldsymbol{a}_{O_1} + \boldsymbol{a}_{CO_1}^{n}$$

从而

$$a_C = a_{O_1} + a_{CO_1}^{n} = 2r\omega_0^2$$

8-15 三角板在滑动过程中,其顶点 A 和 B 始终与铅垂墙面以及水平地面相接触。已知 $AB = BC = AC = b$,$v_B = v_0$ 为常数,在图 a 所示位置,AC 水平。求此时顶点 C 的加速度。

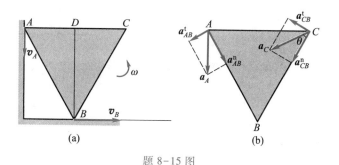

题 8-15 图

解:三角板 ABC 作平面运动,瞬心为 D 点

$$\omega = \frac{v_B}{DB} = \frac{2\sqrt{3}\,v_0}{3b}$$

取点 B 为基点,作 A 点的加速度图(图 b)

$$\boldsymbol{a}_A = \boldsymbol{a}_B + \boldsymbol{a}_{AB}^{t} + \boldsymbol{a}_{AB}^{n}$$

$$a_{AB}^{t} = a_{AB}^{n}\tan 30° = \frac{\sqrt{3}}{3}\omega^2 b = \frac{4\sqrt{3}}{9}\frac{v_0^2}{b}$$

$$\alpha = \frac{a_{AB}^{t}}{b} = \frac{4\sqrt{3}}{9}\frac{v_0^2}{b^2}$$

取点 B 为基点,作 C 点的加速度图(图 b)

$$\boldsymbol{a}_C = \boldsymbol{a}_B + \boldsymbol{a}_{CB}^{t} + \boldsymbol{a}_{CB}^{n}$$

$$a_C = b\sqrt{\omega^4 + \alpha^2} = \frac{8\sqrt{3}}{9}\frac{v_0^2}{b}$$

8-16 曲柄 OA 以恒定的角速度 $\omega = 2$ rad/s 绕轴 O 转动,并借助连杆 AB 驱

动半径为 r 的轮子在半径为 R 的圆弧槽中作无滑动的滚动。设 $OA=AB=R=2r=1$ m,求图 a 所示瞬时点 B 和点 C 的速度与加速度。

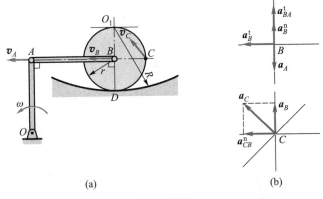

(a)   (b)

题 8-16 图

解:连杆 AB 作瞬时平移

$$v_B = v_A = R\omega = 2 \text{ m/s}$$

轮 B 作平面运动,瞬心为 D 点

$$\omega_B = \frac{v_B}{r} = 4 \text{ rad/s}, \qquad v_C = \omega_B \cdot DC = 2.828 \text{ m/s}$$

取 A 为基点,作 B 点的加速度图(图 b)

$$\boldsymbol{a}_B^t + \boldsymbol{a}_B^n = \boldsymbol{a}_A + \boldsymbol{a}_{BA}^t$$

$$a_B^t = 0, \quad \alpha_B = 0, \qquad a_B = a_B^n = \frac{v_B^2}{R-r} = 8 \text{ m/s}^2$$

取 B 为基点,作 C 点的加速度图(图 b)

$$\boldsymbol{a}_C = \boldsymbol{a}_B + \boldsymbol{a}_{CB}^n$$

$$a_C = \sqrt{a_B^2 + (a_{CB}^n)^2} = 11.31 \text{ m/s}^2$$

8-17 在曲柄齿轮椭圆规中,齿轮 A 和曲柄 O_1A 固结为一体,齿轮 C 和齿轮 A 半径为 r 并互相啮合,如图 a 所示。图中 $AB=O_1O_2$,$O_1A=O_2B=0.4$ m。O_1A 以恒定的角速度 ω 绕 O_1 转动,$\omega=0.2$ rad/s。M 为轮 C 上一点,$CM=0.1$ m。在图示瞬时,CM 为铅垂,求此时点 M 的速度和加速度。

解:杆 AB 做平移

$$v_C = v_A = \omega \cdot O_1A = 0.08 \text{ m/s}$$

齿轮 A、C 均作平面运动,设齿轮 C 的角速度为 ω_C,两轮的啮合点分别为 D、D',

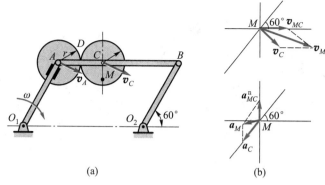

题 8-17 图

$$\boldsymbol{v}_D = \boldsymbol{v}_A + \boldsymbol{v}_{DA}, \qquad \boldsymbol{v}_{D'} = \boldsymbol{v}_C + \boldsymbol{v}_{D'C}$$

代入啮合条件,并注意 $\boldsymbol{v}_C = \boldsymbol{v}_A$

$$v_{DA} = r\omega_A = v_{DC} = r\omega_C, \qquad \omega_C = \omega_A = 0.2 \text{ rad/s}$$

由速度合成定理

$$\boldsymbol{v}_M = \boldsymbol{v}_C + \boldsymbol{v}_{MC}, \qquad v_{MC} = \omega_C \cdot CM = 0.02 \text{ m/s}$$

$$v_M = \sqrt{v_C^2 + v_{MC}^2 + 2v_C v_{MC} \cos 30°} = 0.097\,8 \text{ m/s}$$

由加速度合成定理(图 b)

$$\boldsymbol{a}_M = \boldsymbol{a}_C + \boldsymbol{a}_{MC}^n$$

其中

$$a_C = a_A = \omega_A^2 \cdot O_1A = 0.016 \text{ m/s}^2, \qquad a_{MC} = \omega_C^2 \cdot CM = 0.004 \text{ m/s}^2$$

从而

$$a_M = \sqrt{a_C^2 + a_{MC}^2 - 2a_C a_{MC} \cos 30°} = 0.012\,7 \text{ m/s}^2$$

8-18 在图 a 所示曲柄连杆机构中,曲柄 OA 绕轴 O 转动,其角速度为 ω_0,角加速度为 α_0。在某瞬时曲柄与水平线间成 $60°$ 角,而连杆 AB 与曲柄 OA 垂直。滑块 B 在圆形槽内滑动,此时半径 O_1B 与连杆 AB 间成 $30°$ 角。如 $OA = r$,$AB = 2\sqrt{3}r$,$O_1B = 2r$,求在该瞬时,滑块 B 的切向和法向加速度。

解:杆 AB 作平面运动,瞬心为 P 点

$$\omega_{AB} = \frac{v_A}{PA} = \frac{r\omega_0}{AB\tan 30°} = \frac{\omega_0}{2}$$

$$v_B = \omega_{AB} \cdot PB = \frac{\omega_{AB} \cdot AB}{\cos 30°} = 2r\omega_0$$

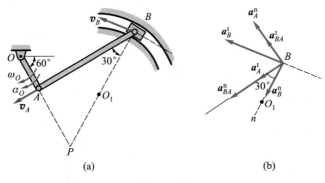

题 8-18 图

$$a_B^n = \frac{v_B^2}{O_1 B} = 2r\omega_O^2$$

取 A 为基点

$$a_B^t + a_B^n = a_A^t + a_A^n + a_{BA}^t + a_{BA}^n$$

沿 a_{BA}^n 方向投影

$$a_B^t \sin 30° + a_B^n \cos 30° = a_A^t + a_{BA}^n$$

代入

$$a_A^t = r\alpha_O, \qquad a_{BA}^n = \omega_{AB}^2 \cdot AB = \frac{\sqrt{3}}{2}r\omega_O^2$$

得

$$a_B^t = r \cdot (2\alpha_O - \sqrt{3}\omega_O^2)$$

8-19 在图 a 所示机构中,曲柄 OA 长为 r ,绕轴 O 以等角速度 ω_O 转动,$AB = 6r, BC = 3\sqrt{3}r$。求图示位置时,滑块 C 的速度和加速度。

解: 杆 AB 作平面运动,瞬心为 P_1 点

$$\omega_{AB} = \frac{v_A}{P_1 A} = \frac{r\omega_O}{AB\cos 60°} = \frac{\omega_O}{3}$$

$$v_B = \omega_{AB} \cdot P_1 B = \omega_{AB} \cdot AB\sin 60° = \sqrt{3}r\omega_O$$

杆 BC 作平面运动,瞬心为 P_2 点

$$\omega_{BC} = \frac{v_B}{P_2 B} = \frac{\sqrt{3}r\omega_O}{BC}\cos 60° = \frac{\omega_O}{6}$$

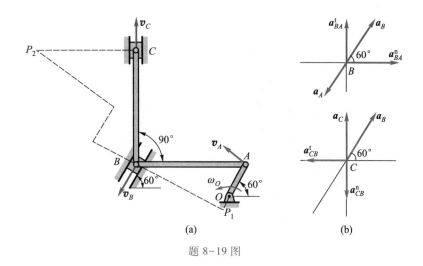

(a) (b)

题 8-19 图

$$v_C = \omega_{BC} \cdot P_2C = \omega_{BC} \cdot BC \tan 60° = \frac{3}{2} r \omega_O$$

取 A 为基点

$$\boldsymbol{a}_B = \boldsymbol{a}_A + \boldsymbol{a}_{BA}^t + \boldsymbol{a}_{BA}^n$$

沿 $\boldsymbol{a}_{BA}^n$ 方向投影(图 b)

$$a_B \cos 60° = -a_A \cos 60° + a_{BA}^n$$

$$a_B = -a_A + 2\omega_{AB}^2 \cdot AB = \frac{1}{3} r \omega_O^2$$

取 B 为基点

$$\boldsymbol{a}_C = \boldsymbol{a}_B + \boldsymbol{a}_{CB}^t + \boldsymbol{a}_{CB}^n$$

沿 $\boldsymbol{a}_C$ 方向投影

$$a_C = a_B \sin 60° - a_{CB}^n$$

$$a_C = \frac{\sqrt{3}}{2} a_B - \omega_{BC}^2 \cdot BC = \frac{\sqrt{3}}{12} r \omega_O^2$$

8-20 图 a 所示塔轮 1 半径为 $r = 0.1$ m 和 $R = 0.2$ m,绕轴 O 转动的规律是 $\varphi = t^2 - 3t$(φ 以 rad 计,t 以 s 计。),并通过不可伸长的绳子卷动动滑轮 2,滑轮 2 的半径为 $r_2 = 0.15$ m。设绳子与各轮之间无相对滑动,求 $t = 1$ s 时,轮 2 的角速度和角加速度;并求该瞬时水平直径上 C,D,E 各点的速度和加速度。

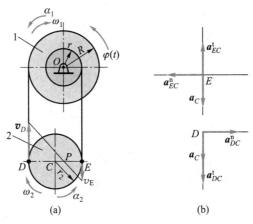

题 8-20 图

解：由塔轮 1 的转动方程，得

$$\dot{\varphi} = 2t - 3, \qquad \alpha_1 = \ddot{\varphi} = 2 \text{ rad/s}^2$$

当 $t = 1$ s 时

$$\omega_1 = -\dot{\varphi} = 1 \text{ rad/s}$$

其中负号表示与 φ 角的正向相反（顺时针）。

滑轮 2 作平面运动，当 $t = 1$ s 时

$$v_E = r_1 \omega_1 = 0.1 \text{ m/s}, \qquad v_D = R\omega_1 = 0.2 \text{ m/s}$$

设速度瞬心为点 P，由

$$\frac{PE}{PD} = \frac{v_E}{v_D} = \frac{1}{2}, \qquad PE + PD = 2r_2$$

得到

$$PE = \frac{2}{3}r_2 = 0.1 \text{ m}, \quad PD = \frac{4}{3}r_2 = 0.2 \text{ m}, \quad PC = r_2 - PE = \frac{1}{3}r_2 = 0.05 \text{ m}$$

$$\omega_2 = \frac{v_E}{PE} = 1 \text{ rad/s}, \qquad v_C = \omega_1 \cdot PC = 0.05 \text{ m/s}$$

取 C 为基点

$$\boldsymbol{a}_E = \boldsymbol{a}_C + \boldsymbol{a}_{EC}^t + \boldsymbol{a}_{EC}^n, \qquad \boldsymbol{a}_D = \boldsymbol{a}_C + \boldsymbol{a}_{DC}^t + \boldsymbol{a}_{DC}^n$$

由绳子与轮之间无滑动

$$r_2 \alpha_2 - a_C = r_1 \alpha_1, \qquad a_C + r_2 \alpha_2 = R\alpha_1$$

解得

$$a_C = \frac{1}{2}(R - r_1)\alpha_1 = 0.1 \text{ m/s}^2, \qquad \alpha_2 = \frac{1}{2r_2}(R + r_1)\alpha_1 = 2 \text{ rad/s}^2$$

$$a_E = \sqrt{(a_C - r_2\alpha_2)^2 + r_2^2\omega_2^4} = 0.25 \text{ m/s}^2$$

$$a_D = \sqrt{(a_C + r_2\alpha_2)^2 + r_2^2\omega_2^4} = 0.427 \text{ m/s}^2$$

8-21 如图 a 所示,曲柄 OA 长为 r,AB 杆长为 a,BO_1 杆长为 b,圆轮半径为 R,OA 以匀角速度 ω_0 转动,若 $\theta = 45°$,$\beta = 30°$,求圆轮的角速度及角加速度。

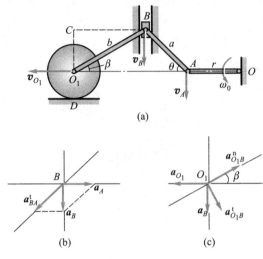

(a)

(b)   (c)

题 8-21 图

解:1. 求角速度。AB 杆瞬时平移

$$v_B = v_A = r\omega_0$$

O_1B 杆作平面运动,瞬心在 C 点

$$\omega_{O_1B} = \frac{v_B}{b\cos\beta} = \frac{r\omega_0}{b\cos\beta} = \frac{2\sqrt{3}}{3}\frac{r}{b}\omega_0, \qquad v_{O_1} = \omega_{O_1B}b\sin\beta = \frac{\sqrt{3}}{3}r\omega_0$$

$$\omega_{O_1} = \frac{v_{O_1}}{R} = \frac{\sqrt{3}}{3}\frac{r}{R}\omega_0$$

2. 求角加速度。

$$\boldsymbol{a}_B = \boldsymbol{a}_A + \boldsymbol{a}_{BA}^t \qquad a_B = a_A = r\omega_0^2$$

$$\boldsymbol{a}_{O_1} = \boldsymbol{a}_B + \boldsymbol{a}_{O_1B}^t + \boldsymbol{a}_{O_1B}^n$$

沿 $\boldsymbol{a}_{O_1B}^n$ 方向投影

$$-a_{O_1}\cos\beta = a_{O_1B}^{n} - a_B\sin\beta$$

$$a_{O_1} = a_B\tan\beta - \frac{a_{O_1B}^{n}}{\cos\beta} = \frac{\sqrt{3}}{3}r\omega_0^2\left(1 - \frac{8}{3}\frac{r}{b}\right)$$

$$\alpha_{O_1} = \frac{a_{O_1}}{R} = \frac{\sqrt{3}}{3R}r\omega_0^2\left(1 - \frac{8}{3}\frac{r}{b}\right)$$

8-22 图示曲轴 OA 以角速度 $\omega = 2$ rad/s 绕轴 O 转动,并带动等边三角形板 ABC 做平面运动。板上点 B 与杆 O_1B,点 C 与套管 C 铰接,而套管 C 可在绕轴 O_2 转动的杆 O_2D 上滑动。已知 $OA = AB = O_2C = 1$ m,当 OA 水平、AB 与 O_2D 铅垂、O_1B 与 BC 在同一直线上时,求杆 O_2D 的角速度。

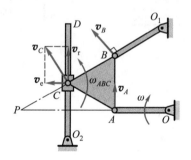

题 8-22 图

解: 三角形板 ABC 做平面运动,瞬心为 P

$$\omega_{ABC} = \frac{v_A}{PA} = \frac{\omega \cdot OA}{2OA\cos 30°} = \frac{2\sqrt{3}}{3} \text{ rad/s}$$

$$v_C = \omega_{ABC} \cdot PC = \omega_{ABC} \cdot OA = \frac{2}{3}\sqrt{3} \text{ m/s}$$

取套筒 C 为动点,杆 O_2D 为动系

$$\boldsymbol{v}_C = \boldsymbol{v}_e + \boldsymbol{v}_r$$

$$v_e = v_C\cos 60° = \frac{\sqrt{3}}{3} \text{ m/s}$$

$$\omega_{O_2D} = \frac{v_e}{O_2C} = \frac{\sqrt{3}}{3} \text{rad/s(逆时针)}$$

8-23 图 a 所示曲柄连杆机构带动摇杆 O_1C 绕轴 O_1 摆动。在连杆 AB 上装有两个滑块,滑块 B 在水平槽内滑动,而滑块 D 则在摇杆 O_1C 的槽内滑动。

已知：曲柄长 $OA = 50$ mm，绕轴 O 转动的匀角速度 $\omega = 10$ rad/s。在图示位置时，曲柄与水平线间成 $90°$ 角，$\angle OAB = 60°$，摇杆与水平线间成 $60°$ 角；距离 $O_1D = 70$ mm。求摇杆的角速度和角加速度。

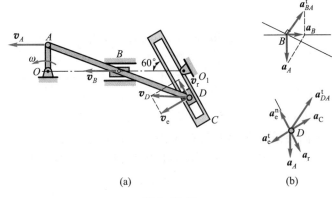

(a) (b)

题 8-23 图

解：1. 求速度。连杆 AB 作瞬时平移

$$v_D = v_B = v_A = \omega \cdot OA = 0.5 \text{ m/s}$$

取滑块 D 为动点，摇杆 O_1C 为动系

$$\boldsymbol{v}_D = \boldsymbol{v}_e + \boldsymbol{v}_r$$

$$v_e = v_D \sin 60° = \frac{\sqrt{3}}{4} \text{m/s}, \qquad v_r = v_D \cos 60° = 0.25 \text{ m/s}$$

$$\omega_{O_1C} = \frac{v_e}{O_1D} = 6.186 \text{ rad/s}$$

2. 求加速度。取 A 为基点

$$\boldsymbol{a}_B = \boldsymbol{a}_A + \boldsymbol{a}_{BA}^t$$

$$a_{BA}^t = \frac{a_A}{\sin 60°} = \frac{2\omega^2 \cdot OA}{\sqrt{3}} = \frac{10\sqrt{3}}{3} \text{ m/s}^2, \qquad \alpha_{ABD} = \frac{a_{BA}^t}{AB} = \frac{100\sqrt{3}}{3} \text{ rad/s}^2$$

由

$$\boldsymbol{a}_D = \boldsymbol{a}_A + \boldsymbol{a}_{DA}^t = \boldsymbol{a}_e^t + \boldsymbol{a}_e^n + \boldsymbol{a}_r + \boldsymbol{a}_C$$

沿 $\boldsymbol{a}_e^t$ 方向投影

$$a_A \cos 60° - a_{DA}^t \sin 60° = a_e^t - a_C$$

代入

185

$$BD = \frac{\sin 120°}{\sin 30°} O_1D = 0.07\sqrt{3} \text{ m}, \qquad a^t_{DA} = \alpha_{ABD} \cdot (AB + BD) = 12.77 \text{ m/s}^2$$

$$a_C = 2\omega_1 \cdot v_r = 2×6.186×0.25 \text{ m/s}^2 = 3.09 \text{ m/s}^2$$

得到

$$a^t_e = -5.467 \text{ m/s}^2 (与假设方向相反)$$

$$\alpha_{O_1C} = \frac{a^t_e}{O_1D} = -78.1 \text{ rad/s}^2 (逆时针)$$

8-24 如图 a 所示，轮 O 在水平面上滚动而不滑动，轮心以 $v_o = 0.2$ m/s 匀速运动，轮缘上固连销钉 B，此销钉在摇杆 O_1A 的槽内滑动，并带动摇杆绕 O_1 轴转动。已知：轮的半径 $R = 0.5$ m，在图示位置时，AO_1 是轮的切线，摇杆与水平面间的交角为 60°。求摇杆在该瞬时的角速度和角加速度。

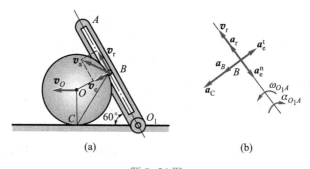

(a)   (b)

题 8-24 图

解：轮 O 作平面运动，瞬心为 C 点

$$\omega_O = \frac{v_o}{R} = 0.4 \text{ rad/s}, \quad v_B = 2R\omega_O\cos 30° = \sqrt{3}v_o, \quad \alpha_O = 0$$

以 O 为基点

$$\boldsymbol{a}_B = \boldsymbol{a}_O + \boldsymbol{a}^t_{BO} + \boldsymbol{a}^n_{BO} = \boldsymbol{a}^n_{BO}$$

取销钉 B 为动点，摇杆 O_1A 为动系

$$\boldsymbol{v}_B = \boldsymbol{v}_a = \boldsymbol{v}_e + \boldsymbol{v}_r$$

$$v_e = v_B\cos 60° = \frac{\sqrt{3}}{2}v_o, \qquad v_r = v_B\sin 60° = \frac{3}{2}v_o$$

$$\omega_{O_1A} = \frac{v_e}{O_1B} = \frac{v_e}{CB} = \frac{v_O}{2R} = 0.2 \text{ rad/s}$$

$$\boldsymbol{a}_B = \boldsymbol{a}_e^t + \boldsymbol{a}_e^n + \boldsymbol{a}_r + \boldsymbol{a}_C$$

沿 $\boldsymbol{a}_B$ 方向投影

$$a_B = a_C - a_e^t, \quad a_e^t = a_C - a_B = 2\omega_{O_1A}v_r - \omega_O^2 R = \frac{v_O^2}{2R}$$

$$\alpha_{O_1A} = \frac{a_e^t}{O_1B} = \frac{1}{2\sqrt{3}} \frac{v_O^2}{R^2} = 0.046\ 2 \text{ rad/s}^2$$

8-25 平面机构的曲柄 OA 长为 $2l$,以匀角速度 ω_O 绕轴 O 转动。在图示位置时,$AB = BO$,并且 $\angle OAD = 90°$。求此时套筒 D 相对杆 BC 的速度和加速度。

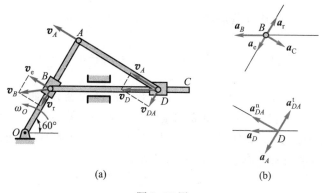

(a)   (b)

题 8-25 图

解:取套筒 B 为动点,杆 OA 为动系

$$\boldsymbol{v}_B = \boldsymbol{v}_e + \boldsymbol{v}_r$$

从而

$$v_{BC} = v_B = \frac{v_e}{\sin 60°} = \frac{2\sqrt{3}}{3}l\omega_0, \qquad v_r = v_e \tan 30° = \frac{\sqrt{3}}{3}l\omega_0$$

由点的加速度合成定理

$$\boldsymbol{a}_B = \boldsymbol{a}_e + \boldsymbol{a}_r + \boldsymbol{a}_C$$

沿 $\boldsymbol{a}_C$ 方向投影,得(图 b)

$$a_{BC} = a_B = -\frac{a_C}{\sin 60°} = -\frac{4\sqrt{3}}{3}\omega_0 v_r = -\frac{4}{3}l\omega_0^2$$

杆 AD 作平面运动,以 A 为基点

$$v_D = v_A + v_{DA}$$

$$v_D = \frac{v_A}{\sin 60°} = \frac{4\sqrt{3}}{3}l\omega_0, \qquad v_{DA} = v_A \tan 30° = \frac{2\sqrt{3}}{3}l\omega_0$$

$$\omega_{AD} = \frac{v_{DA}}{AD} = \frac{v_{DA}}{AB}\tan 30° = \frac{2}{3}\omega_0$$

$$a_D = a_A + a_{DA}^t + a_{DA}^n$$

沿 a_{DA}^n 方向投影

$$a_D = \frac{a_{DA}^n}{\cos 30°} = \frac{2\sqrt{3}}{3}\omega_{AD}^2 \cdot AD = \frac{8}{9}l\omega_0^2$$

套筒 D 相对杆 BC 的速度和加速度

$$v_r = v_D - v_B = \frac{2\sqrt{3}}{3}l\omega_0, \qquad a_r = a_D - a_B = \frac{20}{9}l\omega_0^2$$

8-26 为使货车车厢减速,在轨道上装有液压减速顶,如图 a 所示。半径为 R 的车轮滚过时将压下减速顶的顶帽 AB 而消耗能量,降低速度。如轮心的速度为 v,加速度为 a,求 AB 下降速度、加速度和减速顶对于轮子的相对滑动速度与角 θ 的关系(设轮与轨道之间无相对滑动)。

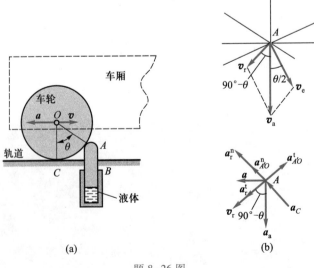

(a)　　　　(b)

题 8-26 图

解：取顶帽 AB 上的 A 点为动点，车轮为动系，则相对运动为绕 O 点的圆周运动，牵连运动为平面运动，瞬心为 C 点。由

$$\boldsymbol{v}_a = \boldsymbol{v}_e + \boldsymbol{v}_r$$

得（图 b）

$$\frac{v_e}{\sin(90° - \theta)} = \frac{v_a}{\sin\left(90° + \dfrac{\theta}{2}\right)} = \frac{v_r}{\sin\dfrac{\theta}{2}}$$

代入

$$v_e = 2R\sin\frac{\theta}{2} \cdot \omega = 2v\sin\frac{\theta}{2}$$

得到

$$v_{AB} = v_a = v\tan\theta, \qquad v_r = v\tan\theta\tan\frac{\theta}{2}$$

车轮作平面运动，取 O 为基点，则牵连点 A' 的加速度

$$\boldsymbol{a}_{A'} = \boldsymbol{a}_O + \boldsymbol{a}_{A'O}^t + \boldsymbol{a}_{A'O}^n$$

A 点的加速度

$$\boldsymbol{a}_a = \boldsymbol{a}_e + \boldsymbol{a}_r^t + \boldsymbol{a}_r^n + \boldsymbol{a}_C = \boldsymbol{a}_O + \boldsymbol{a}_{A'O}^t + \boldsymbol{a}_{A'O}^n + \boldsymbol{a}_r^t + \boldsymbol{a}_r^n + \boldsymbol{a}_C$$

沿 $\boldsymbol{a}_{A'O}^n$ 方向投影（图 b）

$$-a_a\cos\theta = a\sin\theta + a_{AO}^n + a_r^n + a_C = a\sin\theta + R\omega^2 + \frac{v_r^2}{R} + 2\omega v_r$$

$$a_{AB} = a_a = -\frac{1}{\cos\theta}\left\{a\sin\theta + \frac{1}{R}(v^2 + v_r^2 + 2vv_r)\right\}$$

$$= -\left\{a\tan\theta + \frac{v^2}{R\cos\theta}\left(1 + \tan\theta\tan\frac{\theta}{2}\right)^2\right\}$$

负号表示与所设方向相反。

8-27 已知图 a 所示机构中滑块 A 的速度为常数，$v_A = 0.2$ m/s，$AB = 0.4$ m。求当 $AC = CB$，$\theta = 30°$ 时，杆 CD 的速度和加速度。

解：取套筒 C 为动点，杆 AB 为动系

$$\boldsymbol{v}_C = \boldsymbol{v}_e + \boldsymbol{v}_r$$

杆 AB 作平面运动，瞬心为 P 点

$$\omega_{AB} = \frac{v_A}{PA} = 1 \text{ rad/s}, \qquad v_e = \omega_{AB} \cdot PC = 0.2 \text{ m/s}$$

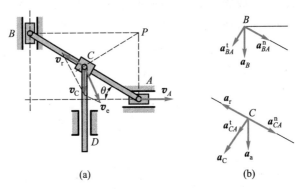

题 8-27 图

$$v_C = v_r = \frac{\sin 30°}{\sin 120°} v_e = 0.116 \text{ m/s}$$

取滑块 A 为基点,由 $a_A = 0$,得到

$$\boldsymbol{a}_B = \boldsymbol{a}_{BA}^t + \boldsymbol{a}_{BA}^n$$

$$a_{BA}^t = a_{BA}^n \tan 60° = \sqrt{3}\,\omega_{AB}^2 \cdot AB, \qquad \alpha_{AB} = \frac{a_{BA}^t}{AB} = \sqrt{3}\,\omega_{AB}^2 = 1.732 \text{ rad/s}^2$$

而点 C 的绝对加速度(图 b)

$$\boldsymbol{a}_a = \boldsymbol{a}_e + \boldsymbol{a}_r + \boldsymbol{a}_C = \boldsymbol{a}_{CA}^n + \boldsymbol{a}_{CA}^t + \boldsymbol{a}_r + \boldsymbol{a}_C$$

沿 $\boldsymbol{a}_{CA}^t$ 方向投影

$$a_a \cos 30° = a_{CA}^t + a_C = \alpha_{AB} \cdot AC + 2\omega_{AB}v_r, \qquad a_{CD} = a_a = 0.667 \text{ m/s}^2$$

8-28　轻型杠杆式推钢机,曲柄 OA 借连杆 AB 带动摇杆 O_1B 绕 O_1 轴摆动,杆 EC 以铰链与滑块 C 相连,滑块 C 可沿杆 O_1B 滑动;摇杆摆动时带动杆 EC 推动钢材,如图 a 所示。已知,$OA = r$,$AB = \sqrt{3}\,r$,$O_1B = \dfrac{2}{3}l$($r = 0.2$ m,$l = 1$ m),$\omega_{OA} = \dfrac{1}{2}$ rad/s。在图示位置时,$BC = \dfrac{4}{3}l$。求:

(1)滑块 C 的绝对速度和相对于摇杆 O_1B 的速度;

(2)滑块 C 的绝对加速度和相对摇杆 O_1B 的加速度。

解:连杆 AB 作平面运动,以 A 为基点

$$\boldsymbol{v}_B = \boldsymbol{v}_A + \boldsymbol{v}_{BA}$$

$$v_B = \frac{v_A}{\sin 60°} = \frac{2\sqrt{3}}{3}\omega_{OA}r = \frac{\sqrt{3}}{15}\text{m/s}, \qquad v_{BA} = v_A \tan 30° = \frac{\sqrt{3}}{30}\text{ m/s}$$

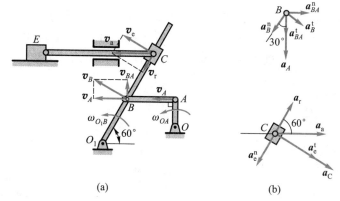

(a)　　　　　　　　　　(b)

题 8-28 图

$$\omega_{O_1B} = \frac{v_B}{O_1B} = \frac{\sqrt{3}}{10} \text{ rad/s}, \qquad \omega_{AB} = \frac{v_{BA}}{AB} = \frac{1}{6} \text{ rad/s}$$

$$\boldsymbol{a}_B^t + \boldsymbol{a}_B^n = \boldsymbol{a}_A + \boldsymbol{a}_{BA}^n + \boldsymbol{a}_{BA}^t$$

沿 $\boldsymbol{a}_{BA}^n$ 方向投影

$$a_B^t \cos 30° - a_B^n \cos 60° = a_{BA}^n, \qquad a_B^t = \frac{2}{\sqrt{3}} \left(\omega_{AB}^2 \cdot AB + \frac{v_B^2}{2O_1B} \right) = 0.022\ 7 \text{ m/s}^2$$

$$\alpha_{O_1B} = \frac{a_B^t}{O_1B} = 0.034 \text{ rad/s}^2$$

取滑块 C 为动点,杆 O_1B 为动系

$$\boldsymbol{v}_a = \boldsymbol{v}_e + \boldsymbol{v}_r$$

$$v_a = \frac{v_e}{\sin 60°} = \frac{2\sqrt{3}}{3} \omega_{O_1B} \cdot O_1C = \frac{2}{5} \text{ m/s}, \quad v_r = v_e \tan 30° = \frac{\sqrt{3}}{3} \omega_{O_1B} \cdot O_1C = \frac{1}{5} \text{ m/s}$$

$$\boldsymbol{a}_a = \boldsymbol{a}_e^t + \boldsymbol{a}_e^n + \boldsymbol{a}_r + \boldsymbol{a}_C$$

沿 $\boldsymbol{a}_C$ 方向投影

$$a_a \cos 30° = a_e^t + a_C$$

$$a_a = \frac{2}{\sqrt{3}} (a_e^t + a_C) = \frac{2}{\sqrt{3}} (\alpha_{O_1B} \cdot O_1C + 2\omega_{O_1B} v_r) = 0.158\ 5 \text{ m/s}^2$$

沿 $\boldsymbol{a}_r$ 方向投影

$$a_a \cos 60° = a_r - a_e^n, \quad a_r = a_a \cos 60° + \omega_{O_1B}^2 \cdot O_1B = 0.139 \text{ m/s}^2$$

8-29 曲柄 OB 以匀角速度 $\omega_0 = 1$ rad/s 顺时针绕 O 轴转动,通过连杆带动滑块 A 在铅垂导槽内作直线运动,并通过连杆另一端的销钉 D 带动有径向的滑槽的圆盘也绕 O 轴转动。已知在图 a 所示位置时 $\angle AOB = 90°$,$OB = BD = 50$ mm,$AB = 100$ mm。试求此瞬时圆盘 E 的角速度和角加速度。

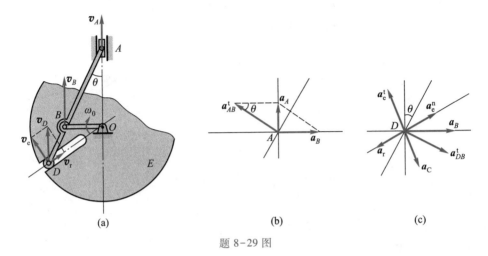

题 8-29 图

解:1. ABD 杆瞬时平移

$$v_D = v_B = OB \cdot \omega_0 = 0.05 \text{ m/s}$$

由图 b,有

$$a_A = a_B + a_{AB}^t, \qquad a_{AB}^t = \frac{a_B}{\cos\theta} = \frac{OB \cdot \omega_0^2}{\cos\theta}$$

$$\sin\theta = \frac{OB}{AB} = \frac{1}{2}, \qquad \theta = 30°$$

$$\alpha_{ABD} = \frac{a_{AB}^t}{AB} = \frac{OB \cdot \omega_0^2}{AB\cos\theta} = \omega_0^2\tan\theta = 0.577 \text{ rad/s}$$

2. 取销钉 D 为动点,圆盘 E 为动系

$$v_D = v_e + v_r$$

$$v_e = v_D\sin\left(\frac{\pi}{4} + \frac{\theta}{2}\right) = 0.043\,3 \text{ m/s}, \qquad v_r = v_D\cos\left(\frac{\pi}{4} + \frac{\theta}{2}\right) = 0.025 \text{ m/s}$$

$$\omega_E = \frac{v_e}{OD} = \frac{v_e}{2OB \cdot \cos\left(\frac{\pi}{4} - \frac{\theta}{2}\right)} = 0.025 \text{ rad/s}$$

$$a_D = a_e^n + a_e^t + a_r + a_C = a_B + a_{DB}^t$$

沿 $\boldsymbol{a}_{\mathrm{C}}$ 方向投影(图 c)

$$a_{\mathrm{C}} - a_{\mathrm{e}}^{\mathrm{t}} = a_B \sin\left(\frac{\pi}{4} - \frac{\theta}{2}\right) + a_{DB}^{\mathrm{t}} \cos\left(\frac{\pi}{4} - \frac{\theta}{2}\right)$$

$$a_{\mathrm{e}}^{\mathrm{t}} = a_{\mathrm{C}} - a_B \sin\theta - a_{DB}^{\mathrm{t}} \cos\theta = 0.037\ 5 \text{ m/s}$$

$$\alpha_E = \frac{a_{\mathrm{e}}^{\mathrm{t}}}{OD} = \frac{a_{\mathrm{e}}^{\mathrm{t}}}{OB \cdot \cos\left(\dfrac{\pi}{4} - \dfrac{\theta}{2}\right)} = 0.866 \text{ rad/s}$$

8-30 如图所示机构,套筒的 D 销沿半径为 R 的固定圆弧槽以速度 $\boldsymbol{v}_1$ 作匀速圆周运动,另有一杆 AB 穿过套筒而运动。杆的 A 端沿水平直线槽以匀速 $\boldsymbol{v}_2$ 运动。在图示位置,销钉 D 恰在圆弧的顶点,而杆 AB 与铅垂线的夹角为 θ。试求此时杆 AB 的角速度与角加速度。

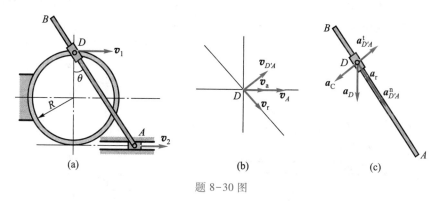

题 8-30 图

解:1. 角速度。取套筒 D 为动点, AB 杆为动系

$$\boldsymbol{v}_{\mathrm{a}} = \boldsymbol{v}_{\mathrm{e}} + \boldsymbol{v}_{\mathrm{r}}$$

AB 杆作平面运动,取 A 为基点

$$\boldsymbol{v}_{\mathrm{e}} = \boldsymbol{v}_{D'} = \boldsymbol{v}_A + \boldsymbol{v}_{D'A}$$

代入上式

$$\boldsymbol{v}_{\mathrm{a}} = \boldsymbol{v}_A + \boldsymbol{v}_{D'A} + \boldsymbol{v}_{\mathrm{r}}$$

沿 $\boldsymbol{v}_{D'A}$ 方向投影(图 b),代入 $v_{\mathrm{a}} = v_1$,$v_A = v_2$

$$v_1 \cos\theta = v_2 \cos\theta + v_{D'A}$$

从而得到

$$v_{D'A} = (v_1 - v_2)\cos\theta$$

$$v_{\mathrm{r}} = (v_1 - v_2)\sin\theta$$

$$\omega_{AB} = \frac{v_{D'A}}{AD} = \frac{(v_1 - v_2)\cos\theta}{2R/\cos\theta} = \frac{(v_1 - v_2)\cos^2\theta}{2R}$$

2. 角加速度。

$$\boldsymbol{a}_D = \boldsymbol{a}_e + \boldsymbol{a}_r + \boldsymbol{a}_C = \boldsymbol{a}_{D'A}^t + \boldsymbol{a}_{D'A}^n + \boldsymbol{a}_r + \boldsymbol{a}_C$$

沿 $\boldsymbol{a}_{D'A}^t$ 方向投影(图 c)

$$a_D \sin\theta = a_C - a_{D'A}^t$$

$$a_{D'A}^t = a_C - a_D\sin\theta = \frac{1}{R}[(v_1 - v_2)^2\cos^2\theta - v_1^2]\sin\theta$$

$$\alpha_{AB} = \frac{a_{D'A}^t}{AD} = \frac{1}{2R^2}[(v_1 - v_2)^2\cos^2\theta - v_1^2]\sin\theta\cos\theta$$

8-31 图 a 中滑块 A, B, C 以连杆 AB, AC 相铰接。滑块 B, C 在水平槽中相对运动的速度恒为 $\dot{s} = 1.6 \text{ m/s}$。求当 $x = 50 \text{ mm}$ 时,滑块 B 的速度和加速度。

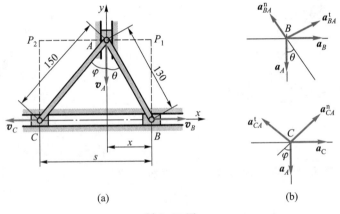

(a)   (b)

题 8-31 图

解:解法 1:杆 AB 作平面运动,瞬心为 P_1

$$\omega_{AB} = \frac{v_A}{AB\sin\theta}, \qquad v_B = \omega_{AB} \cdot AB\cos\theta = \frac{v_A}{\tan\theta}$$

取 A 为基点

$$\boldsymbol{a}_B = \boldsymbol{a}_A + \boldsymbol{a}_{BA}^t + \boldsymbol{a}_{BA}^n$$

沿 $\boldsymbol{a}_{BA}^n$ 方向投影

$$-a_B\sin\theta = -a_A\cos\theta + a_{BA}^n$$

$$a_B = \frac{a_A}{\tan\theta} - \frac{\omega_{AB}^2}{\sin\theta} \cdot AB = \frac{a_A}{\tan\theta} - \frac{v_A^2}{AB\sin^3\theta}$$

杆 AC 作平面运动,瞬心为 P_2

$$\omega_{AC} = \frac{v_A}{AC\sin\varphi}, \qquad v_C = \omega_{AC} \cdot AC\cos\varphi = \frac{v_A}{\tan\varphi}$$

取 A 为基点

$$\boldsymbol{a}_C = \boldsymbol{a}_A + \boldsymbol{a}_{CA}^{\mathrm{t}} + \boldsymbol{a}_{CA}^{\mathrm{n}}$$

沿 $\boldsymbol{a}_{CA}^{\mathrm{n}}$ 方向投影

$$a_C\sin\varphi = -a_A\cos\varphi + a_{CA}^{\mathrm{n}}$$

$$a_C = \frac{\omega_{AC}^2}{\sin\varphi} \cdot AC - \frac{a_A}{\tan\varphi} = \frac{v_A^2}{AC\sin^3\varphi} - \frac{a_A}{\tan\varphi}$$

由

$$\dot{s} = v_B + v_C = v_A\left(\frac{1}{\tan\theta} + \frac{1}{\tan\varphi}\right)$$

$$\ddot{s} = a_B - a_C = -v_A^2\left(\frac{1}{AC\sin^3\varphi} + \frac{1}{AB\sin^3\theta}\right) + a_A\left(\frac{1}{\tan\theta} + \frac{1}{\tan\varphi}\right)$$

代入

$$\dot{s} = 1.6 \text{ m/s}, \quad \ddot{s} = 0, \quad \tan\theta = \frac{x}{y_A} = \frac{5}{12}, \quad \tan\varphi = \frac{\sqrt{AC^2 - y_A^2}}{y_A} = \frac{3}{4}$$

$$\sin\theta = \frac{x}{AB} = \frac{5}{13}, \qquad \sin\varphi = \frac{\sqrt{AC^2 - y_A^2}}{AC} = \frac{3}{5}$$

得

$$v_A = 0.429 \text{ m/s}, \qquad v_B = 1.029 \text{ m/s}$$
$$a_A = 8.184 \text{ m/s}^2, \qquad a_B = -5.23 \text{ m/s}^2$$

解法 2:由图 a 中几何关系

$$AB^2 - x^2 = AC^2 - (s - x)^2$$

两边对时间求导数,得

$$\dot{x} = \dot{s}\left(1 - \frac{x}{s}\right)$$

$$\ddot{x} = \ddot{s}\left(1 - \frac{x}{s}\right) - \frac{\dot{s}}{s^2}(\dot{x}s - x\dot{s}) = \ddot{s}\left(1 - \frac{x}{s}\right) - \frac{\dot{s}}{s}\left(\dot{x} - x\frac{\dot{s}}{s}\right)$$

代入 $x = 0.05$ m，$s = 0.14$ m，$\dot{s} = 1.6$ m/s，$\ddot{s} = 0$，得到

$$\dot{x} = 1.028 \text{ m/s}, \qquad \ddot{x} = -5.22 \text{ m/s}^2$$

8-32 图 a 所示行星齿轮传动机构中，曲柄 OA 以匀角速度 ω_0 绕轴 O 转动，使与齿轮 A 固结在一起的杆 BD 运动。杆 BE 与 BD 在点 B 铰接，并且杆 BE 在运动时始终通过固定铰支的套筒 C。如定齿轮的半径为 $2r$，动齿轮半径为 r，且 $AB = \sqrt{5}r$。图示瞬时，曲柄 OA 在铅垂位置，BD 在水平位置，杆 BE 与水平线间成角 $\varphi = 45°$，求此时杆 BE 上与 C 相重合点的速度和加速度。

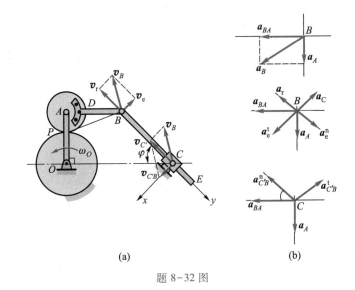

(a)　　　　　　　　(b)

题 8-32 图

解：AB 作平面运动，瞬心为两齿轮啮合点 P

$$\omega_{AB} = \frac{v_A}{r} = 3\omega_0, \quad \alpha_{AB} = 0, \quad v_B = \omega_{AB} \cdot PB = 3\sqrt{6}r\omega_0$$

以 A 为基点

$$a_B = a_A + a_{BA}$$

取 B 为动点，套筒 C 为动系，相对运动为沿 BE 直线运动，牵连运动为绕 C 轴定轴转动

$$v_B = v_e + v_r$$

令 $\angle PBA = \beta$，由图 a 有

196

$$\tan \beta = \frac{1}{\sqrt{5}}, \qquad \beta = 24.1°$$

从而

$$v_e = v_B \sin\left(\frac{\pi}{2} - \beta - \varphi\right) = 2.621 r\omega_0$$

$$v_r = v_B \cos\left(\frac{\pi}{2} - \beta - \varphi\right) = 6.865 r\omega_0$$

$$\omega_{BE} = \frac{v_e}{BC} = \frac{v_e}{3r}\sin\varphi = 0.618\omega_0$$

$$\boldsymbol{a}_B = \boldsymbol{a}_A + \boldsymbol{a}_{BA} = \boldsymbol{a}_e^t + \boldsymbol{a}_e^n + \boldsymbol{a}_r + \boldsymbol{a}_C$$

沿 x 轴方向投影(图 b)

$$a_A \cos\varphi + a_{BA}\sin\varphi = a_e^t - a_C$$

$$\alpha_{BE} = \frac{a_e^t}{BC} = \frac{1}{BC}(a_A \cos\varphi + a_{BA}\sin\varphi + a_C)$$

杆 BE 作平面运动,令杆上与套筒 C 重合点为 C',取 B 为基点,则

$$\boldsymbol{v}_{C'} = \boldsymbol{v}_B + \boldsymbol{v}_{C'B}$$

$$v_{C'} = v_B \cos\left(\frac{\pi}{2} - \beta - \varphi\right) = 6.865 r\omega_0$$

$$\boldsymbol{a}_{C'} = \boldsymbol{a}_A + \boldsymbol{a}_{BA} + \boldsymbol{a}_{C'B}^t + \boldsymbol{a}_{C'B}^n$$

分别沿 x,y 轴投影(图 b)

$$a_{C'x} = a_A \cos\varphi + a_{BA}\sin\varphi - a_{C'B}^t = -2\omega_{BE}v_r = -8.486 r\omega_0^2$$

$$a_{C'y} = a_A \sin\varphi - a_{BA}\cos\varphi - a_{C'B}^n$$

$$= 3r\omega_0^2 \sin\varphi - \omega_{AB}^2\sqrt{5}r\cos\varphi - \omega_{BE}^2 \cdot 3\sqrt{2}r = -13.73 r\omega_0^2$$

$$a_{C'} = \sqrt{a_{C'x}^2 + a_{C'y}^2} = 16.1 r\omega_0^2$$

8-33 图 a 所示,杆 OC 与轮 I 在轮心 O 处铰接并以匀速 v 水平向左平移。起始时点 O 与点 A 相距 l,杆 AB 可绕轴 A 定轴转动,与轮 I 在点 D 接触,接触处有足够大的摩擦使之不打滑,轮 I 的半径 r。求当 $\theta = 30°$ 时,轮 I 的角速度 ω_1 和

杆 AB 的角速度。

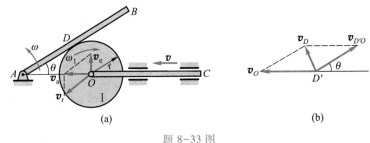

题 8-33 图

解: 1. 轮 I 作平面运动,设轮 I 与杆 AB 的接触点为 D',取 O 为基点,注意轮 I 与杆 AB 始终接触且无滑动

$$v_{D'} = v_O + v_{D'O} = v_D$$

从而

$$v_{D'O} = v_O\cos 30° = \frac{\sqrt{3}}{2}v, \qquad v_D = v_O\sin 30° = \frac{1}{2}v$$

$$\omega_{\mathrm{I}} = \frac{v_{D'O}}{r} = \frac{\sqrt{3}}{2}\frac{v}{r}, \qquad \omega_{AB} = \frac{v_D}{AD} = \frac{\sqrt{3}}{6}\frac{v}{r}$$

2. 取轮心 O 为动点,杆 AB 为动系,则相对运动为沿 AB 方向的直线运动,牵连运动为绕 A 轴定轴转动

$$v_{\mathrm{a}} = v_{\mathrm{e}} + v_{\mathrm{r}}$$

$$v_{\mathrm{e}} = v_{\mathrm{a}}\tan\theta = \frac{\sqrt{3}}{3}v, \qquad v_{\mathrm{r}} = \frac{v_{\mathrm{a}}}{\cos\theta} = \frac{2\sqrt{3}}{3}v$$

从而

$$\omega_{AB} = \frac{v_{\mathrm{e}}}{AO} = \frac{v_{\mathrm{e}}}{r}\sin\theta = \frac{\sqrt{3}}{6}\frac{v}{r}, \qquad \omega_{\mathrm{I}} = \frac{v_{\mathrm{r}}}{r} - \omega_{AB} = \frac{\sqrt{3}}{2}\frac{v}{r}$$

8-34 图 a 所示放大机构中,杆 I 和 II 分别以速度 v_1 和 v_2 沿箭头方向运动,其位移分别以 x 和 y 表示。如杆 II 与杆 III 平行,其间距离为 a,求杆 III 的速度和滑道 IV 的角速度。

解: 取滑块 B 为动点,滑槽为动系

$$v_B = v_{Be} + v_{Br}$$

取滑块 D 为动点,滑槽为动系

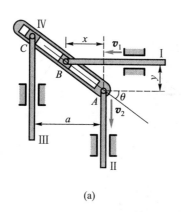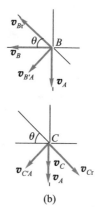

(a)   (b)

题 8-34 图

$$\boldsymbol{v}_C = \boldsymbol{v}_{Ce} + \boldsymbol{v}_{Cr}$$

又滑槽作平面运动。取 A 为基点，设动系与滑块 B、C 的重合点分别为 B'、C'，则

$$\boldsymbol{v}_{Be} = \boldsymbol{v}_A + \boldsymbol{v}_{B'A}$$

$$\boldsymbol{v}_{Ce} = \boldsymbol{v}_A + \boldsymbol{v}_{C'A}$$

代入 $v_B = v_1$，$v_A = v_2$

$$\boldsymbol{v}_1 = \boldsymbol{v}_2 + \boldsymbol{v}_{B'A} + \boldsymbol{v}_{Br}$$

沿 $\boldsymbol{v}_{B'A}$ 方向投影（图 b）

$$v_1 \sin\theta = v_2 \cos\theta + v_{B'A}$$

$$\omega_4 = \frac{v_{B'A}}{AB} = \frac{1}{AB}(v_1 \sin\theta - v_2 \cos\theta) = \frac{v_1 y - v_2 x}{x^2 + y^2}$$

由

$$\boldsymbol{v}_C = \boldsymbol{v}_2 + \boldsymbol{v}_{C'A} + \boldsymbol{v}_{Cr}$$

沿 $\boldsymbol{v}_{C'A}$ 方向投影

$$v_C \cos\theta = v_2 \cos\theta + v_{C'A}$$

$$v_{\mathrm{III}} = v_C = v_2 + \frac{v_{C'A}}{\cos\theta} = v_2 + \frac{\omega_4 a}{\cos^2\theta} = v_1 \frac{ay}{x^2} - v_2 \frac{a-x}{x}$$

8-35 图 a 所示半径 $R = 0.2$ m 的两个相同的大环沿地面向相反方向无滑动地滚动，环心的速度为常数；$v_A = 0.1$ m/s，$v_B = 0.4$ m/s。当 $\angle MAB = 30°$ 时，求套在这两个大环上的小环 M 相对于每个大环的速度和加速度，以及小环 M 的绝对速度和绝对加速度。

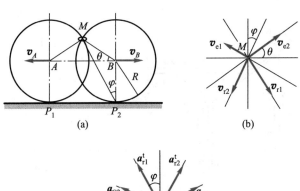

(a)   (b)

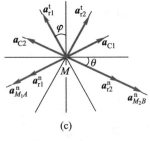

(c)

题 8-35 图

解：1. 速度分析。大环 A、B 作平面运动，瞬心分别为 P_1、P_2。

$$\omega_1 = \frac{v_A}{R} = 0.5 \text{ rad/s}, \qquad \omega_2 = \frac{v_B}{R} = 2 \text{ rad/s}$$

取小环 M 为动点，分别取大环 A、B 为动系

$$v_a = v_{e1} + v_{r1} = v_{e2} + v_{r2}$$

由图中几何关系可知，$\theta = \varphi = 30°$。沿 v_{e2} 方向投影（图 b）

$$- v_{e1}\cos 60° = v_{e2} - v_{r2}\cos 30°$$

$$v_{r2} = \frac{1}{\cos 30°}(v_{e2} + v_{e1}\cos 60°) = 2R\left(\omega_2 + \frac{1}{2}\omega_1\right) = 0.9 \text{ m/s}$$

沿 v_{e1} 方向投影（图 b）

$$v_{e1} - v_{r1}\cos 30° = - v_{e2}\cos 60°$$

$$v_{r1} = \frac{1}{\cos 30°}(v_{e1} + v_{e2}\cos 60°) = 2R\left(\omega_1 + \frac{1}{2}\omega_2\right) = 0.6 \text{ m/s}$$

小环 M 的绝对速度

$$v_a = \sqrt{v_{e1}^2 + v_{r1}^2 - 2v_{e1}v_{r1}\cos 30°} = 0.458 \text{ m/s}$$

2. 加速度分析。

$$a_a = a_{e1} + a_{r1}^n + a_{r1}^t + a_{C1} = a_{e2} + a_{r2}^n + a_{r2}^t + a_{C2}$$

设 M_1 为大环 A 上 M 的重合点，M_2 为大环 B 上 M 的重合点

$$a_{e1} = a_A + a_{M_1A}^n = a_{M_1A}^n, \quad a_{e2} = a_B + a_{M_2B}^n = a_{M_2B}^n$$

从而

$$a_{M_1A}^n + a_{r1}^n + a_{r1}^t + a_{C1} = a_{M_2B}^n + a_{r2}^n + a_{r2}^t + a_{C2}$$

沿 $a_{M_1A}^n$ 方向投影（图 c）

$$a_{M_1A}^n + a_{r1}^n - a_{C1} = -(a_{M_2B}^n + a_{r2}^n)\sin 30° - a_{r2}^t\cos 30° + a_{C2}\sin 30°$$

代入

$$a_{M_1A}^n = R\omega_1^2 = 0.05 \text{ m/s}^2, \quad a_{r1}^n = \frac{v_{r1}^2}{R} = 1.8 \text{ m/s}^2, \quad a_{C1} = 2\omega_1 v_{r1} = 0.6 \text{ m/s}^2$$

$$a_{M_2B}^n = R\omega_2^2 = 0.8 \text{ m/s}^2, \quad a_{r2}^n = \frac{v_{r2}^2}{R} = 4.05 \text{ m/s}^2, \quad a_{C2} = 2\omega_2 v_{r2} = 3.6 \text{ m/s}^2$$

得到

$$a_{r2}^t = -2.165 \text{ m/s}^2$$

沿 a_{M_2B} 方向投影

$$a_{M_2B}^n + a_{r2}^n - a_{C2} = -(a_{M_1A}^n + a_{r1}^n)\sin 30° - a_{r1}^t\cos 30° + a_{C1}\sin 30°$$

$$a_{r1}^t = -2.165 \text{ m/s}^2$$

M 点的绝对加速度

$$a_a = \sqrt{(a_{M_1A}^n + a_{r1}^n - a_{C1})^2 + (a_{r1}^t)^2} = 2.5 \text{ m/s}^2$$

8-36 图中所示四种刨床机构，已知曲柄 $O_1A = r$，以匀角速度 ω 转动，$b = 4r$。求在图示位置时，滑枕 CD 平移的速度。

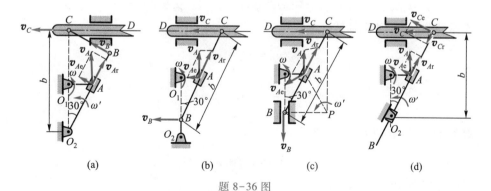

题 8-36 图

解：（a）取滑块 A 为动点，杆 O_2B 为动系（图 a）

$$v_A = v_{Ae} + v_{Ar}$$

$$v_{Ae} = v_A \sin 30° = \frac{r\omega}{2}, \qquad \omega' = \frac{v_e}{O_2 B} = \omega \sin^2 30° = \frac{\omega}{4}$$

$$v_B = \omega' \cdot O_2 B = \omega' b \cos 30° = \frac{\sqrt{3}}{2} r\omega$$

杆 BC 作平面运动,由速度投影定理

$$v_C \cos 30° = v_B, \qquad v_{CD} = v_C = \frac{v_B}{\cos 30°} = r\omega$$

(b) 取滑块 A 为动点,杆 BC 为动系(图 b)

$$\boldsymbol{v}_A = \boldsymbol{v}_{Ae} + \boldsymbol{v}_{Ar}$$

杆 BC 作瞬时平移

$$\boldsymbol{v}_{Ae} = \boldsymbol{v}_B = \boldsymbol{v}_C$$

$$v_C = v_{Ae} = v_A \tan 30° = \frac{\sqrt{3}}{3} r\omega$$

(c) 取滑块 A 为动点,杆 BC 为动系(图 c)

$$\boldsymbol{v}_A = \boldsymbol{v}_{Ae} + \boldsymbol{v}_{Ar}$$

杆 BC 作平面运动,瞬心为 P 点

$$v_{Ae} = \omega' \cdot PA = v_A = r\omega, \qquad \omega' = \frac{\omega}{2}$$

$$v_C = \omega' \cdot PC = \omega' b \sin 60° = \sqrt{3} r\omega$$

(d) 取滑块 A 为动点,套筒 O_2 为动系。相对运动为沿 BC 的直线运动,牵连运动为绕 O_2 轴定轴转动(图 d)

$$\boldsymbol{v}_A = \boldsymbol{v}_{Ae} + \boldsymbol{v}_{Ar}$$

$$v_{Ae} = v_A \sin 30° = \frac{1}{2} r\omega, \qquad \omega' = \frac{v_{Ae}}{O_2 A} = \frac{\omega}{4}$$

取 C 为动点,套筒 O_2 为动系

$$\boldsymbol{v}_C = \boldsymbol{v}_{Ce} + \boldsymbol{v}_{Cr}$$

$$v_C = \frac{v_{Ce}}{\cos 30°} = \frac{\omega' \cdot b}{\cos^2 30°} = \frac{4}{3} r\omega$$

8-37 求上题各图中滑枕 CD 平移的加速度。

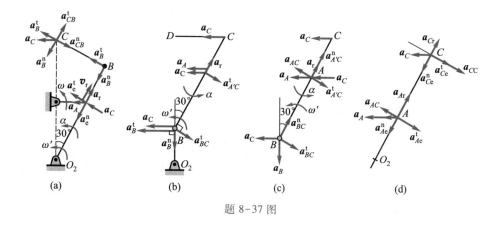

题 8-37 图

解: (a) 取滑块 A 为动点,杆 O_2B 为动系。由题 8-36(a),得

$$\omega' = \frac{\omega}{4}, \qquad v_{Ar} = v_A \cos 30° = \frac{\sqrt{3}}{2} r\omega$$

$$a_A = a_e^n + a_e^t + a_r + a_C$$

沿 a_e^t 方向投影

$$a_A \cos 30° = a_e^t + a_C, \qquad a_e^t = \omega^2 r \cos 30° - 2\omega' v_r = \frac{\sqrt{3}}{4} r\omega^2$$

$$\alpha = \frac{a_e^t}{O_2 A} = \frac{\sqrt{3}}{8}\omega^2$$

杆 BC 作平面运动,瞬心在 O_2 点

$$\omega_{BC} = \frac{v_C}{b} = \frac{\omega}{4}$$

以 B 为基点

$$a_C = a_B^t + a_B^n + a_{CB}^t + a_{CB}^n$$

沿 a_B^t 方向投影

$$a_C \cos 30° = a_B^t - a_{CB}^n$$

$$a_C = \frac{2}{\sqrt{3}}(\alpha \cdot O_2 B - \omega_{BC}^2 \cdot BC) = \frac{5\sqrt{3}}{12} r\omega^2$$

（b）杆 BC 作瞬时平移

$$\omega_{BC} = 0$$

以 C 为基点

$$\boldsymbol{a}_B^t + \boldsymbol{a}_B^n = \boldsymbol{a}_C + \boldsymbol{a}_{BC}^t$$

沿 $\boldsymbol{a}_B^n$ 方向投影

$$a_B^n = a_{BC}^t \cos 60°, \qquad \alpha = \frac{a_{BC}^t}{BC} = \frac{2v_B^2}{br} = \frac{1}{6}\omega^2$$

取滑块 A 为动点，杆 BC 为动系，设 BC 杆上与滑块 A 重合点为 A'，则

$$\boldsymbol{a}_A = \boldsymbol{a}_e + \boldsymbol{a}_r = \boldsymbol{a}_C + \boldsymbol{a}_{A'C}^t + \boldsymbol{a}_r$$

沿 $\boldsymbol{a}_{A'C}^t$ 方向投影

$$- a_A \cos 30° = - a_C \cos 30° + a_{A'C}^t$$

$$a_C = a_A + \frac{a_{A'C}^t}{\cos 30°} = r\omega^2 + \frac{2}{\sqrt{3}}\alpha \cdot AC = \left(1 + \frac{2\sqrt{3}}{9}\right) r\omega^2$$

（c）杆 BC 作平面运动，由题 8-36(c)

$$\omega' = \frac{\omega}{2}, \qquad v_B = \omega' \cdot PB = r\omega$$

以 C 为基点

$$\boldsymbol{a}_B = \boldsymbol{a}_C + \boldsymbol{a}_{BC}^t + \boldsymbol{a}_{BC}^n$$

沿 $\boldsymbol{a}_{BC}^n$ 方向投影

$$- a_B \cos 30° = - a_C \cos 60° + a_{BC}^n, \qquad a_B = \frac{1}{\sqrt{3}}(a_C - 2a_{BC}^n)$$

设 BC 杆上与滑块 A 重合点为 A'，则

$$\boldsymbol{a}_{A'} = \boldsymbol{a}_C + \boldsymbol{a}_{A'C}^t + \boldsymbol{a}_{A'C}^n$$

代入 $\boldsymbol{a}_{BC}^t = 2\boldsymbol{a}_{A'C}^t$

$$\boldsymbol{a}_{A'} = \frac{1}{2}(\boldsymbol{a}_C + \boldsymbol{a}_B - \boldsymbol{a}_{BC}^n) + \boldsymbol{a}_{A'C}^n$$

取滑块 A 为动点，杆 BC 为动系，由题 8-36(c)

$$v_{Ar} = 2v_A \cos 30° = \sqrt{3}\, r\omega$$

$$\boldsymbol{a}_A = \boldsymbol{a}_e + \boldsymbol{a}_r + \boldsymbol{a}_{AC} = \frac{1}{2}(\boldsymbol{a}_C + \boldsymbol{a}_B - \boldsymbol{a}_{BC}^n) + \boldsymbol{a}_{A'C}^n + \boldsymbol{a}_r + \boldsymbol{a}_{AC}$$

其中

$$a_{AC} = 2\omega' v_{Ar} = \sqrt{3}\,r\omega^2$$

沿 $\boldsymbol{a}_{AC}$ 方向投影

$$a_A \cos 30° = \frac{1}{2}(a_C \cos 30° - a_B \sin 30°) + a_{AC} = \frac{1}{2}\left[\frac{\sqrt{3}}{2}a_C - \frac{1}{2\sqrt{3}}(a_C - 2a_{BC}^n)\right] + a_{AC}$$

$$a_C = 3a_A - a_{BC}^n - 2\sqrt{3}\,a_{AC} = -4r\omega^2$$

（d）取滑块 A 为动点，套筒 O_2 为动系，由题 8-36（d）

$$\omega' = \frac{\omega}{4}, \qquad v_{Ar} = v_A \cos 30° = \frac{\sqrt{3}}{2}r\omega$$

$$\boldsymbol{a}_A = \boldsymbol{a}_{Ae}^t + \boldsymbol{a}_{Ae}^n + \boldsymbol{a}_{Ar} + \boldsymbol{a}_{AC}$$

沿 $\boldsymbol{a}_{AC}$ 方向投影

$$a_A \cos 30° = -a_{Ae}^t + a_{AC}$$

$$\alpha = \frac{1}{O_2 A}(a_{AC} - a_A \cos 30°) = \frac{1}{2r}\left(2\omega' v_{Ar} - \frac{\sqrt{3}}{2}r\omega^2\right) = -\frac{\sqrt{3}}{8}\omega^2$$

取 C 为动点，套筒 O_2 为动系

$$v_{Cr} = v_C \sin 30° = \frac{2}{3}r\omega$$

$$\boldsymbol{a}_C = \boldsymbol{a}_{Ce}^t + \boldsymbol{a}_{Ce}^n + \boldsymbol{a}_{Cr} + \boldsymbol{a}_{CC}$$

沿 $\boldsymbol{a}_{CC}$ 方向投影

$$a_C \cos 30° = -a_{Ce}^t - a_{CC}$$

$$a_C = -\frac{2}{\sqrt{3}}\left(2\omega' v_{Cr} + \alpha \cdot \frac{8r}{\sqrt{3}}\right) = \frac{4\sqrt{3}}{9}r\omega^2$$

第九章 质点动力学的基本方程

9-1 如图 a 所示一汽车转过半径为 R 的圆弯,而车道向圆心方向的倾斜角为 θ,车胎与道面间的静摩擦因数为 f_s。已知 $R = 20$ m, $\tan \theta = 2f_s = 0.5$。求汽车经过弯道时的最大速度。

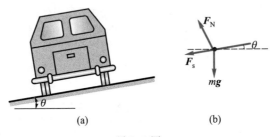

题 9-1 图

解:分析汽车,受力如图 b 所示。

由质点的运动微分方程有

$$m \cdot a_n = m \frac{v^2}{R} = F_s + mg\sin \theta = mg \cdot \cos \theta \cdot f_s + mg\sin \theta$$

解得

$$v = 11.5 \text{ m/s}$$

9-2 质量为 m 的质点带有电荷 e,被放在一均匀电场中,电场强度 $E = A\sin kt$,其中 A 和 k 均为常数。若已知质点在电场中所受的力为 $F = eE$,其方向与 E 相同。又质点的初速为零,且取坐标原点为质点的起始位置,重力的影响不计。求质点的运动方程。

解:以电荷为研究对象,由质点运动微分方程有

$$m \cdot \frac{\mathrm{d}x^2}{\mathrm{d}t^2} = F = eE = eA\sin kt$$

有

$$\frac{\mathrm{d}x}{\mathrm{d}t} = -\frac{eA}{mk}\cos kt + C$$

当 $t=0$ 时,$\dfrac{\mathrm{d}x}{\mathrm{d}t}=0$,则 $C=\dfrac{eA}{mk}$。

得

$$\frac{\mathrm{d}x}{\mathrm{d}t} = -\frac{eA}{mk}\cos kt + \frac{eA}{mk}$$

积分有

$$x = -\frac{eA}{mk^2}\sin kt + \frac{eA}{mk}t + D$$

当 $t=0$ 时,$x=0$,则 $D=0$。

解得

$$x = -\frac{eA}{mk^2}\sin kt + \frac{eA}{mk}t$$

9-3 如图 a 所示半圆形凸轮以等速 $v=0.1$ m/s 向右运动,通过杆 CD 使重物 M 上下运动。已知凸轮半径 $R=100$ mm,重物质量为 $m=10$ kg,C 轮半径不计。求当 $\varphi=45°$ 时重物 M 对杆 CD 的压力。

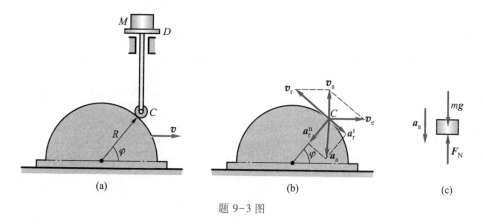

题 9-3 图

解:以 C 为动点,动系为凸轮。

速度合成如图 b 所示。

$$v_a = v_e + v_r$$

$$? \quad v \quad ?$$

$$\surd \quad \surd \quad \surd$$

得

$$v_r = \sqrt{2}\, v_e = \sqrt{2}\, v$$

加速度合成如图 b 所示。

$$\boldsymbol{a}_a = \boldsymbol{a}_e + \boldsymbol{a}_r^n + \boldsymbol{a}_r^t$$

$$? \qquad 0 \qquad \dfrac{v_r^2}{R} \qquad ?$$

$$\surd \qquad\qquad \surd \qquad \surd$$

得

$$a_a = \sqrt{2}\, a_r^n = 2\sqrt{2}\, \dfrac{v^2}{R}$$

分析物体 M 受力如图 c 所示。

由质点运动微分方程有

$$ma_a = mg - F_N$$

解得

$$F_N = 95.2 \text{ N}$$

9-4 在图示离心浇注装置中,电动机带动支承轮 A, B 作同向转动,管模放在两轮上靠摩擦传动而旋转。使铁水浇入后均匀地紧贴管模的内壁而自动成型,从而可得到质量密实的管形铸件。如已知管模内径 $D = 400$ mm,求管模的最低转速 n。

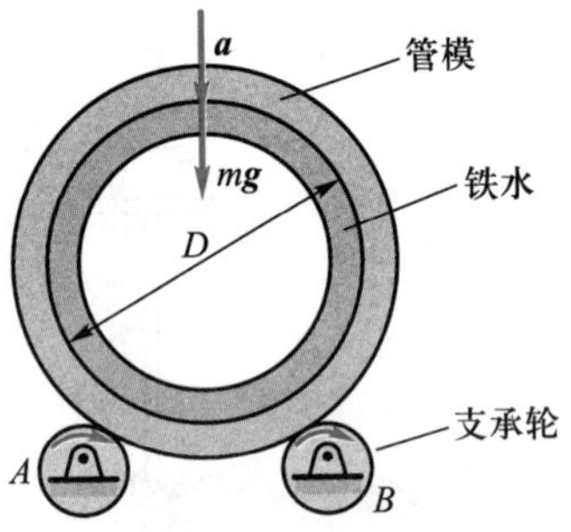

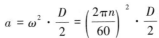

解:分析处于最高位置的铁水,受力如图所示。

由质点的运动微分方程有

$$ma = mg$$

其中

题 9-4 图

$$a = \omega^2 \cdot \dfrac{D}{2} = \left(\dfrac{2\pi n}{60}\right)^2 \cdot \dfrac{D}{2}$$

解得

$$n = 67 \text{ r/min}$$

9-5 飞机 A 在距地面 4 000 m 高处以速度 $v = 500$ km/h 水平飞行。从飞机上投出一重物,投出时重物与飞机的相对速度为零。设空气阻力不计,问欲使重物落到地面上的 B 点,飞机应在离该点水平距离 x 为多大时投出此重物?

解:分析重物,铅垂方向为自由落体,有

$$\dfrac{1}{2}gt^2 = h$$

得

$$t = \sqrt{\frac{2h}{g}}$$

则

$$x = vt = v \cdot \sqrt{\frac{2h}{g}} = 3\ 968 \text{ m}$$

9-6 图 a 所示车轮的质量为 m,沿水平路面作匀速运动。路面有一凹坑,其形状由方程 $y = \dfrac{\delta}{2}\left(1 - \cos\dfrac{2\pi}{l}x\right)$ 确定。路面和车轮均看成刚体。车厢通过弹簧给车轮以压力 $\boldsymbol{F}$,求车子经过凹坑时,路面对车轮的最大和最小约束力。

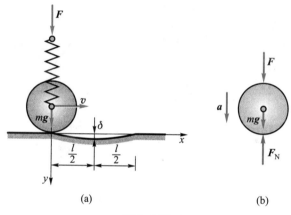

题 9-6 图

解: 分析车轮,受力如图 b 所示。

由质点运动微分方程有

$$ma = F + mg - F_N \tag{1}$$

由 $y = \dfrac{\delta}{2}\left(1 - \cos\dfrac{2\pi}{l}x\right)$ 有

$$\dot{y} = \frac{\delta}{2} \cdot \frac{2\pi}{l} \cdot v \cdot \sin\frac{2\pi}{l}x$$

$$\ddot{y} = \frac{\delta}{2} \cdot \left(\frac{2\pi v}{l}\right)^2 \cdot \cos\frac{2\pi}{l}x$$

则

$$a = \ddot{y} = \frac{\delta}{2} \cdot \left(\frac{2\pi v}{l} \right)^2 \cdot \cos \frac{2\pi}{l} x$$

代入式(1)解得

$$F_{Nmax} = F + m \left(g + \frac{2\delta \pi^2 v^2}{l^2} \right)$$

$$F_{Nmin} = F + m \left(g - \frac{2\delta \pi^2 v^2}{l^2} \right)$$

9-7 图 a 所示质量为 10 t 的物体随同跑车以 $v_0 = 1$ m/s 的速度沿桥式吊车的桥架移动。今因故急刹车,物体由于惯性线悬挂点 C 向前摆动。绳长 $l = 5$ m。求:(1) 刹车时绳子的张力;(2) 最大摆角 φ 的大小。

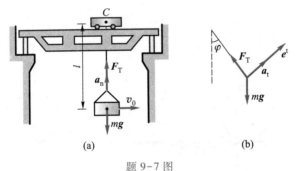

题 9-7 图

解:(1) 分析重物,刹车时受力如图 a 所示。

由质点运动微分方程有

$$ma_n = F_T - mg$$

其中

$$a_n = \frac{v_0^2}{l}$$

解得

$$F_T = 100 \text{ kN}$$

(2) 分析重物,摆至任一位置受力如图 b 所示。

沿切线方向列质点运动微分方程有

$$ma_t = m \frac{dv}{dt} = -mg \cdot \sin \varphi$$

有

$$\frac{d\omega}{dt}=-\frac{g}{l}\sin\varphi$$

$$\frac{d\omega}{d\varphi}\cdot\frac{d\varphi}{dt}=-\frac{g}{l}\sin\varphi$$

$$\int_{\frac{v_0}{l}}^{0}\omega\cdot d\omega=-\int_{0}^{\varphi_{max}}\frac{g}{l}\sin\varphi d\varphi$$

解得

$$\varphi_{max}=8.2°$$

9-8 图示筛矿砂的筛体按 $x=50\sin\omega t$，$y=50\cos\omega t$（式中，x，y 以 mm 计）的规律作简谐运动。为使筛上的矿砂砂粒开始与筛分开而抛起，求曲柄转动角速度 ω 的最小值。

题 9-8 图

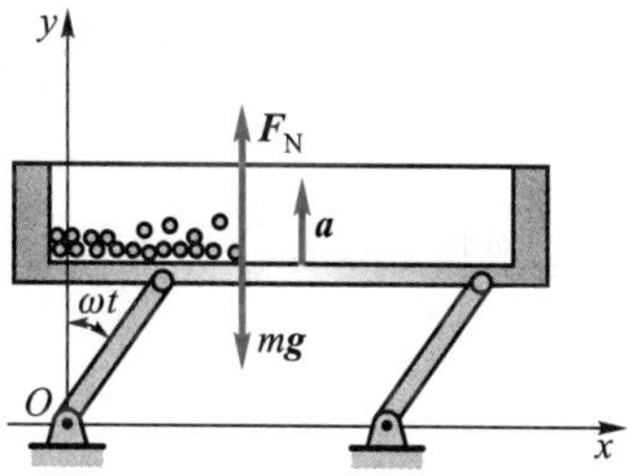

解： 分析砂粒，受力如图所示。

由质点运动微分方程有

$$ma=F_N-mg$$

由 $y=50\cos\omega t$ 有

$$\dot{y}=-50\omega\sin\omega t,\qquad a=\ddot{y}=-50\omega^2\cos\omega t$$

为使砂粒与筛分开，则 $F_N=0$。

解得

$$\omega=14\ \text{rad/s}$$

9-9 滑块 A 的质量为 m，因绳子的牵引而沿水平导轨滑动，绳子的另一端缠在半径为 r 的鼓轮上，鼓轮以等角速度 ω 转动。若不计导轨摩擦，求绳子的拉力大小 F 和距离 x 之间的关系。

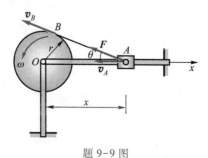

题 9-9 图

解：由速度投影定理有

$$v_B = v_A \cos \theta$$

其中

$$v_B = \omega r, \quad v_A = \dot{x}, \quad \cos \theta = \sqrt{\frac{x^2 - r^2}{x}}$$

有

$$\dot{x} = \frac{\omega r x}{\sqrt{x^2 - r^2}}$$

则

$$\ddot{x} = \frac{\mathrm{d}\dot{x}}{\mathrm{d}t} = -\frac{\omega^2 r^4 x}{(x^2 - r^2)^2}$$

由滑块的运动微分方程有

$$m\ddot{x} = -F\cos \theta$$

解得

$$F = \frac{m\omega^2 r^4 x^2}{(x^2 - r^2)^{\frac{5}{2}}}$$

9-10 铅垂发射的火箭由一雷达跟踪,如图所示。当 $r = 10\ 000$ m, $\theta = 60°$, $\dot{\theta} = 0.02$ rad/s,且 $\ddot{\theta} = 0.003$ rad/s^2 时,火箭的质量为 5 000 kg。求此时的喷射反推力 F。

解：建如图所示坐标系有

$$x = r\cos \theta \tag{1}$$
$$y = r\sin \theta \tag{2}$$

将式(1)对时间求导,有

$$\dot{x} = \dot{r}\cos \theta - r\sin \theta \cdot \dot{\theta} = 0$$
$$\ddot{x} = \ddot{r}\cos \theta - 2\dot{r}\sin \theta \cdot \dot{\theta} - r\cos \theta \cdot \dot{\theta}^2 - r\sin \theta \cdot \ddot{\theta} = 0$$

得

$$\dot{r} = r\dot{\theta}\tan \theta$$
$$\ddot{r} = 2r\dot{\theta}^2\tan^2 \theta + r\dot{\theta}^2 + r\tan \theta \cdot \ddot{\theta}$$

将式(2)对时间求导,有

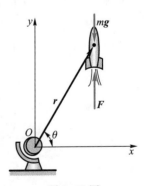

题 9-10 图

$$\dot{y} = \dot{r}\sin\theta + r\dot{\theta}\cos\theta$$

$$\ddot{y} = \ddot{r}\sin\theta + 2\dot{r}\dot{\theta}\cos\theta + r\ddot{\theta}\cos\theta - r\dot{\theta}^2\sin\theta$$

当 $r = 10\,000$ m, $\theta = 60°$, $\dot{\theta} = 0.02$ rad/s, $\ddot{\theta} = 0.003$ rad/s^2 时, $\ddot{y} = 87.7$ m/s^2。

分析火箭,受力如图所示。

由质点运动微分方程有

$$m\ddot{y} = F - mg$$

解得

$$F = 487.5 \text{ kN}$$

9–11 一物体质量 $m = 10$ kg,在变力 $F = 100(1-t)$(F 的单位为 N, t 的单位为 s)作用下运动。设物体初速度为 $v_0 = 0.2$ m/s,开始时,力的方向与速度方向相同。问经过多少时间后物体速度为零,此前走了多少路程?

解:分析物体,列质点运动微分方程:

$$m \cdot \frac{\mathrm{d}x^2}{\mathrm{d}t^2} = F = 100(1 - t)$$

有

$$\mathrm{d}v = 10(1 - t)\mathrm{d}t$$

积分得

$$v - v_0 = 10\left(t - \frac{t^2}{2}\right), \qquad v = 10\left(t - \frac{t^2}{2}\right) + v_0 \qquad (1)$$

令

$$v = 0$$

解得

$$t = 2.02 \text{ s}$$

由式(1)积分有

$$x = 5t^2 - \frac{5}{3}t^3 + 0.2t + x_0$$

当

$$t = 0, \quad x = 0$$

得 $x_0 = 0$。

则物体的运动方程为

$$x = 5t^2 - \frac{5}{3}t^3 + 0.2t$$

将 $t = 2.02$ s 代入,解得
$$x = 7.1 \text{ m}$$

9-12 小球 M 的重量为 G,设以匀速 v_r 沿直管 OA 运动,如图 a 所示,同时管 OA 以匀角速度 ω 绕铅直轴 z 转动。求小球对管壁的水平压力。

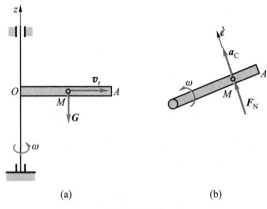

(a)   (b)

题 9-12 图

解:分析小球,在切向方向只受到管壁水平的力,如图 b 所示,由质点运动微分方程有

$$\frac{G}{g} a_C = F_N$$

其中

$$a_C = 2\omega v_r$$

解得

$$F_N = \frac{2G}{g} \omega v_r$$

9-13 图示质点的质量为 m,受指向原点 O 的力 $F = kr$ 作用,力与质点到点 O 的距离成正比。如初瞬时质点的坐标为 $x = x_0, y = 0$,而速度的分量为 $v_x = 0, v_y = v_0$。求质点的轨迹。

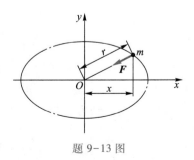

题 9-13 图

解:分析质点,由质点运动微分方程有
$$m\ddot{x} = -kx, \qquad m\ddot{y} = -ky$$
运动初始条件为

$$x = x_0, \quad y = 0, \quad v_x = 0, \quad v_y = v_0$$

则运动方程为

$$x = x_0 \cos \sqrt{\frac{k}{m}} t, \qquad y = v_0 \sqrt{\frac{m}{k}} \sin \sqrt{\frac{k}{m}} t$$

解得轨迹方程为

$$\frac{x^2}{x_0^2} + \frac{k y^2}{m v_0^2} = 1$$

9-14 质量为 m 的质点在介质中以初速 v_0 与水平成仰角 φ 抛出,在重力和介质阻力的作用下运动。设阻力可视为与速度的一次方成正比,即 $\boldsymbol{F} = -kmg\boldsymbol{v}$,$k$ 为已知常数。试求该质点的运动方程和轨迹。

解:分析质点,由质点运动微分方程,有

$$m\ddot{x} = -kmg\dot{x}, \qquad m\ddot{y} = -kmg\dot{y} - mg$$

运动初始条件为

$$x = y = 0, \quad v_x = v\cos\varphi \quad v_y = v\sin\varphi$$

解得运动方程为

$$x = \frac{v_0 \cos\varphi}{kg}(1 - e^{-kgt})$$

$$y = \frac{1}{kg}\left(v_0 \sin\varphi + \frac{1}{k}\right)(1 - e^{-kgt}) - \frac{t}{k}$$

轨迹方程为

$$y = \frac{x}{v_0 \cos\varphi}\left(v_0 \sin\varphi + \frac{1}{k}\right) - \frac{1}{k^2 g}\ln\left(\frac{v_0 \cos\varphi}{v_0 \cos\varphi - kgx}\right)$$

9-15 一质点带有负电荷 e,其质量为 m,以初速度 $\boldsymbol{v}_0$ 进入强度为 $\boldsymbol{H}$ 的均匀磁场中,该速度方向与磁场强度方向垂直。设已知作用于质点的力为 $\boldsymbol{F} = -e(\boldsymbol{v} \times \boldsymbol{H})$,求质点的运动轨迹。提示:解题时宜采用在自然轴上投影的运动微分方程。

解:分析质点,受力如图所示。

由质点运动微分方程有

$$m\frac{\mathrm{d}v}{\mathrm{d}t} = 0 \qquad (1)$$

$$m\frac{v^2}{\rho} = F = evH \qquad (2)$$

由式(1)可知,$v = $ 常量 $= v_0$。

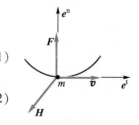

题 9-15 图

代入式(2),解得

$$\rho = \frac{mv_0}{eH}$$

轨迹为半径 $\rho = \dfrac{mv_0}{eH}$ 的圆弧。

9-16 销钉 M 的质量为 0.2 kg,由水平槽杆带动,使其在半径为 $r = 200$ mm 的固定半圆槽内运动。设水平槽杆以匀速 $v = 400$ mm/s 向上运动,不计摩擦。求在图 a 所示位置时圆槽对销钉 M 的作用力。

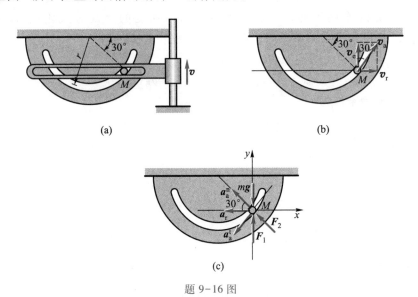

(a)   (b)

(c)

题 9-16 图

解:分析销钉的运动情况,以水平槽为动系。

$$\boldsymbol{v}_\text{a} = \boldsymbol{v}_\text{e} + \boldsymbol{v}_\text{r} \quad (\text{如图 b 所示})$$

有

$$v_\text{a} = \frac{v_\text{e}}{\cos 30°} = \frac{0.8}{3}\sqrt{3} \ \text{m/s}$$

$$\boldsymbol{a}_\text{a}^\text{n} + \boldsymbol{a}_\text{a}^\text{t} = \boldsymbol{a}_\text{r} \quad (\text{如图 c 所示})$$

向 y 轴投影有

$$a_\text{a}^\text{n} \cdot \sin 30° = a_\text{a}^\text{t} \cdot \cos 30°$$

其中

$$a_\text{a}^\text{n} = \frac{v_\text{a}^2}{r} = 1.07 \ \text{m/s}^2$$

得

$$a_a^t = 0.616 \text{ m/s}^2$$

分析销钉,受力如图 c 所示。

由质点运动微分方程有

$$ma_{ax} = -F_2 \cdot \cos 30°$$

其中

$$a_{ax} = -a_a^n \cdot \cos 30° - a_a^t \cdot \sin 30°$$

解得

$$F_2 = 0.284 \text{ N}$$

9-17 质量皆为 m 的 A,B 两物块以无重杆光滑铰接,置于光滑的水平及铅垂面上,如图 a 所示。当 $\theta = 60°$ 时自由释放,求此瞬时杆 AB 所受的力。

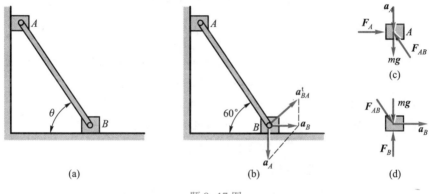

题 9-17 图

解:首先进行运动分析。杆 AB 作平面运动,以 A 为基点,有

$$\boldsymbol{a}_B = \boldsymbol{a}_A + \boldsymbol{a}_{BA}^n + \boldsymbol{a}_{BA}^t \quad (\text{如图 b 所示})$$

有

$$a_B = a_A \tan 60°$$

分别分析 A,B,受力如图 c、d 所示。

由质点运动微分方程有

$$ma_A = mg - F_{AB} \cdot \cos 30°$$
$$ma_B = F_{AB} \cdot \cos 60°$$

解得

$$F_{AB} = \frac{\sqrt{3}}{2}mg$$

第十章 动量定理

10-1 汽车以 36 km/h 的速度在水平直道上行驶。设车轮在制动后立即停止转动。问车轮对地面的动摩擦因数应为多大方能使汽车在制动后 6 s 停止。

解：分析汽车,视为质点,由质点动量定理的积分形式有

$$mv - mv_0 = -Ft = -mgft$$

解得

$$f = 0.17$$

10-2 跳伞者质量为 60 kg,自停留在高空中的直升飞机中跳出,落下 100 m后,将降落伞打开。设开伞前的空气阻力略去不计,伞重不计,开伞后所受的阻力不变,经 5 s 后跳伞者的速度减为 4.3 m/s。求阻力的大小。

解：分析跳伞者,视为质点,开伞前为自由落体,有

$$v_0 = \sqrt{2gh} = 44.3 \text{ m/s}$$

开伞后,由质点动量定理的积分形式有

$$mv - mv_0 = (mg - F)S$$

解得

$$F = 1\ 068 \text{ N}$$

10-3 求图示各系统的动量。

（1）带及带轮都是均质的。

（2）曲柄连杆机构中,曲柄、连杆和滑块的质量分别为 m_1, m_2, m_3,均质曲柄 OA 长为 r,以角速度 ω 绕 O 轴匀速转动。求 $\varphi = 0°$ 及 $90°$ 两瞬时系统的动量。

（3）椭圆规尺 AB 的质量为 $2m_1$,曲柄 OC 的质量为 m_1,滑块 A,B 的质量均为 m_2。$OC = AC = CB = l$,规尺及曲柄为均质杆,曲柄以角速度 ω 绕 O 轴匀速转动。求 $\varphi = 30°$ 瞬时系统的动量。

解：（1）$p = 0$。

（2）$\varphi = 0$ 时,系统速度分布如图 d 所示,$v_B = 0$,有

$$v_{C_1} = v_{C_2} = \frac{v_A}{2} = \frac{\omega r}{2}$$

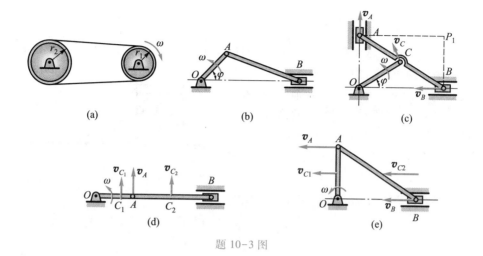

(a)   (b)   (c)

(d)   (e)

题 10-3 图

则动量

$$p = m_1 v_{C_1} + m_2 v_{C_2} = \frac{\omega r}{2}(m_1 + m_2)$$

$\varphi = 90°$ 时,系统速度分布如图 e 所示。

AB 瞬时平移,

$$v_A = v_{C_2} = v_B = \omega r$$

$$v_{C_1} = \frac{v_A}{2} = \frac{\omega r}{2}$$

则动量

$$p = m v_{C_1} + m_2 v_{C_2} + m_3 v_B$$

$$= \frac{\omega r}{2}(m_1 + 2m_2 + 2m_3)$$

(3)系统速度分布如图 c 所示,P_1 为 AB 瞬心。

$$v_C = \omega \cdot l = \omega_{AB} \cdot l, \qquad \omega_{AB} = \omega$$

$$v_A = \omega_{AB} \cdot 2l \cdot \cos 30°, \qquad v_B = \omega_{AB} \cdot 2l \cdot \sin 30°$$

$$v_{C_1} = \frac{v_C}{2} = \frac{\omega l}{2}$$

由 $p = p_A + p_B + p_{OC} + p_{AB}$ 得

219

$$p_x = -\omega l\left(\frac{5}{4}m_1 + m_2\right), \qquad p_y = \sqrt{3}\,\omega l\left(\frac{5}{4}m_1 + m_2\right)$$

10-4 图示水平面上放一均质三棱柱 A，在其斜面上又放一均质三棱柱 B。两三棱柱的横截面均为直角三角形。三棱柱 A 的质量 m_A 为三棱柱 B 质量 m_B 的 3 倍，其尺寸如图所示。设各处摩擦不计，初始时系统静止。求当三棱柱 B 沿三棱柱 A 滑下接触到水平面时，三棱柱 A 移动的距离。

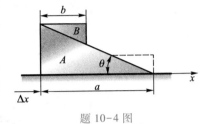

题 10-4 图

解：设初始时系统质心位置 $x_C = 0$，即

$$\frac{m_A x_A + m_B x_B}{m_A + m_B} = 0$$

当 B 接触水平面时，设 A 移动 Δx，则

$$x_{C_1} = \frac{m_A(x_A + \Delta x) + m_B(x_B + \Delta x + a - b)}{m_A + m_B}$$

由 $\sum F_x = 0$，有 $x_C = x_{C_1}$
解得

$$\Delta x = -\frac{1}{4}(a - b)$$

10-5 如图所示，均质杆 AB 长 l，直立在光滑的水平面上。求它从铅垂位置无初速地倒下时，端点 A 相对图示坐标系的轨迹。

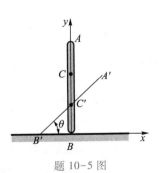

题 10-5 图

解：分析杆 AB，由 $\sum F_x = 0$，有 $x_C = 0$，则

$$x_A = \frac{l}{2}\cos\theta, \qquad y_A = l\sin\theta$$

解得轨迹方程为

$$4x_A^2 + y_A^2 = l^2$$

10-6 如图所示，已知水的体积流量为 q_V，密度为 ρ；水打在叶片上的速度为 $\boldsymbol{v}_1$，方向沿水平向左；水流出叶片的速度为 $\boldsymbol{v}_2$，与水平线成 θ 角。求水柱对涡轮固定叶片的水平压力。

解：根据液体流过弯道时动压力公式有

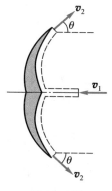

题 10-6 图

$$\boldsymbol{F} = q_V\rho(\boldsymbol{v}_1 - \boldsymbol{v}_2)$$

有

$$F_x = q_V\rho(v_1 + v_2\cos\theta)$$

10-7 垂直于薄板的水柱流经薄板时,被薄板分为两部分,如图所示。一部分的流量为 $q_V = 7$ L/s(升/秒),而另一部分偏离一 θ 角,忽略水重和摩擦,试确定 θ 角和水对薄板的压力。设水柱速度 $v_1 = v_2 = v = 28$ m/s,总流量 $q_V = 21$ L/s。

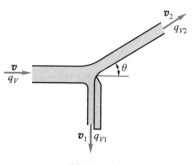

题 10-7 图

解:由动量定理有

水平方向:

$$q_{v_2}\cdot\rho\cdot v_2\cos\theta\cdot t - q_V\cdot v\cdot\rho\cdot t = -F_N\cdot t$$

铅垂方向:

$$q_{v_1}\rho tv_1 - q_{V_2}\rho\cdot t\sin\theta\cdot v_2 = 0$$

其中

$$q_{V_2} = q_V - q_{V_1}$$

解得

$$\theta = 30°, \quad F_N = 249 \text{ N}$$

10-8 在静止的小船上,一人自船头走到船尾,设人重 $\boldsymbol{P}$,船重 $\boldsymbol{Q}$,船长 l,水的阻力不计。求船的位移。

解:以人和船为一质点系,由于 $\sum F_x = 0$,则 x_C 不变。

设初始时

$$x_{C_1} = \frac{Px_人 + Qx_船}{P + Q} = 0$$

当人走到船尾时,设船走 Δx,则

$$x_{C_2} = \frac{P(x_人 + \Delta x - l) + Q(x_船 + \Delta x)}{P + Q} = 0$$

解得

$$\Delta x = \frac{P}{P + Q}l$$

10-9 如图所示,质量为 m 的滑块 A,可以在水平光滑槽中运动,具有刚度系数为 k 的弹簧一端与滑块相连接,另一端固定。杆 AB 长度为 l,质量忽略不计,A 端与滑块 A 铰接,B 端装有质量 m_1 的物体,在铅垂平面内可绕点 A 旋转。设在力偶 M 作用下转动角速度 ω 为常数。求滑块 A 的运动微分方程。

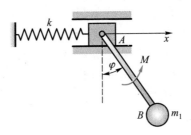

题 10-9 图

解:分析系统有

$$x_C = \frac{mx + m_1(x + l\sin \omega t)}{m + m_1} = x + \frac{m_1 l}{m + m_1}\sin \omega t$$

对时间求导得

$$\ddot{x}_C = \ddot{x} - \frac{m_1 l}{m + m_1}\omega^2 \sin \omega t$$

由质心运动定理有

$$(m + m_1)\ddot{x}_C = -kx$$

解得

$$\ddot{x} + \frac{k}{m + m_1}x = \frac{m_1 l\omega^2}{m + m_1}\sin \omega t$$

10-10 在图示曲柄滑槽机构中,长为 l 的曲柄以等角速度 ω 绕轴 O 转动。运动开始时,$\varphi = 0$。已知均质曲柄的质量为 m_1,滑块 A 的质量为 m_2,导杆 BD 的质量为 m_3,点 G 为其质心,且 $BG = l/2$,忽略摩擦。求:(1)机构质量中心的运动方程;(2)作用在 O 轴的最大水平约束力。

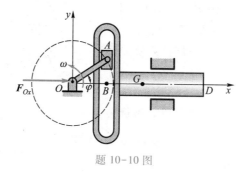

题 10-10 图

解:(1)分析系统,建如图所示坐标系,由质心坐标公式有

$$x_C = \left[\frac{l}{2} m_1 \cos \omega t + m_2 l \cos \omega t + m_3 \left(l \cos \omega t + \frac{l}{2} \right) \right] \Big/ (m_1 + m_2 + m_3)$$

$$y_C = \left(m_1 \frac{l}{2} \sin \omega t + m_2 l \sin \omega t \right) \Big/ (m_1 + m_2 + m_3)$$

解得

$$x_C = \frac{(m_1 + 2m_2 + 2m_3) l \cos \omega t + m_3 l}{2(m_1 + m_2 + m_3)}$$

$$y_C = \frac{(m_1 + 2m_2) l \sin \omega t}{2(m_1 + m_2 + m_3)}$$

(2)系统受力如图所示(水平方向),由 x_C 对时间求导,得

$$\ddot{x}_C = -\frac{m_1 + 2m_2 + 2m_3}{2(m_1 + m_2 + m_3)} l \omega^2 \cos \omega t$$

由质心运动定理有

$$(m_1 + m_2 + m_3) \ddot{x}_C = F_{Ox}$$

解得

$$F_{Ox\max} = \frac{m_1 + 2m_2 + 2m_3}{2} l \omega^2$$

10-11 如图所示,重为 P 的电机放在光滑的水平地基上,长为 $2l$,重为 G 的均质杆的一端与电机轴垂直地固结,另一端则焊上一重为 Q 的重物,如电机转动的角速度为 ω,求:(1)电机的水平运动;(2)如电机外壳用螺栓固定在基础上,则作用于螺栓的最大水平约束力为多少?

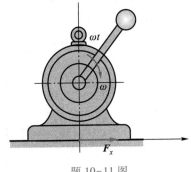

题 10-11 图

解:(1)设杆在铅垂位置时,系统质心 $x_{C0}=0$。

由 $\sum F_x=0$,则 $x_C=0$。

设电机水平位移为 x,则由质心坐标公式有

$$x_C = \frac{Px + G(l\sin\omega t + x) + Q(2l\sin\omega t + x)}{P+G+Q} = 0$$

解得

$$x = -\frac{G+2Q}{P+G+Q}l\sin\omega t$$

(2)分析系统,水平方向受力如图所示。由质心坐标公式有

$$x_C = \frac{G\cdot l\cdot\sin\omega t + Q\cdot 2l\cdot\sin\omega t}{P+G+Q}$$

得

$$\ddot{x}_C = -\frac{G+2Q}{P+G+Q}l\omega^2\sin\omega t$$

由质心运动定理

$$\frac{P+G+Q}{g}\ddot{x}_C = F_x$$

解得

$$F_{x\max} = \frac{G+2Q}{g}l\omega^2$$

10-12 在立式内燃机中,其气缸、机架和轴承的质量共为 10×10^3 kg,活塞的质量为 980 kg,其重心在十字头 B 处。活塞的冲程为 0.6 m,曲柄 OA 长 r,转

224

速为 300 r/min，连杆 AB 长 l，又 $\dfrac{r}{l} = \dfrac{1}{6}$。曲柄和连杆的质量可忽略不计。发动

机用螺杆固定在基础上，如图所示。假设机器未开动时，螺杆的张力为零。求发动机在基础上的最大压力之值及在全部螺杆上最大的拉力之值。

解：由三角函数关系有

$$\frac{\sin \varphi}{r} = \frac{\sin \omega t}{l}$$

得

$$\sin \varphi = \frac{1}{6}\sin \omega t$$

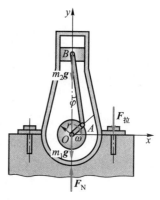

题 10-12 图

两端对时间求导有

$$\dot{\varphi}\cos \varphi = \frac{\omega}{6}\cos \omega t$$

$$-\dot{\varphi}^2\sin \varphi + \ddot{\varphi}\cos \varphi = -\frac{1}{6}\omega^2\sin \omega t$$

当 $\omega t = \pi, \varphi = 0$ 时，活塞有最大的向上的加速度。

此时

$$\dot{\varphi} = -\frac{\omega}{6}, \qquad \ddot{\varphi} = 0$$

当 $\omega t = 2\pi, \varphi = 0$ 时，活塞有最大的向下的加速度。

此时

$$\dot{\varphi} = \frac{\omega}{6}, \qquad \ddot{\varphi} = 0$$

又在图示坐标系内，

$$y_B = r\cos \omega t + l\cos \varphi$$

对时间求导有

$$\ddot{y}_B = -r\omega^2\cos \omega t - l(\ddot{\varphi}\sin \varphi + \dot{\varphi}^2\cos \varphi)$$

则最大向上加速度为

$$\ddot{y}_{B上} = \frac{5}{6}r\omega^2$$

225

最大向下加速度为

$$\ddot{y}_{B下} = \frac{7}{6}r\omega^2$$

分析内燃机,受力如图所示。其中 F_N 表示基础的支持力,$F_拉$ 表示螺杆拉力。

当活塞有向上的最大加速度时,有

$$m_2\ddot{y}_{B上} = F_N - (m_1 + m_2)g$$

当活塞有向下的最大加速度时,有

$$m_2\ddot{y}_{B下} = F_拉 + (m_1 + m_2)g$$

解得

$$F_N = 349.2 \text{ kN}, \qquad F_拉 = 230.1 \text{ kN}$$

10-13 如图所示,均质杆 OA 长 $2l$,重 P,绕着通过 O 端的水平轴在铅垂面内转动。当转到与水平线成 φ 角时,角速度和角加速度分别为 ω 及 α。求此时 O 端的约束力。

解: 分析杆 OA,受力如图所示。

$$a_C^n = \omega^2 l, \qquad a_C^t = \alpha l$$

由质心运动定理有

$$-\frac{P}{g}(a_C^n\cos\varphi + a_C^t\sin\varphi) = F_{Ox}$$

$$\frac{P}{g}(a_C^n\sin\varphi - a_C^t\cos\varphi) = F_{Oy} - P$$

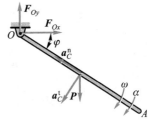

题 10-13 图

解得

$$F_{Ox} = -\frac{P}{g}(\omega^2 l\cos\varphi + \alpha l\sin\varphi)$$

$$F_{Oy} = P + \frac{P}{g}(\omega^2 l\sin\varphi - \alpha l\cos\varphi)$$

10-14 图示曲柄连杆机构安装在平台上,平台放在光滑的水平基础上。均质曲柄 OA 的质量为 m_1,以等角速度 ω 绕轴 O 转动。均质连杆 AB 的质量为 m_2,平台的质量为 m_3,质心 C_3 与 O 在同一铅垂线上,滑块的质量不计;曲柄和连杆的长度相等,即 $OA = AB = l$。如当 $t = 0$ 时,曲柄和连杆在同一水平线上,即 $\varphi = 0$,并且平台速度为零。求:(1) 平台的水平运动规律;(2) 基础对平台的约束力。

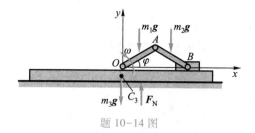

题 10-14 图

解：（1）建立如图所示坐标系，以初始 O 点为原点，由质心坐标公式有

$$x_{C_1} = \frac{m_1 \cdot \dfrac{l}{2} + m_2 \cdot \dfrac{3}{2}l}{m_1 + m_2 + m_3}$$

OA 转过 φ 角后有

$$x_{C_2} = \frac{m_1\left(x + \dfrac{l}{2}\cos \omega t\right) + m_2\left(\dfrac{3}{2}l\cos \omega t + x\right) + m_3 x}{m_1 + m_2 + m_3}$$

因为 $\sum F_x = 0$，有 $x_{C_1} = x_{C_2}$，解得

$$x = \frac{(m_1 + 3m_2)l}{2(m_1 + m_2 + m_3)}(1 - \cos \omega t)$$

（2）分析系统，受力如图所示。

由质心坐标公式有

$$y_C = \frac{m_1 \cdot \dfrac{l}{2}\sin \omega t + m_2 \cdot \dfrac{l}{2}\sin \omega t}{m_1 + m_2 + m_3}$$

对时间求导，有

$$\ddot{y}_C = -\frac{m_1 + m_2}{2(m_1 + m_2 + m_3)}l\omega^2 \sin \omega t$$

由质心运动定理有

$$(m_1 + m_2 + m_3)\ddot{y}_C = F_N - (m_1 + m_2 + m_3)g$$

解得

$$F_N = (m_1 + m_2 + m_3)g - \frac{1}{2}(m_1 + m_2)l\omega^2 \sin \omega t$$

10-15 均质杆 AG 与 BG 由相同材料制成,在点 G 铰接,二杆位于同一铅垂面内,如图所示。$AG = 250$ mm,$BG = 400$ mm。若 $GG_1 = 240$ mm 时,系统由静止释放,忽略摩擦,求当 A,B,G 在同一直线上时,A 与 B 两端点各自移动的距离。

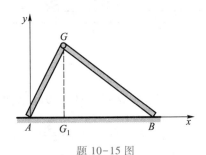

题 10-15 图

解:建立如图所示直角坐标系,以初始时 A 为原点,由质心坐标公式有

$$x_{C_1} = \frac{m_{AG} \cdot 35 \text{ mm} + m_{BG} \cdot 230 \text{ mm}}{m_{AG} + m_{BG}}$$

设 A,B,G 在同一直线时,A 移动 x_A,则

$$x_{C_2} = \frac{m_{AG} \cdot (125 \text{ mm} - x_A) + m_B(450 \text{ mm} - x_A)}{m_{AG} + m_{BG}}$$

而 $\sum F_x = 0$,则有 $x_{C_1} = x_{C_2}$。

解得

$$x_A = 170 \text{ mm}(\text{向左}), \quad x_B = 90 \text{ mm}(\text{向右})$$

10-16 图示滑轮系统中,两重物 A 和 B 的重量分别为 $\boldsymbol{P}_1$ 和 $\boldsymbol{P}_2$。定滑轮 O 的重量为 $\boldsymbol{P}_3$,半径为 R,动滑轮的重量为 $\boldsymbol{P}_4$,半径为 $\dfrac{R}{2}$。如物 A 以加速度 $\boldsymbol{a}$ 下降,不计滑轮质量,求支座 O 的约束力。

解:分析滑轮,受力如图所示。

由质心运动定理有

$$\frac{-P_1}{g} \cdot a + \frac{P_2}{g} \cdot \frac{a}{2} + \frac{P_4}{g} \cdot a = F_{Oy} - (P_1 + P_2 + P_3 + P_4)$$

解得

$$F_{Oy} = (P_2 - 2P_1 + 2P_4) \cdot \frac{a}{2g} + P_1 + P_2 + P_3 + P_4$$

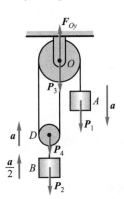

题 10-16 图

10-17 质量为 m_1、长为 l 的均质杆 OD,在其端部连接一质量为 m_2、半径为 r 的小球,如图所示。杆 OD 以匀角速度 ω 绕基座上的轴 O 转动,基座的质量为 m。求基座对突台 A,B 的水平压力与对光滑水平面的垂直压力。

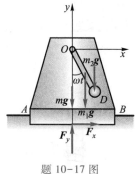

题 10-17 图

解:建立如图所示坐标系,由质心坐标公式有

$$x_C = \frac{m_1 \dfrac{l}{2}\sin \omega t + m_2(l+r)\sin \omega t}{m_1 + m_2 + m}$$

$$y_C = -\frac{m_1 \dfrac{l}{2}\cos \omega t + m_2(l+r)\cos \omega t + ma}{m_1 + m_2 + m}$$

其中 a 为基座质心距 O 距离。

两端对时间求导,得

$$\ddot{x}_C = -\frac{m_1 l + 2m_2(l+r)}{2(m_1 + m_2 + m)}\omega^2 \sin \omega t$$

$$\ddot{y}_C = \frac{m_1 l + 2m_2(l+r)}{2(m_1 + m_2 + m)}\omega^2 \cos \omega t$$

分析系统,受力如图所示。由质心运动定理有

$$(m_1 + m_2 + m)\ddot{x}_C = F_x$$
$$(m_1 + m_2 + m)\ddot{y}_C = F_y - (m_1 + m_2 + m)g$$

解得

$$F_x = -\frac{m_1 l + 2m_2(l+r)}{2}\omega^2 \sin \omega t$$

$$F_y = (m_1 + m_2 + m)g + \frac{m_1 l + 2m_2(l + r)}{2}\omega^2\cos\omega t$$

10-18 图示凸轮导板机构,半径为 r 的偏心轮的偏心距 $OC = e$,偏心轮绕水平轴 O 以匀角速度 ω 转动,导板 AB 的质量为 m。当导板在最低位置时,弹簧的压缩量为 δ_0。为了保证导板在运动过程中始终不离开偏心轮,求弹簧的刚度系数。一切摩擦均可忽略。

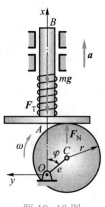

题 10-18 图

解:建立如图所示坐标系。

$$x_A = e\cos\omega t + r$$

对时间求导有

$$\ddot{x}_A = -e\omega^2\cos\omega t$$

分析导板,受力如图所示。当导板达到最高位置时,利用质心运动定理有

$$m\ddot{x}_A = F_N - mg - F_T$$

其中

$$F_T = (2e + \delta_0)k, \qquad \ddot{x}_A = -e\omega^2$$

且保证导板不脱离,则 $F_N \geqslant 0$,解得

$$k \geqslant \frac{me\omega^2 - mg}{2e + \delta_0}$$

第十一章　动量矩定理

11-1　质量为 m 的点在平面 Oxy 内运动,其运动方程为

$$x = a\cos \omega t, \qquad y = b\sin 2\omega t$$

其中,a,b 和 ω 为常量。求质点对原点 O 的动量矩。

解:由 $x = a\cos \omega t, y = b\sin 2\omega t$ 有

$$v_x = \dot{x} = -a\omega\sin \omega t, \qquad v_y = \dot{y} = 2b\omega\cos \omega t$$

则

$$L_O = mv_x \cdot y + mv_y \cdot x = 2ab\omega m\cos^3 \omega t$$

11-2　无重杆 OA 以角速度 ω_0 绕轴 O 转动,质量 $m = 25$ kg,半径 $R = 200$ mm 的均质圆盘以三种方式安装于杆 OA 的点 A,如图 a,b,c 所示。在图 a 中,圆盘与杆 OA 焊接在一起;在图 b 中,圆盘与杆 OA 在点 A 铰接,且相对杆 OA 以角速度 ω_r 逆时针向转动;在图 c 中,圆盘与杆 OA 在点 A 铰接,并相对杆 OA 以角速度 ω_r 顺时针向转动。已知 $\omega_0 = \omega_r = 4$ rad/s,试计算在此三种情况下,圆盘对轴 O 的动量矩。

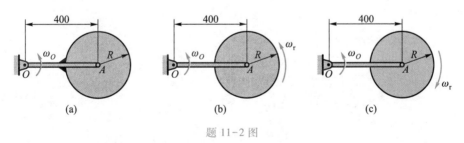

题 11-2 图

解:(a) 圆盘作定轴转动

$$J_O = \frac{1}{2}mR^2 + m \cdot OA^2$$

$$L_O = J_O\omega = 18 \text{ kg} \cdot \text{m}^2/\text{s}$$

(b) 圆盘作平面运动

$$L_O = J_A(\omega_0 + \omega_r) + mv_A \cdot OA = \frac{1}{2}mR^2(\omega_0 + \omega_r) + mv_A \cdot OA$$

$$= 20 \text{ kg} \cdot \text{m}^2/\text{s}$$

（c）圆盘作平面运动

$$L_O = J_A(\omega_0 - \omega_r) + mv_A \cdot OA = \frac{1}{2}mR^2(\omega_0 - \omega_r) + mv_A \cdot OA$$

$$= 16 \text{ kg} \cdot \text{m}^2/\text{s}$$

11-3 （1）计算图 a,b 所示的系统对 O 点的动量矩。其中均质滑轮半径为 r，质量为 m；物块 A，B 质量均为 m_1，速度为 v，绳质量不计。（2）计算图 c 所示的系统对 AB 轴的动量矩。其中小球 C、D 质量均为 m，用质量为 m_1 的均质杆连接，杆与铅垂轴 AB 固结，且 $DO = OC$，交角为 θ，轴以匀角速度 ω 转动。

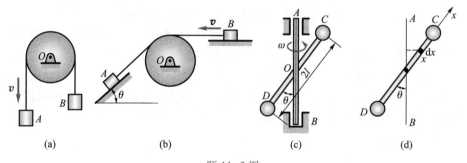

题 11-3 图

解：（1） $L_O = J_O\omega + m_1vr + m_1vr = \frac{1}{2}mr^2 \cdot \dfrac{v}{r} + 2m_1vr$

$$= \left(\frac{1}{2}m + 2m_1\right)vr$$

（2） $L_O = J_O\omega + 2m_1vr = \frac{1}{2}mr^2 \cdot \dfrac{v}{r} + 2m_1vr = \left(\frac{1}{2}m + 2m_1\right)vr$

（3）取微元 dx，如图 d 所示。

杆 CD 对于 AB 轴的动量矩为

$$L_{CD}^{AB} = \int_{-l}^{l} \frac{m_1}{2l}(x \cdot \sin\theta)^2 \cdot \omega \text{d}x = \frac{m_1}{3}\omega l^2 \sin^2\theta$$

则

232

$$L^{AB} = L_{CD}^{AB} + L_C^{AB} + L_D^{AB} = \frac{m_1}{3}\omega l^2 \sin^2\theta + 2m\omega l^2 \sin^2\theta$$

$$= \left(\frac{m_1}{3} + 2m\right)\omega l^2 \sin^2\theta$$

11-4 小球 A 的质量为 m，连接在长 l 的杆 AB 上，并被放在盛有液体的容器内，如图所示。杆以初角速 ω_0 绕铅垂轴 O_1O_2 转动，液体的阻力与小球质量和角速度的乘积 $m\omega$ 成正比，即 $F = km\omega$，其中 k 是比例常数。问经过多少时间，角速度减为初角速度的一半？

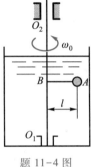

题 11-4 图

解：分析小球有

$$L_{O_1O_2} = m\omega l^2, \qquad M_{O_1O_2}(\boldsymbol{F}) = -km\omega l$$

由动量矩定理有

$$\frac{\mathrm{d}L_{O_1O_2}}{\mathrm{d}t} = M_{O_1O_2}(\boldsymbol{F})$$

则

$$l\frac{\mathrm{d}\omega}{\mathrm{d}t} = -k\omega, \quad 即 \quad \frac{1}{\omega}\cdot\mathrm{d}\omega = -\frac{k}{l}\cdot\mathrm{d}t$$

有

$$\ln\frac{\omega}{\omega_0} = -\frac{k}{l}t$$

解得

$$t = \frac{l}{k}\cdot\ln 2 = 0.693\frac{l}{k}$$

11-5 一半径为 R，质量为 m_1 的均质圆盘，可绕通过其中心的铅垂轴无摩擦地转动，另一质量为 m 的人由 B 点按规律 $s = \frac{1}{2}at^2$ 沿距 O 轴半径为 r 的圆周行走，如图所示。开始时，圆盘与人均静止，求圆盘的角速度和角加速度。

解：分析系统，由于 $\sum M_z(\boldsymbol{F}) = 0$，则动量矩守恒，即 L_z = 常量，初始时，L_{z_1} = 0，运动到某一位置时（如图 b 所示）

$$v_r = \dot{s} = at, \qquad v_e = \omega r$$

则

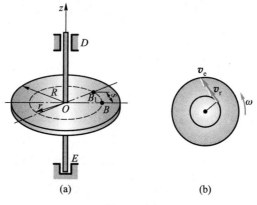

$$v_a = v_r + v_e = at + \omega r$$

$$L_{z_2} = mv_a \cdot r + J \cdot \omega = m(at + \omega r) \cdot r + \frac{1}{2}m_1R^2\omega$$

$$= matr + \left(mr^2 + \frac{1}{2}m_1R^2\right)\omega$$

由 $L_{z_1} = L_{z_2}$ 解得

$$\omega = -\frac{2matr}{2mr^2 + m_1R^2}, \qquad \alpha = \dot{\omega} = -\frac{2mar}{2mr^2 + m_1R^2}$$

11-6 如图 a 所示,为求半径 $R = 0.5$ m 的轮 A 对于通过其重心轴 A 的转动惯量,在飞轮上绕以细绳,绳的末端系一质量为 $m_1 = 8$ kg 的重锤,重锤自高度 $h = 2$ m 处落下,测得落下时间 $t_1 = 16$ s。为消去轴承摩擦的影响,再用质量为 $m_2 = 4$ kg 的重锤作第二次试验,此重锤自同一高度落下的时间为 $t_2 = 25$ s。假定摩擦力矩为一常数,且与重锤的重量无关,求飞轮的转动惯量和轴承的摩擦力矩。

解:分析飞轮,受力如图 b 所示。

由动量矩定理有

$$(J_A + mR^2) \cdot \alpha = mgR - M_f$$

而

$$a = \frac{2h}{t^2} = \alpha \cdot R$$

将 $m_1 = 8$ kg,$t_1 = 16$ s,$m_2 = 4$ kg,$t_2 = 25$ s 分别代入,解得

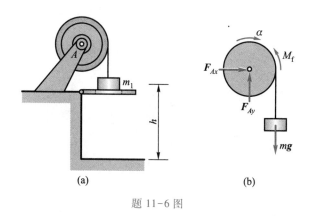

(a)　　　　　　　　(b)

题 11-6 图

$$J_A = 1\ 060\ \text{kg} \cdot \text{m}^2, \qquad M_f = 6.02\ \text{N} \cdot \text{m}$$

11-7 为求刚体对于通过重心 G 的轴 AB 的转动惯量,用两杆 AD,BE 与刚体牢固连接,并借两杆将刚体活动地挂在水平轴 DE 上,如图 a 所示。轴 AB 平行于 DE,然后使刚体绕轴 DE 作微小摆动,求出振动周期 T。如果刚体的质量为 m,轴 AB 与 DE 间的距离为 h,杆 AD 和 BE 的质量忽略不计。求刚体对轴 AB 的转动惯量。

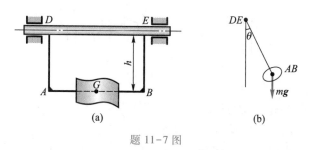

(a)　　　　　　　　(b)

题 11-7 图

解:分析刚体以及杆 AD 和 BE,受力如图 b 所示。

由定轴转动刚体的转动微分方程有

$$J_{DE} \cdot \ddot{\theta} = -mgh\sin\theta \qquad (\theta \text{ 很小,有 } \sin\theta \approx \theta)$$

则有

$$\ddot{\theta} + \frac{mgh}{J_{DE}}\theta = 0$$

得该自由振动系统的周期为

$$T = 2\pi \sqrt{\frac{J_{DE}}{mgh}}$$

有

$$J_{DE} = \frac{mghT^2}{4\pi^2}$$

由平行移轴定理有

$$J_{DE} = J_{AB} + mh^2$$

解得

$$J_{AB} = mg\left(\frac{T^2}{4\pi^2} - \frac{h}{g}\right)h$$

11-8 图示 A 为离合器,开始时轮 2 静止,轮 1 具有角速度 ω_0。当离合器接合后,依靠摩擦使轮 2 启动。已知轮 1 和 2 的转动惯量分别为 J_1 和 J_2。求:(1) 当离合器接合后,两轮共同转动的角速度;(2) 若经过 t 秒两轮的转速相同,求离合器应有多大的摩擦力矩。

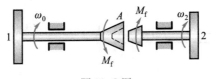

题 11-8 图

解:分析轮 1,轮 2 受力如图所示。

由定轴转动刚体的转动微分方程有

轮 1: $J_1 \cdot \dfrac{\mathrm{d}\omega_1}{\mathrm{d}t} = -M_f$,则 $\displaystyle\int_{\omega_0}^{\omega} J_1 \mathrm{d}\omega_1 = -\int_0^t M_f \mathrm{d}t$

轮 2: $J_2 \cdot \dfrac{\mathrm{d}\omega_2}{\mathrm{d}t} = M_f$,则 $\displaystyle\int_0^{\omega} J_2 \mathrm{d}\omega_2 = \int_0^t M_f \mathrm{d}t$

解得

$$\omega = \frac{J_1}{J_1 + J_2}\omega_0, \qquad M_f = \frac{J_1 J_2 \omega_0}{(J_1 + J_2)t}$$

11-9 图示通风机的转动部分以初角速度 ω_0 绕中心轴转动,空气的阻力矩与角速度成正比,即 $M = k\omega$,其中 k 为常数。如转动部分对其轴的转动惯量为 J,问经过多少时间其转动角速度减少为初角速度的一半?又在此时间内共转过多少转?

解:由定轴转动刚体的转动微分方程有

$$J \cdot \frac{\mathrm{d}\omega}{\mathrm{d}t} = -k\omega$$

得

$$\frac{\mathrm{d}\omega}{\omega} = -\frac{k}{J}\mathrm{d}t \qquad (1)$$

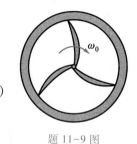

题 11-9 图

积分有

$$\int_{\omega}^{\frac{\omega}{2}} \frac{1}{\omega}\mathrm{d}\omega = \int_{0}^{t} -\frac{k}{J}\mathrm{d}t$$

解得

$$t = \frac{J}{k}\ln 2$$

将式(1)积分

$$\int_{\omega_0}^{\omega} \frac{1}{\omega}\mathrm{d}\omega = -\int_{0}^{t} \frac{k}{J}\mathrm{d}t$$

得

$$\omega = \omega_0 e^{-\frac{k}{J}t}$$

即

$$\mathrm{d}\varphi = \omega_0 e^{-\frac{k}{J}t}\mathrm{d}t$$

解得

$$\varphi = \frac{J\omega_0}{2k}$$

则

$$n = \frac{\varphi}{2\pi} = \frac{J\omega_0}{4k\pi}$$

11-10 图示离心式空气压缩机的转速 $n = 8\,600$ r/min,体积流量 $q_V = 370$ m³/min,第 1 级叶轮气道进口直径为 $D_1 = 0.355$ m,出口直径为 $D_2 = 0.6$ m。气流进口绝对速度 $v_1 = 109$ m/s,与切线成角 $\theta_1 = 90°$;气流出口绝对速度 $v_2 = 183$ m/s,与切线成角 $\theta_2 = 21°30'$。设空气密度 $\rho = 1.16$ kg/m³,求这一级叶轮的转矩。

解：由动量矩定理有

$$\frac{\mathrm{d}L_0}{\mathrm{d}t} = M$$

其中

$$L_0 = q_V\rho\mathrm{d}t(v_2 r_2\cos\theta_2 - v_1 r_1\cos\theta_1)$$

代入则

$$M = q_V\rho v_2 \cdot \frac{D_2}{2}\cos\theta_2 = 365.4 \text{ N} \cdot \text{m}$$

11-11 如图所示,均质圆柱体的质量为 4 kg,半径为 0.5 m,置于两光滑的斜面上。设有与圆柱轴线成垂直,且沿圆柱面的切线方向的力 $F = 20$ N 作用,求圆柱的角加速度及斜面的约束力。

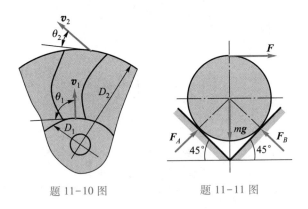

题 11-10 图　　　　题 11-11 图

解：分析均质圆柱体,受力如图所示。

由定轴转动刚体的转动微分方程有

$$J_0 \cdot \alpha = \frac{1}{2}mR^2 \cdot \alpha = F \cdot R$$

解得

$$\alpha = 20 \text{ rad/s}^2$$

由质心运动定理有

$$F_A\cos45° + F_B\cos45° - mg = 0$$

$$F_A\sin45° - F_B\sin45° + F = 0$$

解得

238

$$F_A = 13.6 \text{ N}, \qquad F_B = 41.9 \text{ N}$$

11-12 均质圆柱的半径为 r，质量为 m，今将该圆柱放在图示位置。设在 A 和 B 处的动摩擦因数为 f。若给圆柱以初角速度 ω_0，试导出到圆柱停止所需时间的表达式。

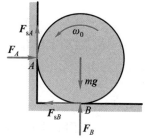

解：分析均质圆柱，受力如图所示。

由定轴转动刚体转动微分方程有

$$J \cdot \alpha = \frac{1}{2} mr^2 \cdot \alpha = -(F_{sA} + F_{sB}) \cdot r$$

由质心运动定理有

$$F_A - F_{sB} = 0, \qquad F_B + F_{sA} - mg = 0$$

又

$$F_{sA} = F_A \cdot f, \qquad F_{sB} = F_B \cdot f$$

解得

题 11-12 图

$$\alpha = -\frac{2gf(1 + f)}{(1 + f^2)r}$$

由 $\alpha = \dfrac{\mathrm{d}\omega}{\mathrm{d}t}$ 有

$$\int_{\omega_0}^{0} \mathrm{d}\omega = -\int_{0}^{t} \frac{2gf(1 + f)}{(1 + f^2)r} \mathrm{d}t$$

解得

$$t = \frac{(1 + f^2)r\omega_0}{2gf(1 + f)}$$

11-13 一刚性均质杆重为 200 N。A 处为光滑面约束，B 处为光滑铰链支座，如图所示。当杆位于水平位置时，C 处的弹簧拉伸了 76 mm，弹簧刚度系数为 8 750 N/m。求当约束 A 突然移去时，支座 B 处的约束力。

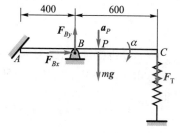

解：分析均质杆 AC，受力如图所示。

由定轴转动刚体的转动微分方程有

$$J_B \cdot \alpha = F_T \cdot 0.6 \text{ m} + mg \cdot 0.1 \text{ m}$$

其中

题 11-13 图

$$F_T = k \cdot \delta, \qquad J_B = \frac{1}{12}ml^2 + m \cdot BP^2$$

解得

$$\alpha = 224 \text{ rad/s}^2, \qquad a_P = \alpha \cdot BP = 22.4 \text{ m/s}^2$$

由质心运动定理有

$$F_{Bx} = 0, \qquad ma_P = mg + F_T - F_{By}$$

解得

$$F_{Bx} = 0, \qquad F_{By} = 416 \text{ N}$$

11-14 图 a 所示不均衡飞轮的质量为 20 kg,对于通过其质心轴 C 的回转半径 $\rho = 65$ mm。假如 100 N 的力作用于手动闸上,若此瞬时飞轮有一逆针向的 5 rad/s 的角速度,而闸块和飞轮之间的动摩擦因数 $f = 0.4$。求此瞬时铰链 B 作用在飞轮上的水平约束力和铅垂约束力。

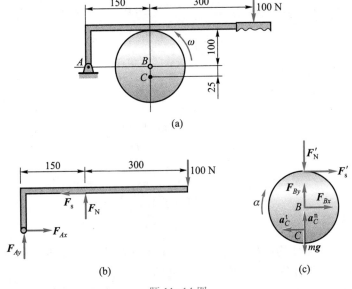

题 11-14 图

解: 分析手动闸,受力如图 b 所示,列平衡方程有

$$\sum M_A(F) = 0, \qquad F_N \cdot 150 \text{ mm} + F_s \cdot 100 \text{ mm} - 100 \text{ N} \cdot 450 \text{ mm} = 0$$

其中

$$F_s = F_N \cdot 0.4$$

解得

$$F_N = 236.8 \text{ N}, F_s = 94.7 \text{ N}$$

分析飞轮,受力如图 c 所示。

由定轴转动刚体的转动微分方程有

$$J_B \cdot \alpha = F'_s \cdot 0.1 \text{ m}$$

其中

$$J_B = J_0 + m \cdot 0.025^2 \text{ m}^2 = 0.097 \text{ kg} \cdot \text{m}^2$$

解得

$$\alpha = 97.7 \text{ rad/s}^2$$

得

$$a_C^t = \alpha \cdot BC = 2.44 \text{ m/s}^2, \qquad a_C^n = \omega^2 \cdot BC = 0.625 \text{ m/s}^2$$

由质心运动定理有

$$ma_C^t = - F_{Bx} - F'_s, \qquad ma_C^n = F_{By} - F'_N - mg$$

解得

$$F_{Bx} = 143.5 \text{ N}, \qquad F_{By} = 445.3 \text{ N}$$

11-15 图示直升机的机厢对 z 轴的转动惯量 $J = 15\ 680 \text{ kg} \cdot \text{m}^2$,主叶桨对 z 轴的转动惯量 $J' = 980 \text{ kg} \cdot \text{m}^2$,已知 z 轴铅垂,主叶桨水平,尾桨的旋转平面铅垂且通过 z 轴,$l = 5.5 \text{ m}$,C 为机厢的重心。

（1）试求主叶桨相对于机厢的转速由 $n_0 = 200 \text{ r/min}$（此时机厢没有旋转）增至 $n_1 = 250 \text{ r/min}$ 时,机厢的转速（大小和转向）;

（2）如上述匀加速过程共经 5 s,若使机厢保持不转动,则可通过开动尾桨来实现,问加在尾部的力应当多大?

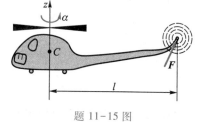

题 11-15 图

解:（1）分析直升机,由于 $\sum M_z(F) = 0$,则动量矩守恒,即 $L_z =$ 常量。

初始时,$L_{z_1} = J' \cdot \dfrac{2\pi n_0}{60}$。

终止时,$L_{z_2} = J' \cdot \dfrac{2\pi(n_1 + n)}{60} + J \cdot \dfrac{2\pi n}{60}$。

由 $L_{z_1} = L_{z_2}$ 解得

$$n = 2.94 \text{ r/min}$$

（2）分析直升机,在尾部受力 F 作用（如图所示）。

由定轴转动刚体的转动微分方程有

$$J' \cdot \alpha = F \cdot l$$

其中

$$\alpha = \frac{2\pi}{60 \times 5}(n_1 - n_0) = \frac{\pi}{3}\,\text{rad/s}^2$$

解得 $$F = 186.6\,\text{N}$$

11-16 电动绞车提升一质量为 m 的物体 A，在其主动轴上有不变的力矩 M。已知主动轴与从动轴和连同安装在这两轴上的齿轮以及其他附属零件的转动惯量分别为 J_1 和 J_2，传动比 $z_2 : z_1 = k$；绳索缠绕在鼓轮上，鼓轮的半径为 R。如图所示，设轴承的摩擦以及绳索的质量均略去不计，求物体 A 的加速度。

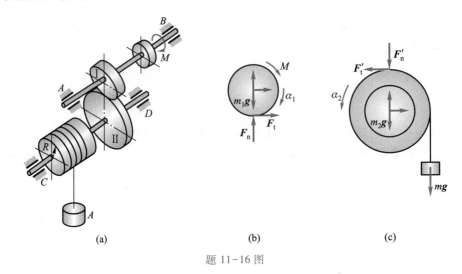

(a)　　　　　　　　　(b)　　　　　　　　　(c)

题 11-16 图

解：分析主动轴，受力如图 b 所示。

由定轴转动刚体的转动微分方程有

$$J_1 \cdot \alpha_1 = M - F_t \cdot r_1$$

分析从动轴，受力如图 c 所示。

由定轴转动刚体的转动微分方程有

$$(mR^2 + J_2) \cdot \alpha_2 = F_t' \cdot r_2 - mgR$$

又

$$\frac{\alpha_1}{\alpha_2} = \frac{z_2}{z_1} = \frac{r_2}{r_1} = k$$

解得

$$\alpha_2 = \frac{Mk - mgR}{J_1 k^2 + mR^2 + J_2}, \qquad a_A = \alpha_2 \cdot R = \frac{Mk - mgR}{J_1 k^2 + mR^2 + J_2}R$$

11-17 图示系统在铅垂平面内绕 A 轴转动,4 个小圆盘(可视为质点)的质量均为 m。(1)若不计各杆的质量;(2)若四根均质杆的质量均为 m;试分别写出系统的运动微分方程。

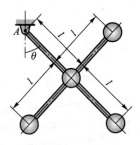

题 11-17 图

解: (1) $L_A = m\omega \cdot l^2 + 2m \cdot \omega \cdot (\sqrt{2}l)^2 + m \cdot \omega (2l)^2 = 9m\omega l^2$

$\sum M_A(\boldsymbol{F}) = 3mgl \cdot \sin\theta + mg \cdot 2l\sin\theta = -5mgl\sin\theta$

由动量矩定理有

$$\frac{\mathrm{d}L_A}{\mathrm{d}t} = \sum M_A(\boldsymbol{F})$$

解得

$$\frac{\mathrm{d}^2\theta}{\mathrm{d}t^2} + \frac{5g}{9l}\sin\theta = 0$$

(2) $L_A = 9m\omega l^2 + \frac{1}{3} \cdot 2m(2l)^2 \cdot \omega + \left[\frac{1}{12} \cdot 2m(2l)^2 + 2m \cdot l^2\right]\omega$

$\qquad = \frac{43}{3}m\omega l^2$

$\sum M_A(\boldsymbol{F}) = -5mgl\sin\theta - 4mgl\sin\theta$

由动量矩定理有

$$\frac{\mathrm{d}L_A}{\mathrm{d}t} = \sum M_A(\boldsymbol{F})$$

解得

$$\frac{\mathrm{d}^2\theta}{\mathrm{d}t^2} + \frac{27g}{43l}\sin\theta = 0$$

11-18 两个半径为 $r = 75$ mm 的均质圆盘 A,B,质量均为 4 kg,它们与小电

动机 D 安装在质量为 6 kg 的矩形平台上,该平台可绕中心铅垂轴 z 旋转,如图所示。小电动机的正常转速为 180 r/min。若电动机从系统静止开始运转,假定系统的润滑状态是良好的,并略去电动机的质量。试求下列三种情况下电动机达到正常运转后,系统各部件的转速:(1)胶带平行布置;(2)胶带拆去;(3)胶带绕成 ∞ 形。

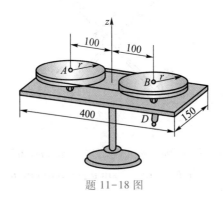

题 11-18 图

解:(1)分析整体,因 $M_z(\boldsymbol{F}) = 0$,有 $L_z = $ 常量。

初始系统静止有 $L_{z_1} = 0$。

当电动机转速达到 180 r/min 时,平台转速为 n_1,则轮的转速为 $n_2 = n_1 + 180$ r/min,有

$$L_{z_2} = J_{台} \cdot \frac{2\pi n_1}{60} + 2\left(\frac{1}{2} m_A r^2 \cdot \frac{2\pi n_2}{60} + m_A \cdot v_A \cdot 0.1 \text{ m} \right)$$

其中

$$v_A = \frac{2\pi n_1}{60} \cdot 0.1 \text{ m}, \qquad J_{台} = \frac{1}{12} m_{台} (0.4^2 \text{ m}^2 + 0.15^2 \text{ m}^2)$$

由 $L_{z_1} = L_{z_2}$ 有

$$n_1 = -20.9 \text{ r/min}, \qquad n_2 = 159.1 \text{ r/min}$$

(2)参照(1)的分析,$L_z = $ 常量。

折去胶带,$n_A = 0$ 有

$$L_{z_2} = J_{台} \cdot \frac{2\pi n_1}{60} + \frac{1}{2} m_B r^2 \cdot \frac{2\pi n_2}{60} + 2 m_B \cdot v_B \cdot 0.1 \text{ m}$$

其中

244

$$v_B = \frac{2\pi n_1}{60} \cdot 0.1 \text{ m}$$

由 $L_{z_1} = L_{z_2}$ 有

$$n_1 = -11.1 \text{ r/min}, \qquad n_2 = 168.9 \text{ r/min}$$

（3）参照(1)的分析, L_z = 常量。

胶带绕成 ∞ 形时, A, B 两盘等速反向运动,则

$$L_{z_2} = J_{台} \cdot \frac{2\pi n_1}{60} + \frac{1}{2} m_A r^2 \cdot \frac{n_1 - 180 \text{ r/min}}{60} + \frac{1}{2} m_B r^2 \cdot \frac{n_1 + 180 \text{ r/min}}{60} + 2 m_B \cdot v_B \cdot 0.1 \text{ m}$$

由 $L_{z_1} = L_{z_2}$ 有

$$n_1 = 0, \qquad n_B = 180 \text{ r/min}, \qquad n_A = -180 \text{ r/min}$$

11-19 四连杆机构如图所示,已知 $OA = 0.06$ m, $AB = 0.18$ m, $DB = BE = 0.153$ m, DE 杆为均质细杆,质量 $m = 10$ kg,而 OA 及 AB 杆的质量可忽略不计,并略去一切摩擦。若 OA 以角速度 $\omega = 6\pi$ rad/s 匀速转动,求图示位置连杆 AB 及铰链 D 的约束力。

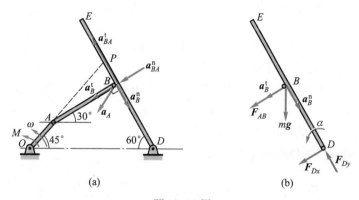

题 11-19 图

解:如图 a 所示,杆 AB 瞬心为 P。

$$v_A = \omega \cdot OA = \omega_{AB} \cdot \frac{AB}{\cos 15°}, \qquad \omega_{AB} = 2\pi \cos 15°$$

$$v_B = \omega_{AB} \cdot PB = 2\pi \sin 15° \cdot 0.18 \text{ m}$$

以 A 为基点,分析 B 点加速度。

$$a_B^n + a_B^t = a_A + a_{BA}^n + a_{BA}^t$$

$$\frac{v_B^2}{BD} \quad \alpha_B \cdot BD \quad \omega^2 \cdot OA \quad \omega_{AB}^2 \cdot AB$$

有

$$\alpha_B = 177.72 \text{ rad/s}^2, \quad a_B^t = 27.19 \text{ m/s}^2, \quad a_B^n = 0.559 \text{ m/s}^2$$

分析杆 DE，受力如图 b 所示。

由定轴转动刚体转动微分方程有

$$J_D \cdot \alpha_B = F_{AB} \cdot BD + mg \cdot BD \cdot \cos 60°$$

解得

$$F_{AB} = 313.5 \text{ N}$$

由质心运动定理有

$$m \cdot a_B^n = mg \cdot \cos 30° - F_{Dy}$$

$$m \cdot a_B^t = F_{AB} + F_{Dx} + mg \cdot \sin 30°$$

解得

$$F_{Dx} = 79.3 \text{ N}, \qquad F_{Dy} = 90.6 \text{ N}$$

11-20 均质圆柱体的半径为 r，重量为 P，放在粗糙的水平面上，如图所示。设其中心 C 初速度为 v_0，方向水平向右，同时圆柱如图所示方向转动，其初角速度为 ω_0，且有 $\omega_0 r < v_0$。如圆柱体与水平面的动摩擦因数为 f，问：（1）经过多少时间，圆柱体才能只滚不滑地向前运动？并求该瞬时圆柱体中心的速度；（2）圆柱体的中心移动多少距离，开始作纯滚动？

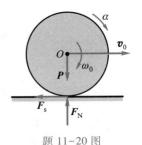

题 11-20 图

解：（1）分析均质圆柱体，受力如图所示。

由平面运动刚体的运动微分方程有

$$\frac{P}{g} a_O = -F_s, \quad F_N - P = 0, \quad \frac{1}{2} \frac{P}{g} r^2 \cdot \alpha = F_s \cdot r$$

其中

$$F_s = F_N \cdot f = P \cdot f$$

有

$$a_O = -gf, \qquad \alpha = \frac{2gf}{r}$$

则

$$v = v_0 - gft \tag{1}$$

$$\omega = \omega_0 + \frac{2gf}{r}t$$

当圆柱体纯滚动时有

$$v = \omega r, \quad 则 \quad t = \frac{v_0 - \omega_0 r}{3gf}$$

解得

$$v = \frac{2}{3}v_0 + \frac{1}{3}\omega_0 r$$

（2）由式（1）有

$$s = v_0 t - \frac{1}{2}gft^2$$

将 $t = \frac{v_0 - \omega_0 r}{3gf}$ 代入，解得

$$s = \frac{5v_0^2 - 4v_0 r\omega_0 - r^2\omega_0^2}{18gf}$$

11-21 如图所示，有一轮子，轴的直径为 50 mm，无初速地沿倾角 $\theta = 20°$ 的轨道只滚不滑，5 s 内轮心滚动的距离为 $s = 3$ m。求轮子对轮心的惯性半径。

解：分析轮子，受力如图所示。

由平面运动刚体的运动微分方程有

$$m \cdot a_C = mg \cdot \sin\theta - F_s$$

$$J_C \cdot \alpha = F_s \cdot r$$

又

$$a_C = \alpha \cdot r$$

有

$$\alpha = \ddot{\varphi} = \frac{mgr}{mr^2 + J_C}\sin\theta \tag{1}$$

初始条件为

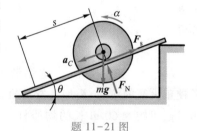

题 11-21 图

$$t = 0 \text{ 时}, \quad \varphi = \dot{\varphi} = 0$$

积分式(1)可得

$$\varphi = \frac{mgr\sin\theta}{2(mr^2 + J_C)} \quad \text{而 } J_C = m\rho^2$$

当 $t = 5$ s 时,$s = \varphi \cdot r = 3$ m

解得

$$\rho = 0.09 \text{ m}$$

11-22 均质圆柱体的质量为 m,半径为 r,放在倾角为 60° 的斜面上。一细绳缠绕在圆柱体上,其一端固定于点 A,此绳与 A 相连部分与斜面平行,如图所示。若圆柱体与斜面间的摩擦因数为 $f = 1/3$,求圆柱体质心加速度。

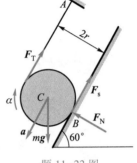

解:分析圆柱体,受力如图所示。

由平面运动刚体的运动微分方程有

$$J_C \cdot \alpha = \frac{1}{2}mr^2 \cdot \alpha = (F_T - F_s)r$$

$$m \cdot a = mg\sin 60° - F_T - F_s$$

纯滚动有

$$a = \alpha \cdot r$$

而

$$F_s = F_N \cdot f = mg\cos 60° \cdot f$$

解得

$$a = 0.355\ g$$

题 11-22 图

11-23 如图所示,一火箭装备两台发动机 A 和 B。为了校正火箭的航向,需加大发动机 A 的推力。火箭的质量为 10^5 kg,可视为 60 m 长的均质杆。在未增加推力时,各发动机的推力均为 2×10^3 kN。现要求火箭在 1 s 内转 1°,求发动机 A 所需增加的推力。

解:分析火箭,受力如图所示。

根据题意有

$$\varphi = \frac{1}{2}\alpha t^2$$

即

$$\alpha = \frac{2\varphi}{t^2} = \frac{\pi}{90} \text{ rad/s}$$

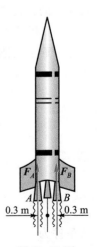

题 11-23 图

由相对于质心的动量矩定理有

$$J_C \cdot \alpha = \frac{1}{12}ml^2 \cdot \alpha = (F_A + \Delta F) \cdot 0.3 \text{ m} - F_B \cdot 0.3 \text{ m} = \Delta F \cdot 0.3 \text{ m}$$

解得

$$\Delta F = 3.49 \times 10^6 \text{ N}$$

11-24 如图 a 所示,两小球 A 和 B,质量分别为 $m_A = 2$ kg, $m_B = 1$ kg,用 $AB = l = 0.6$ m 的杆连接。在初瞬时,杆在水平位置,B 不动,而 A 的速度 $v_A = 0.6$ πm/s,方向铅垂向上。杆的质量和小球的尺寸忽略不计。求:(1)两小球在重力作用下的运动;(2)在 $t = 2$ s 时,两小球相对于定坐标系 Axy 的位置;(3)$t = 2$ s时杆轴线方向的内力。

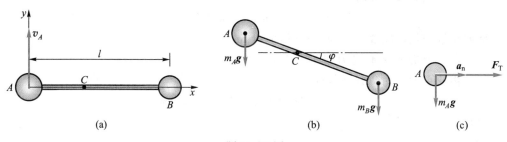

题 11-24 图

解:(1)分析整个系统,如图 a 所示。由质心坐标公式有

$$AC = 0.2 \text{ m}, \qquad BC = 0.4 \text{ m}$$

由 $\sum F_x = 0$,质心守恒定律有质心 C 的 x 坐标不变,即 $x_C = AC = 0.2$ m

系统运动到某一位置,如图 b 所示。

由 $\sum M_C(\boldsymbol{F}) = 0$,动量矩守恒,即 $L_C = $ 常量。初始时有

$$L_{C_0} = m_A v_A \cdot AC$$

运动到某一位置时有

$$L_C = (m_A AC^2 + m_B BC^2)\omega$$

由 $L_{C_0} = L_C$ 解得

$$\omega = \pi, \qquad 则 \qquad \varphi = \pi t$$

由质心运动定理有

$$(m_A + m_B)a_{Cy} = -(m_A + m_B)g$$

得

$$a_{Cy} = \ddot{y}_C = -g$$

初始条件为

$$t = 0 \text{ 时}, y_C = 0$$

$$\dot{y} = \frac{v_A}{AB} \cdot BC = 0.4\pi \text{ m/s}$$

得

$$y_C = -\frac{1}{2}gt^2 + 0.4\pi t$$

所以系统的运动为平面运动,平面运动刚体的运动方程为

$$x_C = 0.2, \quad y_C = -\frac{1}{2}gt^2 + 0.4\pi t, \quad \varphi = \pi t$$

(2) 当 $t = 2$ s 时,有

$$y_C = -17.1 \text{ m}, \qquad \varphi = 2\pi$$

此时位置与初始位置平行,质心下移 17.1 m。

(3) 分析小球 A,受力如图 c 所示。

由质点的运动微分方程有

$$m_A \cdot \omega^2 \cdot AC = F_T, \quad \text{其中} \quad \omega = \pi$$

解得

$$F_T = 3.94 \text{ N}$$

11-25 图示均质杆 AB 长为 l,放在铅垂平面内,杆的一端 A 靠在光滑铅垂墙上,另一端 B 放在光滑的水平地板上,并与水平面成 φ_0 角。此后,杆由静止状态倒下。求:(1) 杆在任意位置时的角加速度和角速度;(2) 当杆脱离墙时,此杆与水平面所夹的角。

解:(1) 建立如图所示坐标系,则

$$x_C = \frac{l}{2}\cos\varphi, \qquad y_C = \frac{l}{2}\sin\varphi$$

又

$$\dot{\varphi} = -\omega, \qquad \ddot{\varphi} = -\alpha$$

有

$$a_{Cx} = \ddot{x}_C = \frac{l}{2}(\alpha\sin\varphi - \omega^2\cos\varphi)$$

$$a_{Cy} = \ddot{y}_C = -\frac{l}{2}(\alpha\cos\varphi + \omega^2\sin\varphi)$$

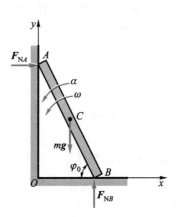

题 11-25 图

分析杆 AB,受力如图所示,由平面运动刚体的运动微分方程有

$$ma_{Cx} = F_{NA}, \quad ma_{Cy} = F_{NB} - mg, \quad \frac{1}{12}ml^2 \cdot \alpha = F_{NB} \cdot \frac{l}{2}\cos\varphi - F_{NA} \cdot \frac{l}{2}\sin\varphi$$

解得

$$\alpha = \frac{3g}{2l}\cos\varphi$$

由

$$\alpha = \frac{\mathrm{d}\omega}{\mathrm{d}t} = \frac{\mathrm{d}\omega}{\mathrm{d}\varphi} \cdot \frac{\mathrm{d}\varphi}{\mathrm{d}t} = \frac{3g}{2l}\cos\varphi$$

有

$$\int_0^\omega \omega \mathrm{d}\omega = \int_{\varphi_0}^\varphi -\frac{3g}{2l}\cos\varphi \cdot \mathrm{d}\varphi$$

解得

$$\omega = \sqrt{\frac{3g}{l}(\sin\varphi_0 - \sin\varphi)}$$

（2）由 $F_{NA} = ma_{Cx} = \frac{ml}{2}(\alpha\sin\varphi - \omega^2\cos\varphi) = 0$ 有

$$\sin\varphi = \frac{2}{3}\sin\varphi_0$$

解得

$$\varphi = \arcsin\left(\frac{2}{3}\sin\varphi_0\right)$$

11-26 均质杆 AB 长为 l,重为 $\boldsymbol{P}$,一端与可在倾角 $\theta = 30°$ 的斜槽中滑动的滑块铰连,而另一端用细绳相系。在图 a 所示位置,杆 AB 水平且处于静止状态,夹角 $\beta = 60°$。假设不计滑块质量及各处摩擦,求当突然剪断细绳瞬时,滑槽的约束力以及杆 AB 的角加速度。

解:如图 a 所示,以 A 为基点,分析 C 点加速度,有

$$\boldsymbol{a}_C = \boldsymbol{a}_A + \boldsymbol{a}_{CA}^t + \boldsymbol{a}_{CA}^n$$

$$\alpha_{AB} \cdot \frac{l}{2} \qquad 0$$

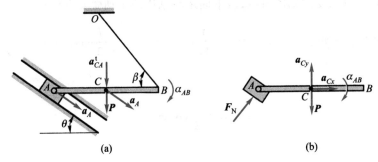

题 11-26 图

则

$$a_{Cx} = a_A \cdot \cos 30°, \qquad a_{Cy} = -a_A \sin 30° - a_{CA}^t = -a_A \sin 30° - \alpha_{AB} \cdot \frac{l}{2}$$

分析杆 AB 及滑块,受力如图 b 所示。

由平面运动刚体的运动微分方程有

$$J_C \alpha_{AB} = \frac{1}{12} \frac{P}{g} l^2 \cdot \alpha_{AB} = F_N \cdot \sin 60° \cdot \frac{l}{2}$$

$$\frac{P}{g} a_{Cx} = F_N \cdot \cos 60°$$

$$\frac{P}{g} a_{Cy} = F_N \cdot \sin 60° - P$$

解得

$$\alpha_{AB} = \frac{18g}{13l}, \qquad F_N = 0.266P$$

11-27 均质圆柱体 A 和飞轮 B 的质量均为 m,外半径都等于 r,中间用直杆以铰链连接,如图 a 所示。令它们沿斜面无滑动地滚下。假设斜面与水平面的夹角为 θ,飞轮 B 可视为质量集中于外缘的薄圆环,杆 AB 的质量忽略不计,求杆 AB 的加速度和杆的内力。

解:分析飞轮 B,受力如图 b 所示,由平面运动刚体的运动微分方程有

$$m \cdot a_B = mg \sin \theta - F_{sB} - F_{AB}$$

$$J_B \cdot \alpha_B = mr^2 \cdot \alpha_B = F_{sB} \cdot r$$

纯滚动有

$$a_B = \alpha_B \cdot r$$

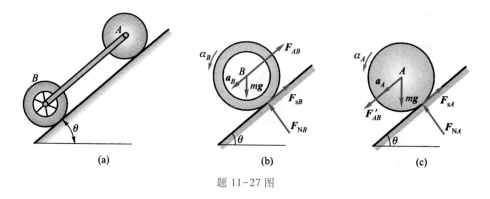

分析圆柱体 A，受力如图 c 所示，由平面运动刚体的运动微分方程有

$$m \cdot a_A = mg\sin\theta + F'_{AB} - F_{sA}$$

$$J_A \cdot \alpha_A = \frac{1}{2}mr^2\alpha_A = F_{sA} \cdot r$$

纯滚动有

$$a_A = \alpha_A \cdot r$$

且

$$a_A = a_B$$

解得

$$a_A = a_B = \frac{4}{7}g\sin\theta, \qquad F_{AB} = -\frac{1}{7}mg\sin\theta$$

11-28　均质圆柱体 A 和 B 的质量均为 m，半径为 r，一绳缠在绕固定轴 O 转动的圆柱 A 上，绳的另一端绕在圆柱 B 上，直线绳段铅垂，如图 a 所示。摩擦不计。求：(1) 圆柱体 B 下落时质心的加速度；(2) 若在圆柱体 A 上作用一逆时针转向，矩为 M 的力偶，问在什么条件下圆柱体 B 的质心加速度将向上。

解：(1) 分析圆柱 O，受力如图 b 所示。

由定轴转动刚体转动微分方程有

$$J_O \cdot \alpha_1 = \frac{1}{2}mr^2 \cdot \alpha_1 = F_T \cdot r$$

分析圆柱 B，受力如图 c 所示。

由平面运动刚体运动微分方程有

$$\left.\begin{array}{l} J_B \cdot \alpha_2 = \dfrac{1}{2}mr^2 \cdot \alpha_2 = F'_T \cdot r \\[2mm] m \cdot a_B = mg - F'_T \end{array}\right\} \qquad (1)$$

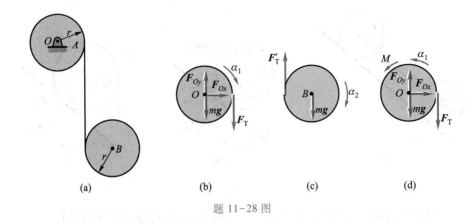

(a)　　　　　(b)　　　　(c)　　　　(d)

题 11-28 图

又有

$$a_B = (\alpha_1 + \alpha_2) r$$

解得

$$a_B = \frac{4}{5} g$$

（2）分析圆柱 O，受力如图 d 所示。

由定轴转动刚体转动微分方程有

$$J_O \cdot \alpha_1 = \frac{1}{2} m r^2 \cdot \alpha_1 = M - F_T \cdot r$$

分析圆柱 B，受力仍如图 c 所示。由平面运动刚体的运动微分方程所列方程同式（1），不同的是 $a_B = (\alpha_1 - \alpha_2) \cdot r$，解得

$$M > 2mgr$$

11-29　板重 P_1，受水平力 F 作用，沿水平面运动，板与平面间的动摩擦因数为 f。在板上放一重为 P_2 的均质实心圆柱，如图 a 所示，此圆柱对板只滚动而不滑动。求板的加速度。

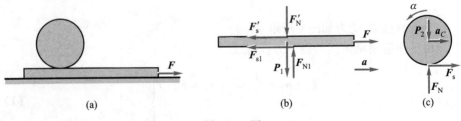

(a)　　　　　　　(b)　　　　　　(c)

题 11-29 图

解：分析板，受力如图 b 所示。

由质点的运动微分方程有

$$F_{N1} - F'_N - P_1 = 0$$

$$\frac{P_1}{g}a = F - F'_s - F_{s1}$$

分析圆柱，受力如图 c 所示。

由平面运动刚体的运动微分方程有

$$F_N - P_2 = 0$$

$$\frac{P_2}{g}a_C = F_s$$

$$J_C \cdot \alpha = \frac{1}{2}\frac{P_2}{g}r^2 \cdot \alpha = F_s \cdot r$$

又

$$a_C = a - \alpha r, \qquad F_{s1} = F_{N1} \cdot f$$

解得

$$a = \frac{3\left[F - (P_1 + P_2)f\right]}{3P_1 + P_2}g$$

11–30 图 a 所示齿轮 A 和鼓轮是一整体，放在齿条 B 上，齿条则放在光滑水平面上；鼓轮上绕有不可伸长的软绳，绳的另一端水平地系在点 D。已知齿轮、鼓轮的半径分别为 $R = 1.0$ m，$r = 0.6$ m，总质量 $m_A = 200$ kg，对质心 C 的回转半径 $\rho = 0.8$ m，齿条质量 $m_B = 100$ kg。如果当系统处于静止时，在齿条上作用一个水平力 $F = 1\,500$ N，求：（1）绳子的拉力；（2）鼓轮的运动方向及在开始 5 s 内转过的转角。

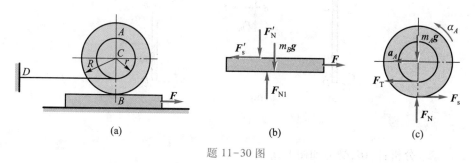

题 11–30 图

解：（1）分析齿条，受力如图 b 所示。

由质点的运动微分方程有

$$m_B a_B = F - F'_s$$

分析轮,受力如图 c 所示。

由平面运动刚体的运动微分方程有

$$m_A \cdot a_A = F_T - F_s$$

$$m_A \rho^2 \cdot \alpha_A = F_s R - F_T \cdot r$$

其中

$$a_A = \alpha_A \cdot r, \qquad a_B = \alpha_A (R - r)$$

解得

$$F_T = 1\ 722\ \text{N}, \quad \alpha = 2.78\ \text{rad/s}^2$$

(2) 由 $\alpha = 2.78\ \text{rad/s}^2$ 以及初始静止有

$$\varphi = \frac{1}{2} \alpha_A t^2$$

即

$$\varphi = 1.39 t^2$$

当 $t = 5$ s 时,鼓轮转过 5.33 圈。

11-31 长为 l,质量为 m 的匀质杆 AB,BD 用铰链 B 连接,并用铰链 A 固定,位于图 a 所示平衡位置。今在 D 端作用一水平力 F,求此瞬时两杆的角加速度。

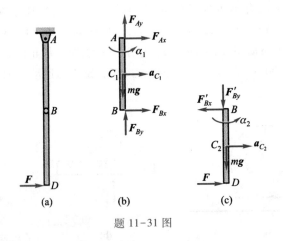

题 11-31 图

解:分析杆 AB,受力如图 b 所示。

由定轴转动刚体的转动微分方程有

$$J_{AB}^A \cdot \alpha_1 = \frac{1}{3} m l^2 \cdot \alpha_1 = F_{Bx} \cdot l$$

分析杆 BD,受力如图 c 所示。

由平面运动刚体的运动微分方程有

$$ma_{C_2} = F - F'_{Bx}$$

$$J_{BD}^{C_2}\alpha_2 = \frac{1}{12}ml^2 \cdot \alpha_2 = F \cdot \frac{l}{2} + F'_{Bx} \cdot \frac{l}{2}$$

其中

$$a_{C_2} = \alpha_1 l + \alpha_2 \cdot \frac{l}{2}$$

解得

$$\alpha_1 = -\frac{6F}{7ml}, \qquad \alpha_2 = \frac{30F}{7ml}$$

11-32　长为 l 重为 P 的均质杆 AB,在 A 和 D 处用销钉连在圆盘上,如图所示。设圆盘在铅垂面内以等角速度 ω_0 顺时针转动,当杆 AB 位于水平位置瞬时,销钉 D 突然被抽掉,因而杆 AB 可绕 A 点自由转动。试求销钉 D 被抽掉瞬时,杆 AB 的角加速度和销钉 A 处的约束力。

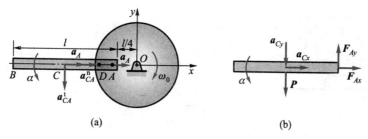

题 11-32 图

解:以 A 为基点,分析 C 点加速度(如图 a 所示)。

$$\begin{array}{ccccc}
\boldsymbol{a}_C &=& \boldsymbol{a}_A &+& \boldsymbol{a}_{CA}^{t} &+& \boldsymbol{a}_{CA}^{n} \\
&& \omega_0^2 \cdot \dfrac{l}{4} && \alpha \cdot \dfrac{l}{2} && \omega_0^2 \cdot \dfrac{l}{2}
\end{array}$$

则

$$a_{Cx} = a_A + a_{CA}^{n} = \frac{3}{4}\omega_0^2 \cdot l$$

$$a_{Cy} = \alpha \cdot \frac{l}{2}$$

分析杆 AB，受力如图 b 所示。

由平面运动刚体的运动微分方程有

$$\frac{P}{g} \cdot a_{Cx} = F_{Ax}$$

$$\frac{P}{g} \cdot a_{Cy} = mg - F_{Ay}$$

$$\frac{1}{12}\frac{P}{g}l^2 \cdot \alpha = F_{Ay} \cdot \frac{l}{2}$$

解得

$$\alpha = \frac{3g}{2l}, \quad F_{Ax} = \frac{3P}{4g}\omega_0^2 l, \quad F_{Ay} = \frac{P}{4}$$

11-33 重物 A 质量为 m_1，系在绳子上，绳子跨过固定滑轮 D，并绕在鼓轮 B 上，如图 a 所示。由于重物下降，带动了轮 C，使它沿水平轨道滚动而不滑动。设鼓轮半径为 r，轮 C 的半径为 R，两者固结在一起，总质量为 m_2，对于其水平轴 O 的回转半径为 ρ，均质滑轮 D 的质量为 m_3，半径为 r_1。求重物 A 的加速度。

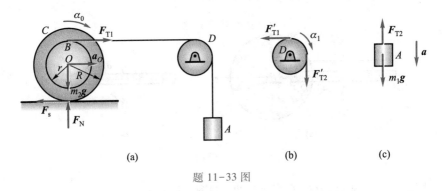

(a) (b) (c)

题 11-33 图

解：分析鼓轮 B，受力如图 a 所示。

由平面运动刚体的运动微分方程有

$$F_{T1} - F_s = m_2 a_O$$

$$F_{T1} \cdot r + F_s \cdot R = m\rho_2^2 \cdot \alpha_O$$

其中 $a_O = \alpha_O R$。

分析滑轮 D，受力如图 b 所示。

由定轴转动刚体的转动微分方程有

$$J_D \cdot \alpha_1 = \frac{1}{2} m_3 r_1^2 \cdot \alpha_1 = (F'_{T2} - F'_{T1}) \cdot r_1$$

分析重物 A,受力如图 c 所示。

由质心运动定理有

$$m_1 a = m_1 g - F_{T2}$$

其中 $a = \alpha_0 (R + r) = \alpha_1 \cdot r_1$。

解得

$$a = \frac{2m_1 g (R + r)^2}{(2m_1 + m_3)(R + r)^2 + 2m_2(\rho^2 + R^2)}$$

11-34 如图 a 所示平面机构处于水平面内,均质杆 OA 质量为 m,长为 r,可绕固定铰支座 O 定轴转动,并通过铰链 A 带动长为 $2\sqrt{2}r$、质量也为 m 的均质杆 AB 沿套筒 D 滑动。初始系统处于静止,$OA \perp OD$,且 $OA = OD = r$,摩擦不计,若在杆 OA 上施加矩为 M 逆时针方向的力偶,试求施加力偶瞬时,杆 AB 的角加速度和套筒 D 处约束力。

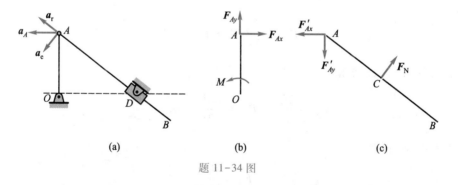

(a)　　　　　(b)　　　　　(c)

题 11-34 图

解:以 A 为动点,套筒 D 为动系,加速度合成关系如图 a 所示。

$$a_A = a_e^t + a_e^n + a_r + a_C$$

初瞬时有 $a_e^n = a_C = 0$,a_A 沿水平方向,有

$$a_e = a_r = \frac{\sqrt{2}}{2} a_A = \frac{\sqrt{2}}{2} \alpha_1 r$$

杆 AB 的角加速度为 $\alpha_2 = \dfrac{a_e}{AC} = \dfrac{\alpha_1}{2}$。

以杆 AB 质心 C 为动点,套筒 D 为动系,有

$$a_{Ca} = a_e + a_r + a_C$$

其中 $a_e = a_C = 0$ 有

$$a_{Ca} = a_r = \frac{\sqrt{2}}{2}\alpha_1 r$$

分析杆 OA，受力如图 b 所示。

由定轴转动刚体转动微分方程，有

$$M - F_{Ax}r = \frac{mr^2}{3}\alpha_1 \qquad\qquad (1)$$

分析杆 AB，受力如图 c 所示。

由平面运动刚体运动微分方程，有

$$\frac{\sqrt{2}}{2}F'_{Ax} - \frac{\sqrt{2}}{2}F'_{Ay} = ma_C = \frac{\sqrt{2}}{2}m\alpha_1 r \qquad\qquad (2)$$

$$\frac{\sqrt{2}}{2}(F'_{Ax} + F'_{Ay})\sqrt{2}r = ma_C = \frac{1}{12}m(2\sqrt{2}r)^2\alpha_2 \qquad\qquad (3)$$

$$F_N - \frac{\sqrt{2}}{2}(F'_{Ax} + F'_{Ay}) = 0 \qquad\qquad (4)$$

由式(1),(2),(3)解得

$$F_{Ax} = \frac{2M}{3r}, \quad F_{Ay} = -\frac{M}{3r}, \quad \alpha_1 = \frac{M}{mr^2}$$

代入式(4)解得

$$F_N = \frac{M}{6r}$$

第十二章 动能定理

12-1 圆盘的半径 $r = 0.5$ m,可绕水平轴 O 转动。在绕过圆盘的绳上吊有两物块 A、B,质量分别为 $m_A = 3$ kg,$m_B = 2$ kg。绳与盘之间无相对滑动。在圆盘上作用一力偶,力偶矩按 $M = 4\varphi$ 的规律变化(M 以 N·m 计,φ 以 rad 计)。求由 $\varphi = 0$ 到 $\varphi = 2\pi$ 时,力偶 M 与物块 A,B 重力所作的功总和。

解:$W = \int_0^{2\pi} 4\varphi \mathrm{d}\varphi + (m_A - m_B)g2\pi r = 110$ J

12-2 用跨过滑轮的绳子牵引质量为 2 kg 的滑块 A 沿倾角为 30°的光滑斜槽运动。设绳子拉力 $F = 20$ N。计算滑块由位置 A 至位置 B 时,重力与拉力 F 所作的总功。

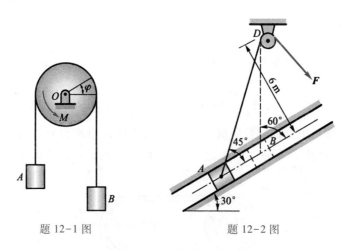

题 12-1 图　　　　　　　　题 12-2 图

解:$\overline{AB} = 6$ m$(\cot 45° - \cot 60°) = 2.536$ m

$$\overline{AD} - \overline{BD} = \frac{6 \text{ m}}{\sin 45°} - \frac{6 \text{ m}}{\sin 60°} = 1.556 \text{ m}$$

则

$$W = F \cdot (\overline{AD} - \overline{BD}) - mg \cdot \overline{AB} \cdot \sin 30° = 6.27 \text{ J}$$

12-3 计算下列情况下各均质物体的动能。(1)重为 P,长为 l 的直杆以

角速度 ω 绕 O 轴转动;(2)重为 P,半径为 r 的圆盘以角速度 ω 绕 O 轴转动;(3)重为 P,半径为 r 的圆盘在水平面上作纯滚动,质心 C 的速度为 v;(4)重为 P,长为 l 的直杆以角速度 ω 绕球铰 O 转动,杆与铅垂线的交角为 α(常数)。

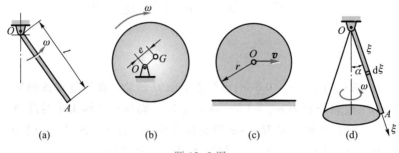

(a)　　　　(b)　　　　(c)　　　　(d)

题 12-3 图

解:(1) $T = \dfrac{1}{2}J_0\omega^2 = \dfrac{1}{2} \cdot \dfrac{1}{3}\dfrac{P}{g}l^2\omega^2 = \dfrac{P}{6g}l^2\omega^2$

(2) $T = \dfrac{1}{2}J_0\omega^2 = \dfrac{1}{2}\left(\dfrac{1}{2}\dfrac{P}{g}r^2 + \dfrac{P}{g}e^2\right)\omega^2$

(3) $T = \dfrac{1}{2}\dfrac{P}{g}v^2 + \dfrac{1}{2} \cdot \dfrac{1}{2}\dfrac{P}{g}r^2 \cdot \left(\dfrac{v}{r}\right)^2 = \dfrac{3}{4}\dfrac{P}{g}v^2$

(4)如图 d 所示取微元 $\mathrm{d}\xi$,则 $\mathrm{d}T = \dfrac{1}{2}(\xi\sin\alpha\omega)^2 \cdot \dfrac{P}{gl} \cdot \mathrm{d}\xi$ 有

$$T = \int_0^l \dfrac{P}{2gl}\sin^2\alpha\omega^2\xi^2\mathrm{d}\xi = \dfrac{P}{6g}l^2\omega^2\sin^2\alpha$$

12-4 图示坦克的履带质量为 m,两个车轮的质量均为 m_1。车轮被看成均质圆盘,半径为 R,两车轮间的距离为 πR。设坦克前进速度为 v,试计算此质点系的动能。

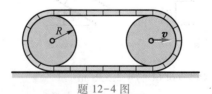

题 12-4 图

解: $T = 2 \times \left(\dfrac{1}{2}m_1v^2 + \dfrac{1}{2} \cdot \dfrac{1}{2}m_1R^2\omega^2\right) + \dfrac{1}{2} \cdot \dfrac{1}{4}m(2v)^2 +$

$\qquad \dfrac{1}{2} \cdot \dfrac{1}{2}mR^2 \cdot \omega^2 + \dfrac{1}{2} \cdot \dfrac{1}{2}mv^2$

其中 $\omega = \dfrac{v}{R}$。

解得

$$T = \frac{3}{2}m_1v^2 + mv^2$$

12-5 自动弹射器如图放置,弹簧在未受力时的长度为 200 mm,恰好等于筒长。欲使弹簧改变 10 mm,需力 2N。如弹簧被压缩到 100 mm,然后让质量为 30 g 的小球自弹射器中射出。求小球离开弹射器筒口时的速度。

解:

$$T_1 = 0, \quad T_2 = \frac{1}{2}mv^2$$

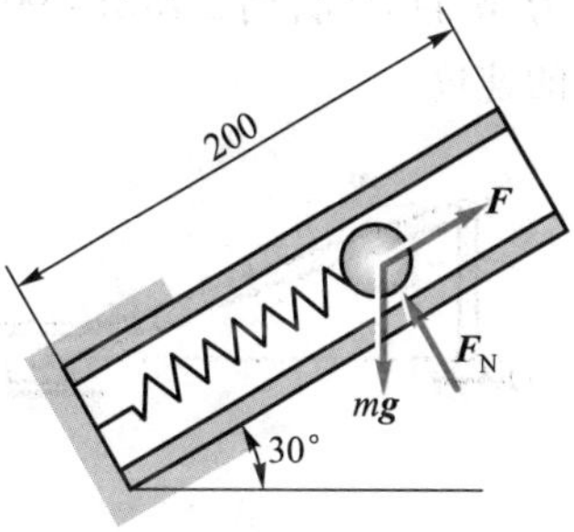

小球受力如图所示,则力做功为

$$W = \frac{1}{2}k \cdot \delta^2 - mg \cdot \delta \sin 30°$$

由动能定理有

$$\frac{1}{2}mv^2 = \frac{1}{2}k \cdot \delta^2 - mg\delta\sin 30°$$

其中 $k = \dfrac{F}{\delta_1} = \dfrac{2}{0.01}$ N/m $= 200$ N/m。

解得

$$v = 8.1 \text{ m/s}$$

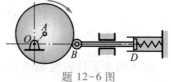

题 12-5 图

12-6 图示凸轮机构位于水平面内,偏心轮 A 使从动杆 BD 作往复运动,与杆相连的弹簧保证杆始终与偏心轮接触,其刚度系数为 k,当杆在极左位置时弹簧不受压力。已知偏心轮重为 P,半径为 r,偏心距 $OA = r/2$。不计杆重和摩擦,要使从动杆由极左位置移至极右位置,偏心轮的初角速度至少应为多少?

题 12-6 图

解:$T_1 = \dfrac{1}{2}J_O\omega^2$,其中 $J_O = \dfrac{1}{2}\dfrac{P}{g}r^2 + \dfrac{P}{g}\left(\dfrac{r}{2}\right)^2 = \dfrac{3}{4}\dfrac{P}{g}r^2$。

$T_2 = 0$

运动过程只有弹力作功,有

$$W = -\frac{1}{2}kr^2$$

由动能定理有

$$\frac{1}{2}J_O\omega^2 = \frac{1}{2}kr^2$$

解得

$$\omega = 2\sqrt{\frac{kg}{3P}}$$

12-7 图示曲柄连杆机构位于水平面内,曲柄重为 P,长为 r,连杆重为 Q,长为 l,滑块重为 G,曲柄和连杆可视为均质细长杆。今在曲柄上作用一不变的矩为 M 的力偶,当 $\angle BOA = 90°$ 时,A 点的速度为 v。求当曲柄转至水平位置时 A 点的速度。

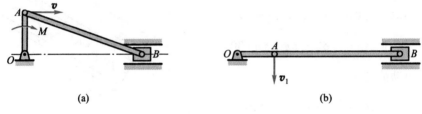

(a)   (b)

题 12-7 图

解:初瞬时如图 a 所示,杆 AB 瞬时平移。

$$v_B = v_A = v, \quad \omega_{AB} = 0$$

则

$$T_1 = \frac{1}{2}\left(\frac{1}{3}\frac{P}{g}r^2\right) \cdot \left(\frac{v}{r}\right)^2 + \frac{1}{2}\frac{Q}{g}v^2 + \frac{1}{2}\frac{G}{g}v^2$$

$$= \left(\frac{P}{6} + \frac{Q}{2} + \frac{G}{2}\right)\frac{v^2}{g}$$

运动到水平位置时如图 b 所示,B 为杆 AB 瞬心,$v_B = 0$,$\omega_{AB} = \dfrac{v_1}{l}$

则

$$T_2 = \frac{1}{2}\left(\frac{1}{3}\frac{P}{g}r^2\right) \cdot \left(\frac{v_1}{r}\right)^2 + \frac{1}{2}\left(\frac{1}{3}\frac{Q}{g}l^2\right)\left(\frac{v_1}{l}\right)^2$$

$$= \frac{v_1^2}{6g}(P + Q)$$

运动过程只有力偶作功 $W = M\dfrac{\pi}{2}$。

由动能定理有

$$\frac{v_1^2}{6g}(P+Q) - \left(\frac{P}{6} + \frac{Q}{2} + \frac{G}{2}\right)\frac{v^2}{g} = M\frac{\pi}{2}$$

解得

$$v_1 = \sqrt{\frac{3M\pi g + (P + 3Q + 3G)v^2}{P+Q}}$$

12-8 平面机构由两匀质杆 AB, BO 组成,两杆的质量均为 m,长度均为 l, 在铅垂平面内运动。在杆 AB 上作用一不变的力偶矩 M,从图示位置由静止开始运动。不计摩擦,求当杆端 A 即将碰到铰支座 O 时杆端 A 的速度。

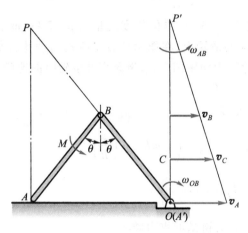

题 12-8 图

解: 分析系统, $T_1 = 0$。

运动到铅垂位置时,AB 杆瞬心为 P' 点(如图所示)。

则

$$T_2 = \frac{1}{2}J_{OB}^O \cdot \omega_{OB}^2 + \frac{1}{2}mv_C^2 + \frac{1}{2}J_{AB}^C \cdot \omega_{AB}^2$$

其中

$$J_{OB}^O = \frac{1}{3}ml^2, \quad J_{AB}^C = \frac{1}{12}ml^2, \quad \omega_{OB} = \frac{v_B}{l} = \frac{\omega_{AB} \cdot l}{l} = \omega_{AB}$$

$$\omega_{AB} = \frac{v_A}{2l}, \quad v_C = \omega_{AB} \cdot \frac{3}{2}l$$

有

$$T_2 = \frac{1}{3}mv_A^2$$

又力的功为

$$W = M \cdot \theta - mg \cdot \frac{l}{2}(1 - \cos \theta) \cdot 2$$

由动能定理有

$$\frac{1}{3}mv_A^2 = M\theta - mgl(1 - \cos\theta)$$

解得

$$v_A = \sqrt{\frac{3}{m}\left[M\theta - mgl(1 - \cos \theta)\right]}$$

12-9 链条全长 $l = 1$ m,单位长度质量为 $\rho = 2$ kg/m,悬挂在半径为 $R = 0.1$ m,质量 $m = 1$ kg 的滑轮上,在图示位置受扰动自静止开始下落。设链条与滑轮无相对滑动,滑轮为均质圆盘,求链条离开滑轮时的速度。

解:分析系统, $T_1 = 0$。

当链条离开滑轮时,

$$T_2 = \frac{1}{2}\rho l v^2 + \frac{1}{2} \cdot \left(\frac{1}{2}mR^2\right) \cdot \left(\frac{v}{R}\right)^2$$

$$= \frac{1}{2}v^2\left(\rho \cdot l + \frac{1}{2}m\right)$$

在这一过程中,只有链条的重力做功。

首先确定初瞬时,链条质心位置(如图所示)。

弯曲部分

$$x_1 = \frac{-\int_0^\pi \rho R^2 \sin \theta \cdot \mathrm{d}\theta}{\pi R \cdot \rho} = -\frac{2R}{\pi}$$

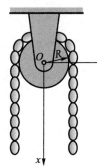

题 12-9 图

铅垂部分

$$x_2 = \frac{l - \pi R}{4}$$

则

$$x_{C_1} = \frac{\pi R \cdot \rho \cdot x_1 + (l - \pi R)\rho \cdot x_2}{l \cdot \rho} = \frac{1}{4l}\left[(l - \pi R)^2 - 8R^2\right]$$

链条离开滑轮时

$$x_{C_2} = \frac{l}{2}$$

在此过程中力的功为

$$W = \rho \cdot l \cdot g(x_{C_2} - x_{C_1})$$

由动能定理有

$$\frac{1}{2}v^2\left(\rho \cdot l + \frac{1}{2}m\right) = \rho \cdot l \cdot g(x_{C_2} - x_{C_1})$$

解得

$$v = 2.51 \text{ m/s}$$

12-10 在图示滑轮组中悬挂两个重物,其中重物 I 的质量为 m_1,重物 II 的质量为 m_2。定滑轮 O_1 的半径为 r_1,质量为 m_3;动滑轮 O_2 的半径为 r_2,质量为 m_4。两轮都视为均质圆盘。如绳重和摩擦略去不计,并设 $m_2 > 2m_1 - m_4$。求重物 II 由静止下降距离 h 时的速度。

解:分析系统,$T_1 = 0$。

$$T_2 = \frac{1}{2}m_1 v_1^2 + \frac{1}{2}m_2 v_2^2 + \frac{1}{2} \cdot \frac{1}{2}m_3 r_1^2 \cdot \omega_3^2 +$$

$$\frac{1}{2}m_4 v_4^2 + \frac{1}{2} \cdot \frac{1}{2}m_4 r_2^2 \cdot \omega_4^2$$

其中

$$v_1 = 2v_2, \quad \omega_3 = \frac{v_1}{r_1}, \quad v_4 = v_2, \quad \omega_4 = \frac{v_2}{r_2}$$

则

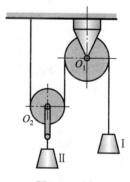

题 12-10 图

$$T_2 = \left(2m_1 + \frac{1}{2}m_2 + m_3 + \frac{3}{4}m_4\right)v_2^2$$

力的功为

$$W = m_2 gh + m_4 gh - 2m_1 gh$$

由动能定理有

$$\left(2m_1 + \frac{1}{2}m_2 + m_3 + \frac{3}{4}m_4\right)v_2^2 = (m_2 + m_4 - 2m_1)gh$$

解得

$$v_2 = \sqrt{\frac{4gh(m_2 + m_4 - 2m_1)}{8m_1 + 2m_2 + 4m_3 + 3m_4}}$$

12-11 均质连杆 AB 质量为 4 kg,长 $l = 600$ mm。均质圆盘质量为 6 kg,半

径 $r = 100$ mm。弹簧刚度系数为 $k = 2$ N/mm,不计套筒 A 及弹簧的质量。如连杆在图 a 所示位置被无初速释放后,A 端沿光滑杆滑下,圆盘做纯滚动。求:(1)当 AB 达水平位置而接触弹簧时,圆盘与连杆的角速度;(2)弹簧的最大压缩量 δ。

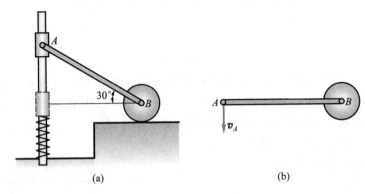

(a)   (b)

题 12-11 图

解:(1)分析系统,$T_1 = 0$,AB 杆水平位置如图 b 所示,AB 杆瞬心为 B。

$$T_2 = \frac{1}{2} \cdot \frac{1}{3} m_{AB} l^2 \cdot \omega_{AB}^2$$

力的功为

$$W = m_{AB} g \cdot \frac{l}{2} \cdot \sin 30°$$

由动能定理有

$$\frac{1}{6} m_{AB} l^2 \cdot \omega_{AB}^2 = m_{AB} g \cdot \frac{l}{2} \sin 30°$$

解得

$$\omega_{AB} = 4.95 \text{ rad/s}$$

(2)分析系统,$T_1 = T_2 = 0$。

力的功为

$$W = m_{AB} g \left(\frac{l}{2} \sin 30° + \frac{\delta}{2} \right) - \frac{1}{2} k \delta^2$$

由动能定理有

$$m_{AB} g \left(\frac{l}{2} \sin 30° + \frac{\delta}{2} \right) - \frac{1}{2} k \delta^2 = 0$$

解得

$$\delta = 87.1 \text{ mm}$$

12-12 图 a 所示的平面对称机构为一测速仪的自动装置。它由两个曲柄连杆机构 $O_1A_1B_1$ 和 $O_2A_2B_2$ 及滑块 D 组成。其中 $O_1O_2 = O_1A_1 = O_2A_2 = A_1B_1 = A_2B_2 = B_1B_2 = r$。在 A_1 与 A_2 之间连有一弹簧,其刚度系数为 k。当曲柄 O_1A_1 与 O_2A_2 位于铅垂向下时(即 $\varphi = 0$),弹簧 A_1A_2 为原长。设各均质杆 O_1A_1,O_2A_2,A_2B_2,A_1B_1 的质量均为 m_1,滑块质量为 m_2,弹簧的质量及摩擦略去不计。今从静止位置 $\varphi = 0$ 开始,在曲柄 O_1A_1 与 O_2A_2 上分别作用一个力偶,其力偶矩均为 $M = $ 常量,方向如图 a 所示。试求当夹角为 φ 时,曲柄 O_1A_1 的角速度 ω。

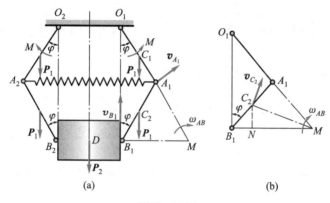

题 12-12 图

解:分析系统,$T_1 = 0$。

$$T_2 = 2 \times \frac{1}{2}J_{O_1}\omega^2 + 2 \times \left(\frac{1}{2}m_1 v_{C_2}^2 + \frac{1}{2} \cdot J_{C_2}\omega_{A_1B_1}^2\right) + \frac{1}{2}m_2 v_D^2$$

其中

$$J_{O_1} = \frac{1}{3}m_1 r^2, \quad J_{C_2} = \frac{1}{12}m_1 r^2$$

分析 A_1B_1 运动速度关系如图 a 所示,瞬心为 M 点。

由 $v_{A_1} = \omega \cdot O_1A_1 = \omega_{A_1B_1} \cdot \overline{A_1M}$,有 $\omega_{A_1B_1} = \omega$。

参见图 b,$\overline{MC_2} = \sqrt{\overline{C_2N}^2 + \overline{MN}^2} = \sqrt{\left(\frac{r}{2} \cdot \cos\varphi\right)^2 + \left(2r\sin\varphi - \frac{r}{2}\sin\varphi\right)^2}$

$$= \sqrt{\frac{r^2}{4}(1 + 8\sin^2\varphi)}$$

则

$$v_{C_2} = \omega_{A_1B_1} \cdot \overline{MC_2} = \sqrt{\frac{r^2}{4}(1 + 8\sin^2\varphi)} \cdot \omega$$

$$v_D = v_B = \omega_{A_1B_1} \cdot \overline{B_1M} = 2r\omega\sin\varphi$$

有

$$T_2 = \frac{2}{3}r^2\omega^2[m_1 + 3(m_1 + m_2)\sin^2\varphi]$$

力的功为

$$W = -2P_1\frac{r}{2}(1 - \cos\varphi) - 2P_1 \cdot \frac{3r}{2}(1 - \cos\varphi) - P_2 \cdot 2r(1 - \cos\varphi) +$$

$$2M \cdot \varphi + \frac{k}{2}(0^2 - 4r^2\sin^2\varphi)$$

$$= 2M\varphi - r(1 - \cos\varphi)(4P_1 + 2P_2) - 2kr^2\sin^2\varphi$$

由动能定理有

$$\frac{2}{3}r^2\omega^2[m_1 + 3(m_1 + m_2)\sin^2\varphi] = 2M\varphi - r(1 - \cos\varphi)(4P_1 + 2P_2) - 2kr^2\sin^2\varphi$$

解得

$$\omega = \frac{1}{r}\sqrt{\frac{3[M\varphi - r(1 - \cos\varphi)(2P_1 + P_2) - kr^2\sin^2\varphi]}{m_1 + 3(m_1 + m_2)\sin^2\varphi}}$$

12–13 图示系统从静止开始释放,此时弹簧的初始伸长量为 100 mm。设弹簧的刚度系数 $k = 0.4$ N/mm,滑轮重 120 N,对中心轴的回转半径为 450 mm,轮半径 500 mm,物块重 200 N。求滑轮下降 25 mm 以后,滑轮中心的速度和加速度。

解:分析系统 $T_1 = 0$。

$$T_2 = \frac{1}{2}m_1v^2 + \frac{1}{2}m_1\rho^2 \cdot \omega^2 + \frac{1}{2}m_2v^2$$

$$= \frac{v^2}{2}\left(m_1 + m_1 \cdot \frac{\rho^2}{R^2} + m_2\right)$$

力的功为

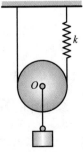

题 12–13 图

270

$$W = (P_1 + P_2)h + \frac{k}{2}\left[\delta_1^2 - (\delta_1 + 2h)^2\right]$$

由动能定理有

$$\frac{v^2}{2}\left(m_1 + m_2 \cdot \frac{\rho^2}{R^2} + m_2\right) = (P_1 + P_2)h + \frac{k}{2}\left[\delta_1^2 - (\delta_1 + 2h)^2\right] \qquad (1)$$

对式(1)两端求导有

$$a\left(m_1 + m_2 \cdot \frac{\rho^2}{R^2} + m_2\right) = P + P_2 - 2k(\delta_1 + 2h) \qquad (2)$$

将 $h = 25$ mm 代入,解得

$$v = 0.508 \text{ m/s}, \quad a = 4.7 \text{ m/s}^2$$

12–14 周转齿轮传动机构放在水平面内,如图所示。已知动齿轮半径为 r,质量为 m_1,可看成为均质圆盘;曲柄 OA,质量为 m_2,可看成为均质杆;定齿轮半径为 R。在曲柄上作用一不变的力偶,其矩为 M,使此机构由静止开始运动。求曲柄转过 φ 角后的角速度和角加速度。

解:分析系统,$T_1 = 0$。

$$T_2 = \frac{1}{2} \cdot \frac{1}{3} m_2 (R + r)^2 \omega_{OA}^2 + \frac{1}{2} m_1 v_A^2 + \frac{1}{2} \cdot \frac{1}{2} m_1 r^2 \cdot \omega_A^2$$

其中

$$v_A = \omega_{OA}(R + r), \quad \omega_A = \frac{v_A}{r} = \frac{R + r}{r} \omega_{OA}$$

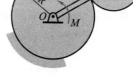

题 12–14 图

则

$$T_2 = \left(\frac{1}{6} m_2 + \frac{3}{4} m_1\right)(R + r)^2 \omega_{OA}^2$$

力的功为

$$W = M \cdot \varphi$$

由动能定理有

$$\left(\frac{1}{6} m_2 + \frac{3}{4} m_1\right)(R + r)^2 \omega_{OA}^2 = M \cdot \varphi \qquad (1)$$

解得

$$\omega_{OA} = \frac{2}{R + r}\sqrt{\frac{3M\varphi}{9m_1 + 2m_2}}$$

对式(1)两端求导,解得

$$\alpha_{OA} = \frac{6M}{(R+r)^2(9m_1 + 2m_2)}$$

12-15 图 a 所示机构中,直杆 AB 质量为 m,楔块 C 质量为 m_C,倾角为 θ。当杆 AB 铅垂下降时,推动楔块水平运动,不计各处摩擦,求楔块 C 与杆 AB 的加速度。

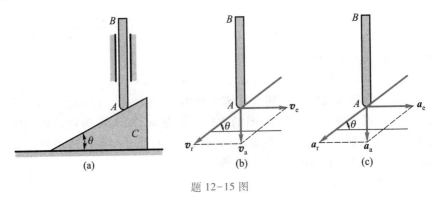

题 12-15 图

解:分析系统,$T_1 = 0$。

以 A 为动点,楔块为动系,速度合成关系如图 b 所示,有

$$v_a = v_e \tan\theta$$

则

$$T_2 = \frac{1}{2}mv_a^2 + \frac{1}{2}m_C v_e^2 = \frac{v_a^2}{2}\left(m + \frac{m_C}{\tan^2\theta}\right)$$

力的功为

$$W = mgh$$

由动能定理有

$$\frac{v_a^2}{2}\left(m + \frac{m_C}{\tan^2\theta}\right) = mgh$$

两端对时间求导有

$$a_a = \frac{mg\tan^2\theta}{m\tan^2\theta + m_C} = a_{AB}$$

加速度合成关系如图 c 所示,有

$$a_a = a_e \tan\theta$$

解得
$$a_e = \frac{mg\tan\theta}{m\tan^2\theta + m_C} = a_C$$

12-16 均质细杆 OA 可绕水平轴 O 转动，另一端有一均质圆盘，圆盘可绕 A 在铅垂面内自由旋转，如图所示。已知杆 OA 长 l，质量为 m_1；圆盘半径 R，质量为 m_2。摩擦不计，初始时杆 OA 水平，杆和圆盘静止。求杆与水平线成 θ 角的瞬时，杆的角速度和角加速度。

解：分析系统，$T_1 = 0$。

由于运动过程中，盘 A 为平移，则

$$T_2 = \frac{1}{2} \cdot J_O^{OA}\omega^2 + \frac{1}{2}m_2 v_A^2$$

其中

$$J_O^{OA} = \frac{1}{3}m_1 l^2, \quad v_A = \omega \cdot l$$

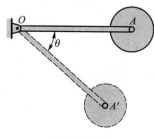

题 12-16 图

则

$$T_2 = \left(\frac{m_1}{6} + \frac{m_2}{2}\right) l^2 \omega^2$$

力的功为

$$W = m_1 g \cdot \frac{l}{2}\sin\theta + m_2 g l \sin\theta$$

由动能定理有

$$\left(\frac{m_1}{6} + \frac{m_2}{2}\right) l^2 \omega^2 = \left(\frac{m_1}{2} + m_2\right) g l \sin\theta \qquad (1)$$

由式（1）两端对时间求导有

$$\left(\frac{m_1}{3} + m_2\right) l^2 \alpha = \left(\frac{m_1}{2} + m_2\right) g l \cos\theta$$

解得

$$\omega = \sqrt{\frac{3(m_1 + 2m_2)}{(m_1 + 3m_2)l}g\sin\theta}, \quad \alpha = \frac{3(m_1 + 2m_2)}{2(m_1 + 3m_2)l}g\cos\theta$$

12-17 椭圆规机构由曲柄 OA，规尺 BD 以及滑块 B，D 组成。已知曲柄长 l，质量是 m_1；规尺长 $2l$，质量是 $2m_1$，且两者都可以看成均质细杆，两滑块的质量

都是 m_2。整个机构被放在水平面内，并在曲柄上作用着常值转矩 M_0。求曲柄的角加速度。各处的摩擦不计。

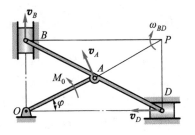

题 12-17 图

解：分析系统，$T_1 = 0$。

系统运动到任一位置，速度分布如图所示。

$$v_A = \omega \cdot l = \omega_{BD} \cdot l$$

则

$$\omega_{BD} = \omega, \quad v_B = \omega \cdot 2l \cdot \cos\varphi, \quad v_D = \omega \cdot 2l\sin\varphi$$

$$T_2 = \frac{1}{2}m_2(v_B^2 + v_D^2) + \frac{1}{2}\cdot\frac{1}{3}m_1 l^2\omega^2 + \frac{1}{2}\cdot 2m_1 v_A^2 + \frac{1}{2}\cdot\frac{1}{12}\cdot 2m_1(2l)^2\omega_{BD}^2$$

$$= \omega^2 l^2\left(\frac{3}{2}m_1 + 2m_2\right)$$

力的功为

$$W = M_0 \cdot \varphi$$

由动能定理有

$$\omega^2 l^2\left(\frac{3}{2}m_1 + 2m_2\right) = M_0\varphi \tag{1}$$

对式（1）两端求导有

$$2\omega \cdot \alpha l^2\left(\frac{3}{2}m_1 + 2m_2\right) = M_0\omega$$

解得

$$\alpha = \frac{M_0}{(3m_1 + 4m_2)l^2}$$

12-18 均质细杆 AB 长 l，质量为 m_1，上端 B 靠在光滑的墙上，下端 A 以铰链与均质圆柱的中心相连。圆柱质量为 m_2，半径为 R，放在粗糙的地面上，自图示位置由静止开始滚动而不滑动，杆与水平线的交角 $\theta = 45°$。求点 A 在初瞬时的加速度。

解：分析系统，取初瞬时经过非常短的 dt 时间的过程进行分析。

$$T_1 = 0$$

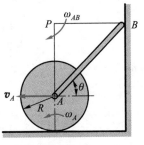

题 12-18 图

$$T_2 = \frac{1}{2}J_P\omega_{AB}^2 + \frac{1}{2}m_2v_A^2 + \frac{1}{2} \cdot \frac{1}{2}m_2R^2 \cdot \omega_A^2$$

其中

P 为该瞬时 AB 杆瞬心（参见图），则 $J_P = \frac{1}{3}m_1l^2$

$$\omega_{AB} = \frac{v_A}{l\sin\theta} \quad \omega_A = \frac{v_A}{R}$$

则

$$T_2 = \left(\frac{3}{4}m_2 + \frac{m_1}{6\sin^2\theta}\right)v_A^2$$

力的功为

$$W = m_1g(\sin 45° - \sin\theta) \cdot \frac{l}{2}$$

由动能定理有

$$\left(\frac{3}{4}m_2 + \frac{m_1}{6\sin^2\theta}\right)v_A^2 = m_1g(\sin 45° - \sin\theta) \cdot \frac{l}{2}$$

两端对时间求导得

$$v_A \cdot \left(-\frac{m_1\sin 2\theta}{6\sin^4\theta}\right) \cdot \dot{\theta} + 2\left(\frac{3}{4}m_2 + \frac{m_1}{6\sin^2\theta}\right) \cdot a_A = \frac{m_1g}{2} \cdot \frac{\cos\theta}{\sin\theta}$$

将 $\dot{\theta} = -\omega_{AB} = -\dfrac{v_A}{l\sin\theta}, v_A = 0, \theta = 45°$ 代入解得

$$a_A = -\frac{3m_1}{4m_1 + 9m_2}g$$

12-19 均质圆筒重 P_1，沿两块斜板滚动而不滑动。在圆筒上绕以细绳，绳端挂一重 P_2 的物体，悬吊在两斜板之间，如图所示，求能使圆筒向上滚动之倾角 θ 及此时圆筒中心轴的速度与上升路程 l 的关系。开始时圆筒静止。

解：假设圆筒中心上移距离为 l，则系统力的功为

$$W = P_2(l - l\sin\theta) - P_1l\sin\theta = P_2l - l\sin\theta(P_1 + P_2)$$

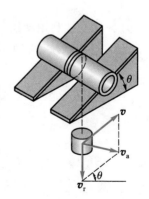

题 12-19 图

为使圆筒上滚,则 $W>0$,解得

$$\sin \theta < \frac{P_1}{P_1 + P_2}$$

分析系统,$T_1 = 0$。

以物体为动点,动系为圆筒,速度合成关系如图所示,有

$$v_a^2 = v^2 + v_r^2 - 2vv_r\cos\left(\frac{\pi}{2} - \theta\right)$$

又

$$v = \omega \cdot r = v_r$$

则

$$v_a^2 = 2v^2(1 - \sin \theta)$$

$$T_2 = \frac{1}{2}\frac{P_1}{g}v^2 + \frac{1}{2}\frac{P_1}{g}r^2 \cdot \omega^2 + \frac{1}{2}\frac{P_2}{g} \cdot 2v^2(1 - \sin \theta)$$

$$= \frac{v^2}{g}(P_1 + P_2 - P_2\sin \theta)$$

由动能定理有

$$\frac{v^2}{g}(P_1 + P_2 - P_2\sin \theta) = P_2l - l\sin \theta(P_1 + P_2)$$

解得

$$v = \sqrt{\frac{P_2 - \sin \theta(P_1 + P_2)}{P_1 + P_2 - P_2\sin \theta}gl}$$

12-20 试利用动能定理求解 11-33 题。

解:分析系统,$T_1 = 0$。

$$T_2 = \frac{1}{2}m_1v^2 + \frac{1}{2} \cdot \frac{1}{2}m_3r_1^2 \cdot \left(\frac{v}{r_1}\right)^2 + \frac{1}{2}m_2v_0^2 + \frac{1}{2}m_2\rho^2\omega_0^2$$

其中

$$v = \omega_0(R + r), \quad v_0 = \omega_0R$$

则

$$T_2 = \frac{v^2}{4}\left[2m_1 + m_3 + 2m_2 \cdot \frac{R^2 + \rho^2}{(R + r)^2}\right]$$

力的功为

$$W = m_1 gh$$

由动能定理有

$$\frac{v^2}{4}\left[2m_1 + m_3 + 2m_2 \cdot \frac{R^2 + \rho^2}{(R + r)^2}\right] = m_1 gh$$

两端对时间求导解得

$$a = \frac{2m_1 g(R + r)^2}{(2m_1 + m_3)(R + r)^2 + 2m_2(\rho^2 + R^2)}$$

12-21 图示车床切削直径 $D = 48$ mm 的工件,主切削力 $F = 7.84$ kN。若主轴转速 $n = 240$ r/min,电动机转速为 1 420 r/min。主传动系统的总效率 $\eta = 0.75$,求车床主轴、电动机主轴分别受的力矩和电动机的功率。

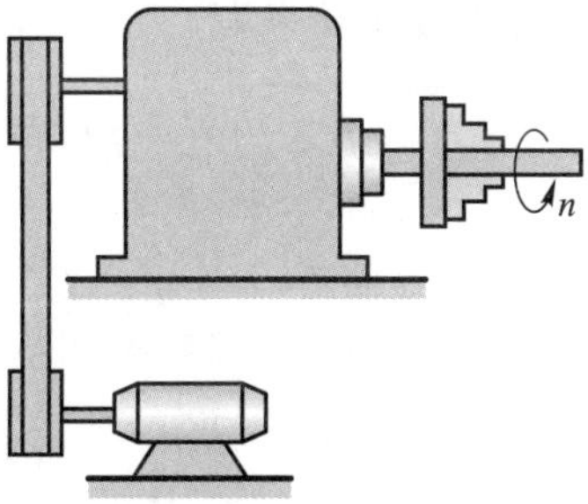

解:车床主轴所受力矩为

$$M_{\pm} = F \cdot \frac{D}{2} = 7.84 \times 10^3 \times \frac{48 \times 10^{-3}}{2} \text{ N} \cdot \text{m}$$

$$= 188.2 \text{ N} \cdot \text{m}$$

车床的切削功率为

$$P_{切} = M_{\pm} \cdot \omega = M_{\pm} \cdot \frac{2\pi n}{60} = 4\ 726.6 \text{ W}$$

电机的功率为

$$P_{电} = \frac{P_{切}}{\eta} = 6\ 302.1 \text{ W}$$

题 12-21 图

电机主轴所受力矩为

$$M_{电机} = \frac{P_{电}}{\omega_{电}} = \frac{P_{电}}{\frac{2\pi n_{电}}{60}} = 42.4 \text{ N} \cdot \text{m}$$

12-22 如图 a 所示,测量机器功率的动力计,由胶带 $ACDB$ 和杠杆 BF 组成。胶带具有铅垂的两段 AC 和 BD,并套住机器的滑轮 E 的下半部,杠杆支点为 O。借升高或降低支点 O,可以变更胶带的张力,同时变更轮与胶带间的摩擦力。杠杆上挂一质量为 3 kg 的重锤,使杠杆 BF 处于水平的平衡位置。如力臂 $l = 500$ mm,发动机转速 $n = 240$ r/min,求发动机的功率。

解:分析杠杆,受力如图 b 所示。

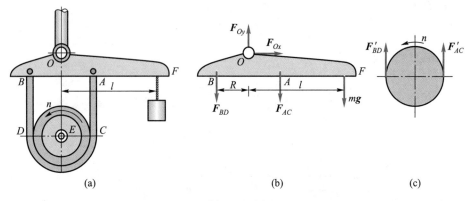

$$(a) \qquad\qquad (b) \qquad\qquad (c)$$

题 12-22 图

$$\sum M_O(\boldsymbol{F}) = 0, \qquad mg \cdot l = (F_{BD} - F_{AC})R$$

分析滑轮 E,受力如图 c 所示。

则发动机功率为

$$P = (F'_{BD} - F'_{AC}) \cdot R \cdot \omega = mgl \cdot R \cdot \frac{2\pi n}{60} = 369.2 \text{ W}$$

278

综合问题习题

综-1　滑块 M 的质量为 m，可在固定于铅垂面内、半径为 R 的光滑圆环上滑动。如图所示。滑块 M 上系有一刚度系数为 k 的弹性绳 MOA，此绳穿过固定环 O，并固结在点 A。已知当滑块在点 O 时绳的张力为零。开始时滑块在点 B 静止，当它受到微小振动时，即沿圆环滑下。求下滑速度 v 与 φ 角的关系和圆环的约束力。

解： 分析滑块，受力如图所示。

由动能定理有

$$\frac{1}{2}mv^2 - 0 = 2mgR(1 - \sin^2\varphi) + \frac{1}{2}k(4R^2 - 2R\sin^2\varphi)$$

解得

$$v = 2\cos\varphi\sqrt{gR + \frac{kR^2}{m}}$$

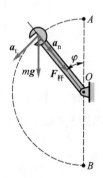

题综-1 图

由质点的运动微分方程有

$$m \cdot a_n = m \cdot \frac{v^2}{R} = mg\cos 2(90° - \varphi) + F_T\cos(90° - \varphi) - F_N$$

其中，$F_T = k \cdot 2R\sin\varphi$。

解得

$$F_N = 2kR\sin^2\varphi - mg\cos 2\varphi - 4\cos^2\varphi(mg + kR)$$

综-2　图示一撞击试验机，主要部分为一质量为 $m = 20\ \text{kg}$ 的钢铸物，固定在杆上，杆重和轴承摩擦均忽略不计。钢铸物的中心到铰链 O 的距离为 $l = 1\ \text{m}$，钢铸物由最高位置 A 无初速地落下。求轴承约束力与杆的位置 φ 之间的关系，并讨论 φ 等于多少时杆受力为最大或最小。

解： 分析钢铸物，受力如图所示。

由动能定理有

题综-2 图

$$\frac{1}{2}mv^2 = mgl(1 - \cos\varphi), \quad \text{则} \quad v^2 = 2gl(1 - \cos\varphi)$$

得

$$a_n = 2g(1 - \cos\varphi)$$

由质点运动微分方程有

$$ma_n = F_杆 + mg\cos\varphi$$

解得

$$F_杆 = mg(2 - 3\cos\varphi)$$

当 $\varphi = \pi$ 时

$$F_{杆\max} = 5mg = 980 \text{ N}$$

$F_{杆\min} = 0$ 有

$$\varphi = 48°11'$$

综-3 正方形均质板的质量为 40 kg，在铅垂平面内以三根软绳拉住，板的边长 $b = 100$ mm，如图 a 所示。求：(1) 当软绳 FG 被剪断后，板开始运动的加速度以及 AD 和 BE 两绳的张力；(2) 当 AD 和 BE 两绳位于铅垂位置时，板中心 C 的加速度和两绳的张力。

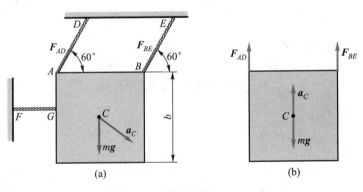

题综-3 图

解：(1) 绳剪断后板作平面曲线平移，分析板，受力如图 a 所示，由平面运动刚体的运动微分方程有

$$ma_C = ma_C^t = mg\cos 60°$$

$$F_{AD} + F_{BE} - mg\sin 60° = 0$$

$$J_C \cdot \alpha = 0 = F_{BE} \cdot \sin 60° \cdot \frac{b}{2} - F_{BE} \cdot \cos 60° \cdot \frac{b}{2} -$$

$$F_{AD} \cdot \sin 60° \cdot \frac{b}{2} - F_{AD} \cdot \cos 60° \cdot \frac{b}{2}$$

解得

$$a_C = 4.9 \text{ m/s}^2, \quad F_{BE} = 267.7 \text{ N}, \quad F_{AD} = 71.7 \text{ N}$$

（2）铅垂位置时,板受力如图 b 所示。

由动能定理有

$$\frac{1}{2}mv_C^2 = mgl(1 - \sin 60°), \quad \text{则} \quad v_C^2 = 2gl(1 - \sin 60°)$$

得

$$a_C = a_C^n = \frac{v_C^2}{l} = 2g(1 - \sin 60°) = 2.63 \text{ m/s}^2$$

由平面运动刚体的运动微分方程有

$$ma_C = F_{AD} + F_{BE} - mg$$

$$J_C \alpha = 0 = F_{BE} \cdot \frac{b}{2} - F_{AD} \cdot \frac{b}{2}$$

解得

$$F_{AD} = 248.6 \text{ N}, \quad F_{BE} = 248.6 \text{ N}$$

综-4　均质棒 AB 的质量为 $m = 4$ kg,其两端悬挂在两条平行绳上,棒处在水平位置,如图所示。设其中一绳突然断了,求此瞬时另一绳的张力 F。

解:分析 AB,受力如图所示。

因 $\sum F_x = 0$,则 $a_{Cx} = 0, a_C = \alpha \cdot \frac{l}{2}$。

由平面运动刚体的运动微分方程有

$$ma_C = mg - F_T$$

$$J_C \cdot \alpha = \frac{1}{12}ml^2 \cdot \alpha = F_T \cdot \frac{l}{2}$$

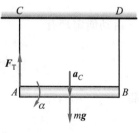

题综-4 图

解得

$$F = \frac{mg}{4} = 9.8 \text{ N}$$

综-5　图示圆环以角速度 ω 绕铅垂轴 AC 自由转动。此圆环半径为 R,对轴的转动惯量为 J。在圆环中的点 A 放一质量为 m 的小球。设由于微小的干扰小球离开点 A。小球与圆环间的摩擦忽略不计。求小球到达点 B 和点 C 时,圆环的角速度和小球的速度。

解:分析系统。由于 $\sum M_z(\boldsymbol{F}) = 0$,则动量矩守恒。

(1) $A \rightarrow B$ 过程,有

$$J\omega' + mv_e \cdot R = J\omega$$

其中

$$v_e = \omega' \cdot R (参见图)$$

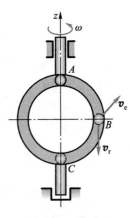

题综-5 图

解得

$$\omega' = \frac{J}{J + mR^2}\omega$$

由动能定理有

$$\frac{1}{2}J\omega'^2 + \frac{1}{2}mv_a^2 - \frac{1}{2}J\omega^2 = mgR$$

解得

$$v_a = \sqrt{\frac{1}{m}\left[2mgR - J\omega^2\left(\frac{J^2}{(J + mR^2)^2} - 1\right)\right]}$$

(2) $A \rightarrow C$ 过程。有

$$J\omega' = J\omega$$

解得

$$\omega' = \omega$$

由动能定理有

$$\frac{1}{2}J\omega'^2 - \frac{1}{2}J\omega^2 + \frac{1}{2}mv_a^2 = mg \cdot 2R$$

解得

$$v_a = 2\sqrt{gR}$$

综-6　图示正圆锥体可绕其中心铅垂轴 z 自由转动,转动惯量为 J_z。当它处于静止状态时,一质量为 m 的小球自圆锥顶 A 无初速地沿此圆锥表面的光滑螺旋槽滑下。滑至锥底点 B 时,小球沿水平切线方向脱离锥体。一切摩擦均可忽略。求刚脱离的瞬时,小球的速度 $\boldsymbol{v}$ 和锥体的角速度 ω。

解：分析系统。因为 $M_z(F) = 0$，则动量矩守恒，有

$$J_z\omega - mv \cdot r = 0$$

由动能定理有

$$\frac{1}{2}mv^2 + \frac{1}{2}J_z\omega^2 = mgh$$

解得

$$v = \sqrt{\frac{2ghJ_z}{J_z + mr^2}}, \quad \omega = mr\sqrt{\frac{2gh}{J_z(J_z + mr^2)}}$$

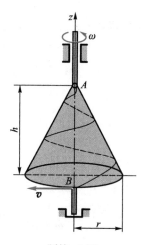

题综-6 图

综-7　质量为 m 的两个相同的小珠，串在光滑圆环上，无初速地自最高处滑下，圆环竖直地立在地面上。问环的质量 M 和小珠的质量 m 什么关系时，圆环才可能从地面跳起。

解：分析小珠，由动能定理有

$$\frac{1}{2}mv^2 = mgR(1 - \cos\theta)$$

有

$$v^2 = 2gR(1 - \cos\theta)$$

对时间求导有

$$a_t = g\sin\theta$$

分析系统，受力如图所示。

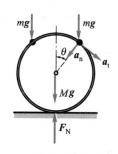

题综-7 图

由质心运动定理有

$$2mg(a_C^n \cdot \cos\theta + a_C^t \cdot \sin\theta) = 2mg + Mg - F_N$$

即

$$2mg[2g(1 - \cos\theta) \cdot \cos\theta + g\sin^2\theta] = 2mg + Mg - F_N$$

得

$$F_N = Mg + 2mg(3\cos^2\theta - 2\cos\theta)$$

环跳起，有

$$F_N = 0$$

解得

$$\frac{M}{m} < \frac{2}{3}$$

综-8 图示均质直杆 OA,杆长为 l,质量为 m,在常力偶的作用下在水平面内从静止开始绕轴 z 转动,设力偶矩为 M。求:(1)经过时间 t 后系统的动量、对轴 z 的动量矩和动能的变化;(2)轴承的动约束力。

解:(1)分析系统,受力如图所示,由动量矩定理有

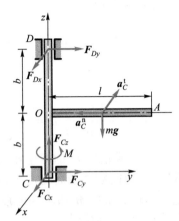

$$\frac{1}{3}ml^2 \cdot \alpha = M \text{,得}$$

$$\alpha = \frac{3M}{ml^2} \text{为常量}$$

则

$$\omega = \alpha t = \frac{3M}{ml^2}t$$

解得

$$\Delta p = m \cdot \omega \cdot \frac{l}{2} = \frac{3M}{2l}t$$

题综-8 图

$$\Delta L_z = J \cdot \omega = \frac{1}{3}ml^2 \cdot \frac{3M}{ml^2}t = Mt$$

$$\Delta T = \frac{1}{2}J\omega^2 = \frac{3M^2}{2ml^2}t^2$$

(2) $a_C^t = \alpha \cdot \dfrac{l}{2}$,$a_C^n = \omega^2 \cdot \dfrac{l}{2}$

由质心运动定理有

$$ma_{Cx} = -ma_C^t = F_{Cx} + F_{Dx}$$

$$ma_{Cy} = -ma_C^n = F_{Cy} + F_{Dy}$$

$$0 = F_{Cz} - mg$$

由相对于质心的动量矩定理有

$$F_{Cy} \cdot b = F_{Dy} \cdot b, \quad F_{Dx} \cdot b = F_{Cx} \cdot b$$

解得

$$F_{Cx} = F_{Dx} = -\frac{3M}{4l}, \quad F_{Cy} = F_{Dy} = -\frac{9M^2t^2}{4ml^3}$$

综-9 图示均质圆柱体 C 自桌角 O 滚离桌面。当 $\theta = 0°$ 时,其初速度为零;当 $\theta = 30°$ 时,发生滑动现象。试求圆柱体与桌面之间的摩擦因数。

解：分析圆柱体，作定轴转动，受力如图所示。

由动能定理有

$$\frac{1}{2} \cdot \frac{3}{2}mr^2\omega^2 = mgr(1 - \cos\theta)$$

则

$$\omega^2 = \frac{4g(1 - \cos\theta)}{3r}$$

由定轴转动刚体的转动微分方程有

$$\frac{3}{2}mr^2 \cdot \alpha = mgr\sin\theta$$

则

$$\alpha = \frac{2g}{3r}\sin\theta$$

由质心运动定理有

$$ma_C^n = m\omega^2r = mg\cos\theta - F_N$$

$$ma_C^t = m\alpha r = mg\sin\theta - F_s$$

解得

$$F_N = 0.69mg, \quad F_s = \frac{1}{6}mg, \quad f = \frac{F_s}{F_N} = 0.242$$

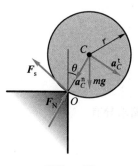

题综-9 图

综-10 图示质量为 m，半径为 r 的均质圆柱，开始时其质心位于与 OB 同一高度的点 C。设圆柱由静止开始沿斜面向下作纯滚动，当它滚到半径为 R 的圆弧 AB 上时，求在任意位置上对圆弧的正压力和摩擦力。

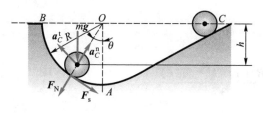

题综-10 图

解：分析圆柱体，受力如图所示。

由动能定理有

$$\frac{1}{2}mv^2 + \frac{1}{2} \cdot \frac{1}{2}mr^2\omega^2 = mg(R - r)\cos\theta$$

其中

$$v = \omega r$$

则

$$v^2 = \frac{4}{3}g(R - r)\cos\theta$$

两端求导有

$$a_t = -\frac{2}{3}g\sin\theta$$

由质心运动定理有

$$m \cdot a_n = m\frac{v^2}{R - r} = F_N - mg\cos\theta$$

$$m \cdot a_t = -F_s - mg\sin\theta$$

解得

$$F_N = \frac{7}{3}mg\cos\theta, \quad F_s = -\frac{1}{3}mg\sin\theta$$

综-11 质量为 m、半径为 r 的圆盘从 $\theta = 0$ 的位置静止释放后沿半径为 R 的导向装置只滚动而无滑动,如图所示。求圆盘与导轨之间的正压力与角 θ 的关系。

解：分析圆盘,受力如图所示。

由动能定理有

$$\frac{1}{2}mv^2 + \frac{1}{2} \cdot \frac{1}{2}mr^2\omega^2 = mg(R + r)(1 - \cos\theta)$$

其中

$$v = \omega R$$

则

$$v^2 = \frac{4g(R + r)(1 - \cos\theta)}{3}$$

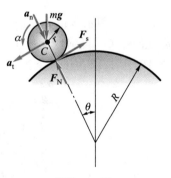

题综-11 图

由质心运动定理有

$$m \cdot a_n = m \cdot \frac{v^2}{R + r} = mg\cos\theta - F_N$$

解得

$$F_N = \frac{7}{3}mg\cos\theta - \frac{4}{3}mg$$

综-12　如图所示,均质细杆 AB 长 l,质量为 m,由直立位置开始滑动,上端 A 沿墙壁向下滑,下端 B 沿地板向右滑,不计摩擦。求细杆在任一位置 φ 时的角速度 ω,角加速度 α 和 A,B 处的约束力。

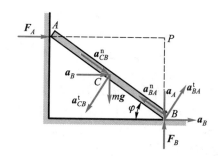

题综-12 图

解:分析杆 AB,受力如图所示,由动能定理有

$$\frac{1}{2} \cdot \frac{1}{3}ml^2 \cdot \omega^2 = mg \cdot \frac{l}{2}(1 - \sin \varphi) \tag{1}$$

则

$$\omega = \sqrt{\frac{3g}{l}(1 - \sin \varphi)}$$

对式(1)求导可得

$$\alpha = \frac{3g}{2l}\cos \varphi \quad (\text{注意：} \dot{\varphi} = -\omega)$$

以 A 为基点,分析 B 点加速度,加速度合成如图所示。

$$a_B = a_A + a_{BA}^n + a_{BA}^t$$

$$? \quad ? \quad \omega^2 \cdot l \quad \alpha \cdot l$$

$$\surd \quad \surd \quad \surd \quad \surd$$

向水平方向投影有

$$a_B = a_{BA}^t \sin \varphi - a_{BA}^n \cos \varphi = \frac{9}{2}g\sin \varphi \cdot \cos \varphi - 3g\cos \varphi$$

以 B 为基点,分析 C 点加速度。

$$a_C = a_B + a_{CB}^n + a_{CB}^t$$

向铅垂方向投影有

$$a_{Cy} = a_{CB}^n \sin \varphi + a_{CB}^t \cos \varphi$$

$$= \frac{3}{4}g + \frac{3}{2}g\sin \varphi - \frac{9}{4}g\sin^2\varphi(\text{向下})$$

由平面运动刚体的运动微分方程有

$$\frac{1}{12}ml^2 \cdot \alpha = F_B \cdot \frac{l}{2}\cos\varphi - F_A \cdot \frac{l}{2}\sin\varphi, \qquad m \cdot a_{Cy} = mg - F_B$$

解得

$$F_A = \frac{3}{4}mg\cos\varphi(3\sin\varphi - 2), \qquad F_B = \frac{mg}{4}(1 - 3\sin\varphi)^2$$

综-13 均质细杆 AB 长为 l，质量为 m，起初紧靠在铅垂墙壁上，由于微小干扰，杆绕 B 点倾倒如图 a 所示。不计摩擦，求：（1）B 端未脱离墙时杆 AB 的角速度、角加速度及 B 处的约束力；（2）B 端脱离墙壁时的 θ_1 角；（3）杆着地时质心的速度及杆的角速度。

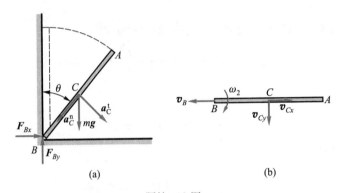

题综-13 图

解：（1）未脱离墙时，杆作定轴转动，分析杆，受力如图 a 所示。
由动能定理有

$$\frac{1}{2} \cdot \frac{1}{3}ml^2\omega^2 = mg \cdot \frac{l}{2}(1 - \cos\theta)$$

则

$$\omega^2 = \frac{3g}{l}(1 - \cos\theta)$$

由定轴转动刚体转动微分方程有

$$\frac{1}{3}ml^2 \cdot \alpha = mg \cdot \frac{l}{2}\cos\theta$$

则

$$\alpha = \frac{3g}{2l}\sin\theta$$

得

$$a_C^t = \alpha \cdot \frac{l}{2}, \qquad a_C^n = \omega^2 \cdot \frac{l}{2}$$

由质心运动定理有

$$ma_C^t \cos\theta - ma_C^n \sin\theta = F_{Bx}$$

$$- ma_C^t \sin\theta - ma_C^n \cos\theta = F_{By} - mg$$

解得

$$F_{Bx} = \frac{3}{4} mg\sin\theta(3\cos\theta - 2)$$

$$F_{By} = \frac{1}{4} mg(1 - 3\cos\theta)^2$$

（2）当 $F_{Bx} = 0$ 时，即 $\frac{3}{4} mg\sin\theta(3\cos\theta - 2) = 0$

解得

$$\theta = 48.19°$$

此时有

$$\omega_1^2 = \frac{g}{l}, \qquad v_{Cx} = \frac{l}{2}\omega\cos\theta = \frac{1}{3}\sqrt{gl}$$

脱离墙后，因 $\sum F_x = 0$，有 $a_{Cx} = 0$，则 $v_{Cx} = \frac{1}{3}\sqrt{gl}$。

（3）杆着地时，运动分析如图 b 所示。

以 B 为基点，有

$$v_{Cy} = \omega_2 \cdot \frac{l}{2}$$

由动能定理有

$$\frac{1}{2}mv_C^2 + \frac{1}{2} \cdot \frac{1}{12}ml^2\omega_2^2 = mg \cdot \frac{l}{2}$$

其中

$$v_C^2 = v_{Cx}^2 + v_{Cy}^2$$

解得

$$\omega_2 = 2\sqrt{\frac{2g}{3l}}, \qquad v_C = \frac{1}{3}\sqrt{7gl}$$

综-14 将长为 l 的均质细杆的一段平放在水平桌面上,使其质量中心 C 与桌缘的距离为 a,如图所示。若当杆与水平面之夹角超过 θ_0 时,即开始相对桌缘滑动,试求摩擦因数 f。

解:杆滑动前为定轴转动,分析杆,受力如图所示。

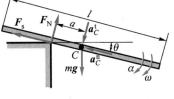
题综-14 图

由定轴转动刚体转动微分方程有

$$J \cdot \alpha = \left(\frac{1}{12}ml^2 + ma^2\right)\alpha = mg \cdot \cos\theta_0 \cdot a$$

由动能定理有

$$\frac{1}{2}\left(\frac{1}{12}ml^2 + ma^2\right)\omega^2 = mga\sin\theta_0$$

由质心运动定理有

$$ma_C^n = m\omega^2 \cdot a = F_s - mg \cdot \sin\theta_0$$
$$ma_C^t = m \cdot \alpha a = mg\cos\theta_0 - F_N$$

解得

$$f = \frac{F_s}{F_N} = \frac{l^2 + 36a^2}{l^2}\tan\theta_0$$

综-15 长为 $2l$ 的均质杆 AB 铰接于 A 点,开始时,杆自水平位置无初速度地开始运动,如图所示。当杆通过铅垂位置时,去掉铰链使杆成为自由体。则:

(1)试证在此后的运动中杆的质心轨迹为一抛物线;

(2)当杆的质心下降 h 距离后,杆一共转动了多少圈?

(1)证明:当 AB 通过铅垂位置前为定轴转动。

由动能定理有

$$\frac{1}{2}J\omega^2 = \frac{1}{2} \cdot \frac{1}{3}m(2l)^2\omega^2 = mg \cdot \frac{l}{2}$$

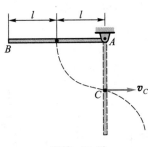
题综-15 图

得

$$\omega^2 = \frac{3g}{2l}, \quad v_C = \omega \cdot l = \sqrt{\frac{3gl}{2}}$$

去掉铰链后

$$a_C = \frac{mg}{m} = g, \quad v_{C0} = v_C = \sqrt{\frac{3gl}{2}}$$

所以质心的轨迹为一抛物线。

（2）解：由 $h = \dfrac{1}{2}gt^2$ 得

$$t = \sqrt{\dfrac{2h}{g}}$$

由于去掉铰链后 $\alpha = 0$，则 $\omega = \sqrt{\dfrac{3g}{2l}}$。

解得

$$\varphi = \omega \cdot t, \quad n = \dfrac{\varphi}{2\pi} = \dfrac{\omega t}{2\pi} = \dfrac{1}{2\pi}\sqrt{\dfrac{3h}{l}}$$

综-16 如图 a 所示，轮 A 和 B 可视为均质圆盘，半径均为 R，质量均为 m_1。绕在两轮上绳索中间连着物块 C，设物块 C 的质量为 m_2，且放在理想光滑的水平面上。今在轮 A 上作用一不变的力偶 M，求轮 A 与物块之间那段绳索的张力。

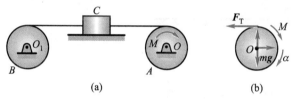

(a)   (b)

题综-16 图

解：分析系统，由动能定理有

$$\frac{1}{2} \cdot \frac{1}{2}m_1 R^2 \omega_1^2 + \frac{1}{2}m_2 v^2 + \frac{1}{2} \cdot \frac{1}{2}m_1 R^2 \omega_2^2 = M \cdot \varphi$$

其中

$$\omega_1 = \omega_2 = \frac{v}{R}$$

则有

$$\frac{1}{2}m_1 R^2 \omega_1^2 + \frac{1}{2}m_2 R^2 \omega_1^2 = M \cdot \varphi$$

两端对时间求导有

$$\alpha_1 = \frac{M}{(m_1 + m_2)R^2}$$

分析轮 A，受力如图 b 所示。

由定轴转动刚体转动微分方程有

$$\frac{1}{2}m_1R^2 \cdot \alpha_1 = M - F_T \cdot R$$

解得

$$F_T = \frac{M(m_1 + 2m_2)}{2R(m_1 + m_2)}$$

综-17 物体 A 质量为 m_1，沿楔状物 D 的斜面下滑，同时借绕过定滑轮 C 的绳使质量为 m_2 的物体 B 上升，如图 a 所示。斜面与水平面成 θ 角，滑轮和绳的质量及一切摩擦均略去不计。求楔状物 D 作用于地面凸出部分 E 的水平压力。

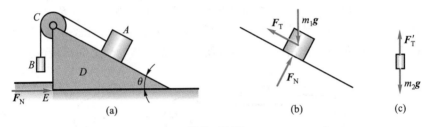

题综-17 图

解：分析物体 A，受力如图 b 所示。
由质点的运动微分方程有

$$m_1a_1 = m_1g\sin\theta - F_T$$

分析物体 B，受力如图 c 所示。由质点的运动微分方程有

$$m_2a_1 = F_T' - m_2g$$

解得

$$a_1 = \frac{m_1g\sin\theta - m_2g}{m_1 + m_2}$$

由 A 和 B 组成的系统质心加速度为

$$a_x = \frac{m_1a_1 \cdot \cos\theta}{m_1 + m_2} = \frac{m\cos\theta(m_1g\sin\theta - m_2g)}{(m_1 + m_2)^2}$$

分析系统，水平方向受力情况如图 a 所示。
由质心运动定理有

$$(m_1 + m_2)a_x = F_N$$

解得

$$F_N = \frac{m_1g\cos\theta(m_1\sin\theta - m_2)}{m_1 + m_2}$$

综-18 如图 a 所示为曲柄滑槽机构,均质曲柄 OA 绕水平轴 O 作匀速转动。已知曲柄 OA 的质量为 m_1,$OA=r$,滑槽 BC 的质量为 m_2(重心在点 D)。滑块 A 的重量和各处摩擦不计。求当曲柄转至图示位置时,滑槽 BC 的加速度、轴承 O 的约束力以及作用在曲柄上的力偶矩 M。

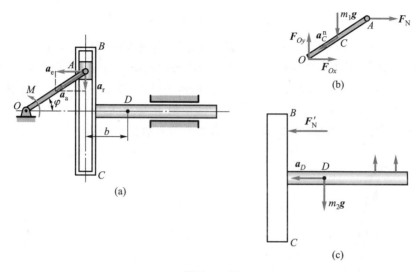

题综-18 图

解:以 A 为动点,动系为滑槽,加速度合成如图 a 所示。

$$\boldsymbol{a}_a = \boldsymbol{a}_e + \boldsymbol{a}_r = \boldsymbol{a}_D + \boldsymbol{a}_r$$

有

$$a_D = a_a \cdot \cos \varphi = \omega^2 r \cos \omega t$$

分析杆 OA,受力如图 b 所示。

由质心运动定理有

$$m_1 a_C^n \cdot \cos \varphi = - F_{Ox} - F_N$$

$$m_1 a_C^n \cdot \sin \varphi = m_1 g - F_{Oy}$$

由定轴转动刚体的转动微分方程有

$$\frac{1}{3} m_1 r^2 \cdot \alpha = 0 = - m_1 g \cdot \frac{r}{2} \cos \varphi - F_N \cdot r \sin \varphi + M$$

分析滑槽,受力如图 c 所示。由质心运动定理有

$$m_2 a_D = F_N'$$

解得

$$F_{Ox} = -\left(m_2 + \frac{m_1}{2}\right)r\omega^2\cos\omega t$$

$$F_{Oy} = m_1\left(g - \frac{r\omega^2}{2}\sin\omega t\right)$$

$$M = \left(\frac{m_1 g}{2} + m_2 r\omega^2\sin\omega t\right)r\cos\omega t$$

综-19 均质直杆 OA 长 l，质量为 m，可绕水平轴 O 自由摆动，直杆的 A 端固结一销子，可在水平连杆 AB 的 A 端的滑槽中运动。连杆 AB 的 B 端还有一滑槽，槽中插有销子 D，此销子则随同圆轮绕水平轴 O_1 以角速度 ω 作匀速转动，并带动 AB 连杆作简谐运动，如图所示。已知销子 D 至转轴 O_1 的距离为 r，连杆 AB 的质量及一切摩擦均可忽略。试求水平轴 O 处的约束力。

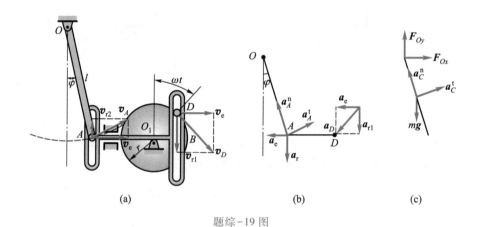

题综-19 图

解：以 D 为动点，AB 为动系（参见图 a 和图 b），有

$$\boldsymbol{v}_D = \boldsymbol{v}_e + \boldsymbol{v}_{r1}$$

有

$$v_e = v_D \cdot \cos\omega t = \omega r\cos\omega t$$

$$\boldsymbol{a}_D = \boldsymbol{a}_e + \boldsymbol{a}_{r1}$$

有

$$a_e = a_D \cdot \sin\omega t = \omega^2 r\sin\omega t$$

以 A 为动点，AB 为动系（参见图 a 和图 b），有

$$\boldsymbol{v}_A = \boldsymbol{v}_e + \boldsymbol{v}_{r2}$$

有

$$v_A = \frac{v_e}{\cos \varphi} = \frac{\omega r \cos \omega t}{\cos \varphi}$$

$$\boldsymbol{a}_A^n + \boldsymbol{a}_A^t = \boldsymbol{a}_e + \boldsymbol{a}_r$$

$$\frac{v_A^2}{l} \qquad \omega^2 r \sin \omega t$$

有

$$a_A^n \cdot \sin \varphi - a_A^t \cdot \cos \varphi = a_e$$

则

$$a_A^t = \frac{1}{\cos \varphi} \left(\frac{\omega^2 r^2 \cos^2 \omega t}{\cos^2 \varphi \cdot l} \sin \varphi - \omega^2 r \sin \omega t \right)$$

$$a_C^n = \frac{1}{2} a_A^n, \quad a_C^t = \frac{1}{2} a_A^t$$

分析杆 OA,受力如图 c 所示。

由质心运动定理有

$$m a_{Cx} = m (a_C^t \cdot \cos \varphi - a_C^n \cdot \sin \varphi) = F_{Ox}$$

$$m a_{Cy} = m (a_C^t \cdot \sin \varphi + a_C^n \cdot \cos \varphi) = F_{Oy} - mg$$

解得

$$F_{Ox} = - \frac{1}{2} m \omega^2 r \sin \omega t$$

$$F_{Oy} = mg + \left(\frac{\omega^2 r^2 \cos^2 \omega t}{l \cos^3 \varphi} - \frac{\sin \varphi}{\cos \varphi} \omega^2 r \sin \omega t \right) \frac{m}{2}$$

综-20 滚子 A 质量为 m_1,沿倾角为 θ 的斜面向下只滚不滑,如图 a 所示。滚子借一跨过滑轮 B 的绳提升质量为 m_2 的物体 C,同时滑轮 B 绕 O 轴转动。滚子 A 与滑轮 B 的质量相等,半径相等,且都为均质圆盘。求滚子重心的加速度和系在滚子上绳的张力。

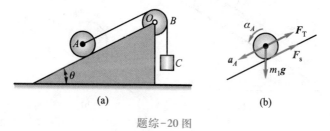

(a)　　　　　(b)

题综-20 图

解： 由动能定理有

$$\frac{1}{2}m_1v_A^2 + \frac{1}{2}\cdot\frac{1}{2}m_1r^2\omega_A^2 + \frac{1}{2}\cdot\frac{1}{2}m_1r^2\omega_B^2 + \frac{1}{2}m_2v_C^2 = m_1gh\sin\theta - m_2gh$$

其中

$$v_A = v_C, \quad \omega_A = \omega_B = \frac{v_A}{r}$$

则有

$$\left(m_1 + \frac{m_2}{2}\right)v_A^2 = m_1gh\sin\theta - m_2gh$$

两端对时间求导解得

$$a_A = \frac{m_1\sin\theta - m_2}{2m_1 + m_2}g$$

分析滚子,受力如图 b 所示。

由平面运动刚体的运动微分方程有

$$\frac{1}{2}m_1r^2\alpha_A = F_s \cdot r$$

$$m \cdot a_A = m_1g\sin\theta - F_T - F_s$$

其中

$$a_A = \alpha_A \cdot r$$

解得

$$F_T = \frac{3m_1m_2 + m_1^2\sin\theta + 2m_1m_2\sin\theta}{2(2m_1 + m_2)}g$$

综-21 在如图 a 所示系统中,纯滚动的均质圆轮与物块 A 的质量均为 m,圆轮的半径为 r,斜面倾角为 θ,物块 A 与斜面间的动摩擦因数为 f。不计杆 OA 的质量。求:(1) 点 O 的加速度;(2) 杆 OA 的内力。

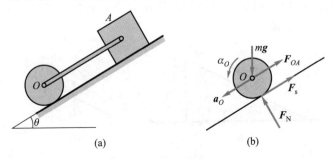

题综-21 图

解：分析系统，由动能定理有

$$\frac{1}{2}mv_O^2 + \frac{1}{2} \cdot \frac{1}{2}mr^2 \cdot \omega_O^2 + \frac{1}{2}mv_O^2 = 2mg \cdot s \cdot \sin\theta - mg\cos\theta \cdot f \cdot s$$

其中

$$v_O = \omega_O \cdot r$$

则有

$$\frac{5}{4}mv_O^2 = (2\sin\theta - f\cos\theta)mgs$$

两端对时间求导解得

$$a_O = \frac{2}{5}g(2\sin\theta - f\cos\theta)$$

分析圆柱，受力如图 b 所示。

由平面运动刚体的运动微分方程有

$$m \cdot a_O = mg\sin\theta - F_s - F_{OA}$$

$$\frac{1}{2}mr^2 \cdot \alpha_O = F_s \cdot r$$

解得

$$F_{OA} = \frac{3}{5}mgf\cos\theta - \frac{1}{5}mg\sin\theta$$

综-22 在如图 a 所示机构中，沿斜面纯滚动的圆柱体 O' 和鼓轮 O 为均质物体，质量均为 m，半径为 R。绳子不能伸缩，其质量略去不计。粗糙斜面的倾角为 θ，不计滚阻力偶。如在鼓轮上作用一常力偶 M。求：（1）鼓轮的角加速度；（2）轴承 O 的水平约束力。

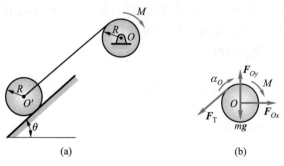

题综-22 图

解：分析系统,由动能定理有

$$\frac{1}{2} \cdot \frac{1}{2}mR^2\omega_O^2 + \frac{1}{2}mv_{O'}^2 + \frac{1}{2} \cdot \frac{1}{2}mR^2 \cdot \omega_{O'}^2 = M\varphi - mg\varphi R\sin\theta$$

其中

$$v_{O'} = \omega_O \cdot R, \quad \omega_{O'} = \frac{v_{O'}}{R} = \omega_O$$

则有

$$mR^2\omega_O^2 = (M - mgR\sin\theta) \cdot \varphi$$

两端对时间求导解得

$$\alpha_O = \frac{M - mgR\sin\theta}{2mR^2}$$

分析鼓轮,受力如图 b 所示。

由定轴转动刚体转动微分方程有

$$\frac{1}{2}mR^2 \cdot \alpha_O = M - F_T R$$

由质心运动定理有

$$0 = F_{Ox} - F_T\cos\theta$$

解得

$$F_{Ox} = \frac{6M\cos\theta + mgR\sin 2\theta}{8R}$$

综-23 图 a 所示机构中,物块 A,B 的质量均为 m,两均质圆轮 C,D 的质量均为 $2m$,半径均为 R。轮 C 铰接于无重悬臂梁 CK 上,D 为动滑轮,梁长度为 $3R$,绳与轮间无滑动,系统由静止开始运动。求:(1) A 物块上升的加速度; (2) HE 段绳的拉力;(3) 固定端 K 处的约束力。

解：(1) 分析系统,由动能定理有

$$\frac{1}{2}mv_A^2 + \frac{1}{2} \cdot \frac{1}{2} \cdot 2mR^2\omega_C^2 + \frac{1}{2} \cdot 2mv_D^2 + \frac{1}{2} \cdot \frac{1}{2} \cdot 2mR^2 \cdot \omega_D^2 + \frac{1}{2}mv_B^2$$

$$= mgh + 2mgh - mg \cdot 2h$$

其中

$$\omega_C = \frac{v_A}{R}, \quad v_B = v_D = \frac{1}{2}v_A, \quad \omega_D = \frac{v_D}{R} = \frac{v_A}{2R}$$

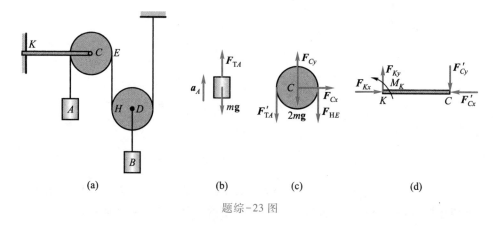

(a)   (b)   (c)   (d)

题综-23 图

则有

$$\frac{3}{2}mv_A^2 = \frac{1}{2}mgh_A$$

两端对时间求导解得

$$a_A = \frac{1}{6}g$$

（2）分析物块 A，受力如图 b 所示。

由质点的运动微分方程有

$$ma_A = F_{TA} - mg, \text{则 } F_{TA} = \frac{7}{6}mg$$

分析滑轮 C，受力如图 c 所示。

由定轴转动刚体的转动微分方程有

$$\frac{1}{2} \cdot 2mr^2 \cdot \alpha_C^2 = (F_{HE} - F'_{TA}) \cdot r, \text{其中 } \alpha_C = \frac{a_A}{r}$$

解得

$$F_{HE} = \frac{4}{3}mg$$

由质心运动定理有

$$F_{Cx} = 0$$
$$F_{Cy} = F_{EH} + F'_{TA} + mg$$

则有

$$F_{Cy} = \frac{9}{2}mg$$

（3）分析杆 CK，受力如图 d 所示。

列平衡方程有

$$\sum F_x = 0, \quad F_{Kx} - F'_{Cx} = 0$$

$$\sum F_y = 0, \quad F_{Ky} - F'_{Cy} = 0$$

$$\sum M_A(\boldsymbol{F}) = 0, \quad M_K - F'_{Cy} \cdot 3R = 0$$

解得

$$F_{Kx} = 0, \quad F_{Ky} = \frac{9}{2}mg, \quad M_K = \frac{27}{2}mgR$$

综-24 两质量皆为 m、长度皆为 l 的相同均质杆 AB 与 BC，在点 B 用光滑铰链连接。在两杆中点之间又连有一无质量的弹簧，弹簧刚度为 k，原长为 $l/2$。初始时将此两杆拉开成一直线，静止放在光滑的水平面上。求杆受微小干扰而合拢成相互垂直时，点 B 的速度和各杆的角速度。

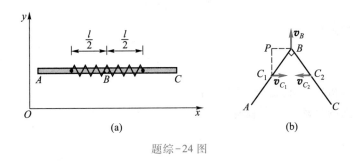

题综-24 图

解：分析系统，当 AB 与 BC 相互垂直时，如图 b 所示。

因为 $\sum F_x = 0$，故动量守恒，则 $\boldsymbol{v}_B$ 方向铅垂，得杆 AB 瞬心为 P。

由动能定理有

$$2 \times \frac{1}{2}\left[\frac{1}{12}ml^2 + m \cdot \left(\frac{l}{2\sqrt{2}}\right)^2\right]\omega^2 = \frac{1}{2}k\left[\frac{l^2}{4} - \left(\frac{\sqrt{2}}{2}l - \frac{l}{2}\right)^2\right]$$

解得

$$\omega = \sqrt{\frac{6k(\sqrt{2}-1)}{5m}}, \quad v_B = \omega \cdot \frac{\sqrt{2}}{4}l = \frac{l}{2}\sqrt{\frac{3k(\sqrt{2}-1)}{5m}}$$

综-25 图示三棱柱 A 沿三棱柱 B 光滑斜面滑动，A 和 B 的质量各为 m_1 与 m_2，三棱柱 B 的斜面与水平面成 θ 角。如开始时物系静止，忽略摩擦，求运动时三棱柱 B 的加速度。

解：分析系统，如图所示。因 $\sum F_x = 0$，动量守恒有

$$m_1(x_2 - x_1 \cos \theta) + m_2 x_2 = 0$$

得

$$x_2 = \frac{m_1 \cos \theta}{m_1 + m_2} x_1, \quad \dot{x}_2 = \frac{m_1 \cos \theta}{m_1 + m_2} \dot{x}_1$$

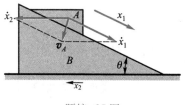

题综-25 图

由动能定理有

$$\frac{1}{2} m_2 \dot{x}_2^2 + \frac{1}{2} m_1 v_A^2 = m_1 g x_1 \sin \theta$$

其中

$$v_A^2 = \dot{x}_1^2 + \dot{x}_2^2 - 2 \dot{x}_1 \dot{x}_2 \cos \theta$$

得

$$\frac{m_1^2 \sin^2 \theta + m_2^2 + m_1 m_2 + m_1 m_2 \sin^2 \theta}{2 m_1 \cos^2 \theta} \dot{x}_2^2 = \frac{m_1 + m_2}{\cos \theta} g x_2 \sin \theta$$

两端对时间求导解得

$$\ddot{x}_2 = \frac{m_1 \sin 2\theta}{2(m_2 + m_1 \sin^2 \theta)} g$$

综-26 图示三棱柱 ABC 的质量为 m_1，放在光滑的水平面上，可以无摩擦地滑动。质量为 m_2 的均质圆柱体 O 由静止沿斜面 AB 向下纯滚动，如斜面的倾角为 θ。求三棱柱体的加速度。

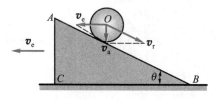

题综-26 图

解：分析系统，如图所示，因 $\sum F_x = 0$，由动量守恒有

$$m_1 v_e + m_2(v_e - v_r \cos \theta) = 0$$

得

$$v_e = \frac{m_2 v_r \cos\theta}{m_1 + m_2}, \quad s_e = \frac{m_2 s_r \cos\theta}{m_1 + m_2}$$

由动能定理有

$$\frac{1}{2}m_1 v_e^2 + \frac{1}{2}m_2 v_a^2 + \frac{1}{2} \cdot \frac{1}{2}m_2 R^2 \omega_O^2 = m_2 g \cdot s_r \cdot \sin\theta$$

其中

$$v_a^2 = v_e^2 + v_r^2 - 2v_e v_r \cos\theta, \quad \omega_O = \frac{v_r}{R}$$

得

$$\frac{(m_1 + m_2)[3m_1 + m_2(1 + 2\sin^2\theta)]}{4m_2 \cos^2\theta} = \frac{m_1 + m_2}{\cos\theta}\sin\theta \cdot s_e$$

两端对时间求导,解得

$$a_e = \frac{m_2 \sin 2\theta}{3m_1 + m_2(1 + 2\sin^2\theta)}g$$

综-27 如图 a 所示,重 P_1,长为 l 的均质杆 AB 与重 P 的楔块用光滑铰链 B 相连,楔块置于光滑的水平面上。初始杆 AB 处于铅垂位置,整个系统静止。在微小扰动下,杆 AB 绕铰链 B 摆动,楔块则沿水平面移动。当杆 AB 摆至水平位置时,求:(1) 杆 AB 的角加速度 α_{AB};(2) 铰链 B 对杆 AB 的约束力在铅垂方向的投影大小。

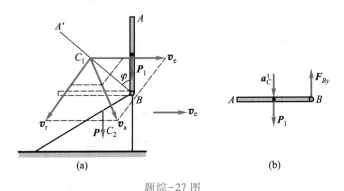

题综-27 图

解:(1) 分析系统,当 AB 运动到某一位置,如图所示,因 $\sum F_x = 0$,动量守恒有

$$\frac{P}{g}v_e + \frac{P_1}{g}(v_e - v_r \cos\varphi) = 0$$

302

得

$$v_e = \frac{P_1 \cos \varphi}{P_1 + P} v_r = \frac{P_1 \cos \varphi}{P_1 + P} \omega \cdot \frac{l}{2}$$

由动能定理有

$$\frac{1}{2} \frac{P}{g} v_e^2 + \frac{1}{2} \frac{P_1}{g} v_a^2 + \frac{1}{2} \cdot \frac{1}{12} \cdot \frac{P_1}{g} l^2 \cdot \omega^2 = P_1 \cdot \frac{l}{2} (1 - \cos \varphi)$$

其中

$$v_a^2 = v_e^2 + v_r^2 - 2 v_e v_r \cos \varphi$$

得

$$\left(\frac{3 P_1 \cos^2 \varphi}{8 g (P + P_1)} + \frac{P_1}{6g} \right) \omega^2 l^2 = P_1 \cdot \frac{l}{2} (1 - \cos \varphi)$$

两端对时间求导,代入 $\varphi = 90°$,解得 $\alpha = \dfrac{3g}{2l}$。

（2）分析杆 AB,铅垂方向受力如图 b 所示。

由质心运动定理有

$$\frac{P_1}{g} a_{C_1}^t = \frac{P_1}{g} \cdot \alpha \cdot \frac{l}{2} = P_1 - F_{By}$$

解得

$$F_{By} = \frac{P_1}{4}$$

综-28 质量为 m_1 半径为 R 的圆盘铰接在质量为 m_2 的滑块上,且 $m_1 = m_2 = m$。如图所示。滑块可在光滑的地面上滑动,圆盘靠在光滑的墙壁上,初始时,$\theta_0 = 0$,系统静止。滑块受到微小扰动后向右滑动。试求圆盘脱离墙壁时的 θ 以及此时地面的支承力。

解:建立如图所示坐标系,有

$$x_A = R, \quad y_A = h + R \cos \theta$$
$$x_B = R + R \sin \theta, \quad y_B = 0$$

对时间求导有

$$v_A = \dot{y}_A = - R \sin \theta \cdot \dot{\theta}, \quad v_B = \dot{x}_B = R \cos \theta \cdot \dot{\theta}$$

系统的动量为

$$\boldsymbol{p} = m_1 \boldsymbol{v}_A + m_2 \boldsymbol{v}_B = (- m R \dot{\theta} \sin \theta) \boldsymbol{j} + (m R \dot{\theta} \cos \theta) \boldsymbol{i}$$

题综-28 图

以系统为研究对象,受力如图所示。

由质点系动量定理有

$$\frac{\mathrm{d}p_x}{\mathrm{d}t} = mR\ddot{\theta}\cos\theta - mR\dot{\theta}^2\sin\theta = F_{N1} \tag{1}$$

$$\frac{\mathrm{d}p_y}{\mathrm{d}t} = -mR\ddot{\theta}\sin\theta - mR\dot{\theta}^2\cos\theta = F_{N2} - 2mg \tag{2}$$

由动能定理有

$$\frac{1}{2}mv_A^2 + \frac{1}{2}J_A\dot{\theta}^2 + \frac{1}{2}m_2v_B^2 = mgR(1 - \cos\theta)$$

其中

$$J_A = \frac{1}{2}mR^2$$

得

$$\frac{3}{4}mR^2\dot{\theta}^2 = mgR(1 - \cos\theta) \tag{3}$$

解得

$$\dot{\theta}^2 = \frac{4g}{3R}(1 - \cos\theta)$$

对式(3)两端对时间求导得

$$\ddot{\theta} = \frac{2g}{3R}\sin\theta$$

代入式(1),式(2)解得

$$F_{N1} = mg\left(2\cos\theta - \frac{4}{3}\right)\sin\theta, \quad F_{N2} = \frac{4}{3}mg\left(1 - \cos\theta + \frac{3}{2}\cos^2\theta\right)$$

由 $F_{N1} = 0$ 解得 $\theta = \arccos\dfrac{2}{3}$, $F_{N2} = \dfrac{4}{3}mg$。

综-29 质量均为 m,长度均为 l 的两均质杆相互铰接,初始瞬时杆 OA 处于铅垂位置,两杆夹角为 $45°$,如图 a 所示。试求由静止释放的瞬时,两杆的角加速度。

解:分析杆 OA,受力如图 b 所示。

由定轴转动刚体的转动微分方程有

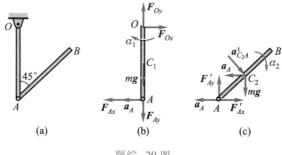

题综-29 图

$$J_O \cdot \alpha_1 = \frac{1}{3}ml^2\alpha_1 = F_{Ax} \cdot l$$

分析杆 AB,受力如图 c 所示。

由平面运动刚体的运动微分方程有

$$J_{C_2} \cdot \alpha_2 = \frac{1}{12}ml^2 \cdot \alpha_2 = F'_{Ay} \cdot \frac{l}{2}\cos 45° - F'_{Ax} \cdot \frac{l}{2}\sin 45°$$

$$ma_{Cx} = F'_{Ax}$$

$$ma_{Cy} = mg - F'_{Ay}$$

由基点法有

$$\boldsymbol{a}_C = \boldsymbol{a}_A + \boldsymbol{a}^t_{C_2A}$$

得

$$a_{Cx} = a_{C_2A} \cdot \cos 45° - a_A = \frac{l}{2}\alpha_2\cos 45° - \alpha_1 l$$

$$a_{Cy} = a_{C_2A} \cdot \sin 45° = \frac{l}{2}\alpha_2\sin 45°$$

解得
$$\alpha_1 = \frac{9g}{23l}, \quad \alpha_2 = \frac{24\sqrt{2}g}{23l}$$

综-30 均质直杆 AB 长 $2l$,质量为 m,A 端被约束在一光滑水平滑道内。开始时,直杆位于图 a 所示的虚线位置 A_0B_0,由静止释放后,该杆受重力作用而运动。求 A 端所受的约束力。

解:分析杆 AB,由 $\sum F_x = 0$,动量守恒,质心的速度和加速度铅垂向下,如图 a 所示,则瞬心为 P,有

$$J_P = \frac{1}{12}m(2l)^2 + m(l^2 \cdot \cos^2\theta) = \frac{1}{3}ml^2 + ml^2\cos^2\theta$$

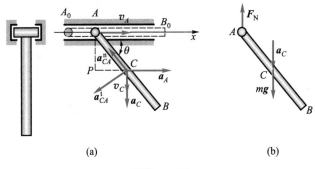

(a)   (b)

题综-30 图

由动能定理有

$$\frac{1}{2}J_P\omega^2 = mgl\sin\theta$$

得

$$\frac{1}{2}\left(\frac{1}{3}ml^2 + ml^2\cos^2\theta\right)\omega^2 = mgl\sin\theta \tag{1}$$

则

$$\omega^2 = \frac{6g\cos\theta}{(1 + 3\cos^2\theta)l}$$

式(1)两端对时间求导得

$$\alpha = \frac{3(7 - 3\cos^2\theta)\cos\theta}{(1 + 3\cos^2\theta)l}g$$

以 A 为基点有

$$\boldsymbol{a}_C = \boldsymbol{a}_A + \boldsymbol{a}_{CA}^n + \boldsymbol{a}_{CA}^t$$

加速度合成关系如图 a 所示,有

$$a_C = a_{CA}^t\cos\theta - a_{CA}^n\sin\theta$$

分析杆 AB 受力如图 b 所示,由质心运动定理有

$$ma_C = mg - F_N$$

解得

$$F_N = \frac{7 - 3\cos^2\theta}{(1 + 3\cos^2\theta)^2}mg$$

综-31 若在 11-34 题中所施加的力偶为常力偶。当在力偶作用下杆 OA 逆时针转过 90°时(即 A, O, D 三点共线),试求杆 AB 的角速度、角加速度和套筒 D 处约束力。

306

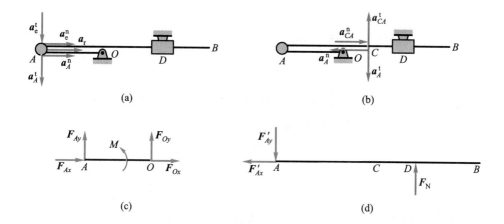

(a) (b)

(c) (d)

题综-31 图

解：A, O, D 三点共线(参见图 a)时,杆 AB 瞬心为 D 点,有

$$v_A = \omega_1 r, \quad \omega_2 = \frac{v_A}{2r} = \frac{\omega_1}{2}, \quad v_C = \omega_2(2r - \sqrt{2}r) = \frac{\omega_1}{2}(2r - \sqrt{2}r)$$

系统初始动能 $T_0 = 0, A, O, D$ 三点共线时系统动能为

$$T = \frac{1}{2}J_O \omega_1^2 + \frac{1}{2}m v_C^2 + \frac{1}{2}J_C \omega_2^2$$

$$= \frac{1}{2}\frac{mr^2}{3}\omega_1^2 + \frac{1}{2}m\frac{\omega_1^2}{4}r^2(2-\sqrt{2})^2 + \frac{1}{2}\frac{1}{12}m(2\sqrt{2}r)^2\frac{\omega_1^2}{4}$$

$$= \frac{2-\sqrt{2}}{2}mr^2\omega_1^2$$

由动能定理有

$$\frac{2-\sqrt{2}}{2}mr^2\omega_1^2 = M\frac{\pi}{2}$$

解得

$$\omega_1 = \sqrt{\frac{M\pi}{mr^2(2-\sqrt{2})}}, \quad \omega_2 = \frac{1}{2}\sqrt{\frac{M\pi}{mr^2(2-\sqrt{2})}}$$

以 A 为动点,套筒 D 为动系,加速度合成关系如图 a 所示。
由于 $v_r = 0$,故 $a_C = 0$,有

$$a_A^t + a_A^n = a_e^t + a_e^n + a_r$$

307

$$\alpha_1 r \quad \omega_1^2 r \quad 2\alpha_2 r \quad 2\omega_2^2 r$$

投影到 a_A^t 方向,有 $a_A^t = a_e^t$,解得

$$\alpha_2 = \frac{\alpha_1}{2}$$

以 A 为基点,分析 C 点加速度,加速度合成关系如图 b 所示。

$$\boldsymbol{a}_C = \boldsymbol{a}_A^t + \boldsymbol{a}_A^n + \boldsymbol{a}_{CA}^t + \boldsymbol{a}_{CA}^n$$

有

$$a_{Cy} = a_A^t - a_{CA}^t = \alpha_1 r - \alpha_2 \sqrt{2} r = \alpha_1 r \left(1 - \frac{\sqrt{2}}{2} \right)$$

分析杆 OA ,受力如图 c 所示。由定轴转动刚体微分方程有

$$M - F_{Ay} r = \frac{mr^2}{3} \alpha_1 \tag{1}$$

分析杆 AB ,受力如图 d 所示。由平面运动刚体的运动微分方程有

$$F'_{Ay} - F_D = ma_{Cy} = m\alpha_1 r \left(1 - \frac{\sqrt{2}}{2} \right) \tag{2}$$

$$F'_{Ay} \sqrt{2} r + F_D (2 - \sqrt{2}) r = ma_C = \frac{1}{12} m (2\sqrt{2} r)^2 \alpha_2 \tag{3}$$

由式(1),(2),(3)解得

$$\alpha_1 = \frac{M}{mr^2 (2 - \sqrt{2})}, \quad F_{Ay} = \frac{M(5 - 3\sqrt{2})}{3r(2 - \sqrt{2})}$$

$$F_D = \frac{M(4 - 3\sqrt{2})}{6r(2 - \sqrt{2})}, \quad \alpha_2 = \frac{M}{2mr^2 (2 - \sqrt{2})}$$

第十三章 达朗贝尔原理

13-1 图 a 所示由相互铰接的水平臂连成的传送带,将圆柱形零件从一高度传送到另一个高度。设零件与臂之间的静摩擦因数 $f_s = 0.2$。求:(1)降落加速度 a 为多大时,零件不致在水平臂上滑动;(2)在此加速度下,比值 h/d 等于多少时,零件在滑动之前先倾倒?

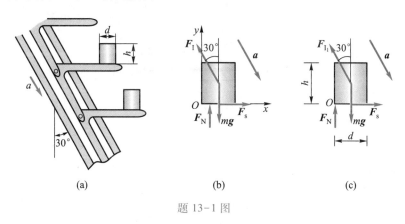

(a)   (b)   (c)

题 13-1 图

解:(1)分析零件,受力如图 b 所示,$F_I = ma$。
由达朗贝尔原理有

$$\sum F_x = 0, \qquad F_s - F_I \sin 30° = 0$$
$$\sum F_y = 0, \qquad F_N + F_I \cos 30° - mg = 0$$

零件不滑动,有

$$F_s \leqslant f_s F_N$$

解得

$$a \leqslant 2.91 \text{ m/s}^2$$

(2)分析零件,受力如图 c 所示,$F_I = ma$。
倾倒的条件为

$$\sum M_O \geqslant 0$$

由达朗贝尔原理有

$$\left(F_1 \cdot \cos 30° - mg\right) \cdot \frac{d}{2} + F_1 \cdot \sin 30° \cdot \frac{h}{2} \geqslant 0$$

解得

$$\frac{h}{d} \geqslant 5$$

13-2 图示轿车,总质量为 m,重心离地面的高度为 h,到前后轴的水平距离分别为 l_1,l_2。轿车以速度 v 行驶于水平路面上,因故急刹车,刹车后滑行了一段距离 s。设在刹车过程中轿车作匀减速直线平移,求在刹车过程中地面对前后轮的法向约束力。并与轿车静止或作匀速直线运动时的法向约束力比较,从而解释轿车在急刹车时的"点头"现象。

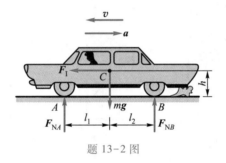

题 13-2 图

解：分析小车,受力如图所示。

由小车匀减速运动有

$$a = \frac{v^2}{2s}, 则\ F_1 = ma = m \cdot \frac{v^2}{2s}$$

由达朗贝尔原理有

$$\sum M_A(\boldsymbol{F}) = 0, \qquad F_{NB}(l_1 + l_2) + F_1 \cdot h - mg \cdot l_1 = 0$$

$$\sum M_B(\boldsymbol{F}) = 0, \qquad -F_{NA}(l_1 + l_2) + F_1 \cdot h + mg \cdot l_2 = 0$$

解得

$$F_{NA} = \frac{m}{l_1 + l_2}\left(\frac{v^2}{2s}h + gl_2\right)$$

$$F_{NB} = \frac{m}{l_1 + l_2}\left(gl_1 - \frac{v^2}{2s}h\right)$$

当小车匀速直线运动时,$F_1 = 0$,有

$$F_{NA} = \frac{l_2}{l_1 + l_2}mg, \qquad F_{NB} = \frac{l_1}{l_1 + l_2}mg$$

很显然,刹车过程前轮的压力增加,而后轮压力减小,造成"点头"现象。

13-3 图 a 所示均质矩形块质量 $m_1 = 100$ kg,置于平台车上。车质量为 $m_2 = 50$ kg,此车沿光滑的水平面运动。车和矩形块在一起由质量为 m_3 的物体牵引,使之作加速运动。设物块与车之间的摩擦力足够阻止相互滑动,求能够使车加速运动的质量 m_3 的最大值,以及此时车的加速度大小。

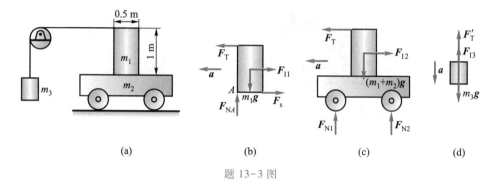

(a)　　　　　(b)　　　　　(c)　　　　　(d)

题 13-3 图

解: 分析矩形块,受力如图 b 所示,$F_{I1} = m_1 a$。

由达朗贝尔原理有

$$\sum M_A(\boldsymbol{F}) = 0, \qquad F_T \cdot 1 \text{ m} - F_{I1} \cdot 0.5 \text{ m} - m_1 g \cdot 0.25 \text{ m} = 0$$

即
$$F_T \cdot 1 \text{ m} - m_1 a \cdot 0.5 \text{ m} - m_1 g \cdot 0.25 \text{ m} = 0 \tag{1}$$

分析矩形块和平台车,受力如图 c 所示,$F_{I2} = (m_1 + m_2)a$。

由达朗贝尔原理有

$$\sum F_x = 0, \qquad F_T - F_{I2} = 0$$
$$F_T - (m_1 + m_2)a = 0 \tag{2}$$

由式(1),式(2)解得

$$a = 2.45 \text{ m/s}^2$$

分析物块,受力如图 d 所示,$F_{I3} = m_3 a$

由达朗贝尔原理有

$$\sum F_y = 0, \; F_{I3} + F'_T - m_3 g = 0$$

解得

$$m_3 = 50 \text{ kg}$$

13-4 图 a 所示为升降重物用的叉车,B 为可动圆滚(滚动支座),叉头

DBC 用铰链 C 与铅垂导杆连接。由于液压机构的作用,可使导杆在铅垂方向上升或下降,因而可升降重物。已知叉车连同铅垂导杆的质量为 1 500 kg,质心在 G_1;叉头与重物的共同质量为 800 kg,质心在 G_2。如果叉头向上加速度使得后轮 A 的约束力等于零,求这时滚轮 B 的约束力。

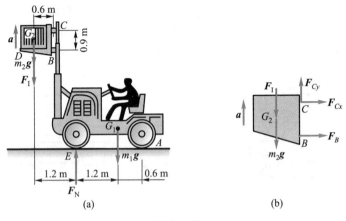

题 13-4 图

解:分析整体,受力如图 a 所示,$F_1 = m_2a$。

由达朗贝尔原理有

$$\sum M_E(F) = 0, \quad -m_1g \cdot 1.2 \text{ m} + m_2g \cdot 1.2 \text{ m} + F_1 \cdot 1.2 \text{ m} = 0$$

即

$$m_2a + m_2g - m_1g = 0$$

解得

$$a = \frac{7}{8}g$$

分析叉车与重物,受力如图 b 所示。

由达朗贝尔原理有

$$\sum M_C(F) = 0, \quad F_B \cdot 0.9 \text{ m} + (m_2g + F_1) \cdot 0.6 \text{ m} = 0$$

即

$$F_B \cdot 0.9 \text{ m} + m_2(g + a) \cdot 0.6 \text{ m} = 0$$

解得

$$F_B = 9.8 \text{ kN}$$

13-5 当发射卫星实现星箭分离时,打开卫星整流罩的一种方案如图所示。先由释放机构将整流罩缓慢送到图示位置,然后令火箭加速,加速度为 a,从而使整流罩向外转。当其质心 C 转到位置 C' 时,O 处铰链自动脱开,使整流罩离开火箭。设整流罩质量为 m，对轴 O 的回转半径为 ρ，质心到轴 O 的距离 $OC = r$。问整流罩脱落时，角速度为多大？

解：分析整流罩，由于火箭为平移，整流罩惯性力系简化结果是通过质心的力，大小为 $F_I = ma$。忽略重力影响，在这个惯性力作用下，整流罩运动到 OC' 位置，利用动能定理有

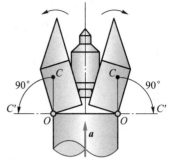

$$T_1 = 0, \quad T_2 = \frac{1}{2}J_O\omega^2 = \frac{1}{2}m\rho^2\omega^2$$

惯性力的功

$$W = F_I \cdot r = mar$$

则有

$$\frac{1}{2}m\rho^2\omega^2 = mar$$

解得

$$\omega = \frac{1}{\rho}\sqrt{2ar}$$

题 13-5 图

13-6 转速表的简化模型如图 a 所示。杆 CD 的两端各有质量为 m 的球 C 和球 D，杆 CD 与转轴 AB 铰接于各自的中点，质量不计。当转轴 AB 转动且外载荷变化时，杆 CD 的转角 φ 就发生变化。设 $\omega = 0$ 时，$\varphi = \varphi_0$，且盘簧中无力。盘簧产生的力矩 M 与转角 φ 的关系为 $M = k(\varphi - \varphi_0)$，$k$ 为盘簧刚度系数。$AO = OB = b$。求：(1) 角速度 ω 与角 φ 之间的关系；(2) 当系统处于图示平面时，轴承 A,B 的约束力。

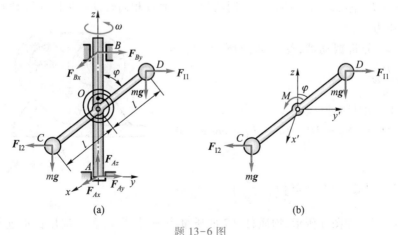

(a)   (b)

题 13-6 图

解：（1）分析杆 CD 及两小球，受力如图 b 所示，$F_{I1} = F_{I2} = m \cdot \omega^2 l \sin \varphi$
由达朗贝尔原理有

$$\sum M_x(\boldsymbol{F}) = 0, \qquad M - 2F_{I1} \cdot l \cos \varphi = 0$$

其中

$$M = k(\varphi - \varphi_0)$$

解得

$$\omega = \sqrt{\frac{k(\varphi - \varphi_0)}{ml^2 \sin 2\varphi}}$$

（2）分析整体，受力如图 a 所示。
由达朗贝尔原理有

$$\sum F_x = 0, \qquad F_{Ax} + F_{Bx} = 0$$

$$\sum F_y = 0, \qquad F_{Ay} + F_{By} = 0$$

$$\sum F_z = 0, \qquad F_{Az} - 2mg = 0$$

$$\sum M_x(\boldsymbol{F}) = 0, \qquad -F_{By} \cdot 2b - F_{I1} \cdot 2l \cdot \cos \varphi = 0$$

$$\sum M_y(\boldsymbol{F}) = 0, \qquad F_{Bx} = 0$$

解得

$$F_{Ax} = F_{Bx} = 0, \quad F_{Ay} = \frac{ml^2 \omega^2 \sin 2\varphi}{2b}, \quad F_{Az} = 2mg, \quad F_{By} = -\frac{ml^2 \omega^2 \sin 2\varphi}{2b}$$

13-7 图示振动器用于压实土壤表面。已知基座重 $\boldsymbol{G}$，对称的偏心锤重 $\boldsymbol{P}_1 = \boldsymbol{P}_2 = \boldsymbol{P}$，偏心距为 e，两锤以相同的匀角速度 ω 相向转动。求振动器对地面最大的压力。

解：分析振动器，受力如图所示，$F_{I1} = F_{I2} = \dfrac{P}{g} \omega^2 \cdot e$。

由达朗贝尔原理有

$$\sum F_y = 0, \quad F_N - 2P - G - 2F_{I1} \cdot \cos \varphi = 0$$

解得

$$F_{Nmax} = G + 2P\left(1 + \frac{e\omega^2}{g}\right)$$

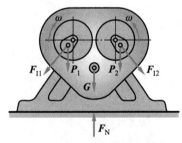

题 13-7 图

13-8 如图 a 所示，均质杆 AB 的质量为 m，长为 l，在 A 端用铰链连接，且

以匀角速度 ω 绕 z 轴转动。求杆与铅垂线的交角 θ 与铰链的约束力。

解：分析杆 AB，受力如图 b 所示。

取微元 $\mathrm{d}\xi$，则 $\mathrm{d}F_I = \dfrac{m}{l} \cdot \omega^2 \cdot \xi \cdot \sin\theta \cdot \mathrm{d}\xi$

由达朗贝尔原理有

$$\sum M_A(\boldsymbol{F}) = 0,$$

$$\int_0^l \frac{m}{l}\omega^2 \cdot \xi\sin\theta \cdot \xi \cdot \cos\theta\mathrm{d}\theta - mg \cdot \frac{l}{2} \cdot \sin\theta = 0$$

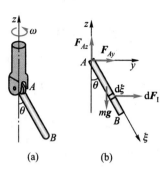

(a)　　　　(b)

题 13-8 图

解得

$$\cos\theta = \frac{3g}{2l\omega^2}, \qquad \theta = \arccos\left(\frac{3g}{2l\omega^2}\right)$$

$$\sum F_y = 0, \qquad F_{Ay} + \int_0^l \frac{m}{l}\omega^2\xi\sin\theta\mathrm{d}\theta = 0$$

$$\sum F_z = 0, \qquad F_{Az} - mg = 0$$

解得

$$F_{Ay} = -\frac{ml}{2}\omega^2\sin\theta, \qquad F_{Az} = mg$$

13-9　图 a 所示长方形均质平板，质量为 27 kg，由两个销 A 和 B 悬挂。如果突然撤去销 B，求在撤去销 B 的瞬时平板的角加速度 α 和销 A 的约束力。

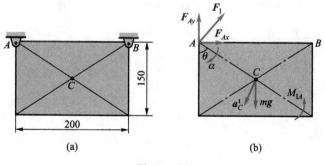

(a)　　　　　　　　(b)

题 13-9 图

解：分析平板，受力如图 b 所示，初瞬时，$\omega = 0$，则 $a_C^t = \alpha \cdot AC$，$a_C^n = 0$。

$$F_I = ma_C^t = m \cdot \alpha \cdot AC, \qquad M_{IA} = J_A \cdot \alpha$$

其中

315

$$J_A = J_C + m \cdot AC^2, \qquad J_C = \frac{m}{12}(0.2^2 \text{ m}^2 + 0.15^2 \text{ m}^2)$$

由达朗贝尔原理有

$$\sum M_A(\boldsymbol{F}) = 0, \qquad M_{1A} - mg \cdot AC \cdot \sin\theta = 0$$

$$\sum F_x = 0, \qquad F_{Ax} + F_1 \cdot \cos\theta = 0$$

$$\sum F_y = 0, \qquad F_{Ay} + F_1 \cdot \sin\theta - mg = 0$$

其中 $\sin\theta = \dfrac{4}{5}$, $\cos\theta = \dfrac{3}{5}$。

解得

$$\alpha = 47 \text{ rad/s}^2, \quad F_{Ax} = -95 \text{ N}, \quad F_{Ay} = 138 \text{ N}$$

13-10 轮轴质心位于 O 处，对轴 O 的转动惯量为 J_O。在轮轴上系有两个物体，质量分别为 m_1 和 m_2。若此轮轴以顺时针转向转动，求轮轴的角加速度 α 和轴承 O 的附加动约束力。

解：分析系统，受力如图所示。

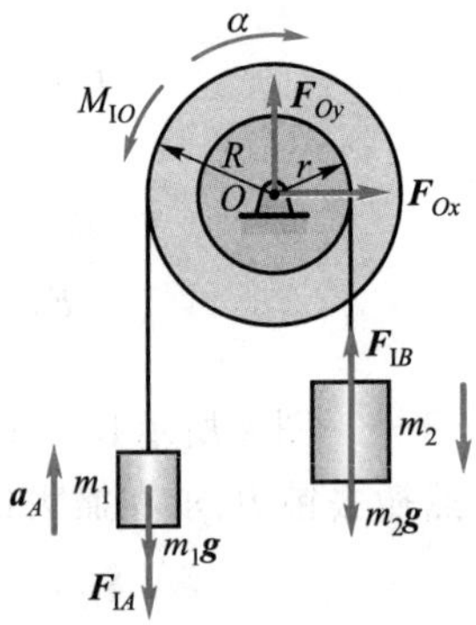

$$F_{1A} = m_1 a_A, \quad F_{1B} = m_2 a_B, \quad M_{1O} = J_O \cdot \alpha$$

其中

$$a_A = \alpha R, \qquad a_B = \alpha r$$

由达朗贝尔原理有

$$\sum M_O(\boldsymbol{F}) = 0,$$

$$(m_1 g + F_{1A})R + M_{1O} + (F_{1B} - m_2 g)r = 0$$

$$\sum F_x = 0, \qquad F_{Ox} = 0$$

$$\sum F_y = 0, \qquad F_{Oy} - (m_1 + m_2)g - F_{1A} + F_{1B} = 0$$

题 13-10 图

解得

$$\alpha = \frac{m_2 r - m_1 R}{m_1 R^2 + m_2 r^2 + J_O} g$$

$$F_{Ox} = 0$$

$$F_{Oy} = (m_1 + m_2)g - \frac{(m_2 r - m_1 R)^2}{m_1 R^2 + m_2 r^2 + J_O} g$$

则轴承 O 处附加动约束力为

$$F'_{Ox} = 0, \quad F'_{Oy} = -\frac{(m_2r - m_1R)^2}{m_1R^2 + m_2r^2 + J_O}g$$

13-11 如图 a 所示,质量为 m_1 的物体 A 下落时,带动质量为 m_2 的均质圆盘 B 转动,不计支架和绳子的重量及轴上的摩擦,$BC = l$,盘 B 的半径为 R。求固定端 C 的约束力。

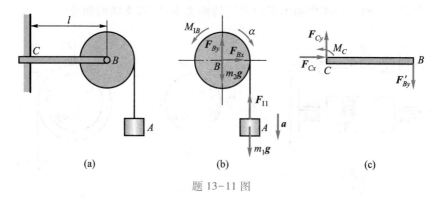

(a)　　　　　　　(b)　　　　　　　(c)

题 13-11 图

解: 分析圆盘和重物,受力如图 b 所示。

$$F_{I1} = m_1a, \quad M_{1B} = J_B \cdot \alpha = \frac{1}{2}m_2R^2 \cdot \alpha, \quad \text{其中 } a = \alpha \cdot R$$

由达朗贝尔原理有

$$\sum M_B(\boldsymbol{F}) = 0, \qquad M_{1B} + (F_{I1} - m_1g)R = 0$$

$$\sum F_x = 0, \qquad F_{Bx} = 0$$

$$\sum F_y = 0, \qquad F_{By} + F_{I1} - (m_1 + m_2)g = 0$$

解得

$$a = \frac{2m_1}{2m_1 + m_2}g, \quad F_{Bx} = 0, \quad F_{By} = \frac{3m_1m_2 + m_2^2}{2m_1 + m_2}g$$

分析杆 BC,受力如图 c 所示。

列平衡方程有

$$\sum F_x = 0, \qquad F_{Cx} = 0$$

$$\sum F_y = 0, \qquad F_{Cy} - F'_{By} = 0$$

$$\sum M_C(\boldsymbol{F}) = 0, \qquad M_C - F'_{By} \cdot l = 0$$

解得

$$F_{Cx} = 0, \quad F_{Cy} = \frac{3m_1m_2 + m_2^2}{2m_1 + m_2}g, \quad M_C = \frac{3m_1m_2 + m_2^2}{2m_1 + m_2}gl$$

13-12 图 a 所示电动绞车提升一质量为 m 的物体,在主动轴上作用有一矩为 M 的主动力偶。已知主动轴和从动轴连同安装在这两轴上的齿轮以及其他附属零件的转动惯量分别为 J_1 和 J_2;传动比 $z_2 : z_1 = i$;吊缠绕在鼓轮上,此轮半径为 R。设轴承的摩擦和吊索的质量均略去不计,求重物的加速度。

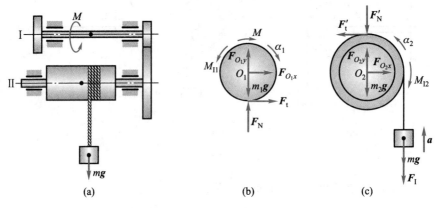

题 13-12 图

解:分析轮 I,受力如图 b 所示。
$$M_{11} = J_1 \cdot \alpha_1$$
由达朗贝尔原理有
$$\sum M_{O_1}(F) = 0, \quad M_{11} - M + F_t \cdot R_1 = 0$$
分析轮 II 和重物,受力如图 c 所示。
$$M_{12} = J_2 \cdot \alpha_2, \quad F_1 = ma$$
由达朗贝尔原理有
$$\sum M_{O_2}(F) = 0, \quad F'_t \cdot R_2 - M_{12} - (mg + F_1)R = 0$$
又
$$a = \alpha_2 \cdot R, \quad \frac{\alpha_1}{\alpha_2} = \frac{z_2}{z_1} = \frac{R_2}{R_1} = i$$
解得
$$a = \frac{Mi - mgR}{J_1 i^2 + J_2 + mR^2}R$$

13-13 曲柄滑道机构如图 a 所示,已知圆轮半径为 r,对转轴的转动惯量为 J,轮上作用一不变的力偶 M,ABD 滑槽的质量为 m,不计摩擦。求圆轮的转动微分方程。

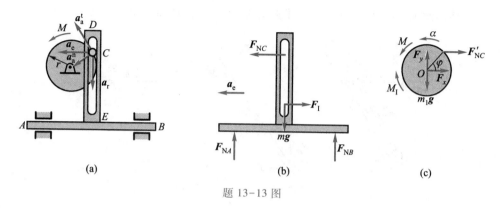

题 13-13 图

解:以 C 为动点,动系为滑槽 ABD。

由点的加速度合成定理有(参见图 a)

$$a_a^t \quad + \quad a_a^n \quad = \quad a_e \quad + \quad a_r$$

大小　$\ddot{\varphi} \cdot r$　$\dot{\varphi}^2 \cdot r$　?　?

方向　√　　√　　√　　√

解得

$$a_e = a_a^n \cos \varphi + a_a^t \sin \varphi = \dot{\varphi}^2 r \cos \varphi + \ddot{\varphi} \cdot r \sin \varphi$$

分析滑槽 ABD,受力如图 b 所示。

$$F_I = m a_e = m(\dot{\varphi}^2 r \cos \varphi + \ddot{\varphi} r \sin \varphi)$$

由达朗贝尔原理有

$$\sum F_x = 0, \quad F_I - F_{NC} = 0$$

解得

$$F_{NC} = m(\dot{\varphi}^2 r \cos \varphi + \ddot{\varphi} r \sin \varphi)$$

分析圆轮,受力如图 c 所示。

$$M_I = J \cdot \alpha = J \cdot \ddot{\varphi}$$

由达朗贝尔原理有

$$\sum M_O(F) = 0, \quad M - M_I - F'_{NC} \cdot r \sin \varphi = 0$$

解得

$$(J + mr^2 \sin^2 \varphi) \ddot{\varphi} + mr^2 \dot{\varphi}^2 \sin \varphi \cos \varphi - M = 0$$

13-14　曲柄摇杆机构的曲柄 OA 长为 r，质量为 m，在力偶 M（随时间而变化）驱动下以匀角速度 ω_0 转动，并通过滑块 A 带动摇杆 BD 运动。OB 铅垂，BD 可视为质量为 $8m$ 的均质等直杆，长为 $3r$。不计滑块 A 的质量和各处摩擦；如图 a 所示瞬时，OA 水平，$\theta = 30°$。求此时驱动力偶矩 M 和 O 处约束力。

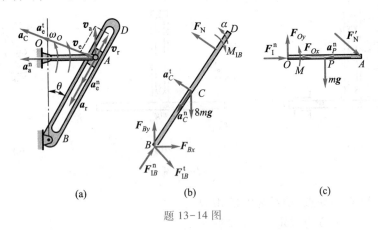

(a)　　　　　　　　(b)　　　　　　　　(c)

题 13-14 图

解：以 A 为动点，动系为杆 BD。

由速度合成定理有（参见图 a）

$$v_a = v_e + v_r$$

大小　$\omega_0 \cdot r$　？　？

方向　√　√　√

则

$$v_e = v_a \cdot \sin 30° = \omega_0 r \cdot \frac{1}{2} = \omega_e \cdot AB$$

$$v_r = v_a \cos 30° = \frac{\sqrt{3}}{2}\omega_0 r$$

解得　　$$\omega_e = \frac{\omega_0}{4}, \qquad v_r = \frac{\sqrt{3}}{2}\omega_0 r$$

由加速度合成定理有（参见图 a）

$$a_a = a_e^n + a_e^t + a_r + a_C$$

大小　$\omega_0^2 \cdot r$　$\omega_e^2 \cdot AB$　$\alpha \cdot AB$　？　$2\omega_e \cdot v_r$

方向　√　√　√　√　√

向 a_e^t 方向投影有

320

$$a_a \cos 30° = a_e^t + a_c$$

解得

$$\alpha = \frac{\sqrt{3}}{8}\omega_0^2$$

分析 BD 杆,受力如图 b 所示。$M_{IB} = J_B \cdot \alpha = \frac{1}{3} \cdot 8m \cdot (3r)^2 \cdot \alpha = 3\sqrt{3}\,mr^2\omega_0^2$

由达朗贝尔原理有

$$\sum M_B(\boldsymbol{F}) = 0, \quad F_N \cdot 2r - 8mg \cdot \frac{3r}{2} \cdot \sin 30° - M_{IB} = 0$$

解得

$$F_N = 3mg + \frac{3}{2}\sqrt{3}\,mr\omega_0^2$$

分析曲柄 OA,受力如图 c 所示。

$$F_I^n = m \cdot a_P^n = m \cdot \omega_0^2 \cdot \frac{r}{2}$$

由达朗贝尔原理有

$$\sum F_x = 0, \quad F_{Ox} + F'_N \cdot \cos 30° + F_I^n = 0$$

$$\sum F_y = 0, \quad F_{Oy} - F'_N \cdot \sin 30° - mg = 0$$

$$\sum M_O(\boldsymbol{F}) = 0, \quad M - mg \cdot \frac{r}{2} - F'_N \cdot \sin 30° \cdot r = 0$$

解得

$$M = 2mgr + \frac{3\sqrt{3}}{4}mr^2\omega_0^2$$

$$F_{Ox} = -\frac{3\sqrt{3}}{2}mg - \frac{11}{4}mr\omega_0^2$$

$$F_{Oy} = \frac{5}{2}mg + \frac{3\sqrt{3}}{4}mr\omega_0^2$$

13-15 均质细杆 AB 的质量为 $m = 45.4$ kg,A 端搁在光滑的水平面上,B 端用不计质量的软绳 DB 固定,如图 a 所示。杆长 $l = 3.05$ m,绳长 $h = 1.22$ m。当绳子铅垂时,杆与水平面的倾角 $\theta = 30°$,点 A 以匀速度 $v_A = 2.44$ m/s 向左运动。

求在该瞬时:(1) 杆的角加速度;(2) 在 A 端的水平力;(3) 绳中的拉力 F_T。

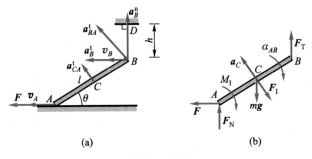

(a)   (b)

题 13-15 图

解:分析 AB,瞬时平移(参见图 a), $\omega_{AB}=0$, $v_B=v_A=2.44$ m/s。

以 A 为基点有

$$a_B^n \quad + \quad a_B^t \quad = \quad a_{BA}^t$$

$$大小 \quad \frac{v_B^2}{h} \qquad ? \qquad \alpha_{AB} \cdot l$$

$$方向 \quad \checkmark \qquad \checkmark \qquad \checkmark$$

解得

$$\alpha_{AB} \cdot l = \frac{a_B^n}{\cos 30°}, \quad \alpha_{AB} = 1.85 \text{ rad/s}^2$$

$$a_C = a_{CA}^t$$

得

$$a_C = \alpha_{AB} \cdot \frac{l}{2}$$

分析杆 AB,受力如图 b 所示。

$$F_I = m \cdot a_C = m \cdot \alpha_{AB} \cdot \frac{l}{2}, \quad M_I = \frac{1}{12}ml^2 \cdot \alpha_{AB}$$

由达朗贝尔原理有

$$\sum F_x = 0, \quad -F + F_I \cdot \cos 60° = 0$$

$$\sum M_A(F) = 0, \quad F_T \cdot l \cdot \cos 30° - M_I - mg \cdot \frac{l}{2}\cos 30° - F_I \cdot \frac{l}{2} = 0$$

解得

$$F = 64 \text{ N}, \quad F_T = 321 \text{ N}$$

13-16 轮的鼓轮上缠有绳子，用水平力 $F_T = 200$ N 拉绳子，如图所示。已知轮的质量 $m = 50$ kg，$R = 0.1$ m，$r = 0.06$ m，回转半径 $\rho = 70$ mm，轮与水平面的摩擦因数 $f_s = 0.2$，动摩擦因数 $f = 0.15$。求轮心 C 的加速度和轮的角加速度。

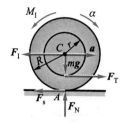

题 13-16 图

解：分析轮，受力如图所示。

假设轮作纯滚动，有

$$a = \alpha R, \quad F_I = ma, \quad M_I = m\rho^2 \cdot \alpha$$

由达朗贝尔原理有

$$\left. \begin{array}{ll} \sum F_x = 0, & F_T - F_s - F_I = 0 \\ \sum F_y = 0, & F_N - mg = 0 \\ \sum M_A(F) = 0, & M_I + F_I \cdot R - F_T(R-r) = 0 \end{array} \right\} \quad (1)$$

解得

$$F_s = 146.3 \text{ N}, \quad F_N = 490 \text{ N}$$

而

$$F_s > F_N \cdot f_s$$

所以轮作既滚动又滑动运动。

仍然分析轮，受力图不变，其中

$$F_I = ma, M_I = m\rho^2 \cdot \alpha$$

由达朗贝尔原理列方程仍如式(1)，此时有

$$F_s = f \cdot F_N$$

解得

$$a = 2.53 \text{ m/s}^2, \quad \alpha = -18.98 \text{ rad/s}^2$$

13-17 如图 a 所示，均质板质量为 m，放在两个均质圆柱滚子上，滚子质量皆为 $m/2$，其半径均为 r。如在板上作用一水平力 F，并设滚子无滑动，求板的加速度。

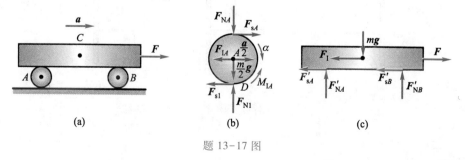

题 13-17 图

解：分析轮 A，受力如图 b 所示。

$$F_{1A} = \frac{m}{2} \cdot \frac{a}{2}, \quad M_{1A} = \frac{1}{2} \cdot \frac{m}{2} r^2 \cdot \alpha$$

$$\alpha = \frac{a}{2r}$$

由达朗贝尔原理有

$$\sum M_D(\boldsymbol{F}) = 0, \quad M_{1A} + F_{1A} \cdot r - F_{sA} \cdot 2r = 0$$

解得

$$F_{sA} = \frac{3}{16} ma$$

同理可得

$$F_{sB} = \frac{3}{16} ma$$

分析板，受力如图 c 所示。

$$F_1 = ma$$

由达朗贝尔原理有

$$\sum F_x = 0, \quad F - F_1 - F'_{sA} - F'_{sB} = 0$$

解得

$$a = \frac{8F}{11m}$$

13-18 试利用达朗贝尔原理求解 11-31 题。

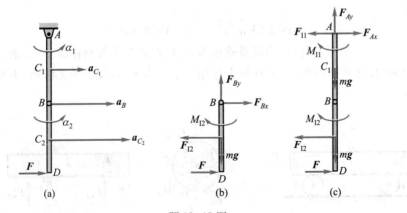

题 13-18 图

解：初始状态

$$\omega_1 = \omega_2 = 0, \text{则 } a_{C_1} = \alpha_1 \cdot \frac{l}{2}$$

以 B 为基点则

$$a_{C_2} = a_B + \alpha_2 \cdot \frac{l}{2} = \alpha_1 \cdot l + \alpha_2 \cdot \frac{l}{2}$$

分析杆 BD,受力如图 b 所示。

$$F_{I2} = ma_{C_2}, \quad M_{I2} = \frac{1}{12}ml^2\alpha_2$$

由达朗贝尔原理有

$$\sum M_B(\boldsymbol{F}) = 0, \quad F \cdot l - F_{I2} \cdot \frac{l}{2} - M_{I2} = 0$$

分析整体,受力如图 c 所示。

$$F_{I1} = ma_{C_1}, \quad M_{I1} = \frac{1}{3}ml^2 \cdot \alpha_1$$

由达朗贝尔原理有

$$\sum M_A(\boldsymbol{F}) = 0, \quad F \cdot 2l - F_{I2} \cdot \frac{3}{2}l - M_{I1} - M_{I2} = 0$$

解得

$$\alpha_1 = -\frac{6F}{7ml}, \quad \alpha_2 = \frac{30F}{7ml}$$

13-19 利用达朗贝尔原理求解综-22 题。

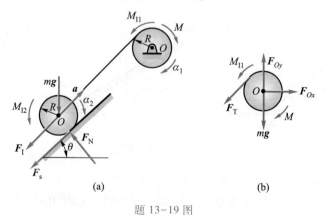

(a)   (b)

题 13-19 图

解：分析整体，受力如图 a 所示。

$$F_1 = ma = m\alpha_2 R, \quad M_{12} = \frac{1}{2}mR^2 \cdot \alpha_2, \quad M_{11} = \frac{1}{2}mR^2 \cdot \alpha_1$$

其中

$$\alpha_1 = \alpha_2$$

由达朗贝尔原理有

$$\sum M_O(\boldsymbol{F}) = 0, \qquad M - M_{11} - M_{12} - (mg\sin\theta + F_1)R = 0$$

解得

$$\alpha_1 = \frac{M - mgR\sin\theta}{2mR^2}$$

分析轮 O，受力如图 b 所示。

由达朗贝尔原理有

$$\sum F_x = 0, \qquad F_{Ox} - F_T \cdot \cos\theta = 0$$

$$\sum M_O(\boldsymbol{F}) = 0, \qquad M - M_{11} - F_T \cdot R = 0$$

解得

$$F_{Ox} = \frac{3M}{4R}\cos\theta + \frac{1}{4}mg\sin\theta\cos\theta$$

13-20 铅垂面内曲柄连杆滑块机构中，均质直杆 $OA = r$，$AB = 2r$，质量分别为 m 和 $2m$，滑块质量为 m。曲柄 OA 匀速转动，角速度为 ω_0。在图 a 所示瞬时，块运行阻力为 $\boldsymbol{F}$。不计摩擦，求滑道对滑块的约束力及 OA 上的驱动力偶矩 M_O。

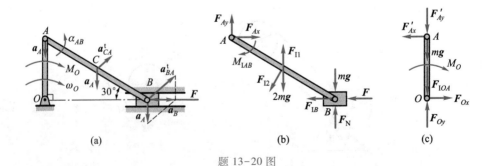

题 13-20 图

解：如图 a 所示，以 A 为基点，杆 AB 瞬时平移，$\omega_{AB} = 0$。

$$a_B = a_A + a_{BA}^t$$

大小   ? $\omega_O^2 \cdot r$ $\alpha_{AB} \cdot 2r$

方向 $\checkmark$ $\checkmark$ $\checkmark$

$$a_{BA}^t = \frac{a_A}{\cos 30°}, \quad \alpha_{AB} = \frac{\sqrt{3}}{3}\omega_O^2, \quad a_B = \frac{\sqrt{3}}{3}\omega_O^2 r$$

$$a_C = a_A + a_{CA}^t, \quad a_{CA}^t = \alpha_{AB} \cdot r$$

分析杆 AB 及滑块 B, 受力如图 b 所示。

$$F_{1B} = m \cdot a_B, \quad F_{11} = 2ma_A, \quad F_{12} = 2ma_{CA}^t, \quad M_{1AB} = \frac{1}{12} \cdot 2m(2r)^2$$

由达朗贝尔原理有

$$\sum F_x = 0, \qquad F_{Ax} - F_{12} \cdot \cos 60° - F_{1B} - F = 0$$

$$\sum M_A(F) = 0, \qquad F_N 2r\cos 30° - (F + F_{1B}) \cdot 2r\sin 30° - F_{12} \cdot r$$

$$- mg \cdot 2r \cdot \sin 60° + F_{11} \cdot r \cdot \sin 60° - 2mg \cdot r \cdot \sin 60° - M_{1AB} = 0$$

解得

$$F_N = \frac{\sqrt{3}}{3}F + 2mg + \frac{2}{9}m\omega_O^2 r$$

$$F_{Ax} = F + \frac{2}{3}\sqrt{3}m\omega_O^2 r$$

分析杆 OA, 受力如图 c 所示。

由达朗贝尔原理有

$$\sum M_O(F) = 0, \quad M_O - F_{Ax}' \cdot r = 0$$

解得

$$M_O = Fr + \frac{2}{3}\sqrt{3}m\omega_O^2 r^2$$

13-21 杆 AB 和 BC 其单位长度的质量为 m, 连接如图 a 所示。圆盘在铅垂平面内绕 O 轴作等角速度转动, 在图示位置时, 求作用在杆 AB 上 A 点和 B 点的力。

解: 分析杆 AB, 瞬心为 B 点, 则 $v_B = 0$, $\omega_{BC} = 0$。

$$v_A = \omega \cdot r = \omega_{AB} \cdot 2r, \text{则 } \omega_{AB} = \frac{\omega}{2}$$

以 A 为基点(参照图 a), 有

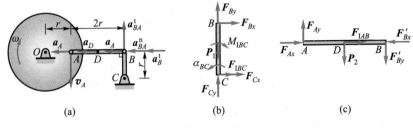

(a)　　　　　　　　(b)　　　　　　　　(c)

题 13-21 图

$$a_B^t \quad = \quad a_A \quad + \quad a_{BA}^n \quad + \quad a_{BA}^t$$

$$\text{大小} \quad ? \qquad \omega^2 \cdot r \qquad \left(\frac{\omega}{2}\right)^2 \cdot 2r \quad \alpha_{AB} \cdot 2r$$

$$\text{方向} \quad \sqrt{} \qquad \sqrt{} \qquad\quad \sqrt{} \qquad\quad \sqrt{}$$

有

$$a_B^t = a_A + a_{BA}^n = \frac{3}{2}\omega^2 r$$

$$\alpha_{BC} = \frac{a_B^t}{r} = \frac{3}{2}\omega^2$$

$$a_{BA}^t = 0, \qquad \alpha_{AB} = 0$$

$a_D = a_A + a_{DA}^n$，　则 $a_D = \dfrac{5}{4}\omega^2 r$。

分析杆 BC，受力如图 b 所示。

$$M_{IBC} = \frac{1}{3} \cdot m \cdot r^3 \cdot \alpha_{BC} = \frac{1}{2}m\omega^2 r^3$$

由达朗贝尔原理有

$$\sum M_C(F) = 0, \qquad -F_{Bx} \cdot r - M_{IBC} = 0$$

解得

$$F_{Bx} = -\frac{1}{2}m\omega^2 r^2$$

分析杆 AB，受力如图 c 所示。

$$F_{IAB} = m \cdot 2r \cdot a_D = \frac{5}{2}m\omega^2 r$$

由达朗贝尔原理有

$$\sum F_x = 0, \qquad F_{Ax} + F_{IAB} - F'_{Bx} = 0$$

$$\sum F_y = 0, \qquad F_{Ay} - m \cdot 2r \cdot g - F'_{By} = 0$$

$$\sum M_A(\boldsymbol{F}) = 0, \qquad -F'_{By} \cdot 2r - m \cdot 2r \cdot g \cdot r = 0$$

解得

$$F_{Ax} = -3m\omega^2 r, \qquad F_{Ay} = mgr, \qquad F_{By} = -mgr$$

13-22 图示磨刀砂轮 I 质量 $m_1 = 1$ kg,其偏心距 $e_1 = 0.5$ mm,小砂轮 II 质量 $m_2 = 0.5$ kg,偏心距 $e_2 = 1$ mm。电机转子 III 质量 $m_3 = 8$ kg,无偏心,带动砂轮旋转,转速 $n = 3\,000$ r/min。求转动时轴承 A,B 的附加动约束力。

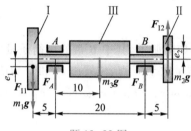

题 13-22 图

解: 分析系统,受力如图所示。

$$F_{I1} = m_1 \omega^2 e_1, \qquad F_{I2} = m_2 \omega^2 e_2$$

由达朗贝尔原理有

$$\sum F_y = 0, \qquad -F_{I1} - m_1 g - m_3 g - m_2 g + F_{I2} + F_A + F_B = 0$$

$$\sum M_A(\boldsymbol{F}) = 0,$$

$$(F_{I1} + m_1 g) \cdot 5 \text{ mm} - m_3 g \cdot 10 \text{ mm} + F_B \cdot 20 \text{ mm} + (F_{I2} - m_2 g) \cdot 25 \text{ mm} = 0$$

解得

$$F_A = \frac{5}{4} m_1 g - \frac{1}{4} m_2 g + \frac{1}{2} m_3 g + \frac{1}{4}(5 m_1 \omega^2 e_1 + m_2 \omega^2 e_2)$$

$$F_B = \frac{1}{4}(2 m_3 g + 5 m_2 g - m_1 g) - \frac{1}{4}(5 m_2 \omega^2 e_2 + m_1 \omega^2 e_1)$$

则附加动约束力为

$$F'_A = \frac{1}{4}(5 m_1 \omega^2 e_1 + m_2 \omega^2 e_2) = 74 \text{ N}$$

$$F'_B = -\frac{1}{4}(5 m_2 \omega^2 e_2 + m_1 \omega^2 e_1) = -74 \text{ N}$$

13-23 三圆盘 A,B 和 C 质量各为 12 kg，共同固结在轴 x 上，其位置如图所示。若盘 A 质心 G 距轴 5 mm，而盘 B 和 C 的质心在轴上。今若将两个皆为 1 kg 的均衡质量分别放在盘 B 和 C 上，问应如何放置可使物系达到动平衡。

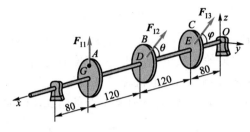

题 13-23 图

解：分析系统，受力如图所示，其中 B 盘的均衡质量放于 D 点位置，由 e_2 和 θ 角确定。C 盘的均衡质量放于 E 点，位置由 e_3 和 φ 角确定。

$$F_{11} = m_1 \omega^2 e, \quad F_{12} = m_2 \omega^2 e_2, \quad F_{13} = m_2 \omega^2 e_3$$

由达朗贝尔原理有

$$\sum F_y = 0, \qquad F_{12} \cos\theta + F_{13} \cos\varphi = 0$$

$$\sum F_z = 0, \qquad F_{11} + F_{12} \sin\theta + F_{13} \sin\varphi = 0$$

$$\sum M_y(\boldsymbol{F}) = 0, \qquad F_{12} \cdot \sin\theta \cdot 200 \text{ mm} + F_{13} \cdot \sin\varphi \cdot 80 \text{ mm} + F_{11} \cdot 320 \text{ mm} = 0$$

$$\sum M_z(\boldsymbol{F}) = 0, \qquad F_{12} \cdot \cos\theta \cdot 200 \text{ mm} + F_{13} \cdot \cos\varphi \cdot 80 \text{ mm} = 0$$

解得

$$\theta = -\frac{\pi}{2}, \quad \varphi = \frac{\pi}{2}, \quad e_2 = 120 \text{ mm}, \quad e_3 = 60 \text{ mm}$$

即

$$y_B = 0, \quad z_B = -120 \text{ mm}, \quad y_C = 0, \quad z_C = 60 \text{ mm}$$

第十四章　虚位移原理

14-1　图 a 所示曲柄式压缩机的销钉 B 上作用有水平力 $\boldsymbol{F}$,此力位于平面 ABC 内,作用线平分 $\angle ABC$。设 $AB = BC$, $\angle ABC = 2\theta$,各处摩擦及杆重不计,求对物体的压缩力。

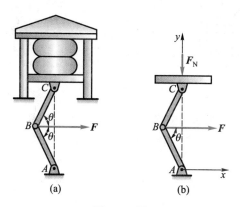

题 14-1 图

解:取图 a 中的压缩机构为研究对象(图 b),略去摩擦,系统受理想约束作用。取坐标系 Axy 如图 b 所示,则虚功方程可以写成

$$F\delta x_B - F_N \delta y_C = 0$$

由

$$x_B = -AB\cos\theta, \quad y_C = 2AB\sin\theta$$

得到

$$\delta x_B = AB\sin\theta\delta\theta, \quad \delta y_C = 2AB\cos\theta\delta\theta$$

代入虚功方程

$$(F\sin\theta - 2F_N\cos\theta)\delta\theta = 0$$

由 $\delta\theta$ 的任意性,得

$$F_N = \frac{F}{2}\tan\theta$$

14-2 在压缩机的手轮上作用一力偶,其矩为 M。手轮轴的两端各有螺距同为 h、但方向相反的螺纹。螺纹上各套有一个螺母 A 和 B,这两个螺母分别与长为 a 的杆相铰接,四杆形成菱形框,如图 a 所示。此菱形框的点 D 固定不动,而点 C 连接在压缩机的水平压板上。求当菱形框的顶角等于 2θ 时,压缩机对被压物体的压力。

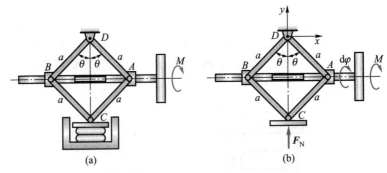

题 14-2 图

解:取压缩机整体为研究对象,理想约束系统,列虚功方程。
$$M\delta\varphi + F_{N}\delta y_{C} = 0$$

由
$$x_{A} = a\sin\theta, \quad y_{C} = -2a\cos\theta$$

得到
$$\delta x_{A} = a\cos\theta\delta\theta, \delta y_{C} = 2a\sin\theta\delta\theta$$

由
$$\delta x_{A} = -\frac{\delta\varphi}{2\pi}h$$

得到
$$\delta\theta = -\frac{h\delta\varphi}{2\pi a\cos\theta}$$

代入虚功方程,得到
$$\left(M - F_{N}\frac{h}{\pi}\tan\theta\right)\delta\varphi = 0$$

由 $\delta\varphi$ 的任意性,得
$$F_{N} = \frac{\pi M}{h\tan\theta}$$

14-3 挖土机挖掘部分示意如图 a 所示。支臂 DEF 不动，A、B、D、E、F 为铰链，液压油缸 AD 伸缩时可通过连杆 AB 使挖斗 BFC 绕 F 转动，$EA = FB = r$。当 $\theta_1 = \theta_2 = 30°$ 时杆 $AE \perp DF$，此时油缸推力为 F。不计构件重量，求此时挖斗可克服的最大阻力矩 M。

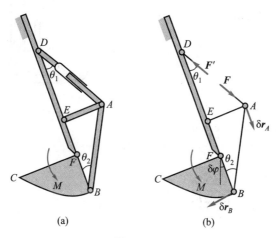

题 14-3 图

解：将油缸的推力用 F 表示。设 A 点的虚位移为 δr_A，B 点的虚位移为 δr_B，对应挖斗转过的微小角位移为 $\delta\varphi$（图 b），则虚功方程为

$$- M\delta\varphi + F\delta r_A \cos\theta_1 = 0$$

由

$$\delta r_A \cos\theta_2 = \delta r_B \sin\theta_2, \quad \delta\varphi = \frac{\delta r_B}{r}$$

得

$$\left(F\cos\theta_1 \tan\theta_2 - \frac{M}{r}\right)\delta r_B = 0$$

由 δr_B 的任意性，得

$$M = Fr\cos\theta_1 \tan\theta_2$$

代入 $\theta_1 = \theta_2 = 30°$ 得

$$M = \frac{1}{2}Fr$$

14-4 图示远距离操纵用的夹钳为对称结构。当操纵杆 EF 向右移动时，两块夹板就会合拢将物体夹住。已知操纵杆的拉力为 F，在图示位置两夹板正

好相互平行,求被夹物体所受的压力。

解:取整体为研究对象,理想约束系统。给定一组虚位移 δr_A、δr_B、δr_C、δr_E 如图,则虚功方程为

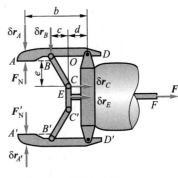

$$- F_N \delta r_A - F'_N \delta r_{A'} + F \delta r_E = 0$$

由图中几何关系

$$\frac{\delta r_A}{\delta r_B} = \frac{b}{c+d}, \quad \delta r_C = \delta r_E, \quad \frac{\delta r_B}{\delta r_C} = \frac{c}{e}$$

$$\frac{\delta r_A}{\delta r_E} = \frac{\delta r_A}{\delta r_B} \cdot \frac{\delta r_B}{\delta r_C} = \frac{b}{c+d} \cdot \frac{c}{e}$$

$$\delta r_{A'} = \delta r_A$$

得

$$\left(- 2F_N \frac{b}{c+d} \cdot \frac{d}{e} + F \right) \delta r_E = 0$$

由 δr_E 的任意性,得

$$F_N = \frac{F}{2} \frac{e(c+d)}{bc}$$

题 14-4 图

14-5 在图示机构中,当曲柄 OC 绕轴 O 摆动时,滑块 A 沿曲柄滑动,从而带动杆 AB 在铅垂导槽 K 内移动。已知:$OC = a$,$OK = l$,在点 C 处垂直于曲柄作用一力 F_1;而在点 B 沿 BA 作用一力 F_2。求机构平衡时 F_2 与 F_1 的关系。

解:取整体为研究对象,理想约束系统。设 A 点的虚位移为 δr_A,C 点的虚位移为 δr_C,对应 OC 杆转过的微小角位移为 $\delta\varphi$,则虚功方程为

$$F_2 \delta r_A - F_1 \delta r_C = 0$$

由

$$y_A = l\tan\varphi, \quad \delta r_A = \delta y_A = \frac{l\delta\varphi}{\cos^2\varphi}, \quad \delta r_C = a\delta\varphi$$

得

$$\left(\frac{F_2 l}{\cos^2\varphi} - F_1 a \right) \delta\varphi = 0$$

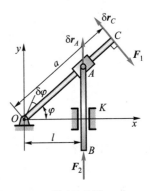

题 14-5 图

由 $\delta\varphi$ 的任意性,得

$$\frac{F_2 l}{\cos^2\varphi} - F_1 a = 0, \quad F_1 = \frac{F_2 l}{a\cos^2\varphi}$$

14-6 在图示机构中,曲柄 OA 上作用一力偶,其矩为 M,另在滑块 D 上作用水平力 F。机构尺寸如图所示。求当机构平衡时,力 F 与力偶矩 M 的关系。

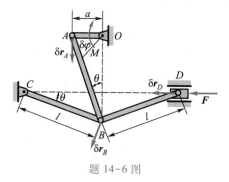

题 14-6 图

解:取整体为研究对象,理想约束系统。给定系统一组虚位移 δr_A,δr_B,δr_D,对应曲柄 OA 转过的微小角位移为 $\delta\varphi$,则虚功方程为

$$F\delta r_D - M\delta\varphi = 0$$

由

$$\delta r_A = a\delta\varphi, \quad \delta r_A\cos\theta = \delta r_B\cos 2\theta, \quad \delta r_B\sin 2\theta = \delta r_D\cos\theta$$

得

$$\left(F\tan 2\theta - \frac{M}{a}\right)\delta\varphi = 0$$

由 $\delta\varphi$ 的任意性,得

$$F = \frac{M}{a\tan 2\theta}$$

14-7 图 a 所示滑套 D 套在光滑直杆 AB 上,并带动杆 CD 在铅垂滑道上滑动,已知 $\theta = 0°$ 时弹簧为原长,弹簧刚度系数为 5 kN/m。求在任意位置平衡时,应加多大的力偶矩 M?

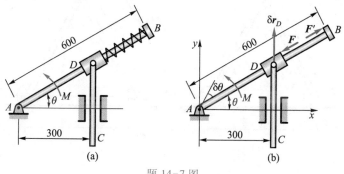

题 14-7 图

解：将弹簧力用一对主动力 F,F' 来表示。取整体为研究对象，理想约束系统。设 D 点的虚位移为 δr_D，对应 AB 杆转过的微小角位移为 $\delta\theta$（图 b），则虚功方程为

$$M\delta\theta - F\delta r_D \sin\theta = 0$$

$\theta=0$ 时弹簧为原长，$l_0 = DB = AC = 0.3$ m，图示位置弹簧伸长量

$$\Delta l = l_0\left(\frac{1}{\cos\theta} - 1\right), \quad F = k\Delta l = kl_0\left(\frac{1}{\cos\theta} - 1\right)$$

由

$$y_D = l_0\tan\theta, \quad \delta r_D = \delta y_D = \frac{l_0\delta\theta}{\cos^2\theta}$$

得

$$\left(M - \frac{Fl_0\sin\theta}{\cos^2\theta}\right)\delta\theta = 0$$

由 $\delta\theta$ 的任意性，得

$$M - \frac{Fl_0\sin\theta}{\cos^2\theta} = 0, \quad M = \frac{Fl_0\sin\theta}{\cos^2\theta} = \frac{kl_0^2\sin\theta(1 - \cos\theta)}{\cos^3\theta}$$

代入 $k = 5$ kN/m, $l_0 = 0.3$ m 得

$$M = 450 \cdot \frac{\sin\theta(1 - \cos\theta)}{\cos^3\theta} \text{ N} \cdot \text{m}$$

14-8 如图 a 所示，两等长杆 AB 与 BC 在点 B 用铰链连接，又在杆的 D,E 两点连一弹簧。弹簧的刚性系数为 k，当距离 AC 等于 a 时，弹簧内拉力为零。如在点 C 作用一水平力 F，杆系处于平衡，求距离 AC 之值。

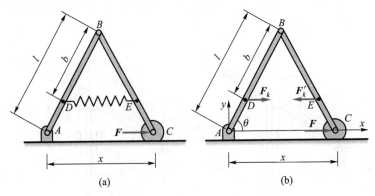

（a） （b）

题 14-8 图

解：将弹簧力用一对主动力 $\boldsymbol{F}_k, \boldsymbol{F}'_k$ 表示。取整体为研究对象，理想约束系统。取 x 轴如图 b 所示，则虚功方程为

$$F_k(\delta x_D - \delta x_E) + F\delta x_C = 0$$

由

$$x_D = (l-b)\cos\theta, x_E = (l+b)\cos\theta, x_C = 2l\cos\theta$$

$$\delta x_D = -(l-b)\sin\theta\delta\theta, \quad \delta x_E = -(l+b)\sin\theta\delta\theta, \quad \delta x_C = -2l\sin\theta\delta\theta$$

代入虚功方程有

$$2\sin\theta(F_k b - Fl)\delta\theta = 0$$

由 $\delta\theta$ 的任意性，得

$$F_k = \frac{l}{b}F$$

距离 AC 之值

$$x = a + \frac{l}{b}\frac{F_k}{k} = a + \left(\frac{l}{b}\right)^2\frac{F}{k}$$

14-9 在图示机构中，曲柄 AB 和连杆 BC 为均质杆，具有相同的长度和重量 $\boldsymbol{P}_1$。滑块 C 的重量为 $\boldsymbol{P}_2$，可沿倾角为 θ 的导轨 AD 滑动。设约束都是理想的，求系统在铅垂面内的平衡位置。

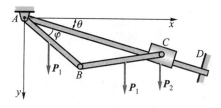

题 14-9 图

解：取整体为研究对象，理想约束系统。取坐标系如图所示，令 $AB = BC = l$，y_1、y_2 分别为杆 AB、BC 质心的 y 坐标，则虚功方程为

$$P_1(\delta y_1 + \delta y_2) + P_2\delta y_C = 0$$

由

$$y_1 = \frac{l}{2}\sin(\theta + \varphi)$$

$$y_C = AC\sin\theta = 2l\cos\varphi\sin\theta$$

$$y_2 = y_c + \frac{l}{2}\sin(\varphi - \theta) = 2l\cos\varphi\sin\theta + \frac{l}{2}\sin(\varphi - \theta)$$

得到

$$\delta y_1 = \frac{l}{2}\cos(\theta + \varphi)\delta\varphi$$

$$\delta y_2 = \left[-2l\sin\varphi\sin\theta + \frac{l}{2}\cos(\varphi - \theta)\right]\delta\varphi$$

$$\delta y_c = -2l\sin\varphi\sin\theta\delta\varphi$$

代入虚功方程得

$$\left\{P_1\left[\frac{l}{2}\cos(\theta + \varphi) - 2l\sin\varphi\sin\theta + \frac{l}{2}\cos(\varphi - \theta)\right] - 2P_2l\sin\varphi\sin\theta\right\}\delta\varphi = 0$$

由 $\delta\varphi$ 的任意性,得

$$P_1\left[\frac{l}{2}\cos(\theta + \varphi) - 2l\sin\varphi\sin\theta + \frac{l}{2}\cos(\varphi - \theta)\right] - 2P_2l\sin\varphi\sin\theta = 0$$

即

$$\frac{P_2}{P_1} = \frac{\cos\theta\cos\varphi - 2\sin\theta\sin\varphi}{2\sin\theta\sin\varphi} = \frac{1}{2}\cot\theta\cot\varphi - 1$$

$$\tan\varphi = \frac{P_1}{2(P_1 + P_2)}\cot\theta$$

14-10 图示机构在力 $\boldsymbol{F}_1$ 与 $\boldsymbol{F}_2$ 作用下在图示位置平衡,不计各构件自重与各处摩擦, $OD = BD = l_1$, $AD = l_2$ 。求 F_1/F_2 的值。

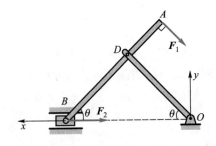

题 14-10 图

解:取整体为研究对象,理想约束系统。取坐标系如图所示,则虚功方程为

$$-F_2\delta x_B - F_1\sin\theta\delta x_A - F_1\cos\theta\delta y_A = 0$$

由

$$x_B = 2l_1 \cos \theta, \quad \delta x_B = -2l_1 \sin \theta \cdot \delta \theta$$

$$x_A = (l_1 - l_2) \cos \theta, \quad \delta x_A = -(l_1 - l_2) \sin \theta \cdot \delta \theta$$

$$y_A = (l_1 + l_2) \sin \theta, \quad \delta y_A = (l_1 + l_2) \cos \theta \cdot \delta \theta$$

代入虚功方程得

$$2l_1 F_2 \sin \theta \cdot \delta \theta + F_1 (l_1 - l_2) \sin^2 \theta \cdot \delta \theta - F_1 (l_1 + l_2) \cos^2 \theta \cdot \delta \theta = 0$$

由 $\delta \theta$ 的任意性,得

$$\frac{F_1}{F_2} = \frac{2l_1 \sin \theta}{l_2 + l_1 \cos 2\theta}$$

14-11 图示均质杆 AB 长为 $2l$,一端靠在光滑的铅垂墙壁上,另一端放在固定光滑曲面 DE 上。欲使细杆能静止在铅垂平面的任意位置,问曲面的曲线 DE 的形式应是怎样的?

解:取 AB 杆为研究动系,理想约束。取坐标系如图所示,则虚功方程为

$$-P\delta y_C = 0, \quad \delta y_C = 0, \quad y_C = 常数$$

当 $\varphi = 0$ 时 $y_C = 0$,从而恒有

$$y_C = 0$$

从而曲线 DE 的方程为

$$x_A = 2l \sin \varphi, \quad y_A = -l \cos \varphi$$

消去参数 φ 得

$$\frac{x_A^2}{4l^2} + \frac{y_A^2}{l^2} = 1$$

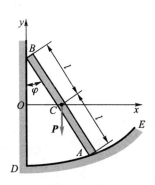

题 14-11 图

14-12 跨度为 l 的折迭桥由液压油缸 AB 控制铺设,如图所示。在铰链 C 处有一内部机构,保证两段桥身与铅垂线的夹角均为 θ。如果两段相同的桥身重量都是 P,质心 G 位于其中点,求平衡时液压油缸中的力 F 和角 θ 之间的关系。

解:移去油缸 AB,代以主动力 F。取整体为研究动系,理想约束。取坐标系如图所示,则虚功方程为

$$-2P\delta y_G - F\cos \varphi \delta x_B - F\sin \varphi \delta y_B = 0$$

由

$$x_B = a\sin \theta, \quad y_B = a\cos \theta, \quad y_G = \frac{l}{4}\cos \theta$$

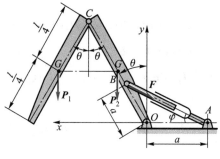

题 14-12 图

$$\delta x_B = a\cos\theta\delta\theta, \quad \delta y_B = -a\sin\theta\delta\theta, \quad \delta y_G = -\frac{l}{4}\sin\theta\delta\theta$$

代入虚功方程得

$$\left(\frac{1}{2}Pl\sin\theta + Fa(\sin\varphi\sin\theta - \cos\varphi\cos\theta)\right)\delta\theta = 0$$

由 $\delta\theta$ 的任意性,得

$$\frac{1}{2}Pl\sin\theta - Fa\cos(\varphi + \theta) = 0$$

由

$$2\varphi + \frac{\pi}{2} + \theta = \pi, \quad \varphi = \frac{\pi}{4} - \frac{\theta}{2}$$

从而

$$F = \frac{Pl\sin\theta}{2a\cos\left(\dfrac{\pi}{4} + \dfrac{\theta}{2}\right)} = \frac{\sqrt{2}\,Pl}{2a}\tan\theta\sqrt{1 + \sin\theta}$$

14-13 半径为 R 的滚子放在粗糙水平面上,连杆 AB 的两端分别与轮缘上的点 A 和滑块 B 处铰接。现在滚子上施加矩为 M 的力偶,在滑块上施加力 F,使系统于图示位置处于平衡。设力 F 为已知,滚子有足够大的重量 P,忽略滚动摩阻,不计滑块和各铰链处的摩擦,不计杆 AB 与滑块的重量。试用虚位移原理求力偶矩 M 以及滚子与地面间的摩擦力 F_s。

解:1. 求力偶矩 M。取整体为研究对象(图 a),理想约束。虚功方程为
$$M\delta\varphi - F\delta r_B = 0$$

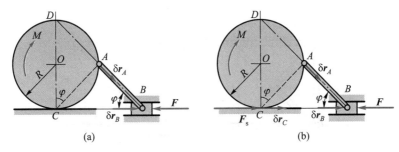

题 14-13 图

注意 $\angle DAC = 90°$（直径对应的圆周角），由虚速度关系（C 为速度瞬心）有

$$\frac{\delta\varphi}{\delta r_A} = \frac{\omega}{v_A} = \frac{1}{2R\cos\varphi}, \quad \delta r_A = \delta r_B \cos\varphi$$

代入虚功方程得

$$(M - 2RF)\delta\varphi = 0$$

由 $\delta\varphi$ 的任意性，得

$$M = 2RF$$

2. 求摩擦力 F_s。释放摩擦约束，代以静摩擦力 F_s（图 b），有

$$M\delta\varphi - F\delta r_B + F_s\delta r_C = 0$$

其中 $\delta\varphi$、δr_C 均为独立虚位移。取 $\delta\varphi = 0$，则有

$$\delta r_B = \delta r_C$$

代入虚功方程得

$$(F_s - F)\delta r_C = 0$$

由 δr_C 的任意性，得

$$F_s = F$$

14-14 试用虚位移原理求解第二章例 2-16。

已知：a, b, P，各杆重不计，C、E 处光滑；求 AB 杆内力。

解：解除 AB 杆约束，以力 F_{AB}、F'_{AB} 代替（图 b）。取图 b 整体系统为研究对象，理想约束系统，列虚功方程。

$$-F_{AB}\delta y_B - P\delta y_N = 0$$

由图 b 中几何关系，有

$$y_B = y_C = y_N$$

从而

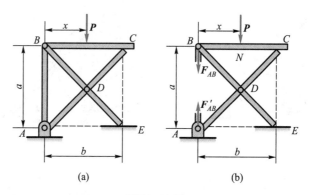

题 14-14 图

$$\delta y_B = \delta y_N$$

代入虚功方程得

$$-(F_{AB} + P)\delta y_B = 0$$

由 δy_B 的任意性,得

$$F_{AB} = -P$$

14-15 构架尺寸如图 a 所示(单位为 m),不计各杆自重,载荷 $F = 60$ kN。试用虚位移原理求 BD 杆的内力。

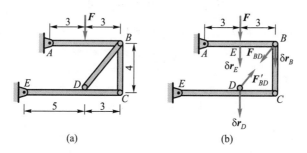

题 14-15 图

解:去掉 BD 杆,代以内力 F_{BD}、F'_{BD}(图 b),系统为理想约束。

$$F\delta r_E + \frac{4}{5}F_{DE}(\delta r_B - \delta r_D) = 0$$

代入各点虚位移之间的关系式有

$$\delta r_E = \frac{1}{2}\delta r_B, \quad \delta r_D = \frac{5}{8}\delta r_B$$

得

342

$$F_{DE} = -\frac{5}{3}F$$

14-16 组合梁由铰链 C 连接 AC 和 CE 而成，载荷分布如图 a 所示，A 端为固定端约束。已知跨度 $l = 8$ m，$P = 4\,900$ N，均布力 $q = 2\,450$ N/m，力偶矩 $M = 4\,900$ N·m。试用虚位移原理分别求支座 E 处的约束力和固定端 A 处的约束力偶。

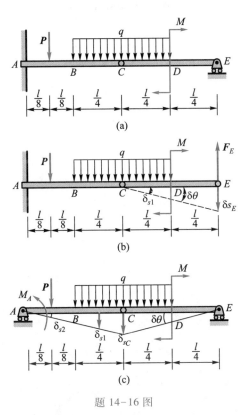

题 14-16 图

解：1. 释放支座 E 处的约束，代以约束力 $\boldsymbol{F}_E$（图 b），有

$$M\delta\theta + \frac{ql}{4}\delta s_1 - F_E \delta s_E = 0$$

代入

$$\delta s_1 = \frac{1}{4}\delta s_E, \quad \delta\theta = \frac{2}{l}\delta s_E$$

$$F_E = 2\,450 \text{ N}$$

2. 释放固定端 A 处的转动约束,代以约束力偶 M_A(图 c),有

$$- (M + M_A)\delta\theta + \frac{ql}{2}\delta s_1 + P\delta s_2 = 0$$

$$\delta s_1 = \frac{3}{4}\delta s_C, \quad \delta s_2 = \frac{1}{4}\delta s_C, \quad \delta\theta = \frac{2}{l}\delta s_C$$

$$M_A = 29\ 400 \text{ N} \cdot \text{m}$$

理论力学(Ⅱ)第 8 版　习题全解

第一章 分析力学基础

1-1   图示放大机构中,杆Ⅰ、杆Ⅱ和杆Ⅲ可以分别沿各自滑道运动,A 为铰链,滑块 B 可以在滑槽Ⅳ内滑动。在机构上分别作用有力 F_1、F_2 和 F_3,使机构在图示位置处于平衡。已知力 F_1 的大小,$x = y = a/2$,略去各构件自重及摩擦,试求平衡时力 F_2、F_3 与力 F_1 之间应满足的关系。

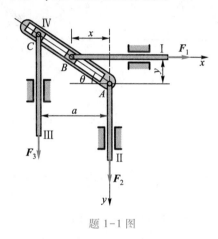

题 1-1 图

解:取系统为研究对象,自由度 $N = 2$,取 y_A、θ 为广义坐标,则

$$y_C = y_A - a\tan\theta, \qquad x_B = -y_A\cot\theta$$

对应的广义力

$$Q_1 = F_1\frac{\partial x_B}{\partial y_A} + F_2 + F_3\frac{\partial y_C}{\partial y_A} = -F_1\cot\theta + F_2 + F_3 = -\frac{x}{y}F_1 + F_2 + F_3$$

$$Q_2 = F_1\frac{\partial x_B}{\partial\theta} + F_3\frac{\partial y_C}{\partial\theta} = \frac{F_1 y_A}{\sin^2\theta} - \frac{F_3 a}{\cos^2\theta} = \frac{x^2 + y^2}{y}F_1 - \frac{x^2 + y^2}{x^2}F_3 a$$

由平衡条件

$$Q_1 = Q_2 = 0$$

得到

$$F_3 = \frac{x^2}{ay}F_1 = \frac{F_1}{2}, \qquad F_2 = x\left(\frac{y}{x} - \frac{x^2}{ay}\right)F_1 = \frac{F_1}{2}$$

1-2 图 a 所示一质量为 m 的均质板置于圆柱体顶面上,两者之间无相对滑动。证明:当 $h>2R$ 时,系统的平衡是不稳定的。

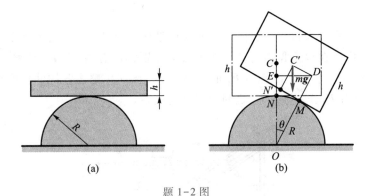

题 1-2 图

解:取板为研究对象,理想约束、保守系统。取 θ 为广义坐标,O 点为重力势能零点,则(图 b)

$$V(\theta) = mg\left[\left(R + \frac{h}{2}\right)\cos\theta + R\theta\sin\theta\right]$$

其中 $R\theta = MN = C'D$ 为板接触点滚过的弧长。由

$$V'(\theta) = mg\left(R\theta\cos\theta - \frac{h}{2}\sin\theta\right) = 0$$

得到平衡位置

$$V'(\theta) = 0, \qquad \theta = 0$$

代入

$$V''(\theta) = mg\left(R\cos\theta - R\theta\sin\theta - \frac{h}{2}\cos\theta\right)$$

得到

$$V''(\theta) = mg\left(R - \frac{h}{2}\right)$$

当 $h > 2R$ 时，$V''(0) < 0$，平衡是不稳定的。

1-3 弹簧连杆机构如图所示，AB 为均质杆，质量 $m = 10$ kg，长 $l = 0.6$ m，其余构件的质量不计。不计摩擦，弹簧 K 的刚度系数 $k = 200$ N/m，$\theta = 0°$ 时弹簧为原长。求系统的平衡位置，并分析其稳定性。

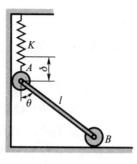

题 1-3 图

解：取整体为研究对象，自由度数 $N = 1$。取 θ 为广义坐标，$\theta = 0$ 为系统零势能位形，则

$$V = \frac{k\delta^2}{2} - \frac{mgl}{2}(1 - \cos\theta) = \frac{kl^2}{2}(1 - \cos\theta)^2 - \frac{mgl}{2}(1 - \cos\theta)$$

由

$$\frac{\mathrm{d}V}{\mathrm{d}\theta} = kl^2(1 - \cos\theta)\sin\theta - \frac{1}{2}mgl\sin\theta = \frac{1}{2}l\sin\theta[2kl(1 - \cos\theta) - mg] = 0$$

得到

$$\sin\theta = 0, \qquad \theta = 0$$

$$2kl(1 - \cos\theta) - mg = 0, \quad \cos\theta = 1 - \frac{mg}{2kl} = 0.591\,7, \quad \theta = 53.7°$$

代入

$$\frac{\mathrm{d}^2V}{\mathrm{d}\theta^2} = kl^2[\sin^2\theta + (1 - \cos\theta)\cos\theta] - \frac{1}{2}mgl\cos\theta$$

$$= kl^2(\cos\theta - \cos 2\theta) - \frac{1}{2}mgl\cos\theta$$

$\theta = 0°$时

$$\frac{\mathrm{d}^2 V}{\mathrm{d}\theta^2} = -29.4 \text{ N} \cdot \text{m} \quad (\text{不稳定平衡})$$

$\theta = 53.7°$时

$$\frac{\mathrm{d}^2 V}{\mathrm{d}\theta^2} = 24.9 \text{ N} \cdot \text{m} \quad (\text{稳定平衡})$$

1-4 图示为车库大门结构原理图。高为 h 的均质库门 AB 重量为 P，其上端 A 可沿库顶水平槽滑动，下端 B 与无重杆 OB 铰接，并由弹簧 CB 拉紧，$OB=r$，弹簧原长为 $r-a$。不计各处摩擦，问弹簧的刚度系数 k 为多大才可使库门在关闭位置处$(\theta=0°)$不因 B 端有微小位移干扰而自动弹起？

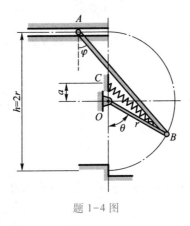

题 1-4 图

解：取整体为研究对象，自由度数 $N=1$。取 θ 为广义坐标，$\theta=180°$ 位置为零势能位形，则重力势能

$$V_1 = -P \cdot r\cos\varphi = -P \cdot r\frac{1+\cos\theta}{2}$$

弹性势能

$$V_2 = \frac{k}{2}\left[\sqrt{(a+r\cos\theta)^2 + (r\sin\theta)^2} - (r-a)\right]^2$$

总势能

$$V = V_1 + V_2 = -\frac{Pr}{2}(1+\cos\theta) + \frac{k}{2}\left[\sqrt{a^2+2ra\cos\theta+r^2} - (r-a)\right]^2$$

350

$$\frac{\mathrm{d}V}{\mathrm{d}\theta} = \frac{Pr}{2}\sin\theta - k\left[\sqrt{a^2 + 2ra\cos\theta + r^2} - (r - a)\right]\frac{ra\sin\theta}{\sqrt{a^2 + 2ra\cos\theta + r^2}}$$

$$= \sin\theta\left[\frac{Pr}{2} - kar\left(1 - \frac{r - a}{\sqrt{a^2 + 2ra\cos\theta + r^2}}\right)\right]$$

$$\frac{\mathrm{d}^2V}{\mathrm{d}\theta^2} = \cos\theta\left[\frac{Pr}{2} - kar\left(1 - \frac{r - a}{\sqrt{a^2 + 2ra\cos\theta + r^2}}\right)\right] +$$

$$\sin\theta \cdot kar(r - a)\frac{\mathrm{d}}{\mathrm{d}\theta}\left(\frac{1}{\sqrt{a^2 + 2ra\cos\theta + r^2}}\right)$$

代入稳定平衡条件

$$\frac{\mathrm{d}V}{\mathrm{d}\theta} = 0, \qquad \frac{\mathrm{d}^2V}{\mathrm{d}\theta^2} > 0$$

得到

$$\sin\theta = 0$$

$$\frac{Pr}{2} - kar\left(1 - \frac{r - a}{r + a}\right) > 0$$

故 $\theta = 0°$ 为平衡位置。稳定平衡条件为

$$k < \frac{P(r + a)}{4a^2}$$

1-5 应用拉格朗日方程推导单摆的运动微分方程。分别以下列参数为广义坐标:(1) 转角 φ;(2) 水平坐标 x;(3) 铅垂坐标 y。

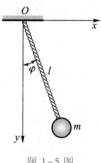

题 1-5 图

解：取整体为研究对象，自由度数 $N=1$。取 $y=0$ 为重力势能零点。

1. 取 φ 为广义坐标，则势能为

$$V = -mgl\cos\varphi$$

动能

$$T = \frac{1}{2}m(\dot{\varphi}l)^2$$

拉格朗日函数

$$L = T - V = \frac{1}{2}ml^2\dot{\varphi}^2 + mgl\cos\varphi$$

代入拉格朗日方程

$$\frac{\mathrm{d}}{\mathrm{d}t}\left(\frac{\partial L}{\partial\dot{\varphi}}\right) - \frac{\partial L}{\partial\varphi} = 0$$

得

$$ml^2\ddot{\varphi} + mgl\sin\varphi = 0$$

化简，得

$$\ddot{\varphi} + \frac{g}{l}\sin\varphi = 0$$

2. 取 x 为广义坐标，则有

$$y = \sqrt{l^2 - x^2}, \qquad \dot{y} = \frac{-x\dot{x}}{\sqrt{l^2 - x^2}}$$

势能

$$V = -mg\sqrt{l^2 - x^2}$$

动能

$$T = \frac{m}{2}(\dot{x}^2 + \dot{y}^2) = \frac{1}{2}m\frac{\dot{x}^2 l^2}{l^2 - x^2}$$

拉格朗日函数

$$L = T - V = \frac{1}{2}m\frac{\dot{x}^2 l^2}{l^2 - x^2} + mg\sqrt{l^2 - x^2}$$

$$\frac{\mathrm{d}}{\mathrm{d}t}\left(\frac{\partial L}{\partial \dot{x}}\right) = \frac{ml^2\ddot{x}}{l^2 - x^2} + \frac{2ml^2\dot{x}^2 x}{(l^2 - x^2)^2}$$

$$\frac{\partial L}{\partial x} = \frac{ml^2\dot{x}^2 x}{(l^2 - x^2)^2} - \frac{mgx}{\sqrt{l^2 - x^2}}$$

代入拉格朗日方程

$$m\frac{\ddot{x}l^2}{l^2 - x^2} + m\frac{\dot{x}^2 l^2 x}{(l^2 - x^2)^2} + mg\frac{x}{\sqrt{l^2 - x^2}} = 0$$

化简,得

$$l^2\left[(l^2 - x^2)\ddot{x} + x\dot{x}^2\right] + gx(l^2 - x^2)^{\frac{3}{2}} = 0$$

3. 取 y 为广义坐标,有

$$x = \sqrt{l^2 - y^2}, \qquad \dot{x} = \frac{-y\dot{y}}{\sqrt{l^2 - y^2}}$$

势能

$$V = -mgy$$

动能

$$T = \frac{m}{2}(\dot{x}^2 + \dot{y}^2) = \frac{1}{2}m\frac{\dot{y}^2 l^2}{l^2 - y^2}$$

拉格朗日函数

$$L = T - V = \frac{m}{2} \cdot \frac{l^2\dot{y}^2}{l^2 - y^2} + mgy$$

$$\frac{\mathrm{d}}{\mathrm{d}t}\left(\frac{\partial L}{\partial \dot{y}}\right) = \frac{ml^2\ddot{y}}{l^2 - y^2} + \frac{2ml^2\dot{y}^2 y}{(l^2 - y^2)^2}, \qquad \frac{\partial L}{\partial y} = \frac{ml^2\dot{y}^2 y}{(l^2 - y^2)^2} + mg$$

代入拉格朗日方程

$$\frac{ml^2\ddot{y}}{l^2 - y^2} + \frac{m\dot{y}^2 l^2 y}{(l^2 - y^2)^2} - mg = 0$$

化简,得

$$l^2\left[(l^2 - y^2)\ddot{y} + y\dot{y}^2\right] - g(l^2 - y^2)^2 = 0$$

1-6 质量为 m 的质点悬在一线上,线的一端绕在一半径为 R 的固定圆柱体上,如图所示。设在平衡位置时,线的下垂部分长度为 l,且不计线的质量。求此摆的运动微分方程。

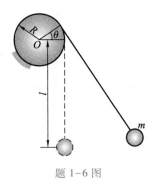

题 1-6 图

解:取整体为研究对象,单自由度系统,取 θ 为广义坐标,$\theta = 0°$ 为零势能位置,则系统势能

$$V = mg[(l + R\sin\theta) - (l + \theta R)\cos\theta]$$

动能

$$T = \frac{1}{2}m[\dot\theta(l + \theta R)]^2$$

拉格朗日函数

$$L = T - V = \frac{1}{2}m[\dot\theta(l + \theta R)]^2 - mg[l + R\sin\theta - (l + \theta R)\cos\theta]$$

$$\frac{\mathrm{d}}{\mathrm{d}t}\left(\frac{\partial L}{\partial \dot\theta}\right) = m\ddot\theta(l + R\theta)^2 + 2m(l + R\theta)R\dot\theta^2$$

$$\frac{\partial L}{\partial \theta} = mR(l + R\theta)\dot\theta^2 - mg(l + R\theta)\sin\theta$$

代入拉格朗日方程

$$m\ddot\theta(l + \theta R)^2 + 2mR\dot\theta^2(l + R\theta) - mR(l + R\theta)\dot\theta^2 + mg(l + R\theta)\sin\theta = 0$$

化简,得

$$(l + R\theta)\ddot\theta + R\dot\theta^2 + g\sin\theta = 0$$

1-7 在图示行星齿轮机构中,以 O_1 为轴的轮不动,其半径为 r。全机构在同一水平面内。设两动轮皆为均质圆盘,半径为 r,质量为 m。如作用在曲柄 O_1O_2 上的力偶矩为 M,不计曲柄的质量。求曲柄的角加速度。

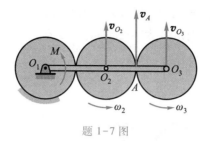

题 1-7 图

解:取整体为研究对象,单自由度系统,齿轮 O_2、O_3 均作平面运动,系统动能

$$T = \frac{1}{2}mv_{O_2}^2 + \frac{1}{2}J_{O_2}\omega_2^2 + \frac{1}{2}mv_{O_3}^2 + \frac{1}{2}J_{O_3}\omega_3^2$$

取曲柄 O_1O_2 的转角 φ 为广义坐标,由啮合条件

$$\omega_2 = \frac{v_{O_2}}{r}, \qquad v_{O_2} + r\omega_2 = v_{O_3} - r\omega_3$$

代入

$$v_{O_2} = 2r\dot\varphi, \qquad v_{O_3} = 4r\dot\varphi$$

得到

$$\omega_2 = 2\dot\varphi, \qquad \omega_3 = 0$$

从而

$$T = \frac{1}{2}m(2r\dot\varphi)^2 + \frac{1}{2}\left(\frac{1}{2}mr^2\right)(2\dot\varphi)^2 + \frac{1}{2}m(4r\dot\varphi)^2 = 11mr^2\dot\varphi^2$$

φ 对应的广义力

$$Q = \frac{\sum \delta W}{\delta \varphi} = M$$

拉格朗日方程

$$\frac{\mathrm{d}}{\mathrm{d}t}\left(\frac{\partial T}{\partial \dot\varphi}\right) - \frac{\partial T}{\partial \varphi} - Q = 0, \qquad 22mr^2\ddot\varphi = M$$

$$\alpha = \ddot{\varphi} = \frac{M}{22mr^2}$$

1-8 图示机构,偏心轮是均质圆盘,其半径为 r,质量为 m,偏心距 $OC = r/2$。在外力偶 M 作用下圆盘绕轴 O 转动。刚度系数为 k 的弹簧压着托板 AB,使它保持与偏心轮接触。当角 φ 为零时,弹簧未变形。设托板及其导杆的总质量也是 m,不计摩擦,求圆盘转动的微分方程。又,当 $\varphi = 90°$ 时,如 $M = \frac{9}{4}kr^2$,这时托板的加速度为多大?

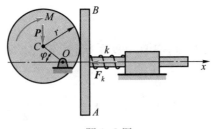

题 1-8 图

解:取整体为研究对象,单自由度系统,取 φ 为广义坐标,系统动能

$$T = \frac{1}{2}J_O\dot{\varphi}^2 + \frac{1}{2}m\dot{x}^2 = \frac{mr^2}{8}(3 + \sin^2\varphi)\dot{\varphi}^2$$

其中 x 为托板 AB 沿水平方向的位移

$$x = \frac{r}{2}(1 - \cos\varphi)$$

给系统以虚位移 $\delta\varphi$,对应的虚功

$$\delta W = M\delta\varphi - P \cdot \frac{r}{2}\cos\varphi\delta\varphi - F_k\delta x$$

代入

$$P = mg, \qquad F_k = kx = \frac{kr}{2}(1 - \cos\varphi)$$

$$Q = \frac{\delta W}{\delta\varphi} = M - \frac{mgr}{2}(1 - \cos\varphi) - \frac{kr^2}{4}(1 - \cos\varphi)\sin\varphi$$

拉格朗日方程

$$\frac{\mathrm{d}}{\mathrm{d}t}\left(\frac{\partial T}{\partial \dot{\varphi}}\right) - \frac{\partial T}{\partial \varphi} - Q = 0$$

$$\frac{m}{4}r^2(3 + \sin^2 \varphi)\ddot{\varphi} + \frac{1}{2}mr^2\sin \varphi\cos \varphi\dot{\varphi}^2 - \frac{1}{4}mr^2\sin \varphi\cos \varphi\dot{\varphi}^2 +$$

$$\frac{1}{2}mgr\cos \varphi + \frac{k}{4}r^2(1 - \cos \varphi)\sin \varphi = M$$

化简,得

$$2mr^2(3 + \sin^2 \varphi)\ddot{\varphi} + mr^2\sin 2\varphi \cdot \dot{\varphi}^2 + 4mgr\cos \varphi +$$

$$2kr^2(1 - \cos \varphi)\sin \varphi = 8M$$

此即圆盘转动的微分方程。

代入 $\varphi = 90°$, $M = \dfrac{9}{4}kr^2$, 得

$$\ddot{\varphi} = \frac{2k}{m}$$

由前面 x 随 φ 角的变化关系

$$\ddot{x} = \frac{r}{2}(\sin \varphi \cdot \ddot{\varphi} + \cos \varphi \cdot \dot{\varphi}^2)$$

当 $\varphi = 90°$ 时,托板的加速度

$$\ddot{x} = \frac{r}{2}\ddot{\varphi} = \frac{r}{2} \cdot \frac{2k}{m} = \frac{kr}{m}$$

1-9 已知图示曲线为旋轮线,其方程为

$$x = R(\theta - \sin \theta), y = R(1 - \cos \theta)$$

一小环 M 在重力作用下沿该光滑曲线运动,求小环的运动微分方程。

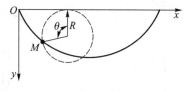

题 1-9 图

解:取小环为研究对象,单自由度系统,取 θ 为广义坐标,则

$$\dot{x} = R\dot{\theta}(1 - \cos \theta), \qquad \dot{y} = R\dot{\theta}\sin \theta$$

系统动能

$$T = \frac{1}{2}m(\dot{x}^2 + \dot{y}^2) = mR^2\dot{\theta}^2(1 - \cos\theta)$$

取 $y = 0$ 为重力势能零点

$$V = -mgy = -mgR(1 - \cos\theta)$$

拉格朗日函数

$$L = T - V = mR(1 - \cos\theta)(R\dot{\theta}^2 + g)$$

$$\frac{d}{dt}\left(\frac{\partial L}{\partial\dot{\theta}}\right) = 2mR^2[\ddot{\theta}(1 - \cos\theta) + \dot{\theta}^2\sin\theta], \qquad \frac{\partial L}{\partial\theta} = mR\sin\theta(R\dot{\theta}^2 + g)$$

代入拉格朗日方程

$$\frac{d}{dt}\left(\frac{\partial L}{\partial\dot{\theta}}\right) - \frac{\partial L}{\partial\theta} = 0$$

$$2mR^2\ddot{\theta}(1 - \cos\theta) + 2mR^2\dot{\theta}^2\sin\theta - mR^2\dot{\theta}^2\sin\theta - mgR\sin\theta = 0$$

化简,得

$$(1 - \cos\theta)\ddot{\theta} + \frac{1}{2}\sin\theta\dot{\theta}^2 - \frac{g}{2R}\sin\theta = 0$$

1-10 图 a 所示均质杆 AB 长为 l,质量为 m,借助其 A 端销子沿斜面滑下,斜面升角为 θ,不计销子质量和摩擦,求杆的运动微分方程。又设杆当 $\varphi = 0°$ 时由静止开始运动,求开始运动时斜面受到的压力。

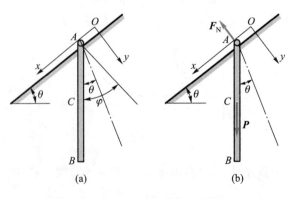

题 1-10 图

解：取杆 AB 为研究对象，自由度数 $N=2$，取 x_A、φ 为广义坐标，则杆 AB 的质心 C 坐标为

$$x_C = x_A - \frac{l}{2}\sin(\varphi - \theta)\,, \qquad y_C = \frac{l}{2}\cos(\varphi - \theta)$$

$$\dot{x}_C = \dot{x}_A - \frac{l}{2}\dot{\varphi}\cos(\varphi - \theta)\,, \qquad \dot{y}_C = -\frac{l}{2}\dot{\varphi}\sin(\varphi - \theta)$$

系统动能

$$T = \frac{1}{2}m(\dot{x}_C^2 + \dot{y}_C^2) + \frac{1}{2}J_C\dot{\varphi}^2 = \frac{1}{2}m\left(\dot{x}_A^2 + \frac{1}{3}l^2\dot{\varphi}^2 - \dot{x}_A l\dot{\varphi}\cos(\varphi - \theta)\right)$$

取 O 点为重力势能零点

$$V = -mgx_A\sin\theta - \frac{mgl}{2}\cos\varphi$$

拉格朗日函数

$$L = T - V = \frac{1}{2}m\left(\dot{x}_A^2 + \frac{1}{3}l^2\dot{\varphi}^2 - \dot{x}_A l\dot{\varphi}\cos(\varphi - \theta)\right) + mg\left(x_A\sin\theta + \frac{l}{2}\cos\varphi\right)$$

$$\frac{\mathrm{d}}{\mathrm{d}t}\left(\frac{\partial L}{\partial \dot{x}_A}\right) = m\ddot{x}_A - \frac{ml\ddot{\varphi}}{2}\cos(\varphi - \theta) + \frac{ml\dot{\varphi}^2}{2}\sin(\varphi - \theta)$$

$$\frac{\partial L}{\partial x_A} = mg\sin\theta$$

$$\frac{\mathrm{d}}{\mathrm{d}t}\left(\frac{\partial L}{\partial \dot{\varphi}}\right) = \frac{1}{3}ml^2\ddot{\varphi} - \frac{1}{2}ml\ddot{x}_A\cos(\varphi - \theta) + \frac{1}{2}ml\dot{x}_A\dot{\varphi}\sin(\varphi - \theta)$$

$$\frac{\partial L}{\partial \varphi} = -\frac{1}{2}mgl\sin\varphi + \frac{1}{2}ml\dot{x}_A\dot{\varphi}\sin(\varphi - \theta)$$

代入拉格朗日方程

$$\frac{\mathrm{d}}{\mathrm{d}t}\left(\frac{\partial L}{\partial \dot{x}_A}\right) - \frac{\partial L}{\partial x_A} = 0\,, \qquad \frac{\mathrm{d}}{\mathrm{d}t}\left(\frac{\partial L}{\partial \dot{\varphi}}\right) - \frac{\partial L}{\partial \varphi} = 0$$

得

$$m\ddot{x}_A - \frac{1}{2}ml\ddot{\varphi}\cos(\varphi - \theta) + \frac{1}{2}ml\dot{\varphi}^2\sin(\varphi - \theta) - mg\sin\theta = 0$$

$$\frac{1}{3}ml^2\ddot{\varphi} - \frac{1}{2}ml\ddot{x}_A\cos(\varphi - \theta) + \frac{1}{2}ml\dot{x}_A\dot{\varphi}\sin(\varphi - \theta) +$$

$$\frac{1}{2}mgl\sin\varphi - \frac{1}{2}ml\dot{x}_A\dot{\varphi}\sin(\varphi - \theta) = 0$$

简化整理,得

$$\ddot{x}_A - \frac{1}{2}l\ddot{\varphi}\cos(\varphi - \theta) + \frac{1}{2}l\dot{\varphi}^2\sin(\varphi - \theta) - g\sin\theta = 0$$

$$\frac{1}{3}l\ddot{\varphi} - \frac{1}{2}\ddot{x}_A\cos(\varphi - \theta) + \frac{1}{2}g\sin\varphi = 0$$

代入 $\varphi = \dot{\varphi} = 0$,得到

$$\ddot{x}_A = \frac{4g\sin\theta}{1 + 3\sin^2\theta}, \qquad \ddot{\varphi} = \frac{3g\sin 2\theta}{l(1 + 3\sin^2\theta)}$$

由此可得,当 $\varphi = \dot{\varphi} = 0$ 时

$$\ddot{y}_C = \frac{l\ddot{\varphi}}{2}\sin\theta = \frac{3g\sin^2\theta\cos\theta}{1 + 3\sin^2\theta}$$

作杆 AB 的受力图(图 b),由质心运动定理

$$m\ddot{y}_C = mg\cos\theta - F_N$$

$$F_N = mg\cos\theta - m\ddot{y}_C = \frac{mg\cos\theta}{1 + 3\sin^2\theta}$$

1-11 车厢的振动可以简化为支承于两个弹簧上的物体在铅垂面内的振动,如图所示。设支承于弹簧上的车厢质量为 m,相对于质心 C 的转动惯量为 $m\rho^2$,两弹簧的刚度系数分别为 k_1 和 k_2,质心距前后两轮轴的距离分别为 l_1 和 l_2。试列出车厢振动的微分方程。

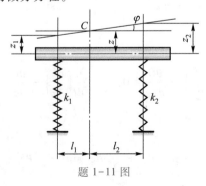

题 1-11 图

解：取系统整体为研究对象，自由度数 $N=2$。取质心 C 的铅垂坐标 z 和车厢的倾角 φ 为广义坐标，则系统动能

$$T = \frac{1}{2}m\dot{z}^2 + \frac{1}{2}m\rho^2\dot{\varphi}^2$$

取静平衡位置为广义坐标的原点和零势能位形

$$V = \frac{1}{2}k_1(z - l_1\varphi)^2 + \frac{1}{2}k_2(z + l_2\varphi)^2$$

系统的拉格朗日函数

$$L = T - V = \frac{1}{2}m\dot{z}^2 + \frac{1}{2}m\rho^2\dot{\varphi}^2 - \frac{k_1}{2}(z - l_1\varphi)^2 - \frac{k_2}{2}(z + l_2\varphi)^2$$

代入拉格朗日方程

$$\frac{\mathrm{d}}{\mathrm{d}t}\left(\frac{\partial L}{\partial \dot{z}}\right) - \frac{\partial L}{\partial z} = 0, \qquad \frac{\mathrm{d}}{\mathrm{d}t}\left(\frac{\partial L}{\partial \dot{\varphi}}\right) - \frac{\partial L}{\partial \varphi} = 0$$

得

$$m\ddot{z} + (k_1 + k_2)z + (k_2l_2 - k_1l_1)\varphi = 0$$

$$m\rho^2\ddot{\varphi} + (k_2l_2 - k_1l_1)z + (k_1l_1^2 + k_2l_2^2)\varphi = 0$$

1-12 如图所示，质量为 m 的质点在一半径为 r 的圆环内运动，圆环对轴 AB 的转动惯量为 J。欲使此圆环在矩为 M 的力偶的作用下以等角速度 ω 绕铅垂轴 AB 运动。求力偶矩 M 和质点 m 的运动微分方程。

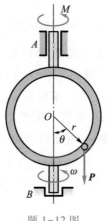

题 1-12 图

解：取系统整体为研究对象，自由度数 $N=2$。取圆环绕铅垂轴 AB 轴转动的转角 φ 和质点 m 圆周运动对应的圆心角 θ 为广义坐标，则系统动能

$$T = \frac{1}{2}J\dot{\varphi}^2 + \frac{1}{2}mr^2\sin^2\theta\dot{\varphi}^2 + \frac{1}{2}mr^2\dot{\theta}^2$$

计算广义力，令 $\delta\varphi \neq 0, \delta\theta = 0$

$$\delta W_1 = M\delta\varphi, \qquad Q_1 = \frac{\delta W_1}{\delta\varphi} = M$$

令 $\delta\varphi = 0, \delta\theta \neq 0$

$$\delta W_2 = -Pr\sin\theta\delta\theta, \qquad Q_2 = \frac{\delta W_2}{\delta\theta} = -mgr\sin\theta$$

代入

$$\frac{\mathrm{d}}{\mathrm{d}t}\left(\frac{\partial T}{\partial\dot{\varphi}}\right) - \frac{\partial T}{\partial\varphi} - Q_1 = 0, \qquad \frac{\mathrm{d}}{\mathrm{d}t}\left(\frac{\partial T}{\partial\dot{\theta}}\right) - \frac{\partial T}{\partial\theta} - Q_2 = 0$$

得

$$mr^2\ddot{\theta} - mr^2\dot{\varphi}^2\sin\theta\cos\theta + mgr\sin\theta = 0$$

$$(J + mr^2\sin^2\theta)\ddot{\varphi} + 2mr^2\dot{\theta}\dot{\varphi}\sin\theta\cos\theta = M$$

令 $\dot{\varphi} = \omega, \ddot{\varphi} = 0$，解得

$$\ddot{\theta} - \frac{\omega^2}{2}\sin 2\theta + \frac{g}{r}\sin\theta = 0$$

$$M = mr^2\omega\dot{\theta}\sin 2\theta$$

1-13 图示物系由定滑轮 A，动滑轮 B 以及 3 个用不可伸长的绳挂起的重物 M_1, M_2 和 M_3 所组成。各重物的质量分别为 m_1, m_2 和 m_3；且 $m_1 < m_2 + m_3$，滑轮的质量不计，各重物的初速均为零。求质量 m_1, m_2 和 m_3 应具有何种关系，重物 M_1 方能下降；并求悬挂重物 M_1 的绳子的张力。

解：取系统整体为研究对象，自由度数 $N=2$。取 y_1, y_2 为广义坐标，由

$$y_1 + y_B = l_1, \qquad y_2 - y_B + y_3 - y_B = l_2$$

得

$$\dot{y}_3 = -2\dot{y}_1 - \dot{y}_2$$

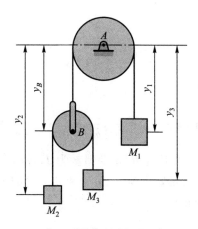

题 1-13 图

系统动能

$$T = \frac{m_1}{2}\dot{y}_1^2 + \frac{m_2}{2}\dot{y}_2^2 + \frac{m_3}{2}(2\dot{y}_1 + \dot{y}_2)^2$$

取 $y = 0$ 为重力势能零点,则

$$V = -m_1gy_1 - m_2gy_2 - m_3g(2l_1 + l_2 - 2y_1 - y_2)$$

系统的拉格朗日函数

$$L = T - V = \frac{m_1}{2}\dot{y}_1^2 + \frac{m_2}{2}\dot{y}_2^2 + \frac{m_3}{2}(2\dot{y}_1 + \dot{y}_2)^2 + (m_1 - 2m_3)gy_1 +$$

$$(m_2 - m_3)gy_2 + m_3g(2l_1 + l_2)$$

代入拉格朗日方程,得

$$\frac{\mathrm{d}}{\mathrm{d}t}\left(\frac{\partial L}{\partial \dot{y}_1}\right) - \frac{\partial L}{\partial y_1} = 0, \qquad \frac{\mathrm{d}}{\mathrm{d}t}\left(\frac{\partial L}{\partial \dot{y}_2}\right) - \frac{\partial L}{\partial y_2} = 0$$

得

$$(m_1 + 4m_3)\ddot{y}_1 + 2m_3\ddot{y}_2 + (2m_3 - m_1)g = 0$$

$$2m_3\ddot{y}_1 + (m_2 + m_3)\ddot{y}_2 + (m_3 - m_2)g = 0$$

由此解出

$$\ddot{y}_1 = \frac{m_1(m_2 + m_3) - 4m_2m_3}{m_1(m_2 + m_3) + 4m_2m_3}g$$

由 $\ddot{y}_1 > 0$，得

$$m_1 > \frac{4m_2m_3}{m_2 + m_3}$$

悬挂重物 M_1 绳子的张力

$$F = m_1(g - \ddot{y}_1) = \frac{8m_1m_2m_3}{m_1(m_2 + m_3) + 4m_2m_3}g$$

1-14 图示绞盘 C 的半径为 R，转动惯量为 J，转动力偶的矩为 M。在滑轮组上悬挂重物 A 和 B，其质量皆为 m，定滑轮和动滑轮的半径均为 R。忽略滑轮的质量和摩擦，求绞盘的角加速度。

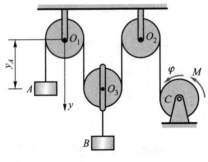

题 1-14 图

解：取系统整体为研究对象，自由度数 $N = 2$。取 y_A, φ 为广义坐标，由

$$y_A + 2y_B + R\varphi = c$$

其中 c 为常数。得

$$\dot{y}_B = -\frac{1}{2}(\dot{y}_A + R\dot{\varphi})$$

系统动能

$$T = \frac{1}{2}J\dot{\varphi}^2 + \frac{1}{2}m\dot{y}_A^2 + \frac{1}{2}m\left(\frac{\dot{y}_A + R\dot{\varphi}}{2}\right)^2$$

计算广义力，令 $\delta y_A \neq 0, \delta\varphi = 0$，有

$$\delta y_B = -\frac{\delta y_A}{2}, \quad \delta W_1 = \frac{1}{2}mg\delta y_A, \quad Q_1 = \frac{\delta W_1}{\delta y_A} = \frac{1}{2}mg$$

令 $\delta y_A = 0, \delta\varphi \neq 0$，有

$$\delta y_B = -\frac{R\delta\varphi}{2}, \quad \delta W_2 = \left(M - \frac{1}{2}mgR\right)\delta\varphi, \quad Q_2 = \frac{\delta W_2}{\delta\varphi} = M - \frac{1}{2}mgR$$

代入拉格朗日方程

$$\frac{\mathrm{d}}{\mathrm{d}t}\left(\frac{\partial T}{\partial \dot{y}_A}\right) - \frac{\partial T}{\partial y_A} - Q_1 = 0, \qquad \frac{\mathrm{d}}{\mathrm{d}t}\left(\frac{\partial T}{\partial \dot{\varphi}}\right) - \frac{\partial T}{\partial \varphi} - Q_2 = 0$$

得

$$\frac{mR}{4}\ddot{\varphi} + \frac{5}{4}m\ddot{y}_A = \frac{1}{2}mg$$

$$\left(J + \frac{mR^2}{4}\right)\ddot{\varphi} + \frac{mR}{4}\ddot{y}_A = M - \frac{1}{2}mgR$$

由此解出

$$\alpha = \ddot{\varphi} = \frac{5M - 3mgR}{5J + mR^2}$$

1-15 图示质量为 m_1 的均质杆 OA 长为 l,可绕水平轴 O 在铅垂面内转动,其下端有一与基座相连的螺线弹簧,刚度系数为 k,当 $\theta = 0°$ 时,弹簧无变形。杆 OA 的 A 端装有可自由转动的均质圆盘,盘的质量为 m_2,半径为 r,在盘面上作用有矩为 M 的常力偶,设广义坐标为 φ 和 θ,如图所示。求该系统的运动微分方程。

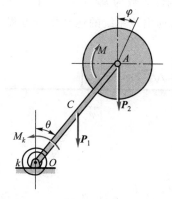

题 1-15 图

解:取系统整体为研究对象,自由度数 $N = 2$。取 φ、θ 为广义坐标,系统动能

$$T = \frac{1}{2}J_O\dot{\theta}^2 + \frac{1}{2}mv_A^2 + \frac{1}{2}J_A\dot{\varphi}^2 = \frac{m_1}{6}l^2\dot{\theta}^2 + \frac{1}{2}m_2l^2\dot{\theta}^2 + \frac{1}{4}m_2r^2\dot{\varphi}^2$$

计算广义力,令 $\delta\varphi \neq 0, \delta\theta = 0$,有

$$\delta W_1 = M\delta\varphi, \qquad Q_1 = \frac{\delta W_1}{\delta\varphi} = M$$

令 $\delta\varphi = 0, \delta\theta \neq 0$,有

$$\delta W_2 = \left[\left(\frac{1}{2}m_1 + m_2\right)gl\sin\theta - k\theta\right]\delta\theta, \qquad Q_2 = \frac{\delta W_2}{\delta\theta} = \left(\frac{1}{2}m_1 + m_2\right)gl\sin\theta - k\theta$$

代入拉格朗日方程

$$\frac{\mathrm{d}}{\mathrm{d}t}\left(\frac{\partial T}{\partial\dot{\varphi}}\right) - \frac{\partial T}{\partial\varphi} - Q_1 = 0, \qquad \frac{\mathrm{d}}{\mathrm{d}t}\left(\frac{\partial T}{\partial\dot{\theta}}\right) - \frac{\partial T}{\partial\theta} - Q_2 = 0$$

得

$$\frac{1}{2}m_2r^2\ddot{\varphi} = M$$

$$\left(\frac{1}{3}m_1 + m_2\right)l^2\ddot{\theta} - \left(\frac{1}{2}m_1 + m_2\right)gl\sin\theta + k\theta = 0$$

1-16 设有一个与弹簧相连的滑块 A,其质量为 m_1,它可沿光滑水平面无摩擦地来回滑动,弹簧的刚性系数为 k。在滑块 A 上又连一单摆,如图所示。摆长为 l,B 的质量为 m_2。试列出该系统的运动微分方程。

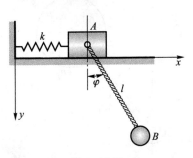

题 1-16 图

解:取系统整体为研究对象,自由度数 $N = 2$。取 x_A、φ 为广义坐标,则

$$x_B = x_A + l\sin\varphi, \qquad y_B = l\cos\varphi$$

$$\dot{x}_B = \dot{x}_A + l\dot{\varphi}\cos\varphi, \qquad \dot{y}_B = -l\dot{\varphi}\sin\varphi$$

系统动能

$$T = \frac{1}{2}m_1\dot{x}_A^2 + \frac{1}{2}m_2(\dot{x}_B^2 + \dot{y}_B^2) = \frac{1}{2}m_1\dot{x}_A^2 + \frac{1}{2}m_2(\dot{x}_A^2 + l^2\dot{\varphi}^2 + 2\dot{x}_A\dot{\varphi}l\cos\varphi)$$

取平衡位置为零势能位形,并设此时 $x_A = 0$,则系统势能为

$$V = \frac{1}{2}kx_A^2 + m_2gl(1 - \cos\varphi)$$

系统拉格朗日函数

$$L = T - V = \frac{1}{2}m_1\dot{x}_A^2 + \frac{1}{2}m_2(\dot{x}_A^2 + l^2\dot{\varphi}^2 + 2\dot{x}_A\dot{\varphi}l\cos\varphi) -$$

$$\frac{1}{2}kx_A^2 - m_2gl(1 - \cos\varphi)$$

代入

$$\frac{\mathrm{d}}{\mathrm{d}t}\left(\frac{\partial L}{\partial \dot{x}_A}\right) - \frac{\partial L}{\partial x_A} = 0, \qquad \frac{\mathrm{d}}{\mathrm{d}t}\left(\frac{\partial L}{\partial \dot{\varphi}}\right) - \frac{\partial L}{\partial \varphi} = 0$$

得

$$(m_1 + m_2)\ddot{x}_A + m_2l\ddot{\varphi}\cos\varphi - m_2l\dot{\varphi}^2\sin\varphi + kx_A = 0$$

$$\ddot{x}_A\cos\varphi + l\ddot{\varphi} + g\sin\varphi = 0$$

当 $|\varphi| \ll 1$ 时,略去高阶小量,得

$$(m_1 + m_2)\ddot{x}_A + m_2l\ddot{\varphi} + kx_A = 0$$

$$\ddot{x}_A + l\ddot{\varphi} + g\varphi = 0$$

1-17　图示绕在圆柱体 A 上的细绳,跨过质量为 m 的均质滑轮 O,与一质量为 m_B 的重物 B 相连。圆柱体的质量为 m_A,半径为 r,对于轴心的回转半径为 ρ。如绳与滑轮之间无滑动,开始时系统静止,问回转半径 ρ 满足什么条件时,物体 B 向上运动。

解:取系统整体为研究对象,自由度数 $N = 2$。取 x、φ 为广义坐标,则

$$x_A = x + r\varphi, \qquad \dot{x}_A = \dot{x} + r\dot{\varphi}$$

系统动能

$$T = \frac{1}{2}m_B\dot{x}^2 + \frac{1}{2}m_A\rho^2\dot{\varphi}^2 + \frac{1}{2}m_A(\dot{x} + \dot{\varphi}r)^2 + \frac{1}{2}\cdot\frac{1}{2}mR^2\left(\frac{\dot{x}}{R}\right)^2$$

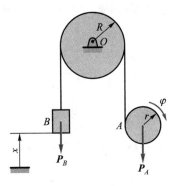

题 1-17 图

取 $x = 0$、$\varphi = 0$ 为零势能位形, 系统势能

$$V = m_B g x - m_A g(x + \varphi r)$$

系统拉格朗日函数

$$L = T - V = \frac{1}{2} m_B \dot{x}^2 + \frac{1}{2} m_A \rho^2 \dot{\varphi}^2 + \frac{1}{2} m_A (\dot{x} + r\dot{\varphi})^2 +$$

$$\frac{1}{4} m \dot{x}^2 - m_B g x + m_A g(x + r\varphi)$$

代入

$$\frac{\mathrm{d}}{\mathrm{d}t} \left(\frac{\partial L}{\partial \dot{x}} \right) - \frac{\partial L}{\partial x} = 0, \qquad \frac{\mathrm{d}}{\mathrm{d}t} \left(\frac{\partial L}{\partial \dot{\varphi}} \right) - \frac{\partial L}{\partial \varphi} = 0$$

得

$$m_B \ddot{x} + m_A (\ddot{x} + \ddot{\varphi} r) + \frac{1}{2} m \ddot{x} + m_B g - m_A g = 0$$

$$m_A \rho^2 \ddot{\varphi} + m_A r (\ddot{x} + r\ddot{\varphi}) - m_A g r = 0$$

由此解得

$$\ddot{x} = \frac{\rho^2 (m_A - m_B) - m_B r^2}{\rho^2 \left(m_A + m_B + \dfrac{m}{2} \right) + r^2 \left(m_B + \dfrac{m}{2} \right)} g$$

令 $\ddot{x} > 0$, 得

$$\rho^2 (m_A - m_B) - m_B r^2 > 0, \qquad \rho^2 > \frac{m_B r^2}{m_A - m_B}$$

1-18 图示机构在水平面内绕铅垂轴 O 转动,各齿轮半径为 $r_1 = r_3 = 3r_2 = 0.3$ m,各轮质量为 $m_1 = m_3 = 9m_2 = 90$ kg,皆可视为均质圆盘。系杆 OA 上的驱动力偶矩 $M_O = 180$ N·m,轮 1 上的驱动力偶矩为 $M_1 = 150$ N·m,轮 3 上的阻力偶矩 $M_3 = 120$ N·m。不计系杆的质量和各处摩擦,求轮 1 和系杆的角加速度。

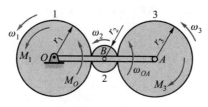

题 1-18 图

解: 取系统整体为研究对象,自由度数 $N = 2$。取系杆的转角 θ 和齿轮 1 的转角 φ_1 为广义坐标(逆时针为正向),则

$$\omega_{OA} = \dot{\theta}, \qquad \omega_1 = \dot{\varphi}_1$$

齿轮 2 和齿轮 3 均作平面运动,设其角速度分别为 ω_2 和 ω_3,则由啮合关系

$$(r_1 + r_2)\omega_{OA} - r_2\omega_2 = r_1\omega_1, \qquad (r_1 + 2r_2 + r_3)\omega_{OA} - r_3\omega_3 = (r_1 + r_2)\omega_{OA} + r_2\omega_2$$

得到

$$\omega_2 = \omega_{OA} - \frac{r_1}{r_2}(\omega_1 - \omega_{OA}) = 4\omega_{OA} - 3\omega_1$$

$$\omega_3 = \left(1 - \frac{r_1}{r_3}\right)\omega_{OA} + \frac{r_1}{r_3}\omega_1 = \omega_1$$

系统的动能

$$T = \frac{1}{2}\left(\frac{1}{2}m_1 r_1^2\right)\omega_1^2 + \frac{1}{2}m_2(r_1 + r_2)^2\omega_{OA}^2 + \frac{1}{2}\left(\frac{1}{2}m_2 r_2^2\right)\omega_2^2 +$$

$$\frac{1}{2}m_3(r_1 + 2r_2 + r_3)^2\omega_{OA}^2 + \frac{1}{2}\left(\frac{1}{2}m_3 r_3^2\right)\omega_3^2$$

$$= m_2 r_2^2\left(\frac{171}{4}\dot{\varphi}_1^2 + 300\dot{\theta}^2 - 6\dot{\varphi}_1\dot{\theta}\right)$$

计算广义力,令 $\delta\theta \neq 0, \delta\varphi_1 = 0$,有

$$\delta\varphi_3 = \frac{\omega_3}{\omega_1}\delta\varphi_1 = 0, \quad \delta W_1 = M_o\delta\theta, \quad Q_1 = M_o$$

令 $\delta\varphi_1 \neq 0, \delta\theta = 0$

$$\delta\varphi_3 = \frac{\omega_3}{\omega_1}\delta\varphi_1 = \delta\varphi_1, \quad \delta W_2 = (M_1 - M_3)\delta\varphi_1, \quad Q_2 = M_1 - M_3$$

代入拉格朗日方程得

$$\frac{\mathrm{d}}{\mathrm{d}t}\left(\frac{\partial T}{\partial \dot{\theta}}\right) - \frac{\partial T}{\partial \theta} - Q_1 = 0, \qquad \frac{\mathrm{d}}{\mathrm{d}t}\left(\frac{\partial T}{\partial \dot{\varphi}_1}\right) - \frac{\partial T}{\partial \varphi_1} - Q_2 = 0$$

得

$$600\ddot{\theta} - 6\ddot{\varphi}_1 = \frac{M_o}{m_2 r_2^2}$$

$$\frac{171}{2}\ddot{\varphi}_1 - 6\ddot{\theta} = \frac{M_1 - M_3}{m_2 r_2^2}$$

解得

$$\ddot{\theta} = 3.04 \text{ rad/s}^2, \qquad \ddot{\varphi}_1 = 3.72 \text{ rad/s}^2$$

1-19 图示车架的轮子都是半径为 R 的均质圆盘,质量分别为 m_1 和 m_2。轮 2 的中心作用有与水平线成 θ 角的力 F,使轮沿水平面连滚带滑。设地面与轮子间的动摩擦因数为 f,不计车架 O_1O_2 的质量。试以 x, ψ 和 φ 为广义坐标,建立该系统的运动微分方程,并判断 F 满足什么条件会使两轮出现又滚又滑的情况。

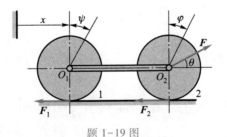

题 1-19 图

解:取系统整体为研究对象,自由度数 $N = 3$。取 x, ψ 和 φ 为广义坐标,接触面对两轮的动摩擦力用 F_1、F_2 来表示。系统的动能

$$T = \frac{1}{2}(m_1 + m_2)\dot{x}^2 + \frac{1}{4}m_1 R^2 \dot{\psi}^2 + \frac{1}{4}m_2 R^2 \dot{\varphi}^2$$

计算广义力,令 $\delta x \neq 0, \delta\psi = 0, \delta\varphi = 0$,有

$$\delta W_1 = (F\cos\theta - F_1 - F_2)\delta x, \qquad Q_1 = F\cos\theta - F_1 - F_2$$

令 $\delta x = 0, \delta\psi \neq 0, \delta\varphi = 0$,有

$$\delta W_2 = F_1 R \delta\psi, \qquad Q_2 = F_1 R$$

令 $\delta x = 0, \delta\psi = 0, \delta\varphi \neq 0$,有

$$\delta W_3 = F_2 R \delta\varphi, \qquad Q_3 = F_2 R$$

代入拉格朗日方程,得

$$\frac{\mathrm{d}}{\mathrm{d}t}\left(\frac{\partial T}{\partial \dot{x}}\right) - \frac{\partial T}{\partial x} - Q_1 = 0, \qquad \frac{\mathrm{d}}{\mathrm{d}t}\left(\frac{\partial T}{\partial \dot{\psi}}\right) - \frac{\partial T}{\partial \psi} - Q_2 = 0, \qquad \frac{\mathrm{d}}{\mathrm{d}t}\left(\frac{\partial T}{\partial \dot{\varphi}}\right) - \frac{\partial T}{\partial \varphi} - Q_1 = 0$$

得到系统运动微分方程

$$(m_1 + m_2)\ddot{x} = F\cos\theta - F_1 - F_2$$

$$\frac{1}{2}m_1 R^2 \ddot{\psi} = F_1 R$$

$$\frac{1}{2}m_2 R^2 \ddot{\varphi} = F_2 R$$

代入

$$F_1 = fm_1 g, \qquad F_2 = f(m_2 g - F\sin\theta)$$

得

$$\ddot{x} = \frac{F\cos\theta - f(m_1 g + m_2 g - F\sin\theta)}{m_1 + m_2}$$

$$\ddot{\psi} = \frac{2fg}{R}$$

$$\ddot{\varphi} = \frac{2f(m_2 g - F\sin\theta)}{m_2 R}$$

代入后轮又滚又滑条件

$$\ddot{x} > R\ddot{\psi}$$

得到

$$F > \frac{3fg(m_1 + m_2)}{\cos\theta + f\sin\theta}$$

代入前轮又滚又滑条件

$$\ddot{x} > R\ddot{\varphi}$$

得到

$$F > \frac{3fg(m_1 + m_2)}{\cos\theta + \dfrac{3m_2 + 2m_1}{m_2}f\sin\theta}$$

设 $0 < \theta < 90°$，则满足后轮打滑条件时，前轮打滑条件自动满足。又前轮不能离开地面，故

$$m_2 g - F\sin\theta > 0$$

从而

$$\frac{3fg(m_1 + m_2)}{\cos\theta + f\sin\theta} < F < \frac{m_2 g}{\sin\theta}$$

1-20 滑轮对 O 轴的转动惯量为 J，半径为 r，在滑轮上跨过一不可伸长的绳，绳的一端连接在铅垂弹簧上，另一端也与弹簧相连并悬挂一质量为 m 的重物；两弹簧的刚度系数各为 k_1 和 k_2。设绳与滑轮间无滑动，试建立系统的运动微分方程。

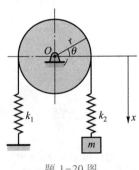

题 1-20 图

解：取系统整体为研究对象，$N = 2$，取质点 m 的坐标 x 和圆盘的转角 θ 为广

义坐标

$$T = \frac{1}{2}m\dot{x}^2 + \frac{1}{2}J\dot{\theta}^2$$

取平衡位置为坐标原点和势能零点,则

$$V = -mgx + \frac{k_1}{2}\left[(-r\theta + \delta_1)^2 - \delta_1^2\right] + \frac{k_2}{2}\left[(x + r\theta + \delta_2)^2 - \delta_2^2\right]$$

$$= -mgx + \frac{k_1}{2}(r^2\theta^2 - 2r\theta\delta_1) + \frac{k_2}{2}\left[(x + r\theta)^2 + 2(x + r\theta)\delta_2\right]$$

代入平衡条件

$$k_1\delta_1 - k_2\delta_2 = 0, \qquad k_2\delta_2 - mg = 0$$

$$V = \frac{1}{2}(k_1 + k_2)r^2\theta^2 + k_2xr\theta + \frac{k_2}{2}x^2$$

系统拉格朗日函数

$$L = T - V = \frac{1}{2}m\dot{x}^2 + \frac{1}{2}J\dot{\theta}^2 - \frac{1}{2}(k_1 + k_2)r^2\theta^2 - k_2xr\theta - \frac{k_2}{2}x^2$$

代入

$$\frac{\mathrm{d}}{\mathrm{d}t}\left(\frac{\partial L}{\partial \dot{x}}\right) - \frac{\partial L}{\partial x} = 0, \qquad \frac{\mathrm{d}}{\mathrm{d}t}\left(\frac{\partial L}{\partial \dot{\theta}}\right) - \frac{\partial L}{\partial \theta} = 0$$

得到系统运动微分方程

$$m\ddot{x} + k_2(x + r\theta) = 0$$

$$J\ddot{\theta} + (k_1 + k_2)r^2\theta + k_2xr = 0$$

1-21 如图,均质圆柱体 A 半径为 R,质量为 m,可沿水平面作纯滚动。在其质心 A 上用铰链悬连了长为 $l = 2R$,质量为 m 的均质杆 AB。试采用拉格朗日方程,求在水平力 F 作用下系统的运动微分方程。若初瞬时系统静止、$\theta = 0°$,求力 F 作用瞬间,圆柱体质心 A 的加速度。

解:选取系统为研究对象,$N = 2$,取 x_A、θ 为广义坐标,令 C 点为 AB 杆的质心,有

$$x_C = x_A - R\sin\theta, \qquad y_C = R(1 - \cos\theta)$$

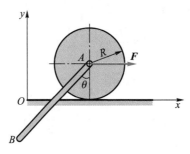

题 1-21 图

$$\dot{x}_C = \dot{x}_A - R\dot{\theta}\cos\theta, \quad \dot{y}_C = R\dot{\theta}\sin\theta \quad J_C = \frac{1}{3}mR^2$$

系统动能

$$T = \frac{3}{4}m\dot{x}_A^2 + \frac{1}{2}m(\dot{x}_C^2 + \dot{y}_C^2) + \frac{1}{2}J_C\dot{\theta}^2 = \frac{5}{4}m\dot{x}_A^2 - m\dot{x}_A R\dot{\theta}\cos\theta + \frac{2}{3}mR^2\dot{\theta}^2$$

计算广义力，令 $\delta x_A \neq 0, \delta\theta = 0$，得

$$\delta W_1 = F\delta x_A = Q_1\delta x_A, \qquad Q_1 = F$$

令 $\delta x_A = 0, \delta\theta \neq 0$，有

$$\delta W_2 = -mgR\sin\theta\delta\theta = Q_2\delta\theta, \qquad Q_2 = -mgR\sin\theta$$

代入系统拉格朗日方程

$$\frac{d}{dt}\left(\frac{\partial T}{\partial \dot{x}_A}\right) - \frac{\partial T}{\partial \dot{x}_A} = Q_1, \qquad \frac{5}{2}m\ddot{x}_A - m\ddot{\theta}R\cos\theta + m\dot{\theta}^2R\sin\theta = F$$

$$\frac{d}{dt}\left(\frac{\partial T}{\partial \dot{\theta}}\right) - \frac{\partial T}{\partial \theta} = Q_2, \qquad -m\ddot{x}_A R\cos\theta + \frac{4}{3}m^2R\ddot{\theta} = -mgR\sin\theta$$

令 $\dot{x}_A = 0, \theta = \dot{\theta} = 0$，得

$$\ddot{x}_A = \frac{4}{7}\frac{F}{m}, \qquad \ddot{\theta} = \frac{3}{7}\frac{F}{mR}$$

1-22 图示直角三角块 A 可以沿光滑水平面滑动。三角块的光滑斜面上放置一个均质圆柱 B，其上绕有不可伸长的绳索，绳索通过滑轮 C 悬挂一质量为 m 的物块 D，可沿三角块的铅垂光滑槽运动。已知圆柱 B 的质量为 $2m$，三角块 A 的质量为 $3m$，$\theta = 30°$。设开始时系统处于静止状态，滑轮 C 的大小和质量略

去不计。试确定系统中各物体的运动方程。

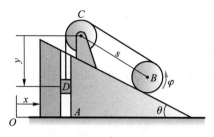

题 1-22 图

解：选取系统为研究对象，$N = 3$，取 x、y 和 φ 为广义坐标，并取初始位置为坐标原点。取三角块 A 为动系，则圆柱体 B 质心的相对速度

$$\dot{s} = r\dot{\varphi} - \dot{y}$$

B 点的绝对速度

$$v_B^2 = \dot{x}^2 + (\dot{y} - r\dot{\varphi})^2 + 2\dot{x}(r\dot{\varphi} - \dot{y})\cos\theta$$

物块 D 的速度

$$v_D^2 = \dot{x}^2 + \dot{y}^2$$

系统动能

$$T = \frac{3}{2}m\dot{x}^2 + mv_B^2 + \frac{1}{2}J_B\dot{\varphi}^2 + \frac{1}{2}mv_D^2$$

$$= m\left(3\dot{x}^2 + \frac{3}{2}\dot{y}^2 - 2\dot{x}\dot{y}\cos\theta + 2\dot{x}r\dot{\varphi}\cos\theta - 2\dot{y}r\dot{\varphi} + \frac{3}{2}r^2\dot{\varphi}^2\right)$$

取 $y = 0$、$\varphi = 0$ 位置为零势能位形，则系统势能（$\theta = 30°$）

$$V = -mgy - 2mg(r\varphi - y)\sin\theta = -mgr\varphi$$

系统的拉格朗日函数

$$L = T - V = m\left(3\dot{x}^2 + \frac{3}{2}\dot{y}^2 + \frac{3}{2}r^2\dot{\varphi}^2 - 2\dot{x}\dot{y}\cos\theta + 2\dot{x}r\dot{\varphi}\cos\theta - 2\dot{y}r\dot{\varphi} + mgr\varphi\right)$$

代入

$$\frac{\mathrm{d}}{\mathrm{d}t}\left(\frac{\partial L}{\partial \dot{x}}\right) - \frac{\partial L}{\partial x} = 0, \quad \frac{\mathrm{d}}{\mathrm{d}t}\left(\frac{\partial L}{\partial \dot{y}}\right) - \frac{\partial L}{\partial y} = 0, \quad \frac{\mathrm{d}}{\mathrm{d}t}\left(\frac{\partial L}{\partial \dot{\varphi}}\right) - \frac{\partial L}{\partial \varphi} = 0$$

得到系统运动微分方程

$$\begin{cases} m(6\ddot{x} - 2\ddot{y}\cos\theta + 2r\ddot{\varphi}\cos\theta) = 0 \\ m(3\ddot{y} - 2\ddot{x}\cos\theta - 2r\ddot{\varphi}) = 0 \\ m(3r^2\ddot{\varphi} + 2r\ddot{x}\cos\theta - 2r\ddot{y}) - mgr = 0 \end{cases}$$

代入 $\theta = 30°$，化简得

$$\begin{cases} 2\sqrt{3}\ddot{x} - \ddot{y} + r\ddot{\varphi} = 0 \\ \sqrt{3}\ddot{x} - 3\ddot{y} + 2r\ddot{\varphi} = 0 \\ \sqrt{3}\ddot{x} - 2\ddot{y} + 3r\ddot{\varphi} = g \end{cases}$$

由此解得

$$\begin{cases} \ddot{x} = -\dfrac{g}{8\sqrt{3}} \\ \ddot{y} = \dfrac{3}{8}g \\ \ddot{\varphi} = \dfrac{5}{8}\dfrac{g}{r} \end{cases}$$

对时间 t 积分，代入初始条件，得

$$\begin{cases} x = -\dfrac{\sqrt{3}}{48}gt^2 \\ y = \dfrac{3}{16}gt^2 \\ \varphi = \dfrac{5}{16}\dfrac{g}{r}t^2 \end{cases}$$

第二章 非惯性系中的质点动力学

2-1 图示单摆 AB 长 l，已知点 A 在固定点 O 的附近沿水平作微幅谐振动：$OO_1 = a\sin pt$，其中 a 与 p 为常数。设初瞬时摆静止，求摆的相对运动规律。

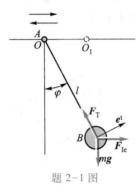

题 2-1 图

解：分析小球，受力如图所示，以 A 为原点，建平移参考系。
则有

$$F_{\mathrm{Ie}} = ma_{\mathrm{e}} = map^2\sin pt, \qquad F_{\mathrm{IC}} = 0$$

由相对运动方程有

$$m\frac{\mathrm{d}^2\boldsymbol{r}'}{\mathrm{d}t^2} = \boldsymbol{F}_{\mathrm{T}} + m\boldsymbol{g} + \boldsymbol{F}_{\mathrm{Ie}}$$

向切向方向投影有

$$ma_{\mathrm{r}}^{\mathrm{t}} = ml\ddot{\varphi} = map^2\sin pt \cdot \cos\varphi - mg\sin\varphi$$

因 φ 很小有

$$\ddot{\varphi} + \frac{g}{l}\varphi = ap^2\sin pt$$

解得

$$\varphi = A\sin\left(\sqrt{\frac{g}{l}}\,t + \theta\right) + \frac{p^2 a}{l\left(\dfrac{g}{l} - p^2\right)}\sin pt$$

由初始条件 $t = 0$ 时，$\varphi = 0$，$\dot{\varphi} = 0$ 解得

$$\varphi = \frac{ap^2}{l\left(\dfrac{g}{l} - p^2\right)}\left(\sin pt - \frac{p}{\sqrt{\dfrac{g}{l}}}\sin\sqrt{\frac{g}{l}}\,t\right)$$

2-2　三棱柱 A 沿三棱柱 B 的光滑斜面滑动，如图 a 所示。A 和 B 的质量分别为 m_1 与 m_2，三棱柱 B 的斜面与水平面成 θ 角，如开始时物系静止，求运动时三棱柱 B 的加速度。摩擦略去不计。

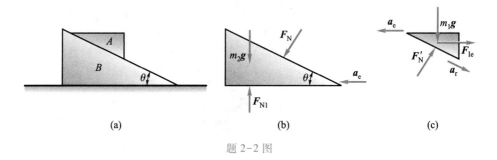

(a)　　　　　　　　　　(b)　　　　　　　　　　(c)

题 2-2 图

解：分析三棱柱 B，受力如图 b 所示。

由质点的运动微分方程有

$$m_2 a_e = F_N \cdot \sin\theta$$

分析三棱柱 A，受力如图 c 所示，其中 $F_{Ie} = m_1 a_e$，$F_{IC} = 0$。

由质点的相对运动微分方程有

$$0 = F'_N + F_{Ie} \cdot \sin\theta - m_1 g\cos\theta$$

解得

$$a_e = \frac{m_1 g\sin\theta\cos\theta}{m_1\sin^2\theta + m_2}$$

2-3　图示为一倾斜式摆动筛。如曲柄的长度远小于连杆的长度，则筛面的运动可近似视为沿 x 轴作往复运动，即 $x = r\sin\omega t$，r 为曲柄 OA 的长度，ω 为曲柄的角速度。已知物料颗粒与筛面间的摩擦角为 φ，筛面倾斜角为 θ。试求不能通过筛孔的颗粒能自动沿筛面下滑时的曲柄转速 n。

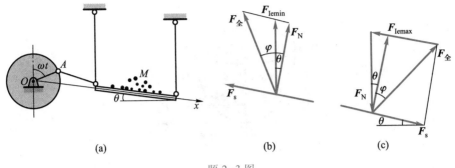

(a)   (b)   (c)

题 2-3 图

解：分析颗粒，动参考系固连筛子，则颗粒受力如图 b，c 所示。图 b 所示为颗粒下滑状态，图 c 所示为颗粒上滑状态。

由图 b 有

$$\frac{\sin(\varphi - \theta)}{F_{\text{Iemin}}} = \frac{\sin(180° - 90° - \varphi)}{mg}$$

由图 c 有

$$\frac{\sin(\varphi + \theta)}{F_{\text{Iemax}}} = \frac{\sin(180° - 90° - \varphi)}{mg}$$

而

$$F_{\text{Ie}} = ma_{\text{e}} = m\ddot{x} = -mr\omega^2 \sin \omega t$$

解得

$$\sqrt{\frac{g\sin(\varphi - \theta)}{r\cos \varphi}} < \omega < \sqrt{\frac{g\sin(\varphi + \theta)}{r\cos \varphi}}$$

$$30\sqrt{\frac{\sin(\varphi - \theta)}{r\cos \varphi}} < n < 30\sqrt{\frac{\sin(\varphi + \theta)}{r\cos \varphi}}$$

2-4 质点 M 质量为 m，被限制在旋转容器内沿光滑的经线 AOB 运动，如图所示。旋转容器绕其几何轴 Oz 以角速度 ω 匀速转动。求质点 M 相对静止时的位置。

解：分析质点 M，动参考系固结于容器上，质点受力如图所示。

其中：

$$F_{\text{Ie}} = ma_{\text{e}} = m\omega^2 r, \qquad F_{\text{IC}} = 0$$

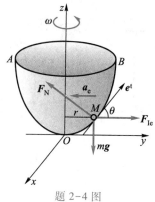

题 2-4 图

由质点相对运动微分方程有

$$F_{Ie} \cdot \cos \theta - mg\sin \theta = 0$$

其中 θ 角为静止位置切线与水平方向夹角。

解得

$$\tan \theta = \frac{\omega^2 r}{g}$$

2-5 图示一离心分离机,鼓室半径为 R、高 H,以匀角速 ω 绕轴 Oy 转动。当鼓室无盖时,为使被分离的液体不致溢出。求:(1)鼓室旋转时,在平面 Oxy 内液面所形成的曲线形状;(2)注入液体的最大高度 h。

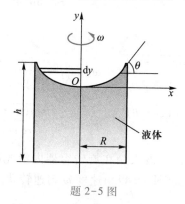

题 2-5 图

解:(1)分析液滴,动系固结于鼓室上,由题 2-4 计算结果有

$$\tan \theta = \frac{\omega^2 x}{g}$$

则有

$$\frac{\mathrm{d}y}{\mathrm{d}x} = \tan \theta = \frac{\omega^2 x}{g}$$

积分有

$$y = \frac{\omega^2 x^2}{2g} + C$$

当 $x = 0$ 时,有 $y = 0$,则液面的曲线方程为

$$y = \frac{\omega^2 x^2}{2g}$$

（2）如图所示取微元 $\mathrm{d}y$,则液面所包围的空体积为

$$V = \int_0^{y_{max}} \pi x^2 \cdot \mathrm{d}y = \int_0^{y_{max}} \pi \frac{2gy}{\omega^2} \mathrm{d}y$$

其中

$$y_{max} = \frac{\omega^2 R^2}{2g}$$

则有

$$V = \frac{\pi \omega^2 R^4}{4g}$$

由液体体积不变有

$$\pi R^2 H - V = \pi R^2 h$$

解得

$$h = H - \frac{\omega^2 R^2}{4g}$$

2-6 图示质量为 m 的小球 M 放在半径为 r 的光滑圆管内,并可沿管滑动。如圆管在水平面内以匀角速度 ω 绕管上某定点 A 转动,试求小球沿圆管的运动微分方程。

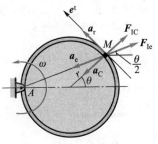

题 2-6 图

解：分析小球，动参考系固连于圆管，则小球受力如图所示。

其中

$$F_{Ie} = m\omega^2 \cdot AM = 2m\omega^2 r \cdot \cos\frac{\theta}{2}$$

由质点相对运动微分方程有

$$ma_r = m\ddot{\theta} \cdot r = -F_{Ie} \cdot \cos\left(\frac{\theta}{2} + 90° - \theta\right)$$

解得

$$\ddot{\theta} + \omega^2 \sin\theta = 0$$

2-7 如图 a 所示水平圆盘绕轴 O 转动，转动角速度 ω 为常量。在圆盘上沿某直径有一光滑滑槽，一质量为 m 的质点 M 在槽内运动。如质点在开始时离轴心的距离为 a，且无初速度。求质点的相对运动方程和槽的动约束力。

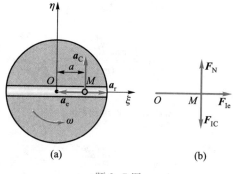

题 2-7 图

解：分析质点 M，动参考系固结于圆盘，则 M 的运动分析如图 a 所示，受力分析如图 b 所示，其中

$$F_{Ie} = ma_e = m\omega^2 \xi$$

$$F_{IC} = ma_C = 2m\omega v_r$$

由质点相对运动微分方程有

$$ma_r = ma_\xi = F_{Ie} \tag{1}$$

$$0 = F_N - F_{IC} \tag{2}$$

由式(1)有

$$\ddot{\xi} - \omega^2 \xi = 0$$

又初始条件 $t = \theta$ 时,$\xi = a$,$\dot{\xi} = 0$,解得

$$\xi = a\operatorname{ch}\omega t$$

由式(2)有

$$F_N = F_{IC} = 2m\omega \cdot \dot{\xi} = 2m\omega^2 a\operatorname{sh}\omega t$$

2-8 质点 M 质量为 m,在光滑的水平圆盘面上沿弦 AB 滑动,圆盘以等角速度 ω 绕铅直轴 C 转动,如图 a 所示。如质点被两个弹簧系住,弹簧的刚度系数各为 $k/2$,求质点的自由振动周期。设点 O 为质点相对平衡的位置。

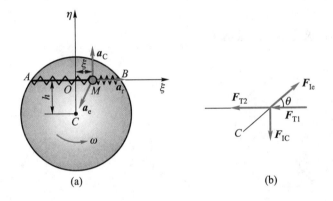

题 2-8 图

解:分析质点 M,动参考系固结于圆盘,则 M 的运动分析如图 a 所示,受力分析如图 b 所示。其中

$$F_{Ie} = ma_e = m\omega^2 \cdot \frac{\xi}{\cos\theta}$$

$$F_{IC} = ma_C = 2m\omega v_r$$

由质点的相对运动微分方程有

$$ma_r = m\ddot{\xi} = -(F_{T1} + F_{T2}) + F_{Ie}\cos\theta$$

其中 $F_{T1} = F_{T2} = \dfrac{k}{2}\xi$

则有

$$\ddot{\xi} + \xi\left(\frac{k}{m} - \omega^2\right) = 0$$

令

$$\omega_0^2 = \frac{k}{m} - \omega^2$$

解得

$$T = \frac{2\pi}{\omega_0} = 2\pi\sqrt{\frac{m}{k - m\omega^2}}$$

2-9 为减弱发动机的扭振,在图 a 所示曲轴上点 C 加装一单摆 CA。设摆质量为 m,CA=l,OC=a,曲轴以匀角速度 ω 绕轴 O 转动时,此单摆可作微幅摆动,忽略重力,求此单摆的振动频率。

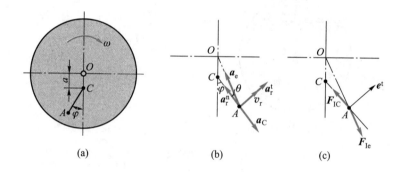

(a)　　　　(b)　　　　(c)

题 2-9 图

解:分析单摆,动参考系固结在曲轴上,单摆的运动分析如图 b 所示,受力分析如图 c 所示。其中

$$F_{1e} = m\omega^2 \cdot OA$$

而 $OA = \dfrac{\sin \varphi}{\sin \theta} \cdot a$

由质点相对运动微分方程有

$$ma_r^t = ml \cdot \ddot{\varphi} = -F_{1e}\sin \theta = -m\omega^2 \cdot \frac{\sin \varphi}{\sin \theta} \cdot a \cdot \sin \theta$$

有

$$\ddot{\varphi} + \frac{a\omega^2}{l}\sin\varphi = 0$$

又由于微幅摆动, $\sin\varphi \doteq \varphi$ 有

$$\ddot{\varphi} + \frac{a\omega^2}{l}\varphi = 0$$

解得

$$\omega_0^2 = \frac{a\omega^2}{l}, \qquad \omega_0 = \omega\sqrt{\frac{a}{l}}$$

2-10 如图 a 所示球 M 质量为 m，在一光滑斜管中从点 B 开始自由下滑。已知斜管 AB 长为 $2l$，对铅垂轴的转动惯量为 J，它与铅垂轴的夹角为 θ，斜管的初角速度为 ω_0，摩擦不计。求：(1) 小球对点 O 位置 x 与斜管转速 ω 之间的关系；(2) 小球沿管道的运动微分方程。

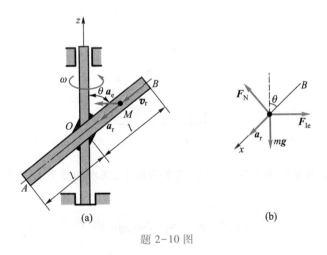

题 2-10 图

解：(1) 由于 $\sum M_z(\boldsymbol{F}) = 0$，系统动量矩守恒。

$$L_{z_1} = J\omega_0 + m\omega_0(l\sin\theta)^2, \quad L_{z_2} = J\omega + m\omega(x\sin\theta)^2$$

由 $L_{z_1} = L_{z_2}$ 解得

$$x^2 = \frac{J \cdot (\omega_0 - \omega)}{m\omega\sin^2\theta} + l^2\frac{\omega_0}{\omega}$$

（2）分析球 M，动参考系固连于斜管，则 M 的运动分析如图 a 所示，科氏加速度垂直于纸面未画出，M 的受力情况如图 b 所示（F_{IC} 未画），其中 $F_{Ie} = ma_e = m\omega^2(l-x)\sin\theta$。

由质点的相对运动微分方程有

$$ma_r = m\ddot{x}_1 = mg \cdot \cos\theta - F_{Ie}\sin\theta \quad (x_1 \text{ 为距 } B \text{ 端距离})$$

解得

$$\ddot{x}_1 + \omega^2(l - x_1)\sin^2\theta - g\cos\theta = 0$$

又

$x_1 = l - x$，代入解得

$$\ddot{x} - \omega^2 x\sin^2\theta + g\cos\theta = 0$$

2-11 一河流自北向南流动，在北纬 30° 处，河面宽 500 m，流速 5 m/s，问东西两岸的水面高度相差多少？提示：水面应垂直于重力与科氏惯性力矢量和的方向。（地球自转角速度 $\omega = 7.29 \times 10^{-5}$ rad/s）

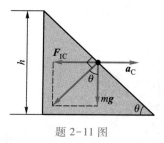

题 2-11 图

解：分析河流中的水滴，动系固连于地球上，则水滴受力如图所示。
其中

$$F_{IC} = ma_C = m \cdot 2\omega v_r\sin 30°$$

有

$$\tan\theta = \frac{F_{IC}}{mg} = \frac{h}{500}$$

解得

$$h = 18.6 \text{ mm}$$

2-12 如图 a 所示，光滑直管 AB，长 l，在水平面内以匀角速 ω 绕铅垂轴 Oz

转动,另有一小球在管内作相对运动。初瞬时,小球在 B 端,相对速度为 v_{r0},指向固定端 A。问 v_{r0} 应为多少,小球恰能达到 A 端。

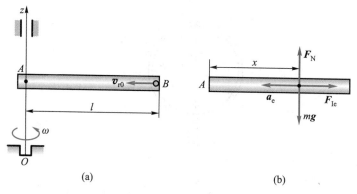

题 2-12 图

解:分析小球,动参考系固结于管 AB,则小球受力如图 b 所示(垂直于纸面方向的 F_{IC} 与管壁的力未画出),其中 $F_{Ie} = m\omega^2 x$。

由相对运动动能定理有

$$0 - \frac{1}{2}mv_{r0}^2 = W_{F_{Ie}}$$

又

$$W_{F_{Ie}} = \int_l^0 F_{Ie} \cdot \mathrm{d}x = \int_l^0 m\omega^2 x\mathrm{d}x = -\frac{1}{2}m\omega^2 l^2$$

解得

$$v_{r0} = \omega l$$

2-13 如图所示,绕铅垂轴 AB 以匀角速 ω 转动的圆形导管内有一光滑的小球 M。小球重 P,可以看作质点。设 $\omega = \sqrt{\dfrac{4g}{3R}}$,$R$ 为圆形导管的半径。求小球从最高点无初速地运动到 $\theta = 60°$ 时相对于导管的速度。

解:分析小球 M,动参考系固结于圆形导管,则小球受力如图所示(垂直于纸面的 F_{IC} 与管壁的力未画出),其中 $F_{Ie} = ma_e = m\omega^2 R\sin\theta$

由相对运动动能定理有

$$\frac{1}{2}mv_r^2 - 0 = mgR(1 - \cos\theta) + W_{F_{Ie}}$$

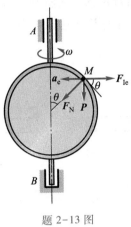

题 2-13 图

其中

$$W_{F_{Ie}} = \int_0^{\frac{\pi}{3}} F_{Ie} R \cos\theta \mathrm{d}\theta = \int_0^{\frac{\pi}{3}} m\omega^2 R^2 \sin\theta\cos\theta \mathrm{d}\theta$$

解得

$$v_r = \sqrt{2gR}$$

第三章　碰　　撞

3-1　如图 a 所示，用打桩机打入质量为 50 kg 的桩柱，打桩机的重锤质量为 450 kg，由高度 $h = 2$ m 处落下，其初速度为零。如恢复因数 $k = 0$，经过一次锤击后，桩柱深入 1 cm。求桩柱进入土地时的平均阻力。

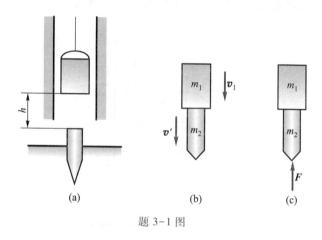

题 3-1 图

解：1. 下落过程分析。取重锤为研究对象，设重锤与桩柱的撞击速度为 v_1，则

$$\frac{1}{2}mv_1^2 = mgh, \qquad v_1 = \sqrt{2gh}$$

2. 碰撞过程分析。取重锤+桩柱为研究对象，塑性碰撞。设碰撞后的速度为 v'，由冲量定理

$$m_1 v_1 = (m_1 + m_2)v', \qquad v' = \frac{m_1 v_1}{m_1 + m_2} = \frac{m_1}{m_1 + m_2}\sqrt{2gh}$$

3. 碰撞后运动分析。取重锤+桩柱为研究对象，初速为 v'，末速为零。由动能定理

$$-F \cdot s + (m_1 + m_2)gs = 0 - \frac{1}{2}(m_1 + m_2)v'^2$$

$$F = (m_1 + m_2)g + \frac{(m_1 + m_2)}{2s}v'^2 = (m_1 + m_2)g + \frac{m_1^2 gh}{s(m_1 + m_2)}$$

代入 $m_1 = 450$ kg, $m_2 = 50$ kg, $h = 2$ m, $s = 1$ cm $= 0.01$ m, 得

$$F = 799 \text{ kN}$$

3-2 如图所示,带有几个齿轮的凸轮绕水平的轴 O 转动,并使桩锤运动。设在凸轮与桩锤碰撞前桩锤是静止的,凸轮的角速度为 ω。若凸轮对轴 O 的转动惯量为 J_0,锤的质量为 m,并且碰撞是非弹性的,碰撞点到轴 O 的距离为 r。求碰撞后凸轮的角速度、锤的速度和碰撞时凸轮与锤的碰撞冲量。

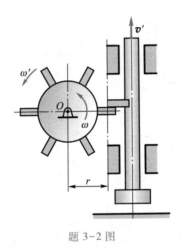

题 3-2 图

解:取凸轮+桩锤为研究对象,外碰撞冲量对 O 轴的冲量矩为零。设凸轮碰撞后的角速度为 ω',桩锤碰撞后的速度为 v',由冲量矩定理

$$J_o \omega = J_o \omega' + mv'r$$

由非弹性碰撞条件

$$v' = r\omega'$$

代入上式

$$\omega' = \frac{J_o \omega}{J_o + mr^2}$$

$$v' = r\omega' = \frac{J_o r\omega}{J_o + mr^2}$$

碰撞时凸轮与锤的碰撞冲量

$$I = mv' = \frac{mJ_o r\omega}{J_o + mr^2}$$

3-3 球 1 速度 $v_1 = 6$ m/s,方向与静止球 2 相切,如图所示。两球半径相同、质量相等,不计摩擦。碰撞的恢复因数 $k = 0.6$。求碰撞后两球的速度。

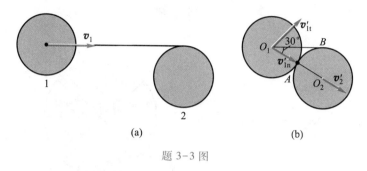

题 3-3 图

解:取两球为研究对象,外碰撞冲量为零,相碰撞时的相对位置如图 b 所示。设接触面光滑,球 2 碰撞后速度 v_2' 沿 $O_1 O_2$ 连线方向。由碰撞前后系统动量守恒

$$mv_1\cos 30° = m(v_{1n}' + v_2'), \qquad mv_1\sin 30° = mv_{1t}'$$

代入恢复因数

$$k = \frac{v_2' - v_{1n}'}{v_1\cos 30°}$$

解得碰撞后两球的速度

$$v_2' = 4.16 \text{ m/s}, \quad v_{1n}' = 1.04 \text{ m/s}, \quad v_{1t}' = v_1\sin 30° = 3 \text{ m/s}$$

$$v_1' = \sqrt{v_{1n}' + v_{1t}'} = 3.18 \text{ m/s}, \qquad \theta = \arctan\frac{v_{1n}'}{v_{1t}'} = 19.1°$$

3-4 马尔特间隙机构的均质拨杆 OA 长为 l,质量为 m。马氏轮盘对转轴 O_1 的转动惯量为 J_{O_1},半径为 r。在图 a 所示瞬时,OA 水平,杆端销子 A 撞入轮盘光滑槽的外端,槽与水平线成 θ 角。撞前 OA 的角速度是 ω_0,轮盘静止。求撞击后轮盘的角速度和点 A 的撞击冲量。又当 θ 为多大时,不出现冲击力。注:撞

击后接触处法向无相对运动,即 $k=0$。

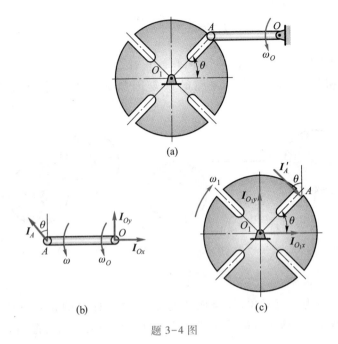

(a)

(b)　　　　　　　　　(c)

题 3-4 图

解:取拨杆 OA 为研究对象。设其碰撞后角速度为 ω,由对 O 轴的冲量矩定理有

$$\frac{1}{3}ml^2(\omega - \omega_0) = -I_A l\cos\theta$$

取轮盘 O_1 为研究对象,设其碰撞后其角速度为 ω_1,由对 O_1 轴的冲量矩定理有

$$J_{O_1}\omega_1 = I_A r$$

代入恢复因数

$$k = \frac{r\omega_1 - l\omega\cos\theta}{l\omega_0\cos\theta} = 0$$

得到

$$\omega_1 = \frac{mrl\cos\theta}{mr^2 + 3J_{O_1}\cos^2\theta}\omega_0$$

$$I_A = \frac{J_{O_1}\omega}{r} = \frac{J_{O_1}ml\omega_0\cos\theta}{mr^2 + 3J_{O_1}\cos^2\theta}$$

当 $\theta = 90°$ 时

$$\cos \theta = 0, \qquad I_A = 0$$

3-5 一均质杆的质量为 m_1，长为 l，其上端固定在圆柱铰链 O 上，如图所示。杆由水平位置落下，其初速为零。杆在铅垂位置处撞到一质量为 m_2 的重物，使后者沿着粗糙的水平面滑动。动摩擦因数为 f。如碰撞是非弹性的，求重物移动的路程。

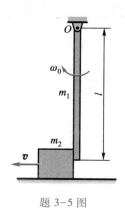

题 3-5 图

解：1. 研究杆下落过程。取杆为研究对象，设其由水平位置落下与重物碰撞前其角速度为 ω_0，则由动能定理

$$\frac{1}{2}J_O\omega_0^2 = \frac{1}{2}mgl, \qquad \omega_0 = \sqrt{\frac{3g}{l}}$$

2. 研究碰撞过程。取杆+重物为研究对象，设碰撞后杆的角速度为 ω，重物的速度为 v，由碰撞前后系统对 O 轴的动量矩守恒，得到

$$J_O\omega + mvl = J_O\omega_0$$

代入非弹性碰撞条件

$$v = \omega l$$

得到

$$\omega = \frac{m_1}{m_1 + 3m_2}\sqrt{\frac{3g}{l}}, \qquad v = \frac{m_1}{m_1 + 3m_2}\sqrt{3gl}$$

3. 研究碰撞后重物的滑移过程。由动能定理有

$$\frac{1}{2}mv^2 = F_s \cdot s = fmgs, \qquad s = \frac{3l}{2f}\frac{m_1^2}{(m_1 + 3m_2)^2}$$

3-6 平台车以速度 v 沿水平路轨运动,其上放置均质正方形物块 A,边长为 a,质量为 m,如图所示。在平台上靠近物块有一凸出的棱 B,它能阻止物块向前滑动,但不能阻止它绕棱转动。求当平台车突然停止时,物块绕 B 转动的角速度。

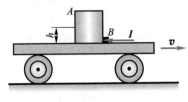

题 3-6 图

解:取物块 A 为研究对象,设其碰撞后绕 B 点转动的角速度为 ω,则由碰撞前后对 B 点的动量矩守恒

$$mv \cdot \frac{a}{2} = J_B \omega$$

代入

$$J_B = \frac{m}{6}a^2 + m\left(\frac{\sqrt{2}}{2}a\right)^2 = \frac{2}{3}ma^2$$

得到

$$\omega = \frac{3v}{4a}$$

3-7 如图所示,在测定碰撞恢复因数的仪器中,有一均质杆可绕水平轴 O 转动,杆长为 l,质量为 m_1。杆上带有用试验材料所制的样块,质量为 m。杆受重力作用由水平位置落下,其初角速度为零,在铅垂位置时与障碍物相碰。如碰撞后杆回到与铅直线成 φ 角处,求恢复因数 k。又问:在碰撞时欲使轴承不受附加压力,样块到转动轴的距离 x 应为多大?

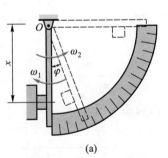

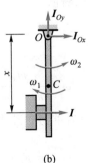

(a)   (b)

题 3-7 图

394

解：1. 研究杆下落过程。取杆+样块为研究对象，设其在铅垂位置时的角速度为 ω_1，由动能定理有

$$\frac{1}{2} \frac{m_1}{3} l^2 \omega_1^2 + \frac{m}{2} x^2 \omega_1^2 = \frac{m_1}{2} gl + mgx$$

$$\omega_1^2 = \frac{m_1 l + 2mx}{\frac{m_1}{3} l^2 + mx^2} g$$

2. 研究碰撞过程。设碰撞后杆回弹的角速度为 ω_2，由恢复因数的定义

$$k = \left| \frac{v_2}{v_1} \right| = \frac{\omega_2}{\omega_1}$$

3. 研究回摆过程。取杆+样块为研究对象，设其回摆的最大角度为 φ，由动能定理

$$\frac{m_1}{6} l^2 \omega_2^2 + \frac{m}{2} x^2 \omega_2^2 = \left(\frac{m_1}{2} gl + mgx \right) (1 - \cos \varphi)$$

$$\omega_2^2 = \frac{(m_1 + 2mx) g (1 - \cos \varphi)}{\frac{m_1}{3} l^2 + mx^2}$$

从而

$$k = \frac{\omega_2}{\omega_1} = \sqrt{1 - \cos \varphi} = \sqrt{2} \sin \frac{\varphi}{2}$$

4. 确定撞击中心。取杆+样块为研究对象，对碰撞过程进行受力分析（图 b），设杆的质心为 C 点，则有

$$v_C = \frac{l}{2} \omega$$

从而

$$\left(mx + \frac{l}{2} m_1 \right) (\omega_2 + \omega_1) = I + I_{0x}$$

$$\left(mx^2 + \frac{m_1 l^2}{3} \right) (\omega_2 + \omega_1) = I \cdot x$$

得

$$I_{Ox} = m_1 l \left(\frac{1}{2} - \frac{l}{3x} \right) (\omega_2 + \omega_1)$$

当 $x = \frac{2}{3}l$ 时

$$I_{Ox} = 0$$

3-8 图 a 所示质量为 m, 长为 l 的均质杆 AB, 水平地自由下落一段距离 h 后, 与支座 D 碰撞 $\left(BD = \frac{l}{4} \right)$。假定碰撞是塑性的, 求碰撞后的角速度 ω 和碰撞冲量 I。

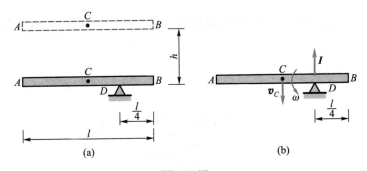

题 3-8 图

解: 1. 研究杆下落过程。取杆为研究对象, 杆作平移运动, 设其与支座碰撞时的速度为 v_0, 由动能定理

$$\frac{1}{2}mv_0^2 = mgh, \qquad v_0 = \sqrt{2gh}$$

2. 研究碰撞过程。取杆为研究对象(图 b), 设其碰撞后绕支座转动的角速度为 ω, 由碰撞前后对 D 点的动量矩守恒, 得

$$\frac{1}{4}mv_0 l = \frac{1}{2}J_B\omega^2$$

代入

$$J_D = J_C + m \left(\frac{l}{4} \right)^2 = \frac{7}{48}ml^2$$

得

$$\omega = \frac{12v_0}{7l} = \frac{12}{7l}\sqrt{2gh}$$

由冲量定理

$$m\frac{l}{4}\omega - mv_0 = -I$$

从而

$$I = m\left(v_0 - \frac{l\omega}{4}\right) = \frac{4}{7}mv_0 = \frac{4}{7}m\sqrt{2gh}$$

3-9 均质杆 AB 长为 l，质量为 m，用柔索静止悬挂在 O 点。今有一质量为 m_0 的子弹以速度 v_0 水平射入杆内，又以速度 v_1 穿出。设子弹射入处距 A 点的距离为 h，求子弹穿出后 AB 杆上 B 点的速度。

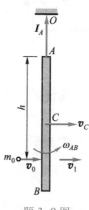

题 3-9 图

解：取子弹+AB 杆为研究对象

$$\sum I_x = 0, \qquad m_0 v_0 = m_0 v_1 + mv_C \tag{1}$$

令 $OA = l_1$，由

$$\sum m_O(\boldsymbol{I}) = 0$$

得

$$m_0 v_0(h + l_1) = m_0 v_1(h + l_1) + J_C\omega_{AB} + mv_C\left(l_1 + \frac{l}{2}\right)$$

代入式(1),得

$$\omega_{AB} = \frac{m_0(v_0 - v_1)}{J_C}\left(h - \frac{l}{2}\right) = \frac{6m_0(v_0 - v_1)}{ml}\left(\frac{2h}{l} - 1\right)$$

碰撞后 AB 杆上 B 点的速度

$$v_B = v_C + \omega_{AB} \cdot \frac{l}{2} = \frac{m_0(v_0 - v_1)}{ml}\left[1 + 6\left(\frac{h}{l} - \frac{1}{2}\right)\right]$$

3-10　图示一均质圆柱体,质量为 m,半径为 r,沿水平面作无滑动的滚动。原来质心以等速v_C运动,突然圆柱与一高为 $h(h<r)$ 的凸台碰撞。设碰撞是塑性的,求圆柱体碰撞后质心的速度 v_C'、柱体的角速度和碰撞冲量。

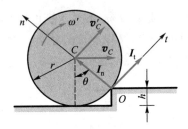

题 3-10 图

解: 圆柱体作纯滚动,碰撞前角速度

$$\omega = \frac{v_C}{r}$$

对 O 点的动量矩

$$L_O = M_O(m\boldsymbol{v}_C) + L_C = mv_C(r - h) + \frac{1}{2}mrv_C$$

设碰撞后质心 C 的速度为 v_C',塑性碰撞,碰撞后角速度

$$\omega' = \frac{v_C'}{r}$$

由碰撞前后圆柱体对 O 点动量矩守恒,得

$$mv_C(r - h) + \frac{1}{2}mrv_C = J_O\omega' = \frac{3}{2}mr^2\omega'$$

由此解出

$$\omega' = \frac{1 + 2\left(\dfrac{r-h}{r}\right)}{3r} v_C = \frac{1 + 2\cos\theta}{3r} v_C$$

其中

$$\cos\theta = \frac{r-h}{r}$$

由冲量定理有

$$m(v_C' - v_C\cos\theta) = I_t, \qquad v_C\sin\theta = I_n$$

从而

$$I_t = \frac{1}{3}mv_C(1 - \cos\theta), \qquad I_n = v_C\sin\theta$$

3-11 均质细杆 AB 置于光滑的水平面上,围绕其重心 C 以角速度 ω_0 转动,如图所示。如突然将点 B 固定,问杆将以多大的角速度围绕点 B 转动?

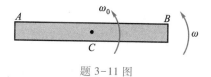

题 3-11 图

解:取 AB 杆为研究对象。设杆长 $AB = l$,碰撞前其对 B 点的动量矩

$$L_B = M_B(m\boldsymbol{v}_C) + L_C = \frac{1}{12}ml^2\omega_0$$

设突然将点 B 固定后杆的角速度为 ω,由碰撞前后杆对 B 点的动量矩守恒,得到

$$L_B' = J_B\omega = \frac{1}{3}ml^2\omega = \frac{1}{12}ml^2\omega_0$$

即

$$\omega = \frac{1}{4}\omega_0$$

3-12 图示一球放在光滑水平面上,其半径为 r。在球上作用一水平碰撞力,该力冲量为 $\boldsymbol{I}$,求当接触点 A 无滑动时,该力作用线距水平面的高度 h 应为多少?

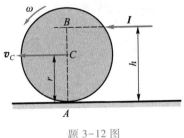

题 3-12 图

解：取球 C 为研究对象，设碰撞后质心的速度为 v_c，角速度为 ω，则有

$$mv_c = I$$

$$J_c\omega = I \cdot (h - r)$$

当接触点 A 无滑动时，有

$$\omega = \frac{v_c}{r}$$

联立以上各式，注意 $J_c = \frac{2}{5}mr^2$

得

$$h = \frac{7}{5}r$$

3-13　乒乓球半径为 r，以速度 v 落到地面，v 与铅垂线成 θ 角，此时球有绕水平轴 O（与 v 垂直）的角速度 ω_0，如图所示。如球与地面相撞后，因瞬时摩擦作用，接触点水平速度突然为零。并设恢复因数为 k，求回弹角 β。

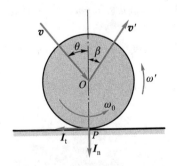

题 3-13 图

解：取乒乓球为研究对象，设球与地面相撞后质心的速度为 v'，角速度为 ω'，则有

$$m(v'\sin\beta - v\sin\theta) = -I_t$$

$$J_o(\omega' - \omega) = I_t \cdot r$$

若碰撞后接触点水平速度为零

$$\omega' = \frac{v'}{r}$$

由恢复因数

$$\frac{v'\cos\beta}{v\cos\theta} = k$$

联立求解得

$$\tan\beta = \frac{3}{5k}\tan\theta - \frac{2r\omega_0}{5kv\cos\theta} = \frac{1}{5k}\left(3\tan\theta - \frac{2r\omega_0}{v\cos\theta}\right)$$

3-14　两均质杆 OA 和 O_1B，上端铰支固定，下端与杆 AB 铰链连接，静止时 OA 与 O_1B 铅垂，而 AB 水平，如图所示。各铰链均光滑，三根杆质量皆为 m，且 $OA = O_1B = AB = l$。如在铰接 A 处作用一水平向右的碰撞力，该力的冲量为 I，求碰撞后杆 OA 的最大偏角。

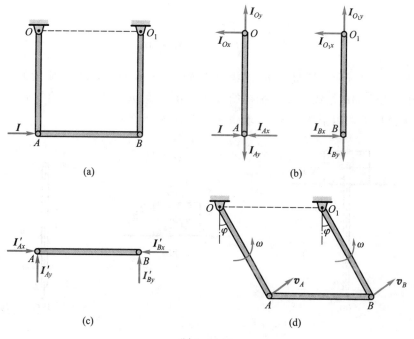

题 3-14 图

解：1. 研究碰撞过程。分别取各杆为研究对象，设碰撞后 A、B 两点的速度分别为 v_A、v_B，OA 杆和 O_1B 杆的角速度分别为 ω_1、ω_2，由于 AB 杆作平移，故

$$v_A = v_B = v, \qquad \omega_1 = \omega_2 = \omega = \frac{v}{l}$$

对 OA 杆（图 b）

$$J_O\omega = (I - I_{Ax}) \cdot l$$

对 O_1B 杆（图 b）

$$J_{O_1}\omega = I_{Bx} \cdot l$$

对 AB 杆（图 c）

$$mv = I_{Ax} - I_{Bx}$$

联立解得

$$\omega = \frac{3I}{5ml}$$

2. 研究摆动过程。取整个系统为研究对象（图 d），设 OA 杆碰撞后的最大摆角为 φ，由动能定理

$$\frac{5}{6}ml^2\omega^2 = 2mgl(1 - \cos\varphi) = 4mgl\sin^2\frac{\varphi}{2}$$

$$\sin\frac{\varphi}{2} = \sqrt{\frac{5l}{24g}}\omega = \frac{I}{2m}\sqrt{\frac{3}{10gl}}$$

3-15 图 a 所示质量为 m_1 的物块 A 置于光滑水平面上，它与质量为 m_2，长为 l 的均质杆 AB 相铰接。系统初始静止，AB 铅垂，$m_1 = 2m_2$。今有一冲量为 I 的水平碰撞力作用于杆的 B 端，求碰撞结束时，物块 A 的速度。

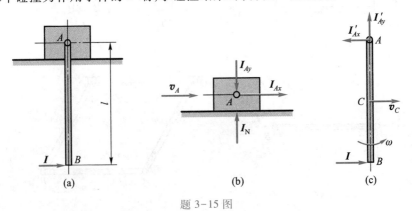

题 3-15 图

解：取物块 A 为研究对象（图 b），设碰撞后的速度为 v_A，有

$$m_1 v_A = I_{Ax}$$

取杆 AB 为研究对象（图 c），设碰撞后其质心 C 的速度为 v_C，角速度为 ω，有

$$m_2 v_C = I - I_{Ax}$$

$$J_C \omega = (I + I_{Ax}) \cdot \frac{l}{2}$$

代入

$$v_C = v_A + \frac{l}{2}\omega$$

解得

$$v_A = -\frac{2I}{9m_2}$$

3–16　如图 a 所示，汽锤质量 $m_1 = 3\,000$ kg，以 5 m/s 的速度落到砧板上，砧座连同被锻压的铁块质量为 $m_2 = 24\,000$ kg。设碰撞是塑性的，求铁块所吸收的功 W_1，消耗于基础振动的功 W_2 和汽锤的效率 η。

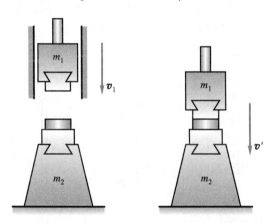

题 3–16 图

解：取汽锤+砧座铁块为研究对象，塑性碰撞，设碰撞后的速度为 v'，由碰撞前后动量守恒

$$m_1 v_1 = (m_1 + m_2)v', \qquad v' = \frac{m_1 v_1}{m_1 + m_2} = \frac{5}{9}\text{m/s}$$

碰撞前系统的动能

$$T_1 = \frac{1}{2}m_1 v_1^2 = 37\ 500\ \text{J}$$

碰撞后剩余的动能

$$T_2 = \frac{1}{2}(m_1 + m_2)v'^2 = 4\ 167\ \text{J}$$

铁块所吸收的功

$$W_1 = T_1 - T_2 = 33\ 333\ \text{J}$$

气锤效率

$$\eta = \frac{W_1}{T_1} = 0.89 = 89\%$$

基础消耗的功

$$W_2 = T_2 = 4\ 167\ \text{J}$$

3-17 两根相同的均质直杆在 B 处铰接并铅垂静止地悬挂在铰链 C 处,如图 a 所示。设每杆长 $l = 1.2$ m,质量 $m = 4$ kg。现在下端 A 处作用一个冲量 $I = 14$ N·s 的水平碰撞力,求碰撞后杆 BC 的角速度。

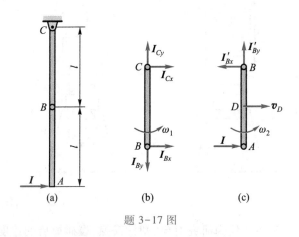

题 3-17 图

解:取 BC 杆为研究对象(图 b),设碰撞后的角速度为 ω_1,则

$$J_C \omega_1 = I_{Bx} \cdot l$$

取 AB 杆为研究对象(图 c),设碰撞后的角速度为 ω_2,质心 D 的速度为 v_D,则

$$m v_D = I - I_{Bx}$$

$$J_D \omega_2 = (I + I_{Bx}) \cdot \frac{l}{2}$$

代入

$$v_D = l\omega_1 + \frac{l}{2}\omega_2, \quad J_C = \frac{1}{3}ml^2, \quad J_D = \frac{1}{12}ml^2$$

解得

$$\omega_1 = -\frac{6I}{7ml} = -2.5 \text{ rad/s}$$

负号表示与假设方向相反。

第四章　机械振动基础

4-1　图示两个弹簧的刚度系数分别为 $k_1 = 5$ kN/m，$k_2 = 3$ kN/m。物块质量 $m = 4$ kg。求物体自由振动的周期。

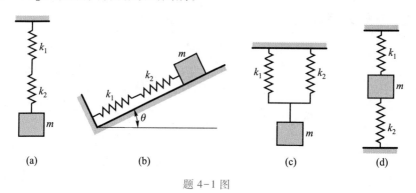

题 4-1 图

解：图 a、图 b 为弹簧串联，等效刚度系数为

$$k = \frac{k_1 k_2}{k_1 + k_2}$$

振动周期

$$\tau = \frac{2\pi}{\omega_n} = 2\pi \sqrt{\frac{m(k_1 + k_2)}{k_1 k_2}} = 0.29 \text{ s}$$

图 c、图 d 为弹簧并联，等效刚度系数为

$$k = k_1 + k_2$$

振动周期

$$\tau = \frac{2\pi}{\omega_n} = 2\pi \sqrt{\frac{m}{k_1 + k_2}} = 0.14 \text{ s}$$

4-2　一盘悬挂在弹簧上，如图所示。当盘上放质量为 m_1 的物体时，作微幅振动，测得的周期为 τ_1；如盘上换一质量为 m_2 的物体时，测得振动周期为 τ_2。

求弹簧的刚度系数 k。

题 4-2 图

解：设盘的质量为 m，弹簧的刚度系数为 k，由已知条件有

$$2\pi\sqrt{\frac{m + m_1}{k}} = \tau_1, \qquad 2\pi\sqrt{\frac{m + m_2}{k}} = \tau_2$$

由此解得

$$k = \frac{4\pi^2(m_1 - m_2)}{\tau_1^2 - \tau_2^2}, \qquad m = \frac{m_1\tau_2^2 - m_2\tau_1^2}{\tau_1^2 - \tau_2^2}$$

4-3 如图所示，质量 $m = 200$ kg 的重物在吊索上以等速度 $v = 5$ m/s 下降。当下降时，由于吊索嵌入滑轮的夹子内，吊索的上端突然被夹住，吊索的刚度系数 $k = 400$ kN/m。如不计吊索的重量，求此后重物振动时吊索中的最大张力。

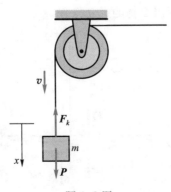

题 4-3 图

解：取重物为研究对象，在吊索卡住之前重物处于平衡状态，静伸长 $\delta_{st} =$ $\dfrac{mg}{k}$。取卡住时重物的位置为坐标原点，则有

$$m\ddot{x} = P - F_k = mg - k(x + \delta_{st}) = -kx$$

或

$$m\ddot{x} + kx = 0$$

设方程的解为

$$x = A\sin(\omega_n t + \theta)$$

当 $x = 0$ 时

$$T = \frac{1}{2}mv^2 = T_{max}, \qquad V = 0$$

令 A 表示重物振动的幅值，当 $x = A$ 时

$$T = 0, \qquad V = V_{max} = \frac{1}{2}kA^2$$

由机械能守恒定律

$$T_{max} = V_{max}, \qquad A = \sqrt{\frac{m}{k}}\,v$$

吊索的最大张力

$$F_{kmax} = k(A + \delta) = mg + v\sqrt{mk} = 46.7\ \text{kN}$$

4-4 图示质量为 m 的重物，初速为零，自高度 $h = 1$ m 处落下，打在水平梁的中部后与梁不再分离。梁的两端固定，在此重物静力的作用下，该梁中点的静止挠度 δ_0 等于 5 mm。如以重物在梁上的静止平衡位置 O 为原点，作铅垂向下的轴 y，梁的重量不计。写出重物的运动方程。

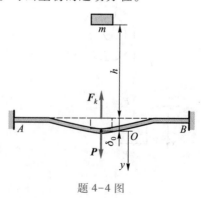

题 4-4 图

解：取重物与梁相结合后的系统为研究对象，将梁等效为弹簧，其刚度系数

$$k = \frac{mg}{\delta_0}$$

则系统的运动微分方程

$$m\ddot{y} = P - F_k = mg - k(y + \delta_0) = -ky$$

其运动方程为

$$y = C_1\cos\omega_n t + C_2\sin\omega_n t$$

其中

$$\omega_n = \sqrt{\frac{k}{m}} = \sqrt{\frac{g}{\delta_0}} = 44.3 \text{ rad/s}$$

代入初始条件：

$$t = 0 , \quad y = y_0 = -5 \text{ mm}, \qquad \dot{y} = v_0 = \sqrt{2gh}$$

解得

$$C_1 = \frac{v_0}{\omega_n} = \sqrt{2h\delta_0} = 100 \text{ mm}, \qquad C_2 = y_0 = -5 \text{ mm}$$

运动方程

$$y = (100\cos 44.3t - 5\sin 44.3t) \text{ mm}$$

4-5 质量为 m 的小车在斜面上自高度 h 处滑下，而与缓冲器相碰，如图所示。缓冲弹簧的刚度系数为 k，斜面倾角为 θ。求小车碰着缓冲器后自由振动的周期与振幅。

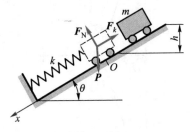

题 4-5 图

解：取小车为研究对象，它与缓冲器相碰后受力分析如图所示。取静平衡

位置为坐标原点,对应的静伸长

$$\delta_{st} = \frac{mg\sin\theta}{k}$$

运动微分方程

$$m\ddot{x} = P\sin\theta - F_k = mg\sin\theta - k(x + \delta_{st}) = -kx$$

令 $\omega_n = \sqrt{k/m}$,得到

$$m\ddot{x} + \omega_n^2 x = 0$$

方程的解

$$x = A\sin(\omega_n t + \varphi)$$

代入初始条件:

$$t = 0, \quad x = -\delta_0, \qquad \dot{x} = v_0 = \sqrt{2gh}$$

得到

$$A = \sqrt{\delta_0^2 + \frac{2mgh}{k}} = \sqrt{\frac{mg}{k}\left(\frac{mg\sin^2\theta}{k} + 2h\right)}$$

4-6 如图所示,一小球的质量为 m,紧系在完全弹性的线 AB 的中部,线长 $2l$。设线完全拉紧时张力的大小为 F,当球作水平运动时,张力不变。重力忽略不计。证明小球在水平线上的微幅振动为谐振动,并求其周期。

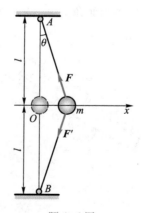

题 4-6 图

解:取小球为研究对象,过其平衡位置的水平直线为 x 轴,则运动微分方程

$$m\ddot{x} = -2F\sin\theta$$

设 $|\theta| \ll 1$

$$\sin\theta \approx \tan\theta = \frac{x}{l}$$

得到

$$\ddot{x} + \frac{2F}{ml}x = 0$$

令

$$\omega_n^2 = \frac{2F}{ml}$$

方程的解为

$$x = A\sin(\omega_n t + \varphi)$$

为简谐振动,周期

$$\tau = \frac{2\pi}{\omega_n} = 2\pi\sqrt{\frac{ml}{2F}}$$

4-7 质量为 m 的杆水平地放在两个半径相同的轮上,两轮的中心在同一水平线上,距离为 $2a$。两轮以等值而反向的角速度各绕其中心轴转动,如图所示。杆 AB 借助与轮接触点的摩擦力的牵带而运动,此摩擦力与杆对滑轮的压力成正比,摩擦因数为 f。如将杆的质心 C 推离其对称位置点 O,然后释放。(1)证明质心 C 的运动为谐振动,并求周期 τ;(2)若 $a = 250$ mm,$\tau = 2$ s 时,求摩擦因数 f。

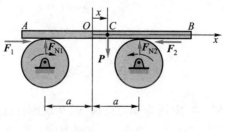

题 4-7 图

解：取杆 AB 为研究对象,受力分析如图。杆 AB 作平移,取 O 点为坐标原点,则

$$m\ddot{x} = F_1 - F_2$$

$$F_{N1} + F_{N2} - mg = 0$$

$$-F_{N1}(a + x) + F_{N2}(a - x) = 0$$

由后两式解得

$$F_{N1} = \frac{a - x}{2a}mg, \qquad F_{N2} = \frac{a + x}{2a}mg$$

而

$$F_1 = fF_{N1}, \qquad F_2 = fF_{N2}$$

代入运动微分方程,得

$$m\ddot{x} = -\frac{fmg}{a}x$$

或

$$\ddot{x} + \omega_n^2 x = 0$$

其中固有频率

$$\omega_n = \sqrt{\frac{fg}{a}}$$

上式表明板沿水平方向做简谐振动,周期

$$\tau = \frac{2\pi}{\omega_n} = 2\pi\sqrt{\frac{a}{fg}}$$

代入 $a = 250$ mm, $\tau = 2$ s 得

$$f = \frac{4\pi^2 a}{\tau^2 g} = 0.25$$

4-8 图示均质杆 AB,质量为 m_1,长为 $3l$,B 端刚性连接一质量为 m_2 的物体,其大小不计。杆 AB 在 O 处为铰支,两弹簧刚度系数均为 k,约束如图。求系统的固有频率。

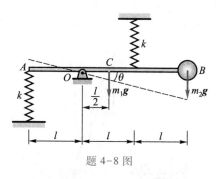

题 4-8 图

解：取杆 AB 为研究对象，设杆在水平位置处于静平衡。θ 为杆偏离静平衡位置的角度，系统动能

$$T = \frac{1}{2}\left(\frac{1}{12}m_1(3l)^2 + m_1\frac{l^2}{4} + 4m_2l^2\right)\dot{\theta}^2 = \frac{1}{2}(m_1 + 4m_2)l^2\dot{\theta}^2$$

取平衡位置为零势能位形，设 $|\theta| \ll 1$

$$V = k(l\theta + \delta_0)^2 - k\delta_0^2 - m_1g\cdot\frac{l\theta}{2} - m_2g\cdot 2l\theta$$

由静平衡条件

$$\sum M_O = 0, \quad 2k\delta_0 l - m_1g\cdot\frac{l}{2} - m_2g\cdot 2l = 0$$

得

$$\delta_0 = \frac{g}{k}\left(\frac{m_1}{4} + m_2\right)$$

从而

$$V = kl^2\theta^2$$

设

$$\theta = A\sin(\omega_n t + \theta_0)$$

由

$$T_{\max} = V_{\max}$$

得到

$$\frac{1}{2}(m_1 + 4m_2)l^2A^2\omega_n^2 = kl^2A^2$$

$$\omega_n = \sqrt{\frac{2k}{m_1 + 4m_2}}$$

4-9 图示均质杆 $AB = l$，质量 m，其两端销子可分别在水平槽、铅垂槽中滑

动,$\theta = 0$ 为静平衡位置。不计销子质量和摩擦,如水平槽内两弹簧刚度系数皆为 k,求系统微幅振动的固有频率。又问,弹簧刚度系数为多大,振动才可能发生?

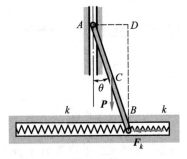

题 4-9 图

解:取 AB 杆为研究对象,理想约束。AB 杆作平面运动,速度瞬心为 D 点,杆的动能

$$T = \frac{1}{2}J_D\,\dot{\theta}^2 = \frac{1}{6}ml^2\,\dot{\theta}^2$$

设 $\theta = 0$ 时,$T = T_0 = 0$,则在运动过程中主动力作的功

$$W = mg \cdot \frac{l}{2}(1 - \cos\theta) - k\,(l\sin\theta)^2$$

由动能定理

$$T - T_0 = W,\quad \frac{1}{6}ml^2\,\dot{\theta}^2 = mg \cdot \frac{l}{2}(1 - \cos\theta) - k\,(l\sin\theta)^2$$

两边对时间求导并化简

$$\ddot{\theta} + \left(\frac{6k}{m}\cos\theta - \frac{3g}{2l}\right)\sin\theta = 0$$

微振动时,$|\theta| \ll 1$,略去高阶小量

$$\ddot{\theta} + \left(\frac{6k}{m} - \frac{3g}{2l}\right)\theta = 0$$

固有频率

$$\omega_n = \sqrt{\frac{6k}{m} - \frac{3g}{2l}}$$

振动发生时,$\omega_n > 0$,得到

$$\frac{6k}{m} - \frac{3g}{2l} > 0,\qquad k > \frac{mg}{4l}$$

414

4–10 图示均质细杆 AB 长为 l,质量为 m,在点 D 挂有倾斜弹簧,弹簧的刚度系数为 k。杆的尺寸如图。求杆处于水平和铅垂位置两种情况下微幅振动的固有频率。

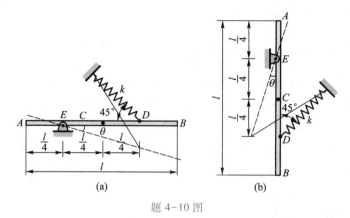

题 4–10 图

解:取杆 AB 为研究对象,θ 为杆偏离静平衡位置的角度,系统动能

$$T = \frac{1}{2}\left(\frac{1}{12}ml^2 + \frac{ml^2}{16}\right)\dot\theta^2 = \frac{7}{96}ml^2\,\dot\theta^2$$

取平衡位置为零势能位形,设 $|\theta| \ll 1$,则

(a) $V = \dfrac{k}{2}\left(\dfrac{l\theta}{2}\sin 45° + \delta_0\right)^2 - \dfrac{k}{2}\delta_0^2 - mg \cdot \dfrac{l\theta}{4}$

由静平衡条件(图 a)

$$\sum M_E = 0, \qquad k\delta_0 \cdot \frac{l}{2}\sin 45° - mg \cdot \frac{l}{4} = 0$$

得

$$\delta_0 = \frac{mg}{\sqrt{2}\,k}$$

从而

$$V = \frac{kl^2}{16}\dot\theta^2$$

(b) $V = \dfrac{k}{2}\left(\dfrac{l\theta}{2}\sin 45°\right)^2 + mg \cdot \dfrac{l}{4}(1 - \cos\theta) \approx \dfrac{kl^2}{16}\dot\theta^2 + \dfrac{mgl}{8}\theta^2$

设

$$\theta = A\sin(\omega_n t + \theta_0)$$

由

$$T_{\max} = V_{\max}$$

得到

（a） $\dfrac{7}{96}ml^2A^2\omega_n^2 = \dfrac{1}{16}kl^2A^2$, $\quad \omega_n = \sqrt{\dfrac{6k}{7m}}$

（b） $\dfrac{7}{96}ml^2A^2\omega_n^2 = \left(\dfrac{1}{16}kl^2 + \dfrac{1}{8}mgl\right)A^2$, $\quad \omega_n = \sqrt{\dfrac{6}{7}\left(\dfrac{k}{m} + \dfrac{g}{2l}\right)}$

4-11 如图 a 所示，已知均质杆 AB 长 $2l$，质量为 $2m$，在中点 O 与杆 CD 相铰接，杆 CD 的角速度为 ω，质量不计，$CD = 2h$，盘簧刚度系数为 k，当 $\varphi_0 = 0$ 时，盘簧无变形。求：（1）当 $\omega = 0$ 时杆 AB 微振动的固有频率；（2）当 ω 为常数时，ω 与 φ_0 的关系；（3）当 ω 为常数时，C,D 处的约束力；（4）在 ω 为常数时，杆 AB 微振动的频率。

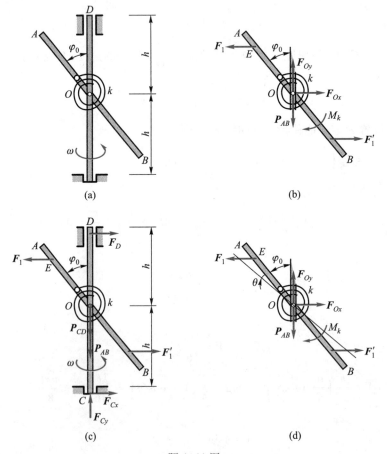

题 4-11 图

解:(1)取 AB 杆为研究对象,由对 O 点的动量矩定理

$$\frac{2}{3}ml^2\ddot{\varphi} = -k\varphi, \qquad \ddot{\varphi} + \frac{3k}{2ml^2}\varphi = 0$$

固有频率

$$\omega_n = \sqrt{\frac{3k}{2ml^2}}$$

(2)取 AB 杆为研究对象,受力分析如图 b,其中 AO 段、BO 段杆的惯性力分别简化为 F_I、F_I'

$$F_I = F_I' = \frac{1}{2}m\omega^2 l\sin\varphi_0$$

而

$$OE = \frac{2}{3}OA = \frac{2}{3}l$$

由达朗贝尔原理,当 $\dot{\varphi} = \ddot{\varphi} = 0$ 时

$$\sum M_O = 0, \qquad F_I \cdot \frac{4}{3}l\cos\varphi_0 - M_k = 0$$

得

$$\omega = \sqrt{\frac{3k\varphi_0}{ml^2\sin 2\varphi_0}}$$

(3)取整体为研究对象(图 c),由达朗贝尔原理

$$\sum F_x = 0, \qquad F_{Cx} + F_D = 0$$

$$\sum F_y = 0, \qquad F_{Cy} - P_{AB} - P_{CD} = 0$$

$$\sum M_O = 0, \qquad (F_{Cx} - F_D) \cdot h + F_I \cdot \frac{4}{3}l\cos\varphi_0 = 0$$

代入

$$F_I \cdot \frac{4}{3}l\cos\varphi_0 = M_k = k\varphi_0$$

得到

$$F_{Cx} = -F_D = -\frac{k\varphi_0}{2h}, \qquad F_{Cy} = 2mg$$

（4）取 AB 杆为研究对象,受力分析如图 d,设杆在 $\varphi = \varphi_0$ 位置附近做微振动,令

$$\varphi = \varphi_0 + \theta$$

则由达朗贝尔原理

$$J_o\ddot{\theta} - \frac{1}{3}m\omega^2l^2\sin 2(\varphi_0 + \theta) + k(\varphi_0 + \theta) = 0$$

设 $|\theta| \ll 1$,化简得

$$\frac{2}{3}ml^2\ddot{\theta} - \frac{1}{3}m\omega^2l^2(\sin 2\varphi_0 + 2\theta\cos 2\varphi_0) + k(\varphi_0 + \theta) = 0$$

代入

$$\frac{1}{3}m\omega^2l^2\sin 2\varphi_0 - k\varphi_0 = 0, \qquad \omega^2 = \frac{3k\varphi_0}{ml^2\sin 2\varphi_0}$$

得

$$\ddot{\theta} + \frac{3k\theta}{2ml^2}\left(1 - \frac{2\varphi_0}{\tan 2\varphi_0}\right) = 0$$

固有频率

$$\omega_n = \sqrt{\frac{3k}{2ml^2}\left(1 - \frac{2\varphi_0}{\tan 2\varphi_0}\right)}$$

4-12 质量为 m 的物体悬挂如图 a 所示。如杆 AB 的质量不计,两弹簧的刚度系数分别为 k_1 和 k_2,又 $AC = a$,$AB = b$;求物体自由振动的频率。

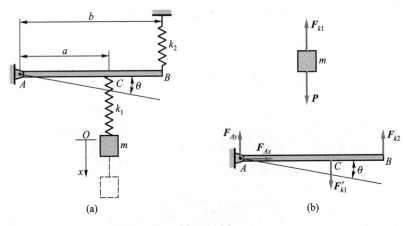

题 4-12 图

解：取物体为研究对象(图 b)，x 轴铅垂向下，物体静平衡位置为其坐标原点，则

$$m\ddot{x} = P - F_{k1} \tag{1}$$

取杆 AB 为研究对象(图 b)，令其偏离平衡位置的角度为 θ，则有

$$\sum M_A = 0, \qquad aF_{k1} - bF_{k2} = 0 \tag{2}$$

其中

$$F_{k1} = k_1(x - a\theta + \delta_1), \qquad F_{k2} = k_2(b\theta + \delta_2)$$

当 $x = \theta = 0$ 时，由静平衡条件

$$k_1\delta_1 = mg, \qquad ak_1\delta_1 - bk_2\delta_2 = 0$$

得

$$\delta_1 = \frac{mg}{k_1}, \qquad \delta_2 = \frac{ak_1}{bk_2}\delta_1 = \frac{mga}{k_2 b}$$

代入式(2)有

$$\theta = \frac{k_1 ax}{k_1 a^2 + k_2 b^2}, \qquad F_{k1} = \frac{k_1 k_2 b^2}{k_1 a^2 + k_2 b^2}x + k_1\delta_1$$

代入式(1)有

$$m\ddot{x} + \frac{k_1 k_2 b^2}{k_1 a^2 + k_2 b^2}x = 0$$

固有频率

$$\omega_n = \sqrt{\frac{k_1 k_2 b^2}{m(k_1 a^2 + k_2 b^2)}}$$

4-13 图 a 所示大胶带轮半径为 R，质量为 m，回转半径为 ρ，由刚度系数为 k 的弹性绳与半径为 r 的小轮连在一起。设小轮受外力作用作受迫摆动，摆动的规律为 $\theta = \theta_0\sin\omega t$，且无论小轮如何运动都不会使弹性绳松弛或打滑。求大轮稳态振动的振幅。

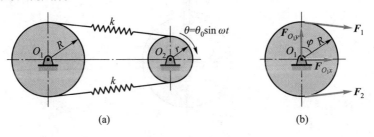

(a) (b)

题 4-13 图

解：取大胶带轮为研究对象（图 b），φ 为其转角，则由对 O_1 轴的动量矩定理

$$m\rho^2\ddot{\varphi} = (F_1 - F_2)R$$

其中

$$F_1 = -F_2 = k(r\theta - R\varphi)$$

从而有

$$m\rho^2\ddot{\varphi} + 2kR^2\varphi = 2krR\theta_0\sin\omega t$$

或

$$\ddot{\varphi} + \omega_n^2\varphi = h\sin\omega t$$

其中

$$\omega_n = \sqrt{\frac{2kR^2}{m\rho^2}}, \qquad h = \frac{2krR\theta_0}{m\rho^2}$$

设大胶带轮的稳态振动为

$$\varphi = \varphi_0\sin\omega t$$

振幅为

$$\varphi_0 = \frac{h}{\omega^2 - \omega_n^2} = \frac{2krR\theta_0}{2kR^2 - m\rho^2\omega^2}$$

4-14 位于铅垂面内的行星机构中，小轮 A 是质量为 m，半径为 r 的均质圆盘，$r = R/2$。小轮沿大轮只滚不滑，且由螺线弹簧与系杆 OA 相连。不计 OA 的质量和各处摩擦，当小轮位于图 a 所示的最高位置时，弹簧无变形。求：(1) 为保持小轮在图示位置的稳定平衡，螺线弹簧刚度系数 k_0 最小为多大？(2) 若令 $k = 10k_0$，该系统在图示位置作微幅振动的固有频率为多大？

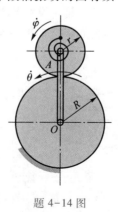

题 4-14 图

解：（1）稳定平衡条件。研究整个系统，取图示位置为零势能位形。由小轮作纯滚动，当 OA 杆转过 θ 角时，小轮转过的角度

$$\varphi = \frac{R + r}{r}\theta = 3\theta$$

此时系统的势能

$$V(\theta) = -mg(R + r)(1 - \cos\theta) + \frac{1}{2}k(\varphi - \theta)^2 = -3mgr(1 - \cos\theta) + 2k\theta^2$$

设 $|\theta| \ll 1$，由

$$\frac{\mathrm{d}V}{\mathrm{d}\theta} = -3mgr\sin\theta + 4k\theta \approx (4k - 3mgr)\theta = 0$$

得到平衡位置 $\theta = 0$，又

$$\frac{\mathrm{d}^2V}{\mathrm{d}\theta^2} = -3mgr\cos\theta + 4k \approx 4k - 3mgr$$

在 $\theta = 0$ 处稳定平衡的条件

$$\frac{\mathrm{d}^2V}{\mathrm{d}\theta^2} = 4k - 3mgr > 0$$

即

$$k > k_0 = \frac{3}{4}mgr$$

（2）微幅振动的固有频率。系统的动能

$$T = \frac{1}{2}mv_A^2 + \frac{1}{2}J_A\dot{\varphi}^2 = \frac{3}{4}mv_A^2 = \frac{27}{4}mr^2\dot{\theta}^2$$

而当 $|\theta| \ll 1$ 时

$$V(\theta) = -3mgr(1 - \cos\theta) + 2k\theta^2 \approx \left(2k - \frac{3}{2}mgr\right)\theta^2$$

设

$$\theta = \theta_0\sin(\omega_n t + \psi)$$

由机械能守恒定律

$$T_{\max} = V_{\max}$$

$$\frac{27}{4}mr^2\omega_n^2\theta_0^2 = \left(2k - \frac{3}{2}mgr\right)\theta_0^2$$

得到

$$\omega_n = \sqrt{\frac{4}{27mr^2}\left(2k - \frac{3}{2}mgr\right)}$$

代入

$$k = 10k_0 = \frac{15}{2}mgr$$

得

$$\omega_n = \sqrt{\frac{2g}{r}}$$

4-15 图示半径为 r 的半圆柱体,在水平面上只滚动不滑动,已知该柱体对通过质心 C 且平行于半圆柱母线的轴的回转半径为 ρ,又 $OC = a$。求半圆柱体作微小摆动的频率。

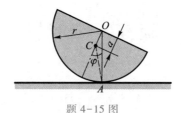

题 4-15 图

解:取半圆柱体为研究对象,点 A 为其与水平面的接触点,φ 为 OA 与 OC 之间的夹角。系统的动能

$$T = \frac{1}{2}J_A\dot\varphi^2 = \frac{1}{2}(J_C + m \cdot AC^2)\dot\varphi^2 = \frac{1}{2}m(\rho^2 + r^2 + a^2 - 2ar\cos\varphi)\dot\varphi^2$$

当 $|\varphi| \ll 1$ 时

$$T \approx \frac{1}{2}m(\rho^2 + r^2 + a^2 - 2ar)\dot\varphi^2 = \frac{1}{2}m[\rho^2 + (r - a)^2]\dot\varphi^2$$

取 $\varphi = 0$ 为零势能位形

$$V = mga(1 - \cos\varphi) \approx \frac{1}{2}mga\varphi^2$$

设

$$\varphi = \varphi_0 \sin(\omega_n t + \psi)$$

由机械能守恒定律

$$T_{max} = V_{max}$$

$$\frac{1}{2}m[\rho^2 + (r-a)^2]\omega_n^2\varphi_0^2 = \frac{1}{2}mga\varphi_0^2$$

得到

$$\omega_n = \sqrt{\frac{ga}{\rho^2 + (r-a)^2}}, \qquad f = \frac{\omega_n}{2\pi} = \frac{1}{2\pi}\sqrt{\frac{ga}{\rho^2 + (r-a)^2}}$$

4-16 图示均质滚子质量 $m = 10$ kg,半径 $r = 0.25$ m,能在斜面上保持纯滚动,弹簧刚度系数 $k = 20$ N/m,阻尼器阻尼系数 $c = 10$ N·s/m。求:(1) 无阻尼的固有频率;(2) 阻尼比;(3) 有阻尼的固有频率;(4) 此阻尼系统自由振动的周期。

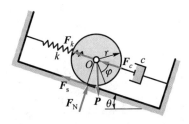

题 4-16 图

解:取滚子为研究对象,受力分析如图。令 φ 为其转角,由刚体平面运动微分方程

$$m\frac{\mathrm{d}v_O}{\mathrm{d}t} = P\sin\theta - F_k - F_c - F_s$$

$$J_O\ddot{\varphi} = F_s r$$

取 $\varphi = 0$ 为静平衡位置,并由纯滚动条件,得

$$v_O = r\dot{\varphi}, \qquad F_k = k(r\varphi + \delta_0), \qquad F_c = cr\dot{\varphi}$$

代入静平衡条件

$$mg\sin\theta - k\delta_0 = 0$$

消去 F_s,得

$$\frac{3}{2}mr\ddot{\varphi} = -kr\varphi - cr\dot{\varphi}$$

整理,得

$$\ddot{\varphi} + \frac{2c}{3m}\dot{\varphi} + \frac{2k}{3m}\varphi = 0$$

无阻尼固有频率

$$\omega_n = \sqrt{\frac{2k}{3m}} = \frac{2\sqrt{3}}{3}\ \text{rad/s}$$

阻尼系数和阻尼比

$$\delta = \frac{c}{3m} = \frac{1}{3}, \qquad \zeta = \frac{\delta}{\omega_n} = 0.289$$

有阻尼的固有频率

$$\omega_d = \sqrt{\omega_n^2 - \delta^2} = 1.105\ 5\ \text{rad/s}$$

阻尼系统自由振动的周期

$$\tau_d = \frac{2\pi}{\omega_d} = 5.677\ \text{s}$$

4-17 用下法测定流体的阻尼系数:在弹簧上悬一薄板 A,如图所示。测定它在空气中的自由振动周期 τ_1,然后将薄板放在欲测阻尼系数的液体中,令其振动,测定周期 τ_2。液体与薄板间的阻力等于 $2Scv$,其中 $2S$ 是薄板的表面积,v 为其速度,而 c 为阻尼系数。如薄板质量为 m,根据实验测得的数据 τ_1 与 τ_2,求阻尼系数 c。薄板与空气间的阻力略去不计。

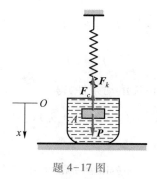

题 4-17 图

解：取薄板为研究对象，其静平衡位置为坐标原点，则

$$m\ddot{x} = P - F_k - F_c = mg - k(x + \delta_{st}) - 2Sc\dot{x}$$

代入静平衡条件

$$mg - k\delta_{st} = 0$$

得

$$\ddot{x} + \frac{2Sc}{m}\dot{x} + \frac{k}{m}x = 0$$

阻尼系数和阻尼比

$$\delta = \frac{Sc}{m}, \qquad \zeta = \frac{\delta}{\omega_n} = \frac{Sc\tau_1}{2\pi m},$$

由

$$\tau_2 = \frac{\tau_1}{\sqrt{1 - \zeta^2}}$$

得到

$$\zeta = \sqrt{1 - \left(\frac{\tau_1}{\tau_2}\right)^2}$$

从而

$$c = \frac{2\pi m\zeta}{S\tau_1} = \frac{2\pi m}{S\tau_1\tau_2}\sqrt{\tau_2^2 - \tau_1^2}$$

4-18 汽车的质量为 $m = 2\,450$ kg，压在 4 个车轮的弹簧上，可使每个弹簧的压缩量为 $\delta_{st} = 150$ mm，为了减少振动，每个弹簧都装一个减振器，结果使汽车上、下振动迅速减小，经两次振动后，振幅减到原来的 $\frac{1}{10}$，即 $\frac{A_1}{A_3} = 10$。求：（1）振幅减缩率 η 和对数减缩率 Λ；（2）$\delta = \frac{c}{2m}$ 和衰减振动周期 τ_d；（3）如果要求汽车不振动，即要求减振器有临界阻尼，求临界阻尼系数 c_{cr}。

解：（1）振幅减缩率 η 和对数减缩率 Λ。

由定义

$$\eta = \frac{A_2}{A_1} = \sqrt{\frac{A_2}{A_1} \cdot \frac{A_3}{A_2}} = \sqrt{\frac{A_3}{A_1}} = \sqrt{10} = 3.162, \qquad \Lambda = \ln \eta = 1.151$$

（2）阻尼系数 δ 和衰减振动周期 τ_d

$$\omega_n = \sqrt{\frac{g}{\delta_{st}}} = 8.08 \text{ rad/s}$$

由

$$\tau_d = \frac{2\pi}{\sqrt{\omega_n^2 - \delta^2}} = \frac{\Lambda}{\delta}$$

得

$$\delta = \sqrt{\frac{\Lambda^2 \omega_n^2}{4\pi^2 + \Lambda^2}} = 1.457 \text{ s}^{-1}, \qquad \tau_d = \frac{\Lambda}{\delta} = 0.79 \text{ s}$$

（3）临界阻尼系数 c_{cr}

$$c_{cr} = 2\sqrt{mk} = 2m\omega_n = 39.6 \text{ kN} \cdot \text{s/m}$$

4-19　车厢载有货物，其车架弹簧的静压缩为 $\delta_{st} = 50$ mm，每根铁轨的长度 $l = 12$ m，每当车轮行驶到轨道接头处都受到冲击，因而当车厢速度达到某一数值时，将发生激烈颠簸，这一速度称为临界速度。求此临界速度。

解：取车厢为研究对象，其固有频率

$$\omega_n = \sqrt{\frac{g}{\delta_{st}}}$$

车轮激振力的频率

$$\omega = 2\pi \frac{v}{l}$$

当 $\omega = \omega_n$ 时车厢发生共振，临界速度

$$v = \frac{\omega_n l}{2\pi} = \frac{l}{2\pi}\sqrt{\frac{g}{\delta_{st}}} = 26.7 \text{ m/s}$$

4-20　车轮上装置一质量为 m 的物块 B，于某瞬时（$t = 0$）车轮由水平路面进入曲线路面，并继续以等速 v 行驶，该曲线路面按 $y_1 = d\sin\frac{\pi}{l}x_1$ 的规律起伏，坐标原点和坐标系 $O_1x_1y_1$ 的位置如图所示。设弹簧的刚度系数为 k。求：（1）物块 B 的受迫运动方程；（2）轮 A 的临界速度。

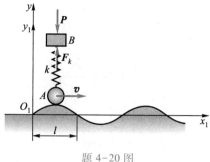

题 4–20 图

解：取物块 B 为研究对象，其平衡位置为坐标原点，沿铅垂方向的运动微分方程

$$m\ddot{y} = F_k - P = k(\delta_{st} - y + y_1) - mg$$

代入

$$\delta_{st} = \frac{mg}{k}, \quad x_1 = vt, \quad y_1 = d\sin\frac{\pi}{l}x_1$$

整理得到

$$\ddot{y} + \frac{k}{m}y = \frac{k}{m}d\sin\frac{\pi v}{l}t$$

受迫振动运动方程

$$y = \frac{kdl^2}{kl^2 - \pi^2 v^2 m}\sin\frac{\pi}{l}vt$$

由

$$kl^2 - \pi^2 v^2 m = 0$$

得到轮 A 的临界速度

$$v_{cr} = \frac{l}{\pi}\sqrt{\frac{k}{m}}$$

4–21 电动机质量 $m_1 = 250$ kg，由四个刚度系数 $k = 30$ kN/m 的弹簧支持，如图所示。在电动机转子上装有一质量 $m_2 = 0.2$ kg 的物体，距转轴 $e = 10$ mm。已知电动机被限制在铅垂方向运动，求：(1)发生共振时的转速；(2)当转速为 1 000 r/min 时，稳定振动的振幅。

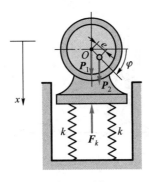

题 4-21 图

解：取电动机+物块为研究对象，设电动机质心 O 点的铅垂坐标为 x，则系统沿 x 方向的质心坐标

$$x_C = \frac{m_1 x + m_2 (x + e \sin \varphi)}{m_1 + m_2}$$

设 $\varphi = \omega t$，由质心运动定理

$$(m_1 + m_2) \ddot{x} - m_2 e \omega^2 \sin \omega t = P_1 + P_2 - F_k$$

取坐标 x 的原点为静平衡位置，则

$$F_k = 4k(x + \delta_{st}), \qquad \delta_{st} = \frac{m_1 + m_2}{4k} g$$

从而

$$(m_1 + m_2) \ddot{x} + 4kx = m_2 e \omega^2 \sin \omega t$$

或

$$\ddot{x} + \frac{4k}{m_1 + m_2} x = \frac{m_2 e \omega^2}{m_1 + m_2} \sin \omega t$$

得

$$\omega_n = \sqrt{\frac{4k}{m_1 + m_2}} = 21.9 \text{ rad/s}$$

共振转速

$$n = \frac{30}{\pi} \omega_n = 209 \text{ r/min}$$

当转速为 1 000 r/min 时，强迫振动的振幅

428

$$b = \frac{1}{|\omega^2 - \omega_n^2|} \cdot \frac{m_2 e \omega^2}{m_1 + m_2} = 0.008\ 4\ \text{mm}$$

4-22 物体 M 悬挂在弹簧 AB 上,如图所示。弹簧的上端 A 作铅垂直线谐振动,其振幅为 b,圆频率为 ω,即 $O_1 C = b\sin\omega t$。已知物体 M 的质量为 0.4 kg,弹簧在 0.4 N 的力作用下伸长 10 mm,$b = 20$ mm,$\omega = 7$ rad/s。求受迫振动的规律。

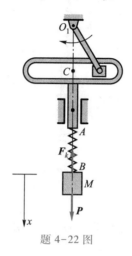

题 4-22 图

解:取物体 M 为研究对象,$x = 0$ 为物体静平衡位置,则弹簧作用力

$$F_k = k(x + \delta_{st} - b\sin\omega t), \qquad k = \frac{mg}{\delta_{st}} = 0.04\ \text{N/mm}$$

从而物体的运动微分方程

$$m\ddot{x} = P - F_k = -kx + kb\sin\omega t$$

或

$$\ddot{x} + \frac{k}{m}x = \frac{kb}{m}\sin\omega t$$

设稳态解为

$$x = b_1\sin\omega t$$

代入上式,得

$$b_1 = \frac{kb}{k - m\omega^2}$$

代入具体数据,得到

$$b_1 = 39.2\ \text{mm}, \ x = 39.2\sin 7t\ \text{mm}$$

4-23 图示弹簧的刚度系数 $k = 20$ N/m,其上悬一质量 $m = 0.1$ kg 的磁棒。磁棒下端穿过一线圈,线圈内通过 $i = 20\sin 8\pi t$ 的电流,式中 i 以 A(安培)计。电流自时间 $t = 0$ 开始流通,并吸引磁棒;在此以前,磁棒在弹簧上保持不动。已知磁棒和线圈间的吸引力为 $F = 160\pi i$,式中 F 以 10^{-6} N 计,求磁棒的受迫振动。

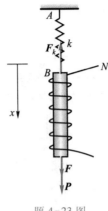

题 4-23 图

解:取磁棒为研究对象,磁棒作平移,设点 B 的坐标为 x,则物体的运动微分方程

$$m \ddot{x} = P + F - F_k$$

取 $x = 0$ 为 B 点的静平衡位置,则弹簧作用力

$$F_k = k(x + \delta_{st}), \qquad \delta_{st} = \frac{mg}{k}$$

从而物体的运动微分方程

$$m \ddot{x} = -kx + b\sin 8\pi t$$

其中 $b = 3.2\pi \times 10^{-3}$ N。设稳态解为

$$x = b_1 \sin \omega t$$

代入上式,得

$$b_1 = \frac{b}{k - m\omega^2} = 0.233 \text{ mm}$$

从而

$$x = 0.233\sin 8\pi t \text{ mm}$$

430

4-24 图示两个振动系统,其质量为 m,弹簧刚度为 k,阻力系数为 c。设干扰位移 $x_1 = a\sin \omega t$,推导它们的受迫振动公式。

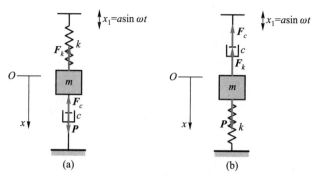

题 4-24 图

解:(a)取物体为研究对象,其静平衡位置为坐标原点,则运动微分方程为

$$m\ddot{x} = P - F_k - F_c = -k(x - x_1) - c\dot{x}$$

整理,得

$$\ddot{x} + 2\delta\dot{x} + \omega_0^2 x = h\sin \omega t$$

其中

$$\delta = \frac{c}{2m}, \quad \omega_0 = \sqrt{\frac{k}{m}}, \quad h = \frac{ka}{m} = \omega_0^2 a$$

方程的稳态解

$$x = b\sin(\omega t - \varphi)$$

其中

$$b = \frac{h}{\sqrt{(\omega_0^2 - \omega^2)^2 + 4\delta^2\omega^2}}, \quad \tan \varphi = \frac{2\delta\omega}{\omega_0^2 - \omega^2}$$

令

$$\lambda = \frac{\omega}{\omega_0}, \quad \zeta = \frac{\delta}{\omega_0} = \frac{c}{2\sqrt{mk}}$$

则

$$x = \frac{a}{\sqrt{(1 - \lambda^2)^2 + 4\zeta^2\lambda^2}}\sin(\omega t - \varphi), \quad \tan \varphi = \frac{2\zeta\lambda}{1 - \lambda^2}$$

（b）取物体为研究对象，其静平衡位置为坐标原点，则运动微分方程为

$$m\ddot{x} = P - F_k - F_c = -kx - c(\dot{x} - \ddot{x}_1)$$

整理，得

$$\ddot{x} + 2\delta\dot{x} + \omega_0^2 x = h\cos\omega t$$

其中

$$\delta = \frac{c}{2m}, \quad \omega_0 = \sqrt{\frac{k}{m}}, \quad h = \frac{ca\omega}{m} = \frac{ca\omega}{k}\omega_0^2$$

方程的稳态解

$$x = b\cos(\omega t - \varphi)$$

其中

$$b = \frac{h}{\sqrt{(\omega_0^2 - \omega^2)^2 + 4\delta^2\omega^2}}, \quad \tan\varphi = \frac{2\delta\omega}{\omega_0^2 - \omega^2}$$

令

$$\lambda = \frac{\omega}{\omega_0}, \quad \zeta = \frac{\delta}{\omega_0} = \frac{c}{2\sqrt{mk}}$$

则

$$x = \frac{ca\omega/k}{\sqrt{(1 - \lambda^2)^2 + 4\zeta^2\lambda^2}}\cos(\omega t - \varphi), \quad \tan\varphi = \frac{2\zeta\lambda}{1 - \lambda^2}$$

4-25 机器上一零件在黏滞油液中振动，施加一个幅值 $H = 55$ N，周期 $\tau = 0.2$ s 的干扰力，可使零件发生共振，设此时共振振幅为 15 mm，该零件的质量为 $m = 4.08$ kg，求阻力系数 c。

解：由有阻尼强迫振动微分方程

$$m\ddot{x} + c\dot{x} + kx = H\sin\omega t$$

两边同除以 m

$$\ddot{x} + 2\delta\dot{x} + \omega_0^2 x = h\sin\omega t$$

稳态解为

$$x = \frac{h}{\sqrt{(\omega_0^2 - \omega^2)^2 + 4\delta^2\omega^2}}\sin\omega t = b\sin\omega t$$

共振频率

$$\omega = \sqrt{\omega_0^2 - 2\delta^2} = \frac{2\pi}{\tau} = 10\pi \text{ rad/s}$$

最大振幅

$$b_{\max} = \frac{h}{2\delta\sqrt{\omega_0^2 - \delta^2}} = 0.015 \text{ m}$$

由以上两式中消去 ω_0，得到

$$\delta^4 + \omega^2\delta^2 - \left(\frac{h}{2b_{\max}}\right)^2 = 0$$

解得

$$\delta = 13.19 \text{ s}^{-1}, \qquad c = 2m\delta = 107.6 \text{ N} \cdot \text{s/m}$$

4-26 精密仪器使用时,要避免地面振动的干扰,为了隔离,如图所示 A,B 两端下边安装 8 个弹簧(每边 4 个并联而成,图中为示意图)。A,B 两点到质心 C 的距离相等,已知地面振动规律为 $y_1 = \sin 10\pi t$ mm,仪器质量为 800 kg,容许振动的振幅为 0.1 mm。求每根弹簧应有的刚度系数。

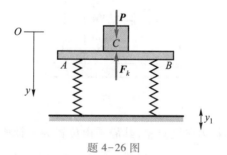

题 4-26 图

解: 取物体为研究对象,其静平衡位置为坐标原点,则运动微分方程为

$$m\ddot{y} = P - F_k = -8k(y - y_1)$$

整理,得

$$\ddot{y} + \omega_0^2 y = h\sin \omega t$$

其中

$$\omega_0 = \sqrt{\frac{8k}{m}} \ , \ h = \frac{8k}{m}$$

方程的稳态解

$$y = b\sin(\omega t - \varphi)$$

其中

$$b = \frac{h}{\omega_0^2 - \omega^2} = \frac{8k}{8k - m\omega^2}$$

由 $b < 0.1$ mm

$$\frac{8k}{8k - m\omega^2} < 0.1, \qquad k < 8.97 \text{ N/mm}$$

4-27 图示加速度计安装在蒸汽机的十字头上,十字头沿铅垂方向作谐振动。记录在卷筒上的振幅等于 7 mm。设弹簧刚度系数 $k = 1.2$ kN/m,其上悬挂的重物质量 $m = 0.1$ kg。求十字头的加速度。(提示:加速度计的固有频率 ω_0 通常都远远大于被测物体振动频率 ω,即 $\omega/\omega_0 \ll 1$。)

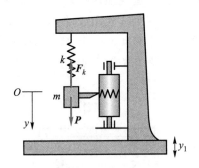

题 4-27 图

解:取悬挂的重物为研究对象,其静平衡位置为坐标原点,则运动微分方程

$$m\ddot{y} = P - F_k = -k(y - y_1)$$

设

$$y_1 = a\sin \omega t$$

代入上式并整理,得

$$\ddot{y} + \omega_0^2 y = h\sin \omega t$$

其中

$$\omega_0 = \sqrt{\frac{k}{m}}, \ h = \frac{ka}{m} = a\omega_0^2$$

方程的稳态解

$$y = b\sin \omega t$$

其中

$$b = \frac{a\omega_0^2}{\omega_0^2 - \omega^2}$$

由题意

$$b - a = \frac{a\omega_0^2}{\omega_0^2 - \omega^2} - a = \frac{a\omega^2}{\omega_0^2\left(1 - \left(\dfrac{\omega}{\omega_0}\right)^2\right)} = 7 \text{ mm}$$

由 $\omega/\omega_0 \ll 1$，略去高阶小量，十字头的加速度

$$\ddot{y}_{1\max} = a\omega^2 = 7\omega_0^2 = \frac{7k}{m} = 84 \text{ m/s}^2$$

4-28 电机的转速 $n = 1\,800$ r/min，全机质量 $m = 100$ kg，今将此电机安装在图示的隔振装置上。欲使传到地基的干扰力达到不安装隔振装置的十分之一。求隔振装置弹簧的总刚度系数 k。

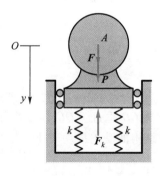

题 4-28 图

解：取电机为研究对象，设其质心 A 的铅垂坐标为 y，作用在电机上的干扰力为

$$F = H\sin \omega t$$

其中

$$\omega = \frac{n\pi}{30} = 60\pi \text{ rad/s}$$

取 $y = 0$ 为质心 A 点的静平衡位置,则运动微分方程

$$m\ddot{y} = P - F_k - F = -ky + H\sin\omega t$$

设受迫振动

$$y = b\sin\omega t$$

得

$$b = \frac{H}{k - m\omega^2}$$

传到地基的干扰力

$$F_{\mathrm{N}} = ky = kb\sin\omega t$$

干扰力的最大值(设 $m\omega^2 - k > 0$)

$$F_{\mathrm{Nmax}} = k\,|\,b\,| = \frac{kH}{m\omega^2 - k}$$

由题意

$$F_{\mathrm{Nmax}} = \frac{kH}{m\omega^2 - k} = \frac{H}{10}$$

由此解得

$$k = \frac{m\omega^2}{11} = 323 \ \mathrm{kN/m}$$

4-29 已知图示结构,其杠杆可绕点 O 转动,重量忽略不计。质点 A 质量为 m,在杠杆的点 C 加一弹簧 CD 垂直于 OC,刚度系数为 k。在点 D 加一铅垂方向干扰位移 $y = b\sin\omega t$。求结构的受迫振动规律。

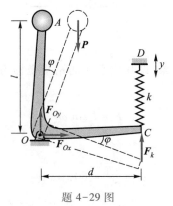

题 4-29 图

解：取杠杆为研究对象，设干扰位移 y 的绝对值远小于杠杆尺寸，故 $|\varphi| \ll 1$。由对 O 轴的动量矩定理

$$ml^2\ddot{\varphi} = Pl\varphi - F_k d = mgl\varphi - k(d\varphi - y)d$$

或

$$\ddot{\varphi} + \omega_n^2\varphi = h\sin\omega t$$

其中

$$\omega_n = \sqrt{\frac{kd^2}{ml^2} - \frac{g}{l}} = \sqrt{\frac{kd^2 - mgl}{ml^2}}, \qquad h = \frac{kbd}{ml^2}$$

方程的稳态解

$$\varphi = b_1\sin\omega t$$

其中

$$b_1 = \frac{h}{\omega_n^2 - \omega^2} = \frac{kbd}{ml^2(\omega_n^2 - \omega^2)}$$

4–30 圆盘质量为 m，固结在铅垂轴的中点，圆盘绕此轴以角速度 ω 转动，如图 a 所示。轴的刚度系数为 k，圆盘的中心对轴的偏心距为 e。求轴的挠度 δ。

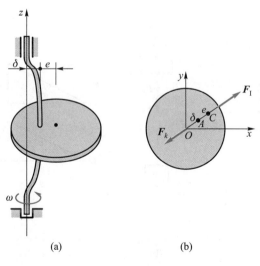

(a)   (b)

题 4–30 图

解:将圆盘惯性力系向质心 C 简化,得一合力(图b)

$$F_I = m(e + \delta)\omega^2$$

轴的弹性恢复力

$$F_k = k\delta$$

由达朗贝尔原理

$$F_I - F_k = 0, \qquad m(e + \delta)\omega^2 - k\delta = 0$$

令 $\omega_n^2 = \dfrac{k}{m}$ 得

$$\delta = \frac{me\omega^2}{k - m\omega^2} = \frac{e\left(\dfrac{\omega}{\omega_n}\right)^2}{1 - \left(\dfrac{\omega}{\omega_n}\right)^2}$$

其中 $\omega = \sqrt{k/m}$ 。

    4-31 机械系统与无阻尼动力减振器连接,其简化模型如图 a 所示。已知主体质量为 m_1,主弹簧刚度系数为 k_1;减振器的质量为 m_2,弹簧刚度系数为 k_2, $\mu = \dfrac{m_2}{m_1} = \dfrac{1}{5}, \dfrac{k_2}{k_1} = \dfrac{1}{5}$ 。求系统的固有频率和振型。

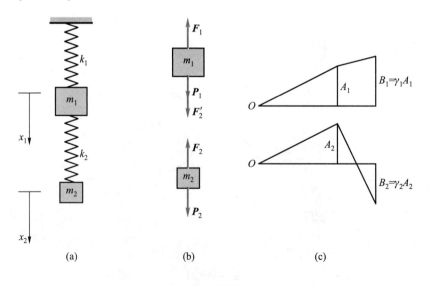

题 4-31 图

解：设两物体沿铅垂方向的坐标分别为 x_1、x_2，其静平衡位置分别为坐标原点，则两物体的运动微分方程为

$$m_1 \ddot{x}_1 = P_1 - F_1 + F_2 = -k_1 x_1 + k_2 (x_2 - x_1)$$

$$m_2 \ddot{x}_2 = P_2 - F_2 = -k_2 (x_2 - x_1)$$

令

$$a = \frac{k_1 + k_2}{m_1}, \quad b = \frac{k_2}{m_1}, \quad c = \frac{k_2}{m_2}$$

整理，得

$$\left. \begin{array}{l} \ddot{x}_1 + a x_1 - b x_2 = 0 \\ \ddot{x}_2 - c x_1 + c x_2 = 0 \end{array} \right\} \tag{1}$$

设方程（1）的解为

$$\left. \begin{array}{l} x_1 = A \sin (\omega t + \beta) \\ x_2 = B \sin (\omega t + \beta) \end{array} \right\} \tag{2}$$

将其代入方程（1）中，得

$$\left. \begin{array}{l} (a - \omega^2) A - b B = 0 \\ - c A + (c - \omega^2) B = 0 \end{array} \right\}$$

由 A、B 有非零解条件，得到频率方程

$$\omega^4 - (a + c) \omega^2 + c(a - b) = 0$$

解得固有频率

$$\omega_{1,2}^2 = \frac{a + c}{2} \mp \sqrt{\left(\frac{a - c}{2} \right)^2 + bc}$$

代入题中给定数据，得

$$\omega_1^2 = 0.642 \frac{k_2}{m_2}, \quad \omega_2^2 = 1.558 \frac{k^2}{m_2}$$

系统振型（图 c）

$$\frac{B_1}{A_1} = \gamma_1 = \frac{a - \omega_1^2}{b} = \frac{\dfrac{6k_2}{5m_2} - 0.642 \dfrac{k_2}{m_2}}{\dfrac{k_2}{5m_2}} = 2.79$$

$$\frac{B_2}{A_2} = \gamma_2 = \frac{a - \omega_2^2}{b} = -1.79$$

4-32 求图 a 所示振动系统的固有频率和振型。已知 $m_1 = m_2 = m$，$k_1 = k_2 = k_3 = k$。

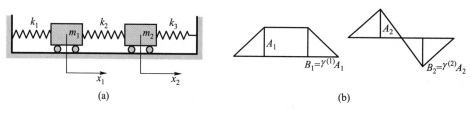

题 4-32 图

解： 设 m_1、m_2 的坐标分别为 x_1、x_2，并取静平衡位置为坐标原点，则两物体的运动微分方程为

$$\left.\begin{array}{l} m_1 \ddot{x}_1 = -k_1 x_1 + k_2(x_2 - x_1) \\ m_2 \ddot{x}_2 = -k_2(x_2 - x_1) - k_3 x_2 \end{array}\right\}$$

或

$$\left.\begin{array}{l} m \ddot{x}_1 + 2k x_1 - k x_2 = 0 \\ m \ddot{x}_2 - k x_1 + 2k x_2 = 0 \end{array}\right\} \qquad (1)$$

设方程（1）的解为

$$\left.\begin{array}{l} x_1 = A \sin(\omega t + \beta) \\ x_2 = B \sin(\omega t + \beta) \end{array}\right\} \qquad (2)$$

将其代入方程（1）中，得

$$\left.\begin{array}{l} (2k - m\omega^2)A - kB = 0 \\ -kA + (2k - m\omega^2)B = 0 \end{array}\right\}$$

由式（2）有非零解条件，得到频率方程

$$m^2 \omega^4 - 4km\omega^2 + 3k^2 = 0$$

解得固有频率

$$\omega_1^2 = \frac{k}{m}, \qquad \omega_2^2 = \frac{3k}{m}$$

系统振型(图 b)

$$\gamma^{(1)} = \frac{A_1}{B_1} = 1, \qquad \gamma^{(2)} = \frac{A_2}{B_2} = -1$$

4-33 图示一均质圆轴,左端固定,在中部和另一端各装有一均质圆盘。每一圆盘对轴的转动惯量均为 J,两段轴的扭转刚度系数均为 k_t,不计轴的质量。求系统自由扭转振动的频率。

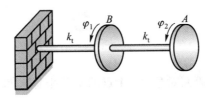

题 4-33 图

解: 分别取两个圆盘为研究对象,设其转角为 φ_1、φ_2,则由对转轴的动量矩定理

$$J\ddot{\varphi}_1 = -k_t\varphi_1 + k_t(\varphi_2 - \varphi_1)$$

$$J\ddot{\varphi}_2 = -k_t(\varphi_2 - \varphi_1)$$

或

$$\left. \begin{array}{r} J\ddot{\varphi}_1 + 2k_t\varphi_1 - k_t\varphi_2 = 0 \\ J\ddot{\varphi}_2 - k_t\varphi_1 + k_t\varphi_2 = 0 \end{array} \right\} \tag{1}$$

设方程(1)的解为

$$\left. \begin{array}{l} \varphi_1 = A\sin(\omega t + \theta) \\ \varphi_2 = B\sin(\omega t + \theta) \end{array} \right\} \tag{2}$$

将其代入方程(1)中,得

$$\left. \begin{array}{r} (-J\omega^2 + 2k_t)A - k_t B = 0 \\ -k_t A + (-J\omega^2 + k_t)B = 0 \end{array} \right\}$$

由式(2)有非零解条件,得到频率方程

$$J^2\omega^4 - 3Jk_t\omega^2 + k_t^2 = 0$$

解得固有频率

$$\omega_1 = 0.618\sqrt{\frac{k_t}{J}}, \qquad \omega_2 = 1.618\sqrt{\frac{k_t}{J}}$$

4-34　已知图示两个自由度系统,其中 A 和 B 的质量分别为 m_A 和 m_B,弹簧的刚度系数为 k,摆长为 l。求系统的运动微分方程和固有频率。

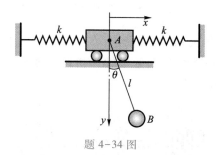

题 4-34 图

解:取系统整体为研究对象,取 A 点的水平坐标 x 和摆与铅垂线的夹角 θ 为广义坐标,则 B 点的坐标

$$x_B = x + l\sin\theta, \qquad y_B = l\cos\theta$$

从而

$$v_B^2 = \dot{x}_B^2 + \dot{y}_B^2 = \dot{x}^2 + l^2\dot{\theta}^2 + 2\dot{x}l\dot{\theta}\cos\theta$$

系统的动能

$$T = \frac{1}{2}m_A\dot{x}^2 + \frac{1}{2}m_Bv_B^2 = \frac{1}{2}(m_A + m_B)\dot{x}^2 + \frac{1}{2}m_Bl^2\dot{\theta}^2 + m_B\dot{x}l\dot{\theta}\cos\theta$$

取系统静平衡位置为零势能位形,则

$$V = kx^2 + m_Bgl(1 - \cos\theta)$$

系统的拉格朗日函数

$$L = T - V = \frac{1}{2}(m_A + m_B)\dot{x}^2 + \frac{1}{2}m_Bl^2\dot{\theta}^2 + m_B\dot{x}l\dot{\theta}\cos\theta - kx^2 - m_Bgl(1 - \cos\theta)$$

代入

$$\frac{\mathrm{d}}{\mathrm{d}t}\left(\frac{\partial L}{\partial\dot{x}}\right) - \frac{\partial L}{\partial x} = 0$$

$$\frac{\mathrm{d}}{\mathrm{d}t}\left(\frac{\partial L}{\partial\dot{\theta}}\right) - \frac{\partial L}{\partial\theta} = 0$$

得到

$$(m_A + m_B)\ddot{x} + m_B l\ddot{\theta}\cos\theta - m_B l\dot{\theta}^2\sin\theta + 2kx = 0$$

$$m_B\ddot{x}l\cos\theta + m_B l^2\ddot{\theta} - m_B gl\sin\theta = 0$$

设 $|\theta| \ll 1, |\dot{\theta}| \ll 1$,化简得

$$(m_A + m_B)\ddot{x} + m_B l\ddot{\theta} + 2kx = 0$$

$$\ddot{x} + l\ddot{\theta} - g\theta = 0 \tag{1}$$

设方程(1)的解为

$$\left.\begin{aligned} x &= A\sin(\omega t + \beta)\\ \theta &= B\sin(\omega t + \beta) \end{aligned}\right\} \tag{2}$$

代入(1),得

$$\left.\begin{aligned} [-\omega^2(m_A + m_B) + 2k]A - m_B l\omega^2 B &= 0\\ -\omega^2 A + (g - \omega^2 l)B &= 0 \end{aligned}\right\}$$

若 A、B 有非零解,则有

$$m_A l\omega^4 - (2kl + m_A g + m_B g)\omega^2 + 2kg = 0$$

从而得到系统固有频率

$$\omega_{1,2}^2 = \frac{(m_A + m_B)g + 2kl}{2m_A l} \mp \sqrt{\left[\frac{(m_A + m_B)g + 2kl}{2m_A l}\right]^2 - \frac{2kg}{m_A l}}$$

4-35 图示刚杆 AB 长 l,质量不计,其一端 B 铰支,另一端固结一质量为 m 的物体 A,其下连接一刚度系数为 k 的弹簧,并挂有质量也为 m 的物体 D。杆 AB 中点用刚度系数也为 k 的弹簧拉住,使杆在水平位置平衡。求系统振动的固有频率。

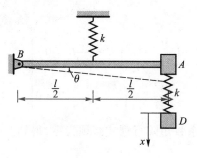

题 4-35 图

解：取系统整体为研究对象，取物体 D 的铅垂坐标 x 和杆 AB 与水平线的夹角 θ 为广义坐标，则系统的动能

$$T = \frac{1}{2}ml^2\dot{\theta}^2 + \frac{1}{2}m\dot{x}^2$$

取系统静平衡位置为零势能位形，则

$$V = \frac{1}{2}k\left(\frac{l\theta}{2}\right)^2 + \frac{1}{2}k(x - l\theta)^2$$

系统的拉格朗日函数

$$L = T - V = \frac{1}{2}ml^2\dot{\theta}^2 + \frac{1}{2}m\dot{x}^2 - \frac{1}{2}k\left(\frac{l\theta}{2}\right)^2 - \frac{1}{2}k(x - l\theta)^2$$

代入

$$\frac{\mathrm{d}}{\mathrm{d}t}\left(\frac{\partial L}{\partial \dot{\theta}}\right) - \frac{\partial L}{\partial \theta} = 0$$

$$\frac{\mathrm{d}}{\mathrm{d}t}\left(\frac{\partial L}{\partial \dot{x}}\right) - \frac{\partial L}{\partial x} = 0$$

得到

$$\left.\begin{array}{l} \ddot{\theta} + \dfrac{5k}{4m}\theta - \dfrac{k}{ml}x = 0 \\[3mm] \ddot{x} + \dfrac{k}{m}x - \dfrac{kl}{m}\theta = 0 \end{array}\right\} \tag{1}$$

设方程(1)的解为

$$\left.\begin{array}{l} \theta = A\sin(\omega t + \beta) \\[2mm] x = B\sin(\omega t + \beta) \end{array}\right\} \tag{2}$$

代入(1)，得

$$\left.\begin{array}{l} \left(\dfrac{5k}{4m} - \omega^2\right)A - \dfrac{k}{ml}B = 0 \\[4mm] -\dfrac{kl}{m}A + \left(\dfrac{k}{m} - \omega^2\right)B = 0 \end{array}\right\}$$

若 A、B 有非零解，方程系数矩阵行列式必须为零，得到

$$\omega^4 - \frac{9k}{4m}\omega^2 + \frac{k^2}{4m^2} = 0$$

444

从而得到系统固有频率

$$\omega_1 = 0.342\sqrt{\frac{k}{m}}, \qquad \omega_2 = 1.46\sqrt{\frac{k}{m}}$$

4-36 图示杆 OA 长 $l = 1.5$ m，重量不计，可绕水平轴 O 摆动。在 A 端装一质量 $m_1 = 2$ kg、半径 $r = 0.5$ m 的均质圆盘，在圆盘边上点 B，固结一质量 $m_2 = 1$ kg 的质点。求此系统作微幅振动的固有频率。(提示：A 为光滑铰链，可取 θ 与 φ 为广义坐标。)

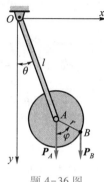

题 4-36 图

解：取系统整体为研究对象，取角度 θ、φ 为广义坐标，则 B 点的坐标

$$x_B = l\sin\theta + r\sin\varphi, \qquad y_B = l\cos\theta + r\cos\varphi$$

从而

$$v_B^2 = \dot{x}_B^2 + \dot{y}_B^2 = l^2\dot{\theta}^2 + r^2\dot{\varphi}^2 + 2rl\,\dot{\theta}\dot{\varphi}\cos(\theta - \varphi)$$

系统的动能

$$T = \frac{1}{2}(m_1 + m_2)l^2\dot{\theta}^2 + \frac{1}{4}(m_1 + 2m_2)r^2\dot{\varphi}^2 + m_2rl\,\dot{\theta}\dot{\varphi}\cos(\theta - \varphi)$$

取系统静平衡位置为零势能位形，则

$$V = (m_1 + m_2)gl(1 - \cos\theta) + m_2gr(1 - \cos\varphi)$$

系统的拉格朗日函数

$$L = T - V = \frac{1}{2}(m_1 + m_2)l^2\dot{\theta}^2 + \frac{1}{4}(m_1 + 2m_2)r^2\dot{\varphi}^2 + m_2rl\,\dot{\theta}\dot{\varphi}\cos(\theta - \varphi) -$$

$$(m_1 + m_2)gl(1 - \cos\theta) - m_2gr(1 - \cos\varphi)$$

代入

$$\frac{d}{dt}\left(\frac{\partial L}{\partial \dot{\theta}}\right) - \frac{\partial L}{\partial \theta} = 0$$

$$\frac{d}{dt}\left(\frac{\partial L}{\partial \dot{\varphi}}\right) - \frac{\partial L}{\partial \varphi} = 0$$

$$(m_1 + m_2)l^2\ddot{\theta} + m_2 rl\ddot{\varphi}\cos(\theta - \varphi) + m_2 rl\dot{\varphi}^2\sin(\theta - \varphi) + (m_1 + m_2)gl\sin\theta = 0$$

$$\frac{1}{2}(m_1 + 2m_2)r^2\ddot{\varphi} + m_2 rl\ddot{\theta}\cos(\theta - \varphi) - m_2 rl\dot{\theta}^2\sin(\theta - \varphi) + m_2 gr\sin\varphi = 0$$

系统作微幅振动，$|\theta| \ll 1$，$|\dot{\theta}| \ll 1$，$|\varphi| \ll 1$，$|\dot{\varphi}| \ll 1$，化简得到

$$(m_1 + m_2)l^2\ddot{\theta} + m_2 rl\ddot{\varphi} + (m_1 + m_2)gl\theta = 0$$

$$\frac{1}{2}(m_1 + 2m_2)r^2\ddot{\varphi} + m_2 rl\ddot{\theta} + m_2 gr\varphi = 0$$

代入 $m_1 = 2 \text{ kg}, m_2 = 1 \text{ kg}$，得

$$\left.\begin{array}{l} 3l^2\ddot{\theta} + rl\ddot{\varphi} + 3gl\theta = 0 \\ 2r^2\ddot{\varphi} + rl\ddot{\theta} + gr\varphi = 0 \end{array}\right\} \tag{1}$$

设方程(1)的解为

$$\left.\begin{array}{l} \theta = A\sin(\omega t + \beta) \\ \varphi = B\sin(\omega t + \beta) \end{array}\right\} \tag{2}$$

代入(1)，得

$$\left.\begin{array}{l} (3gl - 3l^2\omega^2)A - rl\omega^2 B = 0 \\ -rl\omega^2 A + (gr - 2r^2\omega^2)B = 0 \end{array}\right\}$$

若 A、B 有非零解，方程系数矩阵行列式必须为零，得到

$$5r^2l^2\omega^4 - (6gr^2l + 3grl^2)\omega^2 + 3g^2rl = 0$$

从而得到系统固有频率

$$\omega_{1,2}^2 = \frac{(6r + 3l) \mp \sqrt{(6r + 3l)^2 - 60rl}}{10rl}g$$

代入 $l = 1.5 \text{ m}, r = 0.5 \text{ m}$ 得

$$\omega_1 = 2.33 \text{ rad/s}, \qquad \omega_2 = 3.77 \text{ rad/s}$$

446

4-37 在题 4-33 中,若在盘 A 上作用一干扰力矩 $M = M_0 \sin pt$,求两圆盘的受迫振动。

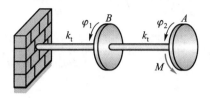

题 4-37 图

解:分别取两个圆盘为研究对象,设其转角为 φ_1、φ_2,则由对转轴的动量矩定理

$$J\ddot{\varphi}_1 = -k_t\varphi_1 + k_t(\varphi_2 - \varphi_1)$$

$$J\ddot{\varphi}_2 = -k_t(\varphi_2 - \varphi_1) + M_0\sin pt$$

或

$$J\ddot{\varphi}_1 + 2k_t\varphi_1 - k_t\varphi_2 = 0$$

$$J\ddot{\varphi}_2 - k_t\varphi_1 + k_t\varphi_2 = M_0\sin pt \tag{1}$$

设方程(1)的稳态解为

$$\left.\begin{array}{l} \varphi_1 = A\sin pt \\ \varphi_2 = B\sin pt \end{array}\right\} \tag{2}$$

将其代入方程(1)中,得

$$\left.\begin{array}{l} (2k_t - Jp^2)A - k_tB = 0 \\ -k_tA + (k_t - Jp^2)B = M_0 \end{array}\right\}$$

由式解得

$$A = \frac{M_0k_t}{(2k_t - Jp^2)(k_t - Jp^2) - k_t^2}, \qquad B = \frac{2k_t - Jp^2}{k_t}A$$

引入单个圆盘的固有频率

$$\omega_0 = \sqrt{\frac{k_t}{J}}$$

上式可简化成

$$A = \frac{M_0 k_t}{(2k_t - Jp^2)(k_t - Jp^2) - k_t^2} = \frac{k_t}{\omega_0^4 - 3\omega_0^2 p^2 + p^4} \frac{M_0}{J^2}$$

$$B = \frac{2k_t - Jp^2}{k_t} A = \frac{2k_t - Jp^2}{\omega_0^4 - 3\omega_0^2 p^2 + p^4} \frac{M_0}{J^2}$$

两圆盘的受迫振动

$$\varphi_1 = \frac{k_t}{\omega_0^4 - 3\omega_0^2 p^2 + p^4} \frac{M_0}{J^2} \sin pt$$

$$\varphi_2 = \frac{2k_t - Jp^2}{\omega_0^4 - 3\omega_0^2 p^2 + p^4} \frac{M_0}{J^2} \sin pt$$

第五章 刚体定点运动、自由刚体运动、刚体运动的合成·陀螺仪近似理论

5-1 曲柄 OA 绕固定齿轮中心的 O 转动,在曲柄上安装一双齿轮和一小齿轮,如图所示。已知:曲柄转速 $n_O = 30$ r/min;固定齿轮齿数 $z_0 = 60$,双齿轮齿数 $z_1 = 40$ 和 $z_2 = 50$,小齿轮齿数 $z_3 = 25$。求小齿轮的转速和转向。

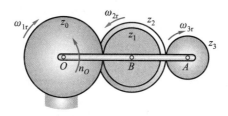

题 5-1 图

解:动系固结于曲柄上,则有

$$\omega_{1r} = -\omega_0$$

双齿轮的相对角速度为

$$\omega_{2r} = -\frac{z_0}{z_1}\omega_{1r}$$

小齿轮的相对角速度为

$$\omega_{3r} = -\frac{z_2}{z_3}\omega_{2r} = -\frac{z_0 z_2}{z_1 z_3}\omega_0 = -3\omega_0$$

由角速度合成定理有

$$\omega_3 = \omega_{3e} + \omega_{3r} = -2\omega_0$$

则

$$n_3 = -2n_0 = -60 \text{ r/min}$$

5-2 在周转传动装置中，半径为 R 的主动齿轮以角速度 ω_0 和角加速度 α_0 作逆时针转向转动，而长 $3R$ 的曲柄 OA 绕轴 O 作顺时针转向转动，角速度 $\omega_{OA} = \omega_0$，角加速度 $\alpha_{OA} = \alpha_0$，如图所示。点 M 位于半径为 R 的从动齿轮上，在垂直于曲柄的直径的末端。求点 M 的速度和加速度。

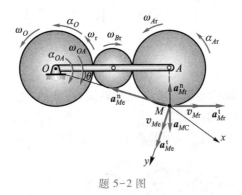

题 5-2 图

解：动系固结于曲柄上。

对轮 O 有

$$\omega_r = 2\omega_0, \qquad \alpha_r = 2\alpha_0$$

对轮 A 有

$$\omega_{Ar} = \omega_r = 2\omega_0, \qquad \alpha_{Ar} = \alpha_r = 2\alpha_0 \quad (\text{转向如图})$$

以 M 为动点，有

$\boldsymbol{v}_{Ma}$	$=$	$\boldsymbol{v}_{Me}$	$+$	$\boldsymbol{v}_{Mr}$
大小	?	$\omega_{OA} \cdot OM$		$\omega_{Ar} \cdot R$
方向	?	√		√

有

$$v_{Ma} = \sqrt{v_{Me}^2 + v_{Mr}^2 - 2v_{Me} - v_{Mr}\cos(90° - \theta)} = \sqrt{10}\,\omega_0 R$$

$\boldsymbol{a}_{Ma}$	$=$	$\boldsymbol{a}_{Me}^n$	$+$	$\boldsymbol{a}_{Me}^t$	$+$	$\boldsymbol{a}_{Mr}^t$	$+$	$\boldsymbol{a}_{Mr}^n$	$+$	$\boldsymbol{a}_C$
大小	?	$\omega_0^2 \cdot OM$		$\alpha_0 \cdot OM$		$\alpha_{Ar} \cdot R$		$\omega_{Ar}^2 \cdot R$		$2\omega_0 \cdot \omega_{Ar} \cdot R$
方向	?	√		√		√		√		√

有

$$a_{Max} = a_{Mr}^t \cos\theta - a_{Me}^n$$

$$a_{May} = a_{Me}^t - a_{Mr}^t \sin\theta$$

解得

$$a_{Ma} = R\sqrt{10(\alpha_0^2 + \omega_0^4) - 12\omega_0^2\alpha_0}$$

5-3　在齿轮减速器中,主动轴角速度为 ω,齿轮 II 与定齿轮 V 相内啮合。齿轮 II 和 III 又分别与动齿轮 I 和 IV 相外啮合。如齿轮 I,II 和 III 的半径分别为 r_1,r_2 和 r_3,求齿轮 I 和 IV 的角速度。

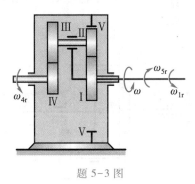

题 5-3 图

解:动系固结于主动轴。
对定齿轮 V 有

$$\omega_{5r} = -\omega$$

对轮 I 有

$$\omega_{1r} = -\frac{r_2}{r_1} \cdot \frac{r_5}{r_2}\omega_{5r} = \frac{r_5}{r_1}\omega$$

对轮 IV 有

$$\omega_{4r} = -\frac{r_3}{r_4} \cdot \frac{r_5}{r_2}\omega_{5r} = \frac{r_3 r_5}{r_2 r_4}\omega$$

由角速度合成定理有

$$\omega_1 = \omega + \omega_{1r}, \qquad \omega_4 = \omega + \omega_{4r}$$

又由啮合关系有

$$r_1 + r_2 - r_3 = r_4, \quad r_5 = r_1 + 2r_2$$

解得

$$\omega_1 = 2\omega\left(1 + \frac{r_2}{r_1}\right)$$

$$\omega_4 = \omega \frac{r_2^2 + r_1 r_2 + r_2 r_3 + r_1 r_3}{r_2(r_1 + r_2 - r_3)}$$

5-4 自动多头钻床采用的送进机构为行星减速轮系,如图所示。齿轮 I 固定在机架外壳上,齿轮 IV 是中心轮,作定轴转动,行星轮 II 与 III 固结一体可绕系杆 H 上的轴 O_2 转动,系杆 H 又绕固定轴转动。设 $z_1 = 20, z_2 = 22, z_3 = 21, z_4 = 21$,求传动比 $i_{4H} = \omega_4/\omega_H$ 之值。

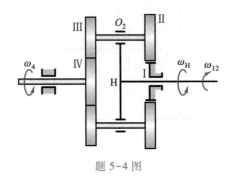

题 5-4 图

解: 动系固结于系杆上,由角速度合成定理有

齿轮 I

$$\omega_{1r} = -\omega$$

齿轮 II

$$\omega_{2r} = \omega_2 - \omega_H$$

齿轮 III

$$\omega_{3r} = \omega_3 - \omega_H$$

齿轮 IV

$$\omega_{4r} = \omega_4 - \omega_H$$

由齿轮啮合关系有

$$\omega_{4r} = \frac{z_3}{z_4} \cdot \frac{z_1}{z_2} \omega_{1r} = -\frac{10}{11}\omega_H$$

解得

$$i_{4H} = \frac{\omega_4}{\omega_H} = \frac{1}{11}\omega_H$$

5-5 如图 a 所示一双重差动机构,其构造如下:曲柄Ⅲ绕固定轴 AB 转动,在曲柄上活动地套一行星齿轮Ⅳ,此行星齿轮由两个半径为 $r_1 = 50$ mm 和 $r_2 = 20$ mm 的锥齿轮牢固地连接而成。这两个锥齿轮又分别与半径各为 $R_1 = 100$ mm 和 $R_2 = 50$ mm 的另外两个锥齿轮 Ⅰ 和 Ⅱ 相啮合。齿轮 Ⅰ 和 Ⅱ 均可绕轴 AB 转动,但不与曲柄相连,其角速度分别为 $\omega_1 = 4.5$ rad/s,$\omega_2 = 9$ rad/s。如两齿轮转动方向相同,求曲柄Ⅲ的角速度 ω_3 和行星齿轮相对于曲柄的角速度 ω_{4r}。

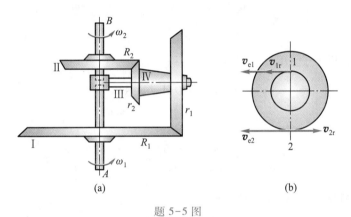

题 5-5 图

解:动系固结于曲柄上,分析锥齿轮的接触点,速度分析如图 b 所示。

对 1 点

$$\underset{\omega_3 R_2}{v_1} = \underset{}{v_{e1}} + \underset{\omega_{4r} \cdot r_2}{v_{1r}} = \omega_2 R_2$$

对 2 点

$$\underset{\omega_3 R_1}{v_2} = \underset{}{v_{e2}} - \underset{\omega_{4r} \cdot r_1}{v_{2r}} = \omega_1 R_1$$

解得

$$\omega_{4r} = 5 \text{ rad/s}, \qquad \omega_3 = 7 \text{ rad/s}$$

5-6 圆锥滚子轴承由紧套在轴 2 上的内环 1、装在机身上的外环 3 和一些圆滚子 4 组成。如果滚子无滑动,而转子角速度为恒量 ω。试在图示尺寸下求滚子的角速度和角加速度。

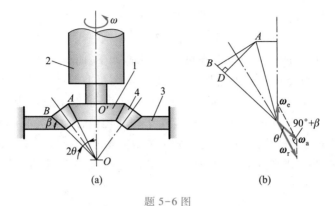

题 5-6 图

解：分析滚子 AB，O 为定点，OB 为瞬时轴，则有

$$v_A = \omega_e \cdot O'A = \omega_a AD$$

解得

$$\omega_a = \frac{O'A}{AD}\omega = \frac{\cos(2\theta + \beta)}{2\sin\theta \cdot \cos\theta}\omega = \frac{\cos(2\theta + \beta)}{\sin 2\theta}\omega$$

由角速度合成关系有（参见图 b）

$$\boldsymbol{\omega}_a = \boldsymbol{\omega}_e + \boldsymbol{\omega}_r$$

得

$$\frac{\omega_a}{\sin(90° - \theta - \beta)} = \frac{\omega_e}{\sin\theta} = \frac{\omega_r}{\sin(90° + \beta)}$$

又由 $\boldsymbol{\alpha} = \boldsymbol{\omega}_e \times \boldsymbol{\omega}_r$ 有

$$\alpha = \omega \cdot \omega_r \sin(90° + \beta + \theta) = \frac{\sin\theta\cos\beta}{\cos(\theta + \beta)}\omega_a^2$$

$$= \frac{\sin\theta\cos\beta\cos^2(2\theta + \beta)}{\cos(\theta + \beta)\sin^2 2\theta}\omega^2$$

5-7 锥齿轮的轴通过平面支座齿轮的中心 O，如图所示。锥齿轮在支座齿轮上滚动，每分钟绕铅垂轴转 5 周。如 $R = 2r$，求锥齿轮绕其本身轴 OC 转动的角速度 ω_r 和绕瞬时轴转动的角速度 ω。

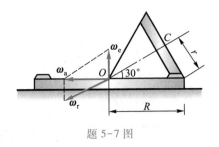

题 5-7 图

解:分析锥齿轮,动系固结于支座齿轮。

由角速度合成关系有(参见图)

$$\boldsymbol{\omega}_a = \boldsymbol{\omega}_e + \boldsymbol{\omega}_r$$

$$\frac{2\pi n}{60}$$

解得

$$\omega_r = \frac{\omega_e}{\sin 30°} = 1.05 \text{ rad/s}, \qquad \omega_a = \frac{\omega_e}{\tan 30°} = 0.91 \text{ rad/s}$$

5-8 陀螺以等角速度 ω_1 绕轴 OB 转动,而轴 OB 等速地画出一圆锥,如图所示。如陀螺的中心轴 OB 绕轴 OS 每分钟转数为 n, $\angle BOS = \theta$(常量),求陀螺的角速度 ω 和角加速 α。

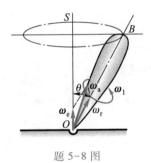

题 5-8 图

解:分析陀螺,动系固结于 OB 上。

由角速度合成关系有(参见图)

$$\boldsymbol{\omega}_a = \boldsymbol{\omega}_e + \boldsymbol{\omega}_r$$

$$\frac{2\pi n}{60} \qquad \omega_1$$

解得

$$\omega_a = \sqrt{\omega_e^2 + \omega_r^2 + 2\omega_e \omega_r \cos\theta} = \sqrt{\left(\frac{\pi n}{30}\right)^2 + \omega_1^2 + \frac{\pi n}{15}\omega_1 \cos\theta}$$

又由 $\boldsymbol{\alpha} = \boldsymbol{\omega}_e \times \boldsymbol{\omega}_r$ 解得

$$\alpha = \frac{\pi n}{30}\omega_1 \sin\theta$$

5-9 如图 a 所示圆盘以角速度 ω_1 绕水平轴 CD 转动,同时轴 CD 以角速度 ω_2 绕通过圆盘中心点 O 的铅直轴 AB 转动。$\omega_1 = 5$ rad/s,$\omega_2 = 3$ rad/s,求圆盘的合成角速度 $\boldsymbol{\omega}$ 和瞬时角加速度 $\boldsymbol{\alpha}$ 的大小和方向。

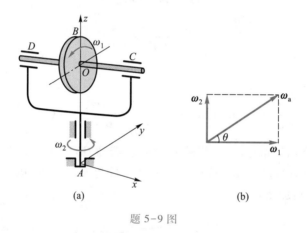

题 5-9 图

解: 分析圆盘,动系固结于框架 CD 上。

由角速度合成关系有(参见图 b)

$$\boldsymbol{\omega}_a = \boldsymbol{\omega} = \boldsymbol{\omega}_e + \boldsymbol{\omega}_r$$

$$\omega_2 \qquad \omega_1$$

解得

$$\omega = \sqrt{\omega_1^2 + \omega_2^2} = 5.83 \text{ rad/s}$$

$$\tan\theta = \frac{\omega_2}{\omega_1} = 0.6$$

又由 $\boldsymbol{\alpha} = \boldsymbol{\omega}_e \times \boldsymbol{\omega}_r$ 解得

$$\alpha = \omega_1 \cdot \omega_2 = 15 \ \mathrm{rad/s}^2$$

方向沿 y 轴方向。

5-10　船式起重机桅柱高 $OB=6$ m，起重臂 $AB=4$ m，它绕桅柱轴 z 转动的规律是 $\psi(t)=0.1t$ rad，船体绕纵轴 O 左右摇晃的规律是 $\varphi(t)=0.1\sin \pi t/6$ rad。当 $t=6$ s 时，起重机臂正好垂直于船体纵轴如图 a 所示。求此时点 A 的绝对速度和绝对加速度。

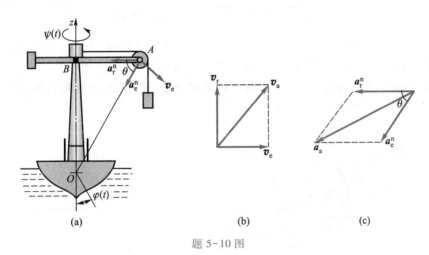

题 5-10 图

解：以 A 为动点，动系固结于 OB。

牵连运动

$$\varphi(t)=0.1\sin \pi t/6, \qquad \dot{\varphi}(t)=\frac{0.1}{6}\pi\cos\frac{\pi}{6}t$$

$$\ddot{\varphi}(t)=-0.1\left(\frac{\pi}{6}\right)^2\sin\frac{\pi}{6}t$$

相对运动

$$\psi(t)=0.1t, \quad \dot{\psi}(t)=0.1, \quad \ddot{\psi}(t)=0$$

由速度合成定理有（参见图 b）

$$v_{\mathrm{a}}=v_{\mathrm{e}}+v_{\mathrm{r}}$$

解得

大小　　　　　　　 $\varphi(t)\cdot OA$ 　 $\psi(t)\cdot AB$

方向　　　　　　　　　$\sqrt{}$ 　　　 $\sqrt{}$

$$v_{\mathrm{a}}=\sqrt{v_{\mathrm{e}}^2+v_{\mathrm{r}}^2}=0.55 \ \mathrm{m/s}$$

由加速度合成定理有(参见图 c)

$$\boldsymbol{a}_{\mathrm{a}} = \boldsymbol{a}_{\mathrm{e}}^{\mathrm{n}} + \boldsymbol{a}_{\mathrm{e}}^{\mathrm{t}} + \boldsymbol{a}_{\mathrm{r}}^{\mathrm{n}} + \boldsymbol{a}_{\mathrm{r}}^{\mathrm{t}} + \boldsymbol{a}_{\mathrm{C}}$$

大小	$(\dot{\varphi}(t))^2 \cdot OA$	0	$(\dot{\psi}(t))^2 \cdot AB$	0	0
方向	√		√		

解得

$$\boldsymbol{a}_{\mathrm{a}} = \sqrt{(a_{\mathrm{e}}^{\mathrm{n}})^2 + (a_{\mathrm{r}}^{\mathrm{n}})^2 + 2a_{\mathrm{e}}^{\mathrm{n}} \cdot a_{\mathrm{r}}^{\mathrm{n}} \cos\theta} = 0.054 \text{ m/s}^2$$

5-11 人造卫星以恒定的角速度 $\omega_1 = 0.5$ rad/s 绕其轴 z 转动,太阳能电池板以恒定角速度 $\omega_2 = 0.25$ rad/s 绕轴 y 转动。坐标轴 $Oxyz$ 固结在卫星上,尺寸如图 a 所示。图示瞬时 $\theta = 30°$,忽略点 O 的加速度,求此瞬时电池板的绝对角加速度 α 和点 A 的绝对加速度 $\boldsymbol{a}_A$。

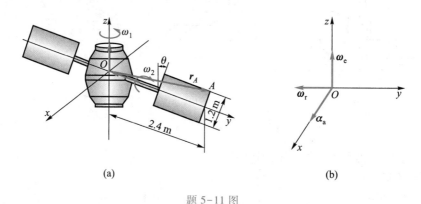

题 5-11 图

解:以 $Oxyz$ 为动系,以 O 为基点,电池板对 O 点做定点运动,则由角速度合成有(参见图 b),有

$$\boldsymbol{\omega}_{\mathrm{a}} = \boldsymbol{\omega}_{\mathrm{e}} + \boldsymbol{\omega}_{\mathrm{r}} = \omega_1 \boldsymbol{k} - \omega_2 \boldsymbol{j}$$

则

$$\boldsymbol{\alpha}_{\mathrm{a}} = \boldsymbol{\omega}_{\mathrm{e}} \times \boldsymbol{\omega}_{\mathrm{r}} = 0.125\boldsymbol{i} \text{ rad/s}^2$$

由加速度合成有

$$\boldsymbol{a}_A = \boldsymbol{a}_O + \boldsymbol{\alpha}_{\mathrm{a}} \times \boldsymbol{r}_A + \boldsymbol{\omega}_{\mathrm{a}} \times \boldsymbol{v}_{\mathrm{r}}$$

其中

$$a_O = 0, \quad \boldsymbol{r}_A = 0.6 \text{ m}\sin 30°\boldsymbol{i} + 2.4 \text{ m}\boldsymbol{j} + 0.6 \text{ m}\cos 30°\boldsymbol{k}$$

$$v_r = \boldsymbol{\omega}_a \times \boldsymbol{r}_A$$

解得

$$\boldsymbol{a}_A = (0.094\boldsymbol{i} - 0.73\boldsymbol{j} - 0.033\boldsymbol{k})\,\mathrm{m/s}^2$$

5–12 如图 a 所示,机器人的手臂 2 在铅垂面内的转角用 $\varphi(t)$ 表示。设 $t =$ 1 s 时,机器人手臂 2 在铅垂面内的位置如图所示。试分别在下列各种条件下求手腕处点 B 的绝对速度和绝对加速度。

(1) $\varphi(t) = \dfrac{\pi}{2}\sin\dfrac{\pi}{6}t\ \mathrm{rad}$,小臂伸长规律为 $s(t) = 0.2t^2\ \mathrm{m}$,$OA = 0.8\ \mathrm{m}$;($\psi,s_1$ 不变)

(2) $\varphi(t) = \dfrac{\pi}{3}t\ \mathrm{rad}$,手臂绕铅垂轴 z 转动的规律是 $\psi(t) = \dfrac{\pi}{6}t^2\ \mathrm{rad}$,$OA = 0.8\ \mathrm{m}$,$AB = 0.2\ \mathrm{m}$;($s,s_1$ 不变)

(3) $\varphi(t) = \dfrac{\pi}{6}\cos\pi t\ \mathrm{rad}$ 机器人向右移动的规律是 $s_1(t) = 0.1t^2\ \mathrm{m}$,$OA = 0.8\ \mathrm{m}$,$AB = 0.2\ \mathrm{m}$。($s,\psi$ 不变)

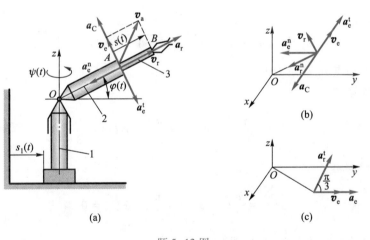

题 5-12 图

解:(1) 动点 B,动系 OA。

牵连运动

$$\varphi(t) = \dfrac{\pi}{2}\sin\dfrac{\pi}{6}t, \qquad \dot{\varphi}(t) = \dfrac{\pi}{2}\cdot\dfrac{\pi}{6}\cos\dfrac{\pi}{6}t$$

$$\ddot{\varphi}(t) = -\frac{\pi}{2}\left(\frac{\pi}{6}\right)^2 \sin\frac{\pi}{6}t$$

相对运动

$$s(t) = 0.2t^2, \quad \dot{s}(t) = 0.4t, \quad \ddot{s}(t) = 0.4$$

由速度合成关系有(参见图 a)

$$\boldsymbol{v}_a = \boldsymbol{v}_e \qquad + \boldsymbol{v}_r$$

$$\dot{\varphi}(t)(OA + s) \quad \dot{s}(t)$$

解得

$$v_a = \sqrt{v_e^2 + v_r^2} = 0.817 \text{ m/s}$$

由加速度合成关系有(参见图 a)

$$\boldsymbol{a}_a \qquad = \boldsymbol{a}_e^n \qquad + \qquad \boldsymbol{a}_e^t \qquad + \boldsymbol{a}_r + \boldsymbol{a}_C$$

$$\dot{\varphi}^2(t)(OA + s) \qquad \ddot{\varphi}(t)(OA + s) \quad 0.4 \quad 2\dot{\varphi}(t)\dot{s}$$

解得

$$a_a = \sqrt{(a_e^n - a_r)^2 + (a_C - a_e^t)^2} = 0.37 \text{ m/s}^2$$

(2) 动点 B,动系 OD。

牵连运动

$$\psi(t) = \frac{\pi}{6}t^2, \quad \dot{\psi}(t) = \frac{\pi}{3}t, \quad \ddot{\psi}(t) = \frac{\pi}{3}$$

相对运动

$$\varphi(t) = \frac{\pi}{3}t, \quad \dot{\varphi}(t) = \frac{\pi}{3}, \quad \ddot{\varphi}(t) = 0$$

由速度合成关系有(参见图 b)

$$\boldsymbol{v}_a = \boldsymbol{v}_e \qquad + \qquad \boldsymbol{v}_r$$

$$OB \cdot \dot{\psi}(t) \cdot \cos\varphi(t) \quad \dot{\varphi}(t) \cdot OB$$

解得

$$v_a = \sqrt{v_e^2 + v_r^2} = 1.171 \text{ m/s}$$

由加速度合成关系有(参见图 b)

$$\boldsymbol{a}_{\mathrm{a}} \quad = \quad \boldsymbol{a}_{\mathrm{e}}^{\mathrm{n}} \quad + \quad \boldsymbol{a}_{\mathrm{e}}^{\mathrm{t}} \quad + \quad \boldsymbol{a}_{\mathrm{r}}^{\mathrm{n}} \quad + \quad \boldsymbol{a}_{\mathrm{C}}$$

$$(\dot{\psi}(t))^2 \cdot OB \cdot \cos\varphi(t) \quad \ddot{\psi}(t) \cdot OB \cdot \cos\varphi(t) \quad \dot{\varphi}(t)^2 \cdot OB \quad 2\dot{\psi}(t)\dot{\varphi}(t) \cdot OB \cdot \sin\frac{\pi}{3}$$

解得

$$a = \sqrt{(a_{\mathrm{C}} - a_{\mathrm{e}}^{\mathrm{t}})^2 + (a_{\mathrm{e}}^{\mathrm{n}} + a_{\mathrm{r}}^{\mathrm{n}} \cdot \cos\varphi)^2 + (a_{\mathrm{r}}^{\mathrm{n}} \cdot \sin\varphi)^2} = 1.999 \ \mathrm{m/s^2}$$

(3) 动点 B,动系机器人。

牵连运动

$$s_1(t) = 0.1t^2, \quad \dot{s}_1(t) = 0.2t, \quad \ddot{s}_1(t) = 0.2$$

相对运动

$$\varphi(t) = \frac{\pi}{6}\cos\pi t, \quad \dot{\varphi}(t) = -\frac{\pi^2}{6}\sin\pi t, \quad \ddot{\varphi}(t) = -\frac{\pi^3}{6}\cos\pi t$$

由速度合成关系有(参见图 c)

$$\boldsymbol{v}_{\mathrm{a}} = \boldsymbol{v}_{\mathrm{e}} + \boldsymbol{v}_{\mathrm{r}}$$

$$\dot{s}_1(t) \qquad 0$$

解得

$$v_{\mathrm{a}} = v_{\mathrm{e}} = 0.2 \ \mathrm{m/s}$$

由加速度合成关系有(参见图 c)

$$\boldsymbol{a}_{\mathrm{a}} = \boldsymbol{a}_{\mathrm{e}} \quad + \quad \boldsymbol{a}_{\mathrm{r}}^{\mathrm{n}} \quad + \quad \boldsymbol{a}_{\mathrm{r}}^{\mathrm{t}}$$

$$0.2 \ \mathrm{m/s} \qquad 0 \qquad \ddot{\varphi}(t) \cdot OB$$

解得

$$a_{\mathrm{a}} = \sqrt{a_{\mathrm{e}}^2 + (a_{\mathrm{r}}^{\mathrm{t}})^2 + 2a_{\mathrm{e}}a_{\mathrm{r}}^{\mathrm{t}}\cos\frac{\pi}{3}} = 5.271 \ \mathrm{m/s^2}$$

5-13 如图 a 所示电机托架 OB 以恒角速度 $\omega = 3$ rad/s 绕轴 z 转动,电机轴带着半径为 120 mm 的圆盘以恒定的角速度 $\dot{\varphi} = 8$ rad/s 自转。设 $\gamma = 30°$,求此时圆盘最高点 A 的速度、加速度,以及圆盘的绝对角速度、角加速度。

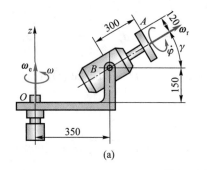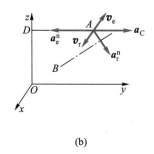

题 5-13 图

解：动点 A，动系托架。

由速度合成关系有（参见图 b）

$$\boldsymbol{v}_a = \boldsymbol{v}_e + \boldsymbol{v}_r$$

$$\omega \cdot AD \quad \dot{\varphi} \cdot 0.12 \text{ m}$$

其中

$$AD = 0.35 \text{ m} + 0.3 \text{ m} \cdot \cos\gamma - 0.12 \text{ m} \cdot \sin\gamma = 0.549\ 8 \text{ m}$$

解得

$$v_a = v_e - v_r = 0.689 \text{ m/s} \quad （沿\ x\ 轴负向）$$

由加速度合成关系有（参见图 b）

$$\boldsymbol{a}_a = \boldsymbol{a}_e^n + \boldsymbol{a}_r^n + \boldsymbol{a}_C$$

$$\omega^2 \cdot AD \quad \dot{\varphi}^2 \cdot 0.12 \text{ m} \quad 2\omega \cdot v_r$$

解得

$$\boldsymbol{a}_a = (a_C - a_e^n + a_r^n \cdot \cos 60°)\boldsymbol{j} - a_r^n \sin 60°\boldsymbol{k}$$

$$= (4.652\boldsymbol{j} - 6.651\boldsymbol{k}) \text{ m/s}^2$$

由角速度合成关系有（参见图 a）

$$\boldsymbol{\omega}_a = \boldsymbol{\omega}_e + \boldsymbol{\omega}_r$$

解得

$$\boldsymbol{\omega}_a = (6.928\boldsymbol{j} + 7\boldsymbol{k}) \text{ rad/s}$$

$$\boldsymbol{\alpha}_a = \boldsymbol{\omega}_e \times \boldsymbol{\omega}_r$$

解得

$$\boldsymbol{\alpha}_a = -20.78\boldsymbol{i} \text{ rad/s}^2$$

5-14　如图所示圆锥滚子在水平的圆锥环形支座上滚动而不滑动。滚子底面半径为 $R = 100\sqrt{2}$ mm，顶角 $2\theta = 90°$，滚子中心 A 沿其轨迹运动的速度 $v_A = 0.2$ m/s。求圆锥滚子上点 C 和 B 的速度和加速度。

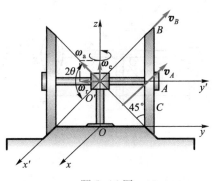

题 5-14 图

解：圆锥滚子绕 O' 点做定点运动，$O'C$ 为瞬时轴，如图所示。

$$v_C = 0$$

由 $v_A = \omega_a \cdot AC \cdot \cos 45°$ 得

$$\omega_a = 2 \text{ rad/s}$$

解得

$$v_B = O'B \cdot \omega_a = 0.4 \text{ m/s} \quad （沿 x 轴负向）$$

在 $O'x'y'z$ 坐标系内，有

$$\boldsymbol{\omega}_e = \sqrt{2}\boldsymbol{k}' \text{ rad/s}, \qquad \boldsymbol{\omega}_r = -\sqrt{2}\boldsymbol{j}' \text{ rad/s}$$

$$\boldsymbol{\alpha}_a = \boldsymbol{\omega}_e \times \boldsymbol{\omega}_r = 2\boldsymbol{i} \text{ rad/s}^2, \qquad \boldsymbol{\omega}_a = (-\sqrt{2}\boldsymbol{j}' + \sqrt{2}\boldsymbol{k}') \text{ rad/s}$$

$$\boldsymbol{r}_B = (0.1\sqrt{2}\boldsymbol{j}' + 0.1\sqrt{2}\boldsymbol{k}') \text{ m}, \qquad \boldsymbol{r}_C = (0.1\sqrt{2}\boldsymbol{j}' - 0.1\sqrt{2}\boldsymbol{k}') \text{ m}$$

由 $\boldsymbol{a} = \boldsymbol{\alpha}_a \times \boldsymbol{r} + \boldsymbol{\omega}_a \times \boldsymbol{v}$ 解得

$$\boldsymbol{a}_B = (-0.6\sqrt{2}\boldsymbol{j}' - 0.2\sqrt{2}\boldsymbol{k}') \text{ m/s}^2$$

$$\boldsymbol{a}_C = (0.2\sqrt{2}\boldsymbol{j}' + 0.2\sqrt{2}\boldsymbol{k}') \text{ m/s}^2$$

5-15 AB 轴长 $l = 1$ m,水平地支在中点 O 上,如图所示。在轴的 A 端有一质量为 $m_1 = 2.5$ kg 不计尺寸的重物;B 端有一重量为 $m_2 = 5$ kg 的圆轮,轴 AB 的质量忽略不计。设轮的质量均匀地分布在半径为 $r = 0.4$ m 的圆周上,轮的转速为 600 r/min,转向如图所示。求系统绕铅垂轴转动的进动角速度 ω。

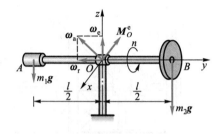

题 5-15 图

解:分析系统,受力如图所示。

$$M_O^e = (m_2 - m_1)g \cdot \frac{l}{2}$$

圆轮绕 O 点作定点运动,由动量矩定理有

$$\frac{\mathrm{d}\boldsymbol{L}_O}{\mathrm{d}t} = \boldsymbol{M}_O^e$$

得

$$J\boldsymbol{\omega}_e \times \boldsymbol{\omega}_r = \boldsymbol{M}_O^e$$

即

$$J\omega_e\omega_r = (m_2 - m_1)g \cdot \frac{l}{2}$$

解得

$$\omega_e = 0.24 \text{ rad/s}$$

5-16 如图所示正方形框架 $ABDC$ 以匀角速度 ω_e 绕铅垂轴转动,而转子又以角速度 ω 相对于框架对角线高速转动。已知转子是半径为 r,质量为 m 的均质实心圆盘,轴承距离 $EF = l$,求轴承 E 和 F 的陀螺压力。

464

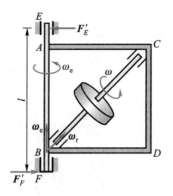

题 5-16 图

解：分析系统，受力如图所示。

转子绕 B 点作定点运动，由动量矩定理有

$$\boldsymbol{M}_g = J_{BC}\boldsymbol{\omega}_r \times \boldsymbol{\omega}_e$$

即

$$\frac{1}{2}mr^2\omega\omega_e \cdot \sin 45° = F'_E \cdot l$$

解得

$$F'_E = F'_F = \frac{\sqrt{2}}{4l}mr^2\omega\omega_e$$

5-17 如图所示，飞机发动机的涡轮转子对其转轴的转动惯量为 $J = 22$ kg·m²，转速 $n = 10\ 000$ r/min，轴承 A，B 间的距离 $l = 0.6$ m。若飞机以角速度 $\omega = 0.25$ rad/s 在水平面内绕铅垂轴 x 按图示方向旋转，求发动机转子的陀螺力矩和轴承 A，B 上的陀螺压力。

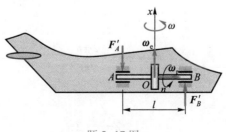

题 5-17 图

解:分析转子,受力如图所示。

转子作绕 O 点的定点运动,由动量矩定理有

$$\boldsymbol{M}_g = J\boldsymbol{\omega}_r \times \boldsymbol{\omega}_e$$

解得

$$M_g = J\omega_r\omega_e = J \cdot \frac{2\pi n}{60} \cdot \omega = 5\ 757 \ \text{N} \cdot \text{m}$$

$$F'_A = \frac{M_g}{l} = 9.6 \ \text{kN}$$

5-18 如图所示海轮上的汽轮机转子质量 $m = 2\ 500\ \text{kg}$,对于其转轴的回转半径 $\rho = 0.9\ \text{m}$,转速 $n = 1\ 200\ \text{r/min}$,且转轴平行于海轮的纵轴 z。轴承 A,B 间的距离 $l = 1.9\ \text{m}$,设船体绕横轴 y 发生俯仰摆动,俯仰角 β 按下列规律变化:$\beta = \beta_0\sin(2\pi/T)t$。其中最大俯仰角 $\beta_0 = 6°$,摆动周期 $T = 6\ \text{s}$。求汽轮机转子的陀螺力矩和轴承上的陀螺压力。

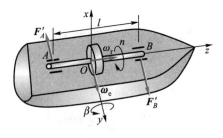

题 5-18 图

解:分析转子,受力如图所示。

转子作绕 O 点的定点运动,由动量矩定理有

$$\boldsymbol{M}_g = J\boldsymbol{\omega}_r \times \boldsymbol{\omega}_e$$

有

$$M_g = m\rho^2 \cdot \frac{2\pi n}{60} \cdot \dot{\beta}$$

其中

$$\dot{\beta} = \beta_0 \cdot \frac{2\pi}{T}\cos\frac{2\pi}{T}t$$

解得

$$M_{g\text{max}} = 27.9 \ \text{kN} \cdot \text{m}$$

又

$$F'_A = \frac{M_g}{l} = \frac{m\rho^2}{l} \cdot \frac{2\pi n}{60}\dot{\beta}$$

解得

$$F'_{A\text{max}} = 14.7 \ \text{kN}$$

第六章　变质量动力学

6-1　一变质量摆在阻力与速度成比例的介质中运动。摆的质量由于质点的离散，按已知规律 $m = m(t)$ 而变化，且质点离散的相对速度为零。已知摆线长为 l，摆上受到与其角速度成比例的阻力 $F_R = -\beta l\dot{\varphi}$（$\dot{\varphi}$ 为摆的角速度，β 为常数）的作用。试写出摆的运动微分方程式。

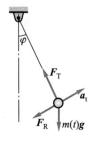

题 6-1 图

解：分析摆，受力如图所示，因 $v_r = 0$，则 $F_\Phi = 0$

由变质量质点的运动微分方程有

$$m(t)a_t = m(t)l\ddot{\varphi} = -F_R - m(t)g \cdot \sin\varphi$$

解得

$$\ddot{\varphi} + \frac{\beta}{m(t)}\dot{\varphi} + \frac{g}{l}\sin\varphi = 0$$

6-2　试写出火箭上升的运动微分方程式。火箭喷射气体的相对速度 v_r 可看作常数，火箭质量随时间变化的规律为 $m = m_0 f(t)$（燃烧规律），空气的阻力是火箭速度和它位置的已知函数：$F_R = F_R(x, \dot{x})$。

解：分析火箭，受力如图所示，其中

$$F_\Phi = \frac{\mathrm{d}m}{\mathrm{d}t}v_r = m_0\dot{f}(t)v_r$$

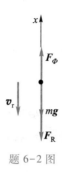

题 6-2 图

由变质量质点的运动微分方程有

$$m_0 f(t) \ddot{x} = - m_0 f(t) g - F_R(x, \dot{x}) + m_0 \dot{f}(t) v_r$$

解得

$$\ddot{x} + \frac{F_R(x, \dot{x})}{m_0 f(t)} - \frac{\dot{f}(t)}{f(t)} v_r + g = 0$$

6-3 链条长 l，每单位长度的质量为 ρ，堆放在地面上，如图所示。在链条的一端作用一力 F，使它以不变的速度 v 上升。假设尚留在地面上的链条对提起部分没有力作用。求力 F 的表达式 $F(t)$ 和地面约束力 F_N 的表达式 $F_N(t)$。

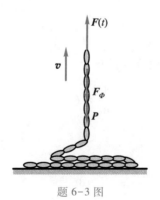

题 6-3 图

解：分析被提起部分链条，受力如图所示，其中

$$F_\Phi = \frac{\mathrm{d}m}{\mathrm{d}t} v_r$$

由变质量质点的运动微分方程有

$$m \frac{\mathrm{d}v}{\mathrm{d}t} = F(t) - F_\Phi - P$$

又

$$\frac{dv}{dt} = 0, \qquad v_r = 0$$

解得

$$F(t) = \rho g v t + \rho v^2$$

分析留在地面部分链条,由平衡方程有

$$F_N = \rho g(l - vt)$$

6-4 如图所示,一小型气垫船沿水平方向运动,初始质量为 m_0,以 c kg/s 的速率均匀喷出气体,相对喷射速率 v_r 为常量,阻力近似地与速度成正比,即 $\boldsymbol{F} = -f\boldsymbol{v}$。设开始时船静止,求气垫船的速度随时间变化的规律。

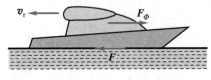

题 6-4 图

解:分析气垫船,受力如图所示,其中

$$F_\Phi = \frac{dm}{dt}v_r = cv_r$$

由变质量质点的运动微分方程有

$$m\frac{dv}{dt} = F_\Phi - F$$

得

$$(m_0 - ct)\frac{dv}{dt} = cv_r - fv$$

即

$$\int_0^v \frac{1}{cv_r - fv}dv = \int_0^t \frac{1}{m_0 - ct}dt$$

解得

$$v = \frac{cv_r}{f}\left[1 - \left(1 - \frac{c}{m_0}t\right)^{\frac{f}{c}}\right]$$

6-5　有一火箭,以等加速度 a 水平飞行,已知燃料喷射的相对速度 v_r = 常数;火箭的起始质量为 m_0。如空气阻力不计,求火箭质量随时间变化的规律。

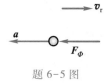

题 6-5 图

解:分析火箭,受力如图所示,其中

$$F_\Phi = \frac{\mathrm{d}m}{\mathrm{d}t} v_r$$

由变质量质点的运动微分方程有

$$m \frac{\mathrm{d}v}{\mathrm{d}t} = F_\Phi = ma$$

有

$$ma = - v_r \frac{\mathrm{d}m}{\mathrm{d}t}$$

即

$$\int_0^t \frac{a}{v_r} \mathrm{d}t = - \int_{m_0}^m \frac{\mathrm{d}m}{m}$$

解得

$$m = m_0 \mathrm{e}^{-\frac{a}{v_r}t}$$

6-6　火箭起飞质量 1 000 kg,其中包括燃料质量 900 kg,在 $t = 0$ 时,铅垂发射,已知燃料以 10 kg/s 的速率消耗,并以相对速度 2 100 m/s 喷出。求 $t = 0$ s,45 s,90 s 时火箭的速度和加速度。

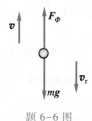

题 6-6 图

解：分析火箭，受力如图所示，其中

$$F_{\Phi} = \frac{dm}{dt} v_r$$

由变质量质点的运动微分方程有

$$m \frac{dv}{dt} = F_{\Phi} - mg \qquad (1)$$

有

$$\int_0^v dv = \int_{m_0}^m -\frac{v_r}{m} dm - \int_0^t g dt$$

解得

$$v = -v_r \ln \frac{m}{m_0} - gt$$

由式（1）有

$$ma = v_r \cdot 10 \text{ kg/s} - mg$$

解得

$$a = \frac{v_r}{m} \cdot 10 \text{ kg/s} - g$$

代入 $t = 0, 45 \text{ s}, 90 \text{ s}$ 解得

$$v_1 = 0, \quad v_2 = 814 \text{ m/s}, \quad v_3 = 3.95 \times 10^3 \text{ m/s}$$

$$a_1 = 11.2 \text{ m/s}^2, \quad a_2 = 28.4 \text{ m/s}^2, \quad a_3 = 201.2 \text{ m/s}^2$$

6-7　2级火箭中各级的质量分别为 m_1 和 m_2，各级中包括的燃料质量分别为 εm_1 及 εm_2。载荷的质量为 m_p。如果火箭的总质量为 $m_1 + m_2$ 为给定值，且燃料喷射的相对速度 $v_r =$ 常数。试证明要使火箭在燃烧完时的速度为最大，则 m_1，m_2 应满足下面的条件：

$$m_2^2 + m_p m_2 = m_p m_1$$

并问当 $\dfrac{m_p}{m_1 + m_2} = 0.1$ 时，火箭在燃烧完的速度为最大值时的质量比 $m_1/m_2 = ?$

解：令 $m_1 + m_2 = m$，则1级火箭的末速为

$$v_1 = v_r \ln \frac{m + m_p}{m + m_p - \varepsilon (m - m_2)}$$

472

2 级火箭的末速为

$$v_2 = v_1 + v_r \ln \frac{m_2 + m_p}{m_2 + m_p - \varepsilon m_2}$$

$$= v_r \ln \frac{m + m_p}{m + m_p - \varepsilon(m - m_2)} - \frac{m_2 + m_p}{m_2 + m_p - \varepsilon m_2}$$

由 $\dfrac{\partial v_2}{\partial m_2} = 0$ 有

$$m_2^2 + m_p m_2 = m_p m_1$$

将 $\dfrac{m_p}{m_1 + m_2} = 0.1$ 代入上式,解得

$$\frac{m_1}{m_2} = \sqrt{11} = 3.32$$

6-8 从漏斗中流下的砂子装入在铁道中运动的车厢内(如图示)。已知砂子的流量为 $q=$ 常数(q 以 kg/s 计),并且是静止地流入车厢内的,同时又有砂子从车厢漏到地面上,其流量为 $q'=$ 常数(q' 以 kg/s 计)。如能保持车厢运动的速度 $v=$ 常数(v 以 m/s 计),求加在车厢上的水平力 F 的大小。

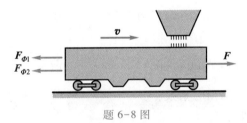

题 6-8 图

解:分析车厢及砂子,受力如图所示,其中

$$F_{\Phi 1} = \frac{dm}{dt} v_r = qv$$

$$F_{\Phi 2} = \frac{dm'}{dt} v_r' = q' \cdot 0 = 0$$

由变质量质点的运动微分方程有

$$m \frac{dv}{dt} = F - F_{\Phi 1} - F_{\Phi 2} = F - F_{\Phi 1} = 0$$

解得

$$F = qv$$

6-9 装有 4 个喷气发动机的飞机以 300 m/s 的速度飞行,已知 4 个发动机具有同样的空气流量,且空气排出的绝对速度为 700 m/s。若阻力正比于其飞行速度的平方,当只有 2 个发动机工作时,问飞机能保持多大的速度作匀速飞行。

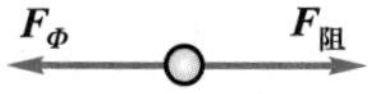

题 6-9 图

解:分析飞机,受力如图所示,其中

$$F_{\Phi} = \frac{\mathrm{d}m}{\mathrm{d}t} v_r$$

由变质量质点的运动微分方程有

$$m \frac{\mathrm{d}v}{\mathrm{d}t} = F_{\Phi} - F_{阻}$$

当 4 个发动机工作时有

$$F_{\Phi 1} = F_{阻 1}$$

即

$$4q \cdot (700 + 300)\ \mathrm{m/s} = c \cdot 300^2 (\mathrm{m/s})^2$$

式中 q 为排气流量,c 为阻力系数。
当 2 个发动机工作时有

$$F_{\Phi 2} = F_{阻 2}$$

即

$$2q(700 + 300)\ \mathrm{m/s} = c \cdot v^2$$

解得

$$v = 212\ \mathrm{m/s}^2$$

6-10 已知装有喷气发动机的飞机以 1 000 km/h 的速度匀速飞行,喷出空气的绝对速度为 600 m/s,作用于飞机上的空气阻力为 16 kN。如飞机由于排出燃料而减少的质量可以忽略,求从发动机排出的燃气的流量。

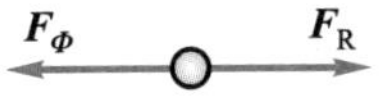

$$F_\Phi \xleftarrow{\quad} \bigcirc \xrightarrow{\quad} F_R$$

题 6-10 图

解:分析飞机,受力如图所示,其中

$$F_\Phi = \frac{dm}{dt} v_r = q(v + v_a)$$

由变质量质点的运动微分方程有

$$m \frac{dv}{dt} = F_\Phi - F_R = 0$$

有

$$F_\Phi = F_R = q(v + v_a)$$

解得

$$q = 18.2 \ \text{kg/s}$$

6-11　喷气飞机以速度 $v = 800$ km/h 作匀速水平飞行,已知发动机排出燃气的流量为 70 kg/s,排出气体的绝对速度为 600 m/s。求:(1) 空气对飞机的阻力;(2) 已知阻力与速度平方成正比,则当排出燃气的流量增至 77 kg/s(即增加 1/10)时,飞机速度为多少?

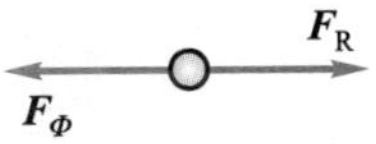

$$F_\Phi \xleftarrow{\quad} \bigcirc \xrightarrow{\quad} F_R$$

题 6-11 图

解:(1) 分析飞机,受力如图所示,其中

$$F_\Phi = \frac{dm}{dt} v_r = q \cdot (v_a + v)$$

由变质量质点的运动微分方程有

$$m \frac{dv}{dt} = F_\Phi - F_R = 0$$

解得

$$F_R = F_\Phi = 57\ 540 \ \text{N}$$

（2）因 $F_R = cv^2$，则 $c = \dfrac{57\ 540}{49\ 284}$。

当排气量增加为 77 kg/s 时，有

$$F_{\Phi 2} = F_{R2}$$

即

$$77\ \text{kg/s} \cdot 822\ \text{m/s} = cv^2$$

解得

$$v = 232.8\ \text{m/s}$$

参考文献

[1] 哈尔滨工业大学理论力学教研室.理论力学 I，II[M].8 版.北京:高等教育出版社,2016.

[2] 王铎,程靳.理论力学解题指导及习题集[M].3 版.北京:高等教育出版社,2005.

[3] 陈明,程燕平.理论力学习题解答[M].哈尔滨:哈尔滨工业大学出版社,1998.

郑重声明

高等教育出版社依法对本书享有专有出版权。任何未经许可的复制、销售行为均违反《中华人民共和国著作权法》，其行为人将承担相应的民事责任和行政责任；构成犯罪的，将被依法追究刑事责任。为了维护市场秩序，保护读者的合法权益，避免读者误用盗版书造成不良后果，我社将配合行政执法部门和司法机关对违法犯罪的单位和个人进行严厉打击。社会各界人士如发现上述侵权行为，希望及时举报，本社将奖励举报有功人员。

反盗版举报电话　（010）58581999　58582371　58582488

反盗版举报传真　（010）82086060

反盗版举报邮箱　dd@hep.com.cn

通信地址　北京市西城区德外大街 4 号　高等教育出版社法律事务与版权管理部

邮政编码　100120

防伪查询说明

用户购书后刮开封底防伪涂层，利用手机微信等软件扫描二维码，会跳转至防伪查询网页，获得所购图书详细信息。也可将防伪二维码下的 20 位密码按从左到右、从上到下的顺序发送短信至106695881280，免费查询所购图书真伪。

反盗版短信举报

编辑短信"JB，图书名称，出版社，购买地点"发送至 10669588128

防伪客服电话

（010）58582300